工业和信息化部"十二五"规划教材

# 红外物理与技术

杨风暴　主　编

蔺素珍　副主编

王肖霞　王志社　李大威　编

U0223363

电子工业出版社
Publishing House of Electronics Industry
北京·BEIJING

## 内 容 简 介

本书是编者根据多年的教学经验和科研实践，按照新形势下教材改革的精神，结合红外物理与技术发展现状编写而成的。本书将理工融合的思想融入其中，内容充实、重点突出、通俗易懂、便于教学。本书内容共分12章，按从理论到技术的顺序系统介绍红外辐射的基本概念、辐射度量基础、热辐射的基本规律、红外辐射源、红外辐射的测量、红外辐射的大气传输、红外热成像技术、红外热成像系统的性能评价、红外偏振成像的原理与技术、红外仿真技术、红外图像处理技术及红外图像融合技术等内容。本书配套电子课件和习题参考答案。

本书可以作为高等学校物理学、应用物理学、光电信息科学与工程、安全科学与技术、公安技术等专业的高年级本科生或光学工程、仪器科学与技术、兵器科学与技术、生物工程等学科硕士生的教材，也可供从事红外与夜视方面的工程技术和科学研究人员参考使用。

未经许可，不得以任何方式复制或抄袭本书之部分或全部内容。

版权所有，侵权必究。

**图书在版编目（CIP）数据**

红外物理与技术 / 杨风暴主编. —北京：电子工业出版社，2014.5
工业和信息化部"十二五"规划教材
ISBN 978-7-121-22272-6

I. ①红…　II. ①杨…　III. ①红外物理－高等学校－教材　IV. ①TN211

中国版本图书馆 CIP 数据核字（2014）第 001172 号

策划编辑：王晓庆
责任编辑：郝黎明
印　　刷：北京盛通印刷股份有限公司
装　　订：北京盛通印刷股份有限公司
出版发行：电子工业出版社
　　　　　北京市海淀区万寿路 173 信箱　　邮编：100036
开　　本：787×1092　1/16　印张：20.5　字数：524.8 千字
版　　次：2014 年 5 月第 1 版
印　　次：2019 年 3 月第 3 次印刷
定　　价：48.00 元

凡所购买电子工业出版社图书有缺损问题，请向购买书店调换。若书店售缺，请与本社发行部联系，联系及邮购电话：(010) 88254888，88258888。

质量投诉请发邮件至 zlts@phei.com.cn，盗版侵权举报请发邮件至 dbqq@phei.com.cn。

本书咨询联系方式：(010) 88254113，wangxq@phei.com.cn。

# 前　言

红外技术在国民经济、国防和科学研究中得到了广泛的应用,是现代光电子技术的重要组成部分,尤其是红外成像的不断发展和完善,使红外技术的应用得到空前普及。因而,许多高等学校在相关专业和学科的本科生、研究生培养中开设了红外物理与技术方面的课程,以适应国民经济建设对红外技术人才的需求。

红外物理以电磁波谱中的红外辐射为特定对象,研究红外辐射的产生、传输及探测过程的现象、机理、特征和规律等;红外技术以红外物理为基础,研究目标的红外辐射特点、探测与成像、信息处理及应用方法等。红外物理为红外技术的应用、发展提供了理论基础和实验数据;而随着红外技术的不断推广和应用,会出现许多新的物理问题和现象,从而驱动红外物理的研究深入。二者是紧密联系,相互促进的。为了让理科学生在掌握扎实的红外物理基本知识的同时,得到红外技术方面应用性能力的培养,让工科学生在学好红外技术应用知识的同时,进一步夯实红外物理的理论基础,满足理工融合型课程教学改革的需要,本书将红外物理、红外技术两大块内容有机整合起来,并加入该领域一些新的理论研究和技术发展成果,以利于人才全面素质的培养和提高。

本书共分 12 章,按照从理论到技术的顺序,具体内容安排是:第 1 章介绍红外辐射的基本概念、红外技术应用,第 2 章介绍辐射度量基础,第 3 章介绍热辐射的基本规律,第 4 章介绍红外辐射源以及常用的红外目标、背景的辐射特性,第 5 章介绍常用红外辐射的测量,第 6 章介绍红外辐射大气传输的衰减及透过率的计算,第 7、8 章分别介绍红外热成像技术、红外热成像系统的性能评价,第 9 章论述红外偏振成像原理与技术,第 10 章介绍红外仿真技术,第 11、12 章分别介绍红外图像处理技术、红外图像融合技术。

为了便于不同专业的教学,使用本书可按照不同的线程来组织教学内容。例如,物理类专业可选择第 1 章,第 2.2～2.5 节,第 4.1～4.3 节,第 5、6 章,第 7.1 节,第 9.1～9.2 节,第 10.1 节,第 11.1 节;光学类专业可选择第 1、3、4 章,第 5.1～5.4 节,第 6 章,第 7.1～7.4 节,第 9、11 章,第 12.1 节;信息类专业可选择第 1、3 章,第 4.4～4.5 节,第 5.5 节,第 6、7、8 章,第 9.2～9.3 节,第 10、11、12 章。也可以根据学时、专业特点、教学计划进行修改或采用其他线程进行教学。未选择的章节作为自学、选学内容,如物理类专业可选学第 7.2 节,第 10.2～10.3 节;光学类专业可选学第 7.1～7.2 节,第 10.1 节;信息类专业可选学第 2.1～2.4 节,第 4.1～4.3 节,第 5.1～5.3 节,供学生自主探究性学习。建议课堂讲授学时为 40～60 学时。

教学中,可以根据教学对象和学时等具体情况对书中的内容进行删减和组合,也可以进行适当扩展。为适应教学模式、教学方法和手段的改革,本书配套电子课件和习题参考答案,请登录华信教育资源网(http://www.hxedu.com.cn)免费注册下载。

本书可以作为高等学校物理学、应用物理学、光电信息科学与工程、安全科学与技术、公安技术等专业的高年级本科生或光学工程、仪器科学与技术、兵器科学与技术、生物工程等学科硕士生的教材,也可供从事红外与夜视方面的工程技术和科学研究人员参考使用。

本书由杨风暴教授主编，第 7、8、10 章、第 11.5 节由蔺素珍编写，第 3、5、6 章由王肖霞编写，第 4 章、第 11.1～11.4 节由王志社编写，第 1、9、12 章由杨风暴编写，第 2 章由李大威编写；吉琳娜博士、纪利娥、安富、李伟伟、周萧等硕士研究生参与了部分章节的编写工作。

特别指出的是，本书编写过程中得到了广州飒特红外股份有限公司的支持，开展了产学结合的有益合作，在此对其表示深深的谢意。北京未尔锐创科技有限公司提供了红外仿真方面的技术资料，在此表示诚挚的感谢。

在编写过程中，除了参阅各章之后所列出的参考文献外，还在网络上查阅了的大量资料，在此对相关作者也表示谢意。

由于作者水平有限，书中难免存在错误和不妥之处，欢迎大家批评指正。

编 者

# 目　录

# 第1章 绪 论

## 引 言

红外物理与技术主要研究红外辐射的规律和应用，红外辐射是电磁辐射的一种，其使用价值不断提高，因此越来越引起科学研究和工程应用领域的重视，成为现代新兴科学技术中不容忽视的一个领域。

本章目的：（1）在介绍电磁辐射的基础上给出红外辐射的概念及特点；（2）讨论红外物理与红外技术的关系；（3）结合红外技术的发展，介绍红外技术在军事和国民经济中的具体应用。

## 1.1 红外辐射的基本概念

### 1.1.1 电磁辐射

根据电磁学理论可知，一切物质都在不停地发射或吸收电磁辐射，这是因为物质内部带电粒子（如电子）的变速运动会发射或吸收电磁辐射。电磁辐射在空间传播过程中所携带的能量称为电磁辐射能。在日常生活中，我们遇到的各种辐射，如 $\gamma$ 射线、X 射线、紫外线、可见光、红外线、微波、无线电波等都是电磁辐射。由于产生或探测各种辐射的方法不同，历史上它们就得到了上述各种不同的名称，但因为在本质上它们是相同的，所以将各种辐射统称为电磁辐射。如果把这些辐射按其波长（或频率）的次序排列成一个连续谱，那么就把得到的这个连续谱称为电磁波谱，如图 1-1 所示。通常，光辐射包括红外辐射、可见光和紫外辐射。

电磁辐射具有波动性，因此电磁辐射又称为电磁波。电磁波以横波形式进行传播，所有电磁波都遵循同样形式的反射、折射、干涉、衍射和偏振定律，且在真空中传播的

图 1-1 电磁波谱

速度具有同样的数值，即真空中的光速，其值为 $c = (2.99792458 \pm 0.00000012) \times 10^8 \text{m/s}$。在真空中，频率为 $\nu$ 的电磁波，波长为 $\lambda$，真空中的光速为 $c$，则有

$$\lambda \nu = c \tag{1-1}$$

通常认为各种电磁波都具有一定的频率，由于它们在不同的介质中有不同的传播速度，此时便可认为是电磁波的波长被改变了。如在介质中，同样频率为 $\nu$ 的电磁波，波长为 $\lambda'$，速度为 $c'$，则有

$$\lambda' \nu = c' \tag{1-2}$$

由式（1-1）、式（1-2）得到

$$\lambda = \frac{c}{c'} \lambda' = n\lambda' \tag{1-3}$$

式中，$n = c/c'$ 称为介质对真空的折射率。式（1-3）表明，同一频率的电磁波，在介质中的波长是真空中波长的 $1/n$。正由于存在电磁波之间的频率差别，才使得电磁波的产生与物质的相互作用有了很大差异。

在光谱学中，由于电磁波的频率是很大的数值，不能直接测量，并且测得的频率数值精度通常比测得的波长数值精度低，因此，多用波长来描述紫外线、可见光和红外线等。

在描述红外辐射时，波长的单位通常用微米（μm）表示，它与纳米（nm）以及埃（Å）的关系为

$$1\mu\text{m} = 10^{-3}\text{mm} = 10^{-4}\text{cm} = 10^{-6}\text{m}$$

$$1\mu\text{m} = 10^3\text{nm} = 10^4\text{Å}$$

在光谱学中，电磁波除了用波长 $\lambda$ 或频率 $\nu$ 等参数来表征外，还经常用波数 $\tilde{\nu}$ 来表示。如果电磁辐射在真空中的波长用米（m）表示，则波长值的倒数就是波数值，即

$$\tilde{\nu} = \frac{1}{\lambda} \tag{1-4}$$

在国际单位制中，波数的单位是 $\text{m}^{-1}$。它的意义相当于在真空中 1m 长的路程上包含多少个波长的数值。利用式（1-1），可得到波数 $\tilde{\nu}$ 和频率 $\nu$ 的关系为

$$\tilde{\nu} = \frac{\nu}{c} \tag{1-5}$$

即波数和频率成正比，波数大小同样可反映频率的高低。因此，在光谱学中，有时又把波数 $\tilde{\nu}$ 称为"频率"。但应该注意，在使用"频率"一词时，不要将它与真正的频率混淆。

在光学领域，黑体辐射、光电效应、康普顿效应等现象无法用电磁辐射的波动性来解释，由此引起了对光的本性问题的进一步探索。最后人们认识到，电磁辐射除了具有波动性外，还具有粒子性，即波粒二象性。因此，电磁辐射除了作为一种电磁波而遵守上述的波动规律以外，它还以光量子的形式存在。在考虑电磁辐射的辐射和吸收问题时，必须把电磁辐射看成分立的微粒集合，这种微粒称为光子。一个光子具有的能量为

$$\varepsilon = h\nu \tag{1-6}$$

式中，$h = (6.626176 \pm 0.000036) \times 10^{-34} \text{J·s}$ 称为普朗克（Planck）常数。

由式（1-1）、式（1-4）得，光子能量与波长和波数的关系为

$$\varepsilon = \frac{hc}{\lambda} = hc\tilde{v} \tag{1-7}$$

即光子的能量与波长 $\lambda$ 成反比，或者说，光子的能量随其频率的不同而异，频率越高，对应的光子能量越大，因而，短波光子比长波光子具有更大的能量。在光谱学中，有时也用波数 $\tilde{v}$ 来表示光子的能量。

光子的能量还常用电子伏特（eV）来表示。一个电子伏特的能量是指在真空中一个自由电子在 1V 电位差的加速下所获得的动能。

电子伏特和焦耳（J）之间的换算关系为

$$1\mathrm{eV} = 1.6021892 \times 10^{-19}\,\mathrm{J}$$

## 1.1.2　红外辐射

红外辐射也称为红外线，是 1800 年由英国天文学家威廉·赫谢尔（William.Herschel，1738—1822 年）（图 1-2）在研究太阳七色光的热效应时发现的。他用分光棱镜将太阳光分解成从红色到紫色的单色光，然后用涂黑的水银温度计测量不同颜色光的热效应。他发现：当水银温度计移到红光边界以外，人眼看不见有任何光线的黑暗区时，温度反而比红光区域高。后来，威廉·赫谢尔和其他科学家用火焰、烛光、火炉等光源和热源进行实验，都观察到了类似现象。说明在红光外侧，确实存在一种人眼看不见的"热线"，后来称为"红外线"。

红外线存在于自然界的任何一个角落。事实上，一切温度高于绝对零度的有生命和无生命的物体都在不停地辐射红外线。太阳是红外线的巨大辐射源，整个星空都是红外线源。而地球表面，无论是高山大海，还是森林湖泊，甚至是冰川雪地，也在日夜不断地辐射红外线。特别是活动在地面、水面和空中的军事装置，如坦克、车辆、军舰、飞机等，由于它们有高温部位，所以往往都是强红外辐射源。人们的生活环境中到处都有红外线源，如照明灯、火炉，甚至一杯热茶，都在放出大量红外线。更有趣的是，人体自身就是一个红外线源（如图 1-3 所示，人脸红外辐射图像，左半部分不同颜色表示不同温度），一切飞禽走兽也都是红外线源。总之，红外辐射充满整个空间。

图 1-2　英国天文学家威廉·赫谢尔

图 1-3　人脸红外辐射图像

在电磁波谱中，常用倍频程等级来表征频谱或波长的范围。由图 1-1 可知，红外辐射从可见光的红光边界开始，一直扩展到电子学中的微波区边界。红外辐射的波长范围是 0.75～1000μm，

表 1-1　红外辐射光谱区划分

| 波段 | 近红外 | 中红外 | 远红外 | 极远红外 |
|---|---|---|---|---|
| 波长 $\lambda$/(μm) | 0.75～3 | 3～6 | 6～15 | 15～1000 |

是个相当宽的区域，跨过大约 10 个倍频程。在红外技术领域中，通常把整个红外辐射光谱区按波长分为 4 个波段，如表 1-1 所示。

以上的划分方法是根据红外辐射在地球大气层中的传输特性而确定的。例如，在前 3 个波段中，每个波段都至少包含一个大气窗口。所谓大气窗口，是指在这一波段内，大气对红外辐射的衰减较小、大气透过率较大。

图 1-4 所示为按 1976 年美国标准大气模型用 PcModWin 软件计算的辐射通过大气传输的光谱透过率曲线（详细内容见 6.5 节），从中也可以看出红外大气窗口在 3～5μm、8～14μm 波段。

图 1-4    大气传输的光谱透过率曲线

工程实践中，红外探测器的工作波段常常与大气窗口的对应关系更为紧密，红外长波探测器一般工作在 8～12μm 或 8～14μm，中波探测器一般工作在 3～5μm，短波探测器一般工作在 1～2.5μm。工作波段大于 15μm 的探测系统常称为远红外波段探测器。另外中波红外还可再分为两个波段，如 3.4～4.1μm 和 4.5～5.3μm；夜晚天光除可见光成分以外，还有丰富的短波红外辐射，短波红外辐射亮度随波长增加，甚至超过可见光的亮度，有时将 1～2.5μm 短波红外再细分成 4 个波段：短波红外 1（0.76～1.11μm），短波红外 2（1.16～1.32μm），短波红外 3（1.52～1.77μm），短波红外 4（2.10～2.40μm）。

在光谱学中，根据红外辐射产生的机理不同，红外辐射按波长分为 3 个区域。

（1）近红外区：0.75～2.5μm，对应原子能级之间的跃迁和分子振动泛频区的振动光谱带。

（2）中红外区：2.5～25μm，对应分子转动能级和振动能级之间的跃迁。

（3）远红外区：25～1000μm，对应分子转动能级之间的跃迁。

### 1.1.3    红外辐射的特点

红外辐射是一种电磁场辐射，它既具有与可见光相似的特性，如反射、折射、干涉、衍射和偏振，又具有粒子性，即它可以以光量子的形式被发射和吸收。这已在电子对产生、康普顿散射、光电效应等实验中得到充分证明。此外，红外辐射还有一些与可见光不一样的独有特性：

（1）由于人眼眼球中晶状体强烈吸收红外，人的眼睛对红外辐射不敏感，因此必须用对红外辐射敏感的红外探测器才能探测到；

（2）红外辐射的光量子能量比可见光的小，如 10μm 波长的红外光子的能量大约是可见光光子能量的 1/20；

（3）红外辐射的热效应比可见光的热效应要强得多；

（4）在电磁波谱中，可见光谱的波长范围（0.38～0.75μm）只跨过一个倍频程，而红外波段（0.75～1000μm）却跨过大约 10 个倍频程。因此，红外光谱区比可见光谱区含有更丰富的内容。

（5）红外辐射更容易被物质吸收。

# 1.2 红外物理与红外技术

红外物理学是现代物理学的一个分支，它以电磁波谱中的红外辐射为特定研究对象，是研究红外辐射与物质之间相互作用的学科。红外物理学运用物理学的理论和方法，研究分析红外辐射的产生、传输及探测过程中的现象、机理、特征和规律，从而为红外辐射的技术应用，探索新的原理、新的材料、新型器件和开拓新的波谱区提供理论基础和实验依据。

红外物理的主要研究内容包括红外辐射的基本规律、红外光谱学、红外辐射源、目标和背景的红外辐射特性（包括空间分布特性、光谱辐射特性、时间变化特性）、红外辐射的大气传输特性、红外波段光学材料等。

红外技术是以红外物理学中的理论、方法和实验为基础，面向应用需求而开展研究的相关技术，其主要研究红外辐射的测量、目标的探测和成像、探测信号的处理等技术。具体包括红外辐射的测量、红外目标仿真、红外探测与成像技术（红外元器件的研制、系统开发）、红外检测技术、红外信号与信息处理、红外激光技术和红外应用技术等。

红外物理和红外技术是相互联系、相互依存、相互融合的，二者之间的关系既紧密联系又相互区别。红外物理学不仅能预言各种技术应用方案的可行性，而且它可以通过对各种物质、不同目标和背景红外辐射特性的研究，对地球大气层红外光学性质的研究，对不同材料红外吸收特性以及由此而引起的各种物理效应的研究，为红外系统工程的设计和新型元器件的研制提供了可靠依据；随着红外技术在各领域的推广和应用，出现了不少新的物理技术问题，这也需用红外物理的理论方法，结合使用对象具体加以解决，为红外物理学的研究提供需求驱动。

红外物理与红外技术的主要内容及其相互关系如图 1-5 所示，这也是本书章节安排的依据。除此之外，红外物理中还包括红外材料的研究，其主要属于材料学科的范畴，红外技术中还包括红外光谱分析，其主要属于化工学科的范畴，考虑专业差异，本书没有包含这两方面的内容，请读者注意。

图 1-5 红外物理与红外技术的主要内容及其相互关系

红外系统往往是红外物理与红外技术研究成果的具体体现,一般的红外系统通常包括光学系统、调制盘(或扫描器)、红外探测器、电子线路和显示记录装置等。目标是红外系统所探测的对象,目标的辐射在传输过程中将因受到大气中某些气体分子的选择性吸收以及大气中悬浮微粒的散射而衰减。透过大气的目标辐射被光学系统接收,并聚焦到红外探测器平面上。调制盘可将连续光调制成交变信号并进行空间滤波,而扫描器则可将红外辐射的空间分布进行时序分解。红外探测器接收交变的红外辐射并把它转变为电信号,由探测器输出的信号经过电子线路完成放大处理。显示记录装置将经过处理的信号进行显示和记录。如果是用于监控的红外系统,还需将处理后的信号输入监控装置,以驱动执行机构工作,实现自动监控。与雷达系统和可见光仪器相比,红外系统具有如下特点:

(1) 尺寸小,重量轻;

(2) 能有效抵抗可见光波段的伪装;

(3) 能昼夜全天候工作;

(4) 比雷达有更高的角精确度;

(5) 对辅助装置要求少(有些需要制冷装置)。

# 1.3 红外技术的应用

## 1.3.1 红外技术的发展

在红外辐射被发现之初,红外技术的应用发展比较缓慢。但随着红外物理及技术的研究深入,红外技术逐渐应用到许多领域。早在 19 世纪,红外探测器出现后,人们就开始利用它研究天文星体的红外辐射。但是,红外技术真正获得实际应用是从 20 世纪开始的。红外技术首先受到了军事部门的关注,因为它提供了在黑暗中观察、探测军事目标自身辐射及进行保密通信的可能性。第一次世界大战期间,为了战争的需要,人们研制出了一些实验性的红外装置,如信号闪烁器、搜索装置等。虽然这些红外装置没有投入批量生产,但它已显示出红外技术的军用潜力。第二次世界大战前夕,德国第一个研制出了红外变像管,并在战场上应用。战争期间,德国一直全力投入对其他红外设备的研究。同时,美国也大力研究各种红外装置,如红外辐射源、窄带滤光片、红外探测器、红外望远镜、测辐射热计等。第二次世界大战后,前苏联也开始重视并大力发展红外技术的研究。

20 世纪 50 年代以后,随着现代红外探测技术的进步,军用红外技术得到了广泛的应用。美国研制的响尾蛇导弹上的寻的器制导装置和 U-2 间谍飞机上的红外照相机代表着当时军用红外技术的水平。因军事需要发展起来的前视红外装置(FLIR)获得了军界的重视,并得到广泛应用。机载前视红外装置能在 $1.5 \times 10^3 \text{m}$ 的上空探测到地面的人、小型车辆和隐蔽目标,能在 $2.0 \times 10^4 \text{m}$ 的高空分辨出汽车,特别是能探测到水下 40m 深处的潜艇。在海湾战争中,充分显示了红外技术,尤其是热成像技术在军事上的作用和威力。海湾战争从开始、作战到获胜的整个过程都是在夜间,夜视装备应用的普遍性乃是这次战争的最大特点之一。在战斗中投入的夜视装备之多,性能之好,是历次战争都所不能比拟的。美军每辆坦克、每个重要武器都配有夜视瞄准具,仅美军第二十四机械化步兵师就装备了上千套夜视仪。多国部队除了地面部队、海军陆战队广泛装备了夜视装置外,美国的 F-117 隐形战斗轰炸机、"阿帕奇"直升机、F-15E

战斗机、英国的"旋风"GRI 对地攻击机等都装有先进的热成像夜视装备。正因为多国部队在夜视和光电装备方面的优势，所以在整个战争期间掌握了绝对的主动权。多国部队利用飞机发射的红外制导导弹在海湾战争中发挥了极大的作用，他们仅在 10 天内就摧毁伊军坦克 650 辆、装甲车 500 辆。

目前，红外技术与激光技术并驾齐驱，在军事上占有举足轻重的地位。红外成像、红外侦察、红外跟踪、红外制导、红外预警、红外对抗等在现代和未来战争中都是很重要的战略和技术手段。

在 20 世纪 70 年代以后，军事红外技术又逐步向民用部门转化。红外加热和干燥技术广泛应用于工业、农业、医学、交通等各行业和部门。红外测温、红外理疗、红外检测、红外报警、红外遥感、红外防伪更是各行业争相选用的先进技术。这些新技术的采用使测量精度、产品质量、工作效率及自动化程度大大提高。特别是标志红外技术最新成就的红外热成像技术，不但在军事上具有很重要的作用，而且在民用领域也大有用武之地。它与雷达、电视一起构成了当代三大传感系统，尤其是焦平面阵列技术的采用，将使其发展成可与人眼相媲美的凝视系统。

## 1.3.2 红外技术在军事领域的应用

利用红外技术可以昼夜对目标进行探测、跟踪和识别。从红外技术的发展可以看出其在军事方面具有重要的应用价值。在现代战争中，获取战场信息的优势已经成为掌握战争主动权的核心内容，红外技术便是获取战场信息的关键技术之一。因此许多国家投入了大量的人力和物力去研究红外技术，并将其广泛应用到军事领域，对现代战争产生了巨大影响。

一切军事目标（如空中的飞机、导弹、地面的车辆、部队及各种装备、海洋中的舰船等）都在散发大量的红外辐射。利用红外设备，可以从空中、地面对这些目标进行侦察、监视和跟踪。红外技术装备与微波雷达系统相比，具有不可替代的优势，在军事领域具体的应用主要有以下几方面。

（1）红外制导

红外制导是利用目标自身的红外辐射来引导导弹或其他武器装备自动接近目标，以提高命中率。空空、空地、地空和反坦克导弹等均采用了红外制导技术。红外焦平面阵列制导技术还具有识别各类诱饵的能力，使武器对目标的命中率更高。1999 年，在北约国家对南联盟的轰炸中所使用的 11 种精确制导武器中，近半数采用了红外技术制导。图 1-6 所示为美国"海尔法"红外激光制导导弹发射的图片。

图 1-6 美国"海尔法"红外激光制导导弹

末敏弹中的制导部件常采用红外成像末敏器，在子弹进入稳定状态后，实时获取目标红外图像，并可检测出目标特征。

（2）红外夜视

红外夜视是除微光夜视以外的最主要的夜视手段。红外夜视仪在飞机的昼夜飞行（包括导航、搜索、目标捕获等）、武器瞄准、车辆驾驶、夜间战场侦察和观察、目标夜间定位跟踪、防空系统抗电磁干扰等方面都发挥着重要作用。图 1-7 所示为长波红外热像仪夜间拍摄的红外夜视图像。近年来，在警察追捕犯罪嫌疑人时，也常使用红外夜视手段来发现目标。图1-8所示为美国警方公布的、2013年波士顿马拉松爆炸案的第二犯罪嫌疑人藏匿在居民住宅后院游艇中的红外夜视图像。

图1-7　红外夜视图像

图1-8　波士顿爆炸案犯罪嫌疑人藏匿处红外图像

### （3）红外通信

在发射端用红外辐射的平行光束作为载波，通过强度调制来发送信息；接收端收到该束红外辐射时，就可以从强度变化中解调出所传输的信息。与微波通信相比，红外通信具有更好的方向性，适用于国防边界哨所和哨所之间的保密通信。日常生活中，红外线鼠标与键盘、红外线打印机等的应用也很普及。

### （4）红外预警

图1-9　红外预警卫星

将红外探测器安装在舰艇和飞机等平台上，可用于对来袭导弹和其他红外威胁进行预警，发出自动对抗命令，启动红外干扰设备进行自卫。被动红外预警不易被发现、被攻击，可以弥补无线电雷达易被发现的缺点。近年来，红外预警卫星也不断受到各国的重视，图1-9所示为美国弹道导弹的红外预警卫星效果图。红外预警系统具有天基、空基、海基和陆基等不同系统。

### （5）隐身藏匿武器探测

隐身武器装备虽然采用一些隐身措施，但其温度总比背景温度高，仍有可能被红外探测器检测到。将红外设备安装在空间平台上，可精确提供目标的角度位置信息，探测距离达数百千米。

藏匿于衣服内的武器，由于与其他部分的温度不同，也很容易被红外探测器检测到。如图1-10所示，图1-10(a)是可见光图像，看不见右边人衣服内的武器，图1-10(b)是红外图像，武器很容易被辨别出，图1-10(c)是经过处理的图像。

(a)

(b)

(c)

图1-10　藏匿于衣服内武器的图像

（6）红外对抗

红外对抗是随着红外制导技术的普遍使用而发展起来的，是指战争中敌对双方在红外频段上进行的电磁斗争，一方用多种手段破坏或削弱对方红外装备，另一方采用对抗措施诱骗对方，消除对方干扰，以保证一方红外装备和武器系统正常工作，它包括红外有源干扰和红外无源干扰。

红外对抗是消除目标与背景之间红外辐射的差异，使敌方红外探测设备无法探测、难以探测或探测准确率大幅降低，从而保护目标的军事对抗手段。例如，红外干扰机是模拟被保护目标的红外辐射并加以调制，使敌方导弹制导系统产生误差，攻击不到目标；红外诱饵是利用不同的材料燃烧时发出的红外辐射特性不同的原理，制作红外曳光弹、热气球及喷射燃油等，制造假象，引诱红外制导的导弹偏离目标，保护自身；红外烟雾利用光被吸收或散射的原理，主要干扰热成像系统，对可见光、电视、激光等瞄准器材具有很大阻碍作用；红外隐身技术则是用各种方法改变目标的红外辐射特性，使红外仪器观测不到，如采用特殊涂料或不利于反射的外表形状等都是常用的红外隐身方法。

图 1-11　B-2 红外隐身轰炸机

美国 B-2 红外隐身轰炸机为达到隐身效果，将发动机置于左右翼上边，进气口呈 M 形，尾喷口低于进气口；喷嘴设计为扁平状，飞机后方无法看到；采用了大量红外隐身性能的复合材料；利用了燃料添加剂和导流系统，来消除发动机尾气凝结轨迹的行程等，如图 1-11 所示。

### 1.3.3　红外技术在国民经济领域的应用

红外技术在国民经济领域的应用也越来越广泛，主要体现在以下几个方面。

（1）红外测温

图 1-12　红外体温测量

红外测温是利用红外探测器接收到被测物体的热辐射与温度关系的原理而提出的一种非接触式测温方法。便于测量不易接触或不能接触的高温、移动、化学、危险的物品温度。图 1-12 所示为红外人体体温测量的场景，由于是非接触式测量，可以减少接触性传染病的传播机会，且快捷方便。

（2）红外遥控

红外遥控是非常成熟的技术，信号调试电路简单，具有较强的抗干扰能力，也不会干扰其他电气设备工作、影响周围环境。其使用一个红外发射源（通常是红外发光二极管）发射编码信息，被红外接收器收到后经过解码得到遥控指令，从而控制各种动作。一般红外遥控器采用波长范围为 0.76～1.50μm 的近红外线来传送遥控信号。

红外遥控系统主要由遥控发射器、红外接收器、单片机、接口电路组成，如图 1-13 所示。遥控发射器产生遥控编码脉冲，驱动红外发射管输出红外遥控信号，红外接收器完成对遥控信号的放大、检波、整形、解调出遥控编码脉冲。遥控编码脉冲是一组串行二进制码，对于一般的红外遥控系统，此串行码输入到微控制器，由其内部 CPU 完成对遥控指令解码，并执行相应的遥控功能。使用遥控器作为控制系统的输入，需要解决如下几个关键问题：如何接收红外遥控信号；如何识别红外遥控信号，解码软件的设计、控制程序的设计。

图 1-13　红外遥控系统组成框图

（3）红外医疗

红外医疗主要体现在红外诊断、红外理疗等方面，红外理疗是中国的传统医疗手段，红外诊断是正在兴起的医疗诊断技术。热像仪已经是癌症早期诊断的常用设备，是皮肤、骨骼、血管等病变诊断的标准手段，目前又开始用于手术中病人心脏和血管的实时监测，以便发现异常，及时采取措施。图 1-14(a)所示为乳腺癌病灶红外热图像，可见图像左侧病灶。急性炎症由于局部充血，皮温上升，也容易被热像仪显示出来，如图 1-14(b)所示。

(a) 乳腺癌病灶　　　　　　　　　　　　(b) 急性炎症

图 1-14　医疗诊断红外热图像

（4）红外遥感

红外遥感是红外物理与技术研究及应用进展的重要标志之一。利用飞机、卫星等运载工具把红外传感器带到空中，接收和记录地面各种物体发射和反射的辐射信号，并将这些信息进行图像处理和分析判断，以达到探测地球和环境的目的。红外遥感在农业、地质、测绘、气象、海洋和救灾等方面都有广泛的应用。由于具有保密性好、抗干扰能力强、能昼夜工作等优点，在气象土地资源管理、自然灾害、环境污染分析等方面也具有重要价值，并取得许多令人瞩目的成果。红外光学遥感器是空间光学遥感器中研制难度最大、用途最广的，其集合了光学、精密仪器、空间制冷、温度控制、系统遥控、探测器等多种领域的技术，是一个国家综合科技实力的体现。

美国国家航空航天局（National Aeronautics and Space Administration，NASA）的 LANDSAT 卫星的主要功能是从空间获取地球表面的图像，其主要工作波段如表 1-2 所示，每个波段的特征和用途也显示在表中，从中可以看出红外遥感的重要价值。

表 1-2 LANDSAT 卫星的主要工作波段

| 波 段 号 | 名 称 | 波长范围（μm） | 特征和用途 |
| --- | --- | --- | --- |
| 1 | 可见蓝光 | 0.45～0.52 | 对水体有最大的穿透性 |
| 2 | 可见绿光 | 0.52～0.60 | 适用于度量植物活力 |
| 3 | 可见红光 | 0.63～0.69 | 植被辨别 |
| 4 | 近红外光 | 0.76～0.90 | 生物团和海岸线测绘 |
| 5 | 中红外光 | 1.55～1.75 | 土壤和植被含水量 |
| 6 | 热红外光 | 10.4～12.5 | 土壤温度、热量测绘 |
| 7 | 远红外光 | 2.08～2.35 | 矿物测绘 |

（5）红外辐射加热

红外辐射加热是通过选用某些发射率高的材料实现的，如红外烤炉，其工业用途很广，在果蔬脱水干燥、涂层固化、沥青路面养护、印刷烘干、电热采暖等方面都发挥了重大作用。红外辐射加热在节约场地、材料的同时又可大幅度节约能源，因而受到各行各业的广泛重视。

（6）红外光谱技术

红外光谱技术根据不同的物体在不同条件下发出的红外波段光谱辐射特性的不同，来监测和鉴别物质成分，在公安、环保、考古和文物鉴定等方面的应用很多。以傅里叶光谱技术为代表的红外光谱学在气态、液态、固态等不同形态分析对象中得到广泛应用，如大气污染分析、混合气体中大气毒物定量分析、燃烧废气检测、润滑油品质分析、化妆品质量分析等。红外光谱技术与气相色谱相结合，可使定量分析和定性分析更加准确。

图 1-15 所示为近红外光谱仪。利用红外光谱对物质分子进行分析和鉴定时，将一束不同波长的红外光照射到物质的分子上，某些特定波长的红外射线被吸收，形成这一分子的红外吸收光谱。每种分子都有由其组成和结构决定的独有的红外吸收光谱，据此可以对分子进行结构分析和鉴定。红外吸收光谱是由分子不停地做振动和转动运动而产生的，分子振动是指分子中各原子在平衡位置附近做相对运动，多原子分子可组成多种振动图形。当分子

图 1-15 近红外光谱仪

中各原子以同一频率、同一相位在平衡位置附近做简谐振动时，这种振动方式称为简正振动（如伸缩振动和变角振动）。分子振动的能量与红外射线的光量子能量正好对应，因此当分子的振动状态改变时，就可以发射红外光谱，也可以因红外辐射激发分子振动而产生红外吸收光谱。分子的振动和转动的能量不是连续而是量子化的。由于在分子的振动跃迁过程中也常常伴随转动跃迁，使振动光谱呈带状，因而分子的红外光谱属带状光谱。

（7）红外故障诊断

电力部门用红外热像仪对输电线路、变压器等装置进行带电检测，以便及时发现故障隐患，保障电力供应。

输电线路和设备的不良接触点或故障部位的电阻值往往会变大，电流超温，从而形成不正常线路部分温度高的热点，利用红外热成像方法很容易监测到这些热点部分，进而确定故障位置，根据热点形状也能得到故障类型信息。图 1-16 所示为工作人员正在利用红外探测器对电力设施进行红外故障检测，图 1-16(b)为某变压器低压侧接头图像，3 个接头中左边两个发热，图像很亮，说明其存在接触不良、松动等故障。

在冶金部门，通过红外成像检查炉体、反应塔、管路的温度分布，以及时发现炉衬腐蚀情况、泄漏情况；在对供热系统、暖通空调系统的检测中也大量采用红外检测技术。

(a) 检测现场　　　　　　　　　　　(b) 变压器故障红外图像

图 1-16　电力设施红外故障诊断

在交通通信系统中，故障的电线在受热膨胀后会失去张力而下垂，甚至碰到路过的车辆导致事故，人工检测需要大量的人力和时间，且在交通繁忙时影响正常交通，法国已经利用红外成像方法来检测维护交通通信系统，在火车头部安装红外探测仪。

在对电路板产品进行检验时，可以用热像仪对电路板进行检测，通过显示出的不同温度点对元器件所承受的电流、电压等情况进行了解。在维修时，通过热像仪往往不需要线路图即可快速定位板内短路点在何处，以便进一步处理。在对整个电器产品进行系统设计时，需要根据实际情况进行散热构件的设计，如散热片、散热孔、风扇等，同时需要研究各部件在不同负荷下散热的变换，因而了解其温度场分布是很关键的，通过热像仪可方便得出结果，并定量地了解热量传递（热传递、辐射、对流）的状况。

（8）红外灾害观测

在火灾等灾害发生时，利用红外成像易穿透烟雾的特点，可以避免可见光成像的缺陷，及时发现火点，指导灭火措施。在森林火灾中，常采用直升机空中拍摄红外图像或视频，以准确观察灾情、火势蔓延趋势。

红外热像仪是检测火山情况的良好选择，可以深入探测到火山的复杂内部情况。利用红外技术可以绘制火山内部活动的熔岩流、探测新的裂缝、探测火山口内部形态和温度，观测爆发前的内部形态变化。图 1-17 所示为火山喷发时的红外和可见光对比图像，从中可以看出红外灾害观测的优势。

（9）建筑物检测

隔热性能不良、潮气、外表面裂缝及不达标工程往往造成较大的经济损失，而人工目测却找不出问题所在。红外热像仪能在尽量不对人或建筑物造成影响的情况下查找问题根源。而且，诊断问题快速、可靠，是建筑领域专家首选的建筑物质量检测工具。图 1-18 所示为某建筑物红外检测图。建（构）筑物的各种管道在使用过程中因各种因素导致的开裂、断裂而造成渗漏等缺陷，均可用红外热像仪进行检测。

建筑物总能耗中高达 50%的能耗来源于热量损失。墙壁通风、门窗密闭不良等漏风部位是热量损失的主要根源。房屋空气泄漏、漏风的途径多种多样，若不借助红外成像技术，往往很难进行可视探测。利用红外技术可以快速识别漏风区域，杜绝能量损耗问题。

(a) 红外图像

(b) 可见光图像

图 1-17 火山喷发时的红外和可见光对比图像

图 1-18 建筑物红外检测图

# 小 结

本章呈现了红外辐射的发现过程、波段划分及特点，阐述了红外物理与技术的基本内容，为读者建立了红外辐射的基本概念、明确红外物理与技术的研究范围与框架奠定基础；由于篇幅所限，对红外技术的常见应用领域进行了简要介绍，为读者查阅资料进一步了解相应领域提供了依据。后续的章节将对红外物理与技术的主要内容进行详细地阐述。

# 习 题

1-1 名词解释：

红外辐射、红外故障诊断、红外物理

1-2 填空题：

（1）红外线是 1800 年由英国天文学家威廉·赫谢尔在研究＿＿＿＿时发现的。一切温度高于＿＿＿＿的有生命和无生命的物体都在不停地辐射红外线。

（2）由于电磁波的频率＿＿＿＿并且＿＿＿＿，所以多用波长来描述紫外线、可见光和红外线等。

（3）电磁波谱中红外线的波长范围是＿＿＿＿，跨越大致＿＿＿＿个倍频程。

（4）工程实践中，一般长波红外探测器的工作波段为＿＿＿＿μm，中波红外探测器的工作波段为＿＿＿＿μm。

（5）在红外医疗诊断时，急性炎症由于＿＿＿＿，发炎部位容易用热像仪将其显示出来。

（6）输电线路和设备的不良接触点或故障部位的＿＿＿＿会变大，电流超温，从而形成＿＿＿＿，利用红外热成像方法很容易确定故障位置。

1-3 红外辐射光谱区内的波段是如何划分的？

1-4 与可见光相比，红外辐射有哪些特点？

1-5 请说明红外物理与红外技术的关系。

1-6 红外技术在军事领域有哪些应用？

1-7 红外技术在国民经济领域有哪些应用？

1-8 上网查阅：

（1）在现代光电对抗战争中，主要采用了哪些红外对抗手段？其技术原理是什么？

（2）国内外有哪些知名的、专业的红外技术产品生产企业？其主要产品是什么？

# 参 考 文 献

[1] 石晓光，王蓟，叶文. 红外物理[M]. 北京：兵器工业出版社，2006.

[2] 叶玉堂，刘爽. 红外与微光技术[M]. 北京：国防工业出版社，2010.

[3] 张建奇，方小平. 红外物理[M]. 西安：西安电子科技大学出版社，2004.

[4] 白廷柱，金伟其. 光电成像原理与技术[M]. 北京：北京理工大学出版社，2006.

[5] 常本康，蔡毅. 红外成像阵列与系统（修订版）[M]. 北京：科学出版社，2009.

[6] 谭吉春. 夜视技术[M]. 北京：国防工业出版社，1999.

[7] 邢素霞. 红外热成像与信号处理[M]. 北京：国防工业出版社，2011.

[8] 杨晓峰，许丽萍. 物理学（下）[M]. 上海：复旦大学出版社，2013.

[9] 阮秋琦，阮宇智等译. 数字图像处理（第三版）[M]. 北京：电子工业出版社，2012.

[10] http://world.gmw.cn/2013-04/22/content_7392038.htm.

# 第2章 辐射度量基础

## 引 言

光辐射的度量包括辐射度学和光度学两套度量系统。辐射度学是建立在物理测量系统基础上的辐射能的客观度量，它不受人眼主观视觉的限制。其按照几何光学基于两个假设：第一，辐射按直线传播，辐射的波动性不会使辐射能的空间分布偏离几何光路；第二，辐射是不相干的，不考虑干涉效应。辐射度学的概念和方法适用于整个光辐射范围，如红外辐射、可见光和紫外辐射等。光度学建立在人眼对光引起的主观感觉的基础上，是一种心理物理法的测量，除包括辐射能这一客观物理量的度量外，还考虑人眼视觉机理和感觉印象等心理因素。光度学的概念和方法只适用于可见光范围。在进行光辐射能的测量和计算时，可根据需要选用一种度量系统。

本章目的：（1）掌握辐射度量的基础知识，首先阐述基本辐射量、光谱辐射量、光子辐射量，读者应熟练掌握这些基本概念，为以后各部分内容的学习打下基础；（2）详细讲述朗伯余弦定律、朗伯辐射体以及朗伯辐射度量中的基本规律。

## 2.1 辐 射 量

### 2.1.1 基本辐射量

（1）辐射能

辐射能是以电磁波的形式发射、传输或接收的能量，用 $Q$ 表示，单位是 J。辐射场内单位体积中的辐射能称为辐射能密度，用 $\omega$ 表示，单位是 $J/m^3$，其定义式为

$$\omega = \frac{\partial Q}{\partial V} \tag{2-1}$$

式中，$V$ 为体积，单位是 $m^3$。

因为辐射能还是波长、面积、立体角等许多因素的函数，所以 $\omega$ 和 $Q$ 的关系用 $Q$ 对 $V$ 的偏微分来定义。同理，后面讨论的其他辐射量也将用偏微分来定义。

（2）辐射功率

辐射功率就是单位时间内发射、传输或接收的辐射能。用 $P$ 表示，单位是 W，其定义式为

$$P = \frac{\partial Q}{\partial t} \tag{2-2}$$

式中，$t$ 为时间，单位为 s。

辐射功率 $P$ 与辐射通量 $\Phi$ 混用。辐射在单位时间内通过某一面积的辐射能称为经过该面积的辐射通量，辐射通量也称为辐通量。

（3）辐射强度

辐射强度描述的是点辐射源的辐射功率在空间不同方向上的分布特性。

辐射源一般分为点辐射源（简称点源）和扩展辐射源（简称扩展源或面源）。

点源就是其物理尺寸可以忽略不计，理想上将其抽象为一个点的辐射源。否则，就是扩展源。真正的点源是不存在的。在实际情况下，能否把辐射源看成是点源，首先问题不是辐射源的真实物理尺寸，而是它相对于观测者（或探测器）所张的立体角度。例如，距地面遥远的一颗星体，它的真实物理尺寸可能很大，但是却可以把它看成是点源。同一辐射源，在不同场合，可以是点源，也可以是扩展源。例如，喷气式飞机的尾喷口，在 1km 以外处观测，可以作为点源处理，而在 3m 处观测，就表现为一个扩展源。一般来说，如果测量装置没有使用光学系统，只要在比辐射源的最大尺寸大 10 倍的距离处观测，辐射源就可视为一个点源。如果测量装置使用了光学系统，则基本的判断标准是探测器的尺寸和辐射源像的尺寸之间的关系：如果像比探测器小，辐射源可以认为是一个点源；如果像比探测器大，则辐射源可认为是一个扩展源。

辐射源在某一方向上的辐射强度是指辐射源在包含该方向的单位立体角内所发出的辐射功率，用 $I$ 表示。如图 2-1 所示，若一个点源在围绕某指定方向的小立体角元 $\Delta\Omega$ 内发射的辐射功率为 $\Delta P$，则 $\Delta P$ 与 $\Delta\Omega$ 之比的极限就是辐射源在该方向上的辐射强度 $I$，即

$$I = \lim_{\Delta\Omega \to 0}\left(\frac{\Delta P}{\Delta\Omega}\right) = \frac{\partial P}{\partial\Omega} \tag{2-3}$$

所以说，辐射强度是辐射功率在某方向上的角密度的度量。按定义，辐射强度的单位是 W/sr。

辐射强度对整个发射立体角 $\Omega$ 进行积分，就可给出辐射源发射的总辐射功率 $P$，即

$$P = \int_{\Omega} I\mathrm{d}\Omega \tag{2-4}$$

对于各向同性的辐射源，$I$ 等于常数，则由式（2-4）得，$P = 4\pi I$。对于辐射功率在空间分布不均匀的辐射源，一般来说，辐射强度 $I$ 与方向有关。

（4）辐射出射度

辐射出射度（简称辐出度）是描述扩展源辐射特性的量。辐射源单位表面积向半球空间（ $2\pi$ 立体角）内发射的辐射功率称为辐射出射度，用 $M$ 表示。

如图 2-2 所示，若面积为 $A$ 的扩展源上围绕 $x$ 点的一个小面元 $\Delta A$，向半球空间内发射的辐射功率为 $\Delta P$，则 $\Delta P$ 与 $\Delta A$ 之比的极限值就是该扩展源在 $x$ 点的辐射出射度，即

$$M = \lim_{\Delta A \to 0}\left(\frac{\Delta P}{\Delta A}\right) = \frac{\partial P}{\partial A} \tag{2-5}$$

辐射出射度是扩展源所发射的辐射功率在源表面分布特性的描述，它是辐射功率在某一点附近的面密度的度量。按定义，辐射出射度的单位是 W/m²。

对于发射不均匀的辐射源表面，表面上各点附近将有不同的辐射出射度。一般来说，辐射出射度 $M$ 是源表面上位置 $x$ 的函数。辐射出射度 $M$ 对源发射表面积 $A$ 的积分，就是该辐射源发射的总辐射功率，即

$$P = \int_A M\mathrm{d}A \tag{2-6}$$

如果辐射源表面的辐射出射度 $M$ 为常数，则它所发射的辐射功率为 $P = MA$。

图 2-1 辐射强度的定义

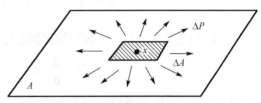

图 2-2 辐射出射度的定义

（5）辐射亮度

辐射强度 $I$ 可以描述点源在空间不同方向上的辐射功率分布，而辐射出射度 $M$ 可以描述扩展源在源表面不同位置上的辐射功率分布。为了描述扩展源所发射的辐射功率在源表面不同位置上沿空间不同方向的分布特性，引入了辐射亮度的概念。辐射亮度（简称辐亮度）是描述扩展源辐射特性的量，其描述如下：辐射源在某一方向上的辐射亮度是指在该方向上的单位投影面积向单位立体角内发射的辐射功率，用 $L$ 表示。

如图 2-3 所示，若在扩展源表面上某点 $x$ 附近取一小面元 $\Delta A$，该面积向半球空间发射的辐射功率为 $\Delta P$。如果进一步考虑，在与面元 $\Delta A$ 的法线夹角为 $\theta$ 的方向上取一个小立体角元 $\Delta \Omega$，那么，从面元 $\Delta A$ 向立体角元 $\Delta \Omega$ 内发射的辐射通量是二级小量 $\Delta(\Delta P) = \Delta^2 P$。当在 $\theta$ 方向观察到来自 $\Delta A$ 的辐射时，看到的面元 $\Delta A$ 的有效面积即投影面积，公式是 $\Delta A_0 = \Delta A \cos\theta$，所以在 $\theta$ 方向的立体角元 $\Delta \Omega$ 内发出的辐射就等效于从辐射源的投影面积 $\Delta A_0$ 上发出的辐射。因此，在 $\theta$ 方向观测到的辐射源表面上位置 $x$ 处的辐射亮度就是 $\Delta^2 P$ 比 $\Delta A_0$ 与 $\Delta \Omega$ 之积的极限值，即

$$L = \lim_{\substack{\Delta A \to 0 \\ \Delta \Omega \to 0}} \left( \frac{\Delta^2 P}{\Delta A_0 \Delta \Omega} \right) = \frac{\partial^2 P}{\partial A_0 \partial \Omega} = \frac{\partial^2 P}{\partial A \partial \Omega \cos\theta} \tag{2-7}$$

式（2-7）表明，辐射亮度是扩展源辐射功率在空间分布特性的描述。辐射亮度的单位是 $\mathrm{W}/(\mathrm{m}^2 \cdot \mathrm{sr})$。

图 2-3 辐射亮度的定义

一般来说，辐射亮度的大小应该与源表面上的位置 $x$ 及方向 $\theta$ 有关。

既然辐射亮度 $L$ 和辐射出射度 $M$ 都是表征辐射功率在表面上的分布特性，而 $M$ 是单位面积向半球空间发射的辐射功率，$L$ 是单位表观面积向特定方向上的单位立体角发射的辐射功率，所以可以推出二者之间的关系。

由式（2-7）可知，源面上的小面元 $\mathrm{d}A$ 在 $\theta$ 方向上的小立体角元 $\mathrm{d}\Omega$ 内发射的辐射功率为 $\mathrm{d}^2P = L\cos\theta\mathrm{d}\Omega\mathrm{d}A$，所以 $\mathrm{d}A$ 向半球空间发射的辐射功率可以通过对立体角积分得到，即

$$\mathrm{d}P = \int_{\text{半球空间}} \mathrm{d}^2P = \int_{2\pi\text{球面度}} L\cos\theta\mathrm{d}\Omega\mathrm{d}A$$

根据 $M$ 的定义式（2-5），我们就得到 $L$ 与 $M$ 的关系式

$$M = \frac{\mathrm{d}P}{\mathrm{d}A} = \int_{2\pi\text{球面度}} L\cos\theta\mathrm{d}\Omega \tag{2-8}$$

在实际测量辐射亮度时，总是用遮光板或光学装置将测量限制在扩展源的一小块面元 $\Delta A$ 上。在这种情况下，由于小面元 $\Delta A$ 比较小，就可以确定处于某一 $\theta$ 方向上的探测器表面对 $\Delta A$ 中心所张的立体角元 $\Delta\Omega$。此时，用测得的辐射功率 $\Delta(\Delta P(\theta))$ 除以被测小面积元 $\Delta A$ 在该方向上的投影面积 $\Delta A\cos\theta$ 和探测器表面对 $\Delta A$ 中心所张的立体角元 $\Delta\Omega$，便可得到辐射亮度 $L$。从理论上讲，在立体角元 $\Delta\Omega$ 内所测得的辐射功率 $\Delta(\Delta P)$ 除以立体角元 $\Delta\Omega$，就是辐射强度 $I$。

辐射强度是描述点源辐射空间角分布特性的物理量，只有当辐射源面积（严格讲，应该是空间尺度）比较小时，才可将其看成是点源。此时，将这类辐射源称为小面源或微面源。实际上，小面源是具有一定尺度的"点源"，它是联系理想点源和实际面源的桥梁。对于小面源而言，它既有点源特性的辐射强度，又有面源的辐射亮度。

$\theta$ 对于上述所测量的小面积元 $\Delta A$，有

$$L = \frac{\partial}{\partial A\cos\theta}\left(\frac{\partial P}{\partial\Omega}\right) = \frac{\partial I}{\partial A\cos\theta} \tag{2-9}$$

和

$$I = \int_{\Delta A} L\mathrm{d}A\cos\theta \tag{2-10}$$

如果小面源的辐射亮度 $L$ 不随位置变化（由于小面源 $\Delta A$ 面积较小，通常可以不考虑 $L$ 随 $\Delta A$ 上位置的变化），则小面源的辐射强度为

$$I = L\Delta A\cos\theta \tag{2-11}$$

即小面源在空间某一方向上的辐射强度等于该面源的辐射亮度乘以小面源在该方向上的投影面积（或表观面积）。

（6）辐射照度

上面介绍的各辐射量都是对辐射源发射的辐射量的描述。在实际应用当中还需要一个表示物体表面接收辐照程度的物理量，这就是辐射照度（简称辐照度）。

辐射照度是指被照表面的单位面积上接收到的辐射功率，用 $E$ 表示。如图 2-4 所示，若在被照表面上围绕 $x$ 点取小面元 $\Delta A$，投射到 $\Delta A$ 上的辐射功率为 $\Delta P$，则表面上 $x$ 点处的辐射照度为

$$E = \lim_{\Delta A \to 0} \left( \frac{\Delta P}{\Delta A} \right) = \frac{\partial P}{\partial A} \qquad (2\text{-}12)$$

辐射照度的数值是投射到表面上每单位面积的辐射功率，辐射照度的单位是 $W/m^2$。

一般来说，辐射照度与 $x$ 点在被照面上的位置有关，而且与辐射源的特性及相对位置有关。

辐射照度和辐射出射度具有同样的单位，它们的定义式相似，但应注意它们的差别。辐射出射度描述辐射源的特性，它包括辐射源向整个半球空间发射的辐射功率；辐射照度描述被照表面的特性，它可以是由一个或数个辐射源投射的辐射功率，也可以是来自指定方向的一个立体角中投射来的辐射功率。

图 2-4　辐射照度的定义

基本辐射量的名称、符号、意义和单位如表 2-1 所示。

表 2-1　基本辐射量的名称、符号、意义和单位

| 名称 | 符号 | 意　　义 | 定　义　式 | 单位(SI) |
|---|---|---|---|---|
| 辐射能 | $Q$ | 以电磁波的形式发射、传递或接收的能量 | | J（焦耳） |
| 辐射能密度 | $\omega$ | 辐射场内单位体积中的辐射能 | $\omega = \dfrac{\partial Q}{\partial V}$ | $J/m^3$（焦耳/米$^3$） |
| 辐射功率 | $P$ | 单位时间内发射、传输或接收的辐射能 | $P = \dfrac{\partial Q}{\partial t}$ | W（瓦特） |
| 辐射强度 | $I$ | 点源向某方向单位立体角发射的辐射功率 | $I = \dfrac{\partial P}{\partial \Omega}$ | W/sr（瓦/球面度） |
| 辐射出射度 | $M$ | 辐射源单位表面积向半球空间内发射的辐射功率 | $M = \dfrac{\partial P}{\partial A}$ | $W/m^2$（瓦/米$^2$） |
| 辐射亮度 | $L$ | 扩展源在某方向上单位投影面积和单位立体角内发射的辐射功率 | $L = \dfrac{\partial^2 P}{\partial A_0 \partial \Omega}$ | $W/(m^2 \cdot sr)$[瓦/（米$^2$·球面度）] |
| 辐射照度 | $E$ | 入射到单位接收表面积上的辐射功率 | $E = \dfrac{\partial P}{\partial A}$ | $W/m^2$（瓦/米$^2$） |

## 2.1.2　光谱辐射量

前面介绍的辐射能、辐射功率、辐射强度、辐射出射度、辐射亮度和辐射照度等实际上包含了波长从 $0 \sim \infty$ 的全部辐射的辐射量，因此它们被称为全辐射量。然而，任何辐射源发出的辐射或投射到物体表面的辐射，都有一定的光谱分布特征。因此上述各量均有相应的光谱辐射量。

如果关心的是在某特定波长 $\lambda$ 附近的辐射特性，那么就可以在指定波长 $\lambda$ 处取一个小的波长间隔 $\Delta\lambda$，在此小波长间隔内的辐射量 $X$（它可以是 $Q$、$P$、$M$、$I$、$L$ 和 $E$）的增量 $\Delta X$ 与 $\Delta\lambda$ 之比的极限，就定义为相应的光谱辐射量，并记为

$$X_\lambda = \lim_{\Delta\lambda \to 0} \left( \frac{\Delta X}{\Delta\lambda} \right) = \frac{\partial X}{\partial \lambda} \qquad (2\text{-}13)$$

例如，光谱辐射功率 $P_\lambda = \lim\limits_{\Delta\lambda \to 0} \left( \dfrac{\Delta P}{\Delta\lambda} \right) = \dfrac{\partial P}{\partial \lambda}$，它表征在指定波长 $\lambda$ 处单位波长间隔内的辐射功率，其单位是 $W/\mu m$。$P_\lambda$ 通常是 $\lambda$ 的函数，即

$$P_\lambda = P(\lambda) \tag{2-14}$$

式中，下标 $\lambda$ 表示对 $\lambda$ 的偏微分，而括号中的 $\lambda$ 表示的是关于 $\lambda$ 的函数。

从光谱辐射功率的定义式可得，在波长 $\lambda$ 处的小波长间隔 $d\lambda$ 内的辐射功率为

$$dP = P_\lambda d\lambda \tag{2-15}$$

只要 $d\lambda$ 足够小，式（2-15）中的 $dP$ 就可以称为波长为 $\lambda$ 的单色辐射功率。将式（2-15）从 $\lambda_1$ 到 $\lambda_2$ 积分，即可得到在光谱带 $(\lambda_1, \lambda_2)$ 之间的辐射功率

$$P_{\Delta\lambda} = \int_{\lambda_1}^{\lambda_2} P_\lambda d\lambda \tag{2-16}$$

如果 $\lambda_1 = 0$ 而 $\lambda_2 = \infty$，就得到全辐射功率，即

$$P = \int_0^\infty P_\lambda d\lambda \tag{2-17}$$

光谱辐射功率 $P_\lambda$ 是单位波长间隔的辐射功率，它是表征辐射功率波长分布特性的物理量，并非真正的辐射功率的度量。单色辐射功率 $dP$ 指在足够小的波长间隔内的辐射功率。光谱带内的辐射功率 $P_{\Delta\lambda}$ 是指在较大的波长间隔内的辐射功率。全辐射功率 $P$ 是指 $(0, \infty)$ 全部波长内的辐射功率。$dP$ 和 $P_{\Delta\lambda}$ 的不同之处在于所占的波长范围不同，而单位都是 W，都是真正辐射功率的度量。

与光谱辐射功率的定义相类似，其他光谱辐射量的定义如下：
光谱辐射强度为

$$I_\lambda = \lim_{\Delta\lambda \to 0}\left(\frac{\Delta I}{\Delta\lambda}\right) = \frac{\partial I}{\partial\lambda} \tag{2-18}$$

光谱辐射出射度为

$$M_\lambda = \lim_{\Delta\lambda \to 0}\left(\frac{\Delta M}{\Delta\lambda}\right) = \frac{\partial M}{\partial\lambda} \tag{2-19}$$

光谱辐射亮度为

$$L_\lambda = \lim_{\Delta\lambda \to 0}\left(\frac{\Delta L}{\Delta\lambda}\right) = \frac{\partial L}{\partial\lambda} \tag{2-20}$$

光谱辐射照度为

$$E_\lambda = \lim_{\Delta\lambda \to 0}\left(\frac{\Delta E}{\Delta\lambda}\right) = \frac{\partial E}{\partial\lambda} \tag{2-21}$$

只要以各光谱辐射量取代式（2-15）中的 $P$，就能得到相应的单色辐射量；利用式（2-16）作类似的代换，就能得到相应的波段辐射量；利用式（2-17）做类似的代换，就能得到相应的全辐射量。

### 2.1.3　光子辐射量

光子探测器是红外技术中常用的一类探测器。对于入射辐射的响应，这类探测器通常考虑它每秒钟接收到的光子数目，而不是考虑它入射辐射的功率。因此，描述这类探测器的性

能和与其有关的辐射量时，通常采用每秒接收（或发射、传输）的光子数代替辐射功率来定义各辐射量。这样定义的辐射量叫做光子辐射量。

（1）光子数

光子数是指由辐射源发出的光子数量，用 $N_p$ 表示，是无量纲的量。

可以从光谱辐射能 $Q_v$ 推导出光子的表达式为

$$\mathrm{d}N_p = \frac{Q_v}{hv}\mathrm{d}v \tag{2-22}$$

$$N_p = \int \mathrm{d}N_p = \frac{1}{h}\int \frac{Q_v}{v}\mathrm{d}v \tag{2-23}$$

式中，$v$ 为频率；$h$ 为普朗克常数。

（2）光子通量

光子通量是指在单位时间内发射、传输或接收到的光子数，用 $\Phi_p$ 表示，单位是1/s，即

$$\Phi_p = \frac{\partial N_p}{\partial t} \tag{2-24}$$

（3）光子辐射强度

光子辐射强度是光源在给定方向上的单位立体角内所发射的光子通量，用 $I_p$ 表示，单位是1/(s·sr)，即

$$I_p = \frac{\partial \Phi_p}{\partial \Omega} \tag{2-25}$$

（4）光子辐射亮度

辐射源在给定方向上的辐射亮度是指在该方向上的单位投影面积向单位立体角中发射的光子通量，用 $L_p$ 表示。在辐射源表面或辐射路径的某一点上，离开、到达或通过该点附近面元并在所给定方向上的立体角元传播的光子通量除以该立体角元和面元在该方向上的投影面积的商为光子辐射亮度，单位是1/(s·m²·sr)，即

$$L_p = \frac{\partial^2 \Phi_p}{\partial \Omega \partial A \cos\theta} \tag{2-26}$$

（5）光子辐射出射度

辐射源单位表面积向半球空间2π 内发射的光子通量，称为光子辐射出射度，用 $M_p$ 表示，单位是1/(s·m²)，即

$$M_p = \frac{\partial \Phi_p}{\partial A} = \int_{2\pi} L_p \cos\theta \mathrm{d}\Omega \tag{2-27}$$

（6）光子辐射照度

光子辐射照度是指被照表面上某一点附近，单位面积上接收到的光子通量，用 $E_p$ 表示，单位是1/(s·m²)，即

$$E_p = \frac{\partial \Phi_p}{\partial A} \tag{2-28}$$

（7）光子曝光量

光子曝光量是指表面上一点附近单位面积上接收到的光子数，用 $H_p$ 表示，即

$$H_p = \frac{\partial N_p}{\partial A} = \int E_p \mathrm{d}t \tag{2-29}$$

光子曝光量 $H_p$ 还有一个等效的定义，即光子照度与辐射照射的持续时间的乘积。

## 2.2 光 度 量

光就是能引起人眼光亮感觉的电磁辐射。实际上，人眼对很强的紫外线或红外线也会有反应，但这种反应实际上并不是光亮感觉，而是其他物理的或生理的现象感觉。光线进入人眼后产生的知觉称为视觉，它包括对视场内物体明暗、形状、颜色等的知觉。物体成像的信息还要经过神经纤维传送到大脑进行"处理"，才能使人眼中产生的原始信息变成一定的生理信号，形成定态的视觉。

光度量是具有"标准人眼"视觉响应特性的人眼对所接收到的辐射量的度量。这样，光度学除了包括辐射能客观物理量的度量外，还应考虑人眼视觉机理的生理和感觉印象等心理因素。评定辐射能对人眼引起视觉刺激值的基础是辐射的光谱光视效能 $K(\lambda)$，即人眼对不同波长光的光能产生光感觉的效率。根据 $K(\lambda)$ 可定义一些光度量。

### 2.2.1 光视效能与光视效率

光视效能 $K$ 定义为光通量 $\Phi_v$ 与辐射通量 $\Phi_e$ 之比，即

$$K = \frac{\Phi_v}{\Phi_e} \tag{2-30}$$

由于人眼对不同波长的光的响应是不同的，随着光的光谱成分的变化（即波长 $\lambda$ 不同），$K$ 值也在变化，因此人们又定义了光谱光视效能 $K(\lambda)$，即

$$K(\lambda) = \frac{\Phi_{v\lambda}}{\Phi_{e\lambda}} \tag{2-31}$$

参数 $K(\lambda)$ 值表示在某一波长上每 1W 光功率对目视引起刺激的光通量，它是衡量光源产生视觉效能大小的一个重要指标，量纲是 lm/W（流明/瓦）。显然，由于人眼对不同波长的光敏感程度不同，因此 $K(\lambda)$ 值在整个可见光谱区的每一波长处均不同。

光视效能与光谱光视效能的关系为

$$K = \frac{\int \Phi_{v\lambda} \mathrm{d}\lambda}{\int \Phi_{e\lambda} \mathrm{d}\lambda} = \frac{\int K(\lambda) \Phi_{e\lambda} \mathrm{d}\lambda}{\int \Phi_{e\lambda} \mathrm{d}\lambda} \tag{2-32}$$

对大量具有正常视力的观察者所做的实验表明，在光照足够的条件下，人眼对波长 555nm 的绿光最灵敏，即光谱光视效能 $K(\lambda)$ 的最大值在波长 $\lambda = 555\text{nm}$ 处。一些国家的实验室测得平均光谱光视效能的最大值为 $K_m = 683 \text{ lm/W}$。

光视效率 $V$ 定义为光视效能 $K$ 与最大光谱光视效能 $K_m$ 之比，即

$$V = \frac{K}{K_{\mathrm{m}}} \tag{2-33}$$

随着光的光谱成分的变化（即波长 $\lambda$ 不同），$V$ 值也在变化，因此定义了光谱光视效率（视在函数），即

$$V(\lambda) = \frac{K(\lambda)}{K_{\mathrm{m}}} \tag{2-34}$$

光视效率与光谱光视效率的关系为

$$V = \int V(\lambda)\mathrm{d}\lambda = \frac{1}{K_{\mathrm{m}}} \cdot \frac{\int \Phi_{\mathrm{v}\lambda}\mathrm{d}\lambda}{\int \Phi_{\mathrm{e}\lambda}\mathrm{d}\lambda} = \frac{\int V(\lambda)\Phi_{\mathrm{e}\lambda}\mathrm{d}\lambda}{\int \Phi_{\mathrm{e}\lambda}\mathrm{d}\lambda} \tag{2-35}$$

在人眼视网膜上分布有两种感光细胞——锥体细胞和杆体细胞，数目分别约为 $7\times10^6$ 和 $1.3\times10^8$ 个。一般来说，一个锥体细胞连着一个双极细胞，而几个杆体细胞与同一个双极细胞相连，因此，杆体细胞感光能力比较强，它能够感受到微弱光的刺激，但它并不能分辨颜色。

在杆体细胞的末端有起感光作用的化学物质，称为视紫红素。它吸收入射光后改变本身的性质，同时产生视觉信号。当遇到强光时，视紫红素会退色而失去作用，当光变弱时（即经过暗适应过程），视紫红素逐渐恢复，对弱光敏感的杆体细胞重新发生作用。视紫红素的恢复需要一定的时间，从亮环境进入暗环境达到完全适应大约需要 30 分钟，但视紫红素不被红光破坏。为了缩短这种恢复需要的时间，进入强光环境时可配戴一副红色眼镜。

锥体细胞在较强光线的作用下反应才灵敏，所以能感受强光刺激，同时它还具有分辨颜色的能力。眼睛对强光和弱光的视觉适应过程是由这两种不同的视细胞来完成的。这两种感光细胞的光谱响应特性是不同的。因此，将亮适应的视觉称为明视觉（或亮视觉及白昼视觉），将暗适应的视觉称为暗视觉（或微光视觉）。明视觉一般指人眼已适应在亮度为几个尼特（光亮度单位）以上的环境，这时起作用的是锥体细胞；暗适应一般指眼睛已适应在亮度为百分之几尼特以下的很低的亮度水平，由杆体细胞的作用来完成视觉过程。如果亮度处于明视觉和暗视觉所对应的亮度水平之间，视网膜的锥体细胞和杆体细胞同时起作用，则称为介视觉。通常明视觉和暗视觉的光谱光视效率分别用 $V(\lambda)$ 和 $V'(\lambda)$ 表示，如图 2-5 所示。

图 2-5　光谱光视效率曲线

不同人的视觉特性是有差别的。1924 年国际照明委员会（CIE）根据几组科学家对 200

多名观察者测定的结果，推荐了一个标准的明视觉函数，从 400nm 到 750nm 每隔 10nm 用表格的形式给出，若将其画成曲线，则结果如图 2-5 所示，是一条有一中心波长，两边大致对称的光滑的钟形曲线。这个视觉函数所代表的观察者称为 CIE 标准观察者。表 2-2 所列是经过内插和外推的、以 5nm 为间隔的标准的 $V(\lambda)$ 函数值。在大多数情况下，用这个表列值来进行的各种光度计算，可达到足够高的精度。

表 2-2　$V(\lambda)$ 及 $V'(\lambda)$ 函数表

| 波长(nm) | $V(\lambda)$ | $V'(\lambda)$ | 波长(nm) | $V(\lambda)$ | $V'(\lambda)$ |
|---|---|---|---|---|---|
| 380 | 0.00004 | 0.00059 | 585 | 0.81630 | 0.0889 |
| 385 | 0.00006 | 0.00108 | 590 | 0.75700 | 0.0655 |
| 390 | 0.00012 | 0.00021 | 595 | 0.69490 | 0.0469 |
| 395 | 0.00022 | 0.00453 | 600 | 0.63100 | 0.033 |
| 400 | 0.00040 | 0.00929 | 605 | 0.56680 | 0.0231 |
| 405 | 0.00064 | 0.01852 | 610 | 0.50300 | 0.01593 |
| 410 | 0.00121 | 0.03484 | 615 | 0.44120 | 0.01088 |
| 415 | 0.00218 | 0.0604 | 620 | 0.38100 | 0.00737 |
| 420 | 0.00400 | 0.0966 | 625 | 0.32100 | 0.00497 |
| 425 | 0.00730 | 0.1436 | 630 | 0.26500 | 0.00335 |
| 430 | 0.01160 | 0.1998 | 635 | 0.21700 | 0.00224 |
| 435 | 0.01684 | 0.2625 | 640 | 0.17500 | 0.00150 |
| 440 | 0.02300 | 0.3281 | 645 | 0.13820 | 0.00101 |
| 445 | 0.02980 | 0.3931 | 650 | 0.10700 | 0.00068 |
| 450 | 0.03800 | 0.455 | 655 | 0.08160 | 0.00046 |
| 455 | 0.04800 | 0.513 | 660 | 0.06100 | 0.00031 |
| 460 | 0.06000 | 0.567 | 665 | 0.04458 | 0.00021 |
| 465 | 0.07390 | 0.620 | 670 | 0.03200 | 0.00015 |
| 470 | 0.09098 | 0.676 | 675 | 0.02320 | 0.00010 |
| 475 | 0.11260 | 0.734 | 680 | 0.01700 | 0.00007 |
| 480 | 0.13902 | 0.793 | 685 | 0.01192 | 0.00005 |
| 485 | 0.16930 | 0.851 | 690 | 0.00821 | 0.00004 |
| 490 | 0.20802 | 0.904 | 695 | 0.00572 | 0.00003 |
| 495 | 0.25860 | 0.949 | 700 | 0.00410 | 0.00002 |
| 500 | 0.32300 | 0.982 | 705 | 0.00293 | 0.00001 |
| 505 | 0.40730 | 0.998 | 710 | 0.00209 | 0.00001 |
| 510 | 0.50300 | 0.997 | 715 | 0.00418 | 0.00001 |
| 515 | 0.60820 | 0.975 | 720 | 0.00105 | 0.00000 |
| 520 | 0.71000 | 0.935 | 725 | 0.00074 | 0.00000 |
| 525 | 0.79320 | 0.880 | 730 | 0.00052 | 0.00000 |
| 530 | 0.86200 | 0.811 | 735 | 0.00036 | |
| 535 | 0.91485 | 0.733 | 740 | 0.00025 | |
| 540 | 0.95400 | 0.650 | 745 | 0.00017 | |
| 545 | 0.98030 | 0.564 | 750 | 0.00012 | |
| 550 | 0.99495 | 0.481 | 755 | 0.00008 | |
| 555 | 1.00000 | 0.402 | 760 | 0.00006 | |
| 560 | 0.99500 | 0.3288 | 765 | 0.00004 | |
| 565 | 0.97860 | 0.2693 | 770 | 0.00003 | |
| 570 | 0.95200 | 0.2076 | 775 | 0.00002 | |
| 575 | 0.91540 | 0.1602 | 780 | 0.00001 | |
| 580 | 0.87000 | 0.1212 | | | |

图 2-5 和表 2-2 给出了 $V'(\lambda)$ 函数曲线和数值。这是 1951 年由国际委员会公布的暗视觉函数的标准值，并经内插得到，峰值波长为 507nm。

有了 $V(\lambda)$ 和 $V'(\lambda)$ 便可借助下面的关系式，通过光谱辐射量的测定来计算光度量或光谱光度量。这些关系式为

$$X_{v\lambda} = K_{m}V(\lambda)X_{e\lambda} \tag{2-36}$$

$$X_{v} = \int X_{v\lambda}\mathrm{d}\lambda = K_{m}\int V(\lambda)X_{e\lambda}\mathrm{d}\lambda \tag{2-37}$$

式中，$X_{v}$ 为光度量；$X_{v\lambda}$ 为光谱光度量；$X_{e\lambda}$ 为光谱辐射量。

### 2.2.2　基本光度量

（1）光通量

光通量的大小是如何度量的呢？如前所述，它表示用"标准人眼"来评价的光辐射通量，由式（2-36）可知光通量的表达式，对于明视觉为

$$\Phi_{v} = K_{m}\int_{390\mathrm{nm}}^{760\mathrm{nm}} V(\lambda)\Phi_{e\lambda}\mathrm{d}\lambda \tag{2-38}$$

对于暗视觉

$$\Phi_{v}' = K_{m}'\int_{390\mathrm{nm}}^{760\mathrm{nm}} V'(\lambda)\Phi_{e\lambda}\mathrm{d}\lambda \tag{2-39}$$

在标准明视觉函数 $V(\lambda)$ 的峰值波长 555 nm 处的光谱光视效能 $K_{m}$ 值，是一个重要的常数。这个值 1977 年由国际计量委员会讨论通过，确定为 683（lm/W），并且指出这个值是 555nm 的单色光的光效率，即每瓦功率发出 683 lm 的可见光。

对于明视觉，由于峰值波长是 555nm，因此它自然就是最大光谱光视效能值，即 $K_{m} = 683\mathrm{lm/W}$。但对于暗视觉，$\lambda = 555\mathrm{nm}$，所对应的 $V'(555) = 0.402$，而峰值波长是 507nm，即 $V'(507) = 1.000$，所以暗视觉的最大光谱光视效率为

$$K_{m}' = 683 \times \frac{1.000}{0.402} = 1699\,(\mathrm{lm/W})$$

国际计量委员会将其标准化为 $K_{m}' = 1700\mathrm{lm/W}$。

由式（2-38）和式（2-39）可知，从辐射通量变换到光通量一般没有简单的关系，这是因为光谱光视效率 $V(\lambda)$ 没有简单的函数关系，因而积分值只能用图解法或离散数值法计算。例如，对线光谱，其光通量为

$$\Phi_{v} = \sum_{\lambda_{i}=380\mathrm{nm}}^{780\mathrm{nm}} 683V(\lambda_{i})\Phi_{e\lambda}(\lambda_{i})\Delta\lambda \tag{2-40}$$

由于在可见光谱范围之外，$V(\lambda)$ 和 $V'(\lambda)$ 的值为零，因此，在此范围内不管光辐射功率有多大，对光通量的贡献均为零，即"看不见"。

这里，光通量的单位用流明（lm）来表示。光通量的大小反映某一光源所发出的光辐射引起人眼光亮感觉能力的大小。与 1W 的辐射通量相当的流明数随波长的不同而异。在红外

区和紫外区，与 1W 相当的流明数为零；而在 $\lambda = 555\text{nm}$ 处，光谱光视效能最大，即 $K_m = 683\text{lm/W}$，并规定 $V(555) = 1$，则 1W 相当于 683lm。对于其他波长，1W 的辐射通量相当于 $683V(\lambda)\text{lm}$。例如，对于 650nm 的红光而言，$V(\lambda) = 0.1070$，所以 1W 的辐射通量就相当于 $0.1070 \times 683 = 73.08\text{lm}$；相反，对于 $\lambda = 555\text{nm}$ 时，由于 $V(555) = 1$，要得到1lm的光通量，需要的辐射通量的值最小，为 1/683lm，即为 $1.46 \times 10^{-3}\text{W}$。一般来说，不能从光通量直接变到辐射通量，除非光通量的光谱分布已知，且所研究的全部波长在光谱的可见区。

以上是从人眼对光辐射是否敏感这个角度来考虑的。反过来，也可以把光辐射引起视亮度的能力当作光辐射的一种属性来考虑，可以用来描述一个光源发出可见光的效率，简称发光效率。例如，一个1kW的电炉，尽管它很热，看起来却只是暗红，在黑暗中起不了多大的作用；而一个 1kW 的电灯泡，点亮后却很亮。这是因为电灯泡的发光效率高于电炉的发光效率，虽然两者所消耗的电功率是一样的。

（2）发光强度

点光源在包含给定方向上的单位立体角内所发出的光通量，称为该点光源在该给定方向上的发光强度，用 $I_v$ 表示，即

$$I_v = \frac{\partial \Phi_v}{\partial \Omega} \tag{2-41}$$

发光强度在数值上等于单位立体角内所发出的光通量。因此，在 MKS 单位制中，它的单位是 lm/sr。但是，在国际单位制（SI）中，发光强度单位是 7 个基本单位之一，单位名称为坎德拉，简写成"坎"，是 Candela 的译音，简写成 cd。

（3）光出射度

光源单位面积向半球空间发出的全部光通量，称为光出射度，用 $M_v$ 表示，单位是流明/平方米（$\text{lm/m}^2$）。

$$M_v = \frac{\partial \Phi_v}{\partial A} \tag{2-42}$$

（4）光亮度

光源在给定方向上的光亮度 $L_v$ 是指在该方向的单位投影面积向单位立体角中所发出的光通量。在与面元 d$A$ 法线成 $\theta$ 角的方向上，如果面元 d$A$ 在该方向上的立体角元 d$\Omega$ 内发出的光通量为 $\text{d}^2\Phi_v$，则其光亮度为

$$L_v = \frac{\partial^2 \Phi_v}{\partial \Omega \partial A \cos\theta} \tag{2-43}$$

注意到发光强度的定义，光亮度又可表示为

$$L_v = \frac{\partial I_v}{\partial A \cos\theta} \tag{2-44}$$

即在给定方向上的光亮度也就是该方向上单位投影面积上的发光强度。光亮度简称亮度。

在国际单位制中，光亮度的单位是坎德拉/平方米（$\text{cd/m}^2$）。过去，人们曾采用过不同的光亮度单位，这些单位之间的换算关系如表 2-3 所示。

表 2-3　光亮度单位换算表

| 光亮度单位名称和符号 | 尼特(Nit) | 熙提(Stilb) | 阿熙提(Apostilb) | 朗伯(Lambert) | 毫朗伯(M-Lamnert) | 英尺朗伯(Footlambert) | 烛光/英尺$^2$(Candle/feet$^2$) | 烛光/英寸$^2$(Candle/inch$^2$) |
|---|---|---|---|---|---|---|---|---|
| | nt | sb | asb | L | mL | fL | cd/f$^2$ | cd/in$^2$ |
| 1 尼特（坎德拉/米$^2$或流明/球面·米$^2$） | 1 | $10^{-1}$ | 3.1416 | $3.142\times10^{-4}$ | $3.142\times10^{-1}$ | $2.919\times10^{-1}$ | $9.290\times10^{-2}$ | $6.450\times10^{-4}$ |
| 1 熙提（坎德拉/厘米$^2$） | $10^4$ | 1 | $3.142\times10^4$ | 3.1416 | $3.142\times10^3$ | $2.919\times10^3$ | $9.290\times10^2$ | 6.450 |
| 1 朗伯（$\frac{1}{\pi}$坎德拉/厘米$^2$） | $3.183\times10^3$ | $3.183\times10^{-5}$ | 1 | $10^{-4}$ | $10^{-1}$ | $9.290\times10^{-2}$ | $2.957\times10^{-2}$ | $2.050\times10^{-4}$ |
| 1 朗伯（$\frac{1}{\pi}$烛光/厘米$^2$） | $3.183\times10^3$ | $3.183\times10^{-1}$ | $10^4$ | 1 | $10^3$ | $9.290\times10^2$ | $2.957\times10^2$ | 2.050 |
| 1 毫朗伯 | 3.183 | $3.183\times10^{-4}$ | 10 | $10^{-3}$ | 1 | $9.290\times10^{-1}$ | $2.957\times10^{-1}$ | $2.050\times10^{-3}$ |
| 1 英尺朗伯（$\frac{1}{\pi}$坎德拉/英尺$^2$） | 3.426 | $3.426\times10^{-4}$ | $1.076\times10$ | $1.076\times10^{-3}$ | 1.076 | 1 | $3.183\times10^{-1}$ | $2.210\times10^{-3}$ |
| 1 烛光/英尺$^2$ | $1.076\times10$ | $1.076\times10^{-3}$ | $3.382\times10$ | $3.382\times10^{-3}$ | 3.382 | 3.1416 | 1 | $6.940\times10^{-3}$ |
| 1 烛光/英寸$^2$ | $1.550\times10^3$ | $1.550\times10^{-1}$ | $4.870\times10^3$ | $4.870\times10^{-1}$ | $4.870\times10^2$ | $4.520\times10^2$ | $1.440\times10^2$ | 1 |

（5）光照度

被照表面的单位面积上所接收到的光通量称为该被照表面的光照度，用 $E_v$ 表示，SI 单位是勒克斯（lx）。

$$E_v = \frac{\partial \Phi_v}{\partial A} \tag{2-45}$$

光照度还有以下单位：在 MKS 制中是勒克斯（$1\,\text{lx} = 1\,\text{lm/m}^2$），在 CGS 制中是辐透（$1\,\text{ph} = 1\,\text{lm/cm}^2$），在英制中是英尺烛光（$1\,\text{fc} = 1\,\text{lm/ft}^2$）。光照度也简称照度。常用的光照度单位之间的换算关系如表 2-4 所示。

表 2-4　光照度单位换算表

| 光照度单位 | 英尺烛光（fcd） | 勒克斯（lx） | 辐透（ph） | 毫辐透（mph） | 流明/单位面积 |
|---|---|---|---|---|---|
| 1 英尺烛光（fcd） | 1 | $1.076\times10$ | $1.080\times10^{-3}$ | 1.076 | $1\text{lm/ft}^2$ |
| 1 勒克斯（lx） | $9.290\times10^{-2}$ | 1 | $10^{-4}$ | $10^{-1}$ | $1\ \text{lm/m}^2$ |
| 1 辐透（ph） | $9.290\times10^2$ | $10^4$ | 1 | $10^3$ | $1\ \text{lm/cm}^2$ |
| 1 毫辐透（mph） | $9.290\times10^{-1}$ | 10 | $10^{-3}$ | 1 | $10^3\ \text{lm/cm}^2$ |

（6）发光效率

一个光源发出的总光通量的大小，代表了这个光源发出可见光能力的大小。由于光源的发光机制不同，或其设计、制造工艺不同，因此尽管它们消耗的功率一样，但发出的光通量可能相差很远。发光效率定义为每瓦消耗功率所发出的光通量数，用 $\eta_v$ 表示，有

$$\eta_v = \frac{\Phi_v}{P} \tag{2-46}$$

发光效率的单位是 lm/W。在蜡烛和煤灯等火焰光源的时代，发光效率估计为 0.1～0.3lm/W。爱迪生发明的碳丝电灯泡，把发光效率提高到 2.5 lm/W 左右。1906 年开始使用钨做灯丝，发光效率又有一个较大的提高。从第一个实用的气体放电灯于 1932 年问世以来，

发光效率又有了很大的发展，如高压汞灯的发光效率从 32 lm/W 提高到近 60 lm/W，高压钠灯的发光效率从 90 lm/W 提高到 120 lm/W，低压钠灯的发光效率从 60 lm/W 提高到 180 lm/W，这在目前来讲，差不多是最高峰了。

理论分析表明，接近白光的发光效率的理论极值是 250 lm/W。因此还有较大提高余地。

（7）光量

光量是指光通量与辐射照射持续时间的乘积，用 $Q_v$ 表示。如果光通量在所考虑的照射时间内是恒定的，则有

$$Q_v = \Phi_v \cdot t \tag{2-47}$$

光量的单位是 lm·s。

如果光通量在所考虑的照射时间内不是恒定的，则有

$$Q_v = \int \Phi_v(t) \mathrm{d}t \tag{2-48}$$

光量的概念与电学中的瓦特秒、千瓦小时等电能单位是相似的。光量 $Q_v$ 对于描述发光时间很短的闪光特别有用。例如，照相时使用的闪光灯，在闪光的瞬间，看起来十分亮，也就是说它能在极短的时间内发出很大的光量。一般照相用的闪光灯，发出光的脉冲持续时间为 1 ms 左右。当用闪光灯进行拍摄时，照相机的快门一般放在 1/50 s，即 20 ms 左右，只要闪光是在快门打开的时间内发生的，那么底片上的感光程度主要取决于闪光灯光量的大小。

仿照式（2-13）和式（2-18）～式（2-21），用 $X_{v\lambda} = \partial X_v / \partial \lambda$ 可定义一系列的光谱光度量。

# 2.3 朗伯辐射体

在生活实践中会发现，对于一个磨得很光或镀得很好的反射镜，当有一束光入射到它上面时，反射的光线具有很好的方向性，只是恰好逆着反射光线的方向观察时，才感到十分耀眼，这种反射称为镜面反射。然而，对于一个表面粗糙的反射体，就观察不到耀眼的反射光了，其反射的光线没有方向性，在各个方向观察时，感到没有什么差异，这种反射称为漫反射。

除了漫反射体以外，对于某些自身发射的辐射源，它的辐亮度与方向无关，即该辐射源在各个方向上的辐射亮度不变，这类辐射源被称为朗伯辐射体。

## 2.3.1 朗伯余弦定律

对于理想的漫反射体，所反射的辐射功率的空间分布由式（2-49）描述

$$\Delta^2 P = B\cos\theta \Delta A \Delta \Omega \tag{2-49}$$

也就是说，理想反射体单位表面积向空间某方向单位立体角反射（发射）的辐射功率和该方向与表面法线夹角的余弦成正比。这个规律就称为朗伯余弦定律。式中，$B$ 是一个与方向无关的常数。凡遵守朗伯余弦定律的辐射表面称为朗伯面，相应的辐射源称为朗伯源或漫辐射源。

虽然朗伯余弦定律是一个理想化的概念，但是实际遇到的许多辐射源，其辐射规律在一定的范围内都十分接近于朗伯余弦定律的辐射规律。例如，黑体辐射，就精确地遵守朗伯余弦定律。大多数绝缘材料表面，在相当于表面法线方向的观察角不超过 60°时，都遵守朗伯余弦定律。

### 2.3.2　朗伯辐射体的特征

（1）朗伯辐射体的辐射亮度

由辐射亮度的定义式（2-7）和朗伯余弦定律的表达式（2-49），可以得出朗伯辐射源辐射亮度的表示式为

$$L = \lim_{\substack{\Delta A \to 0 \\ \Delta \Omega \to 0}} \frac{\Delta^2 P}{\cos\theta \Delta A \Delta \Omega} = B \qquad (2\text{-}50)$$

式（2-50）表明，朗伯辐射源的辐射亮度是一个与方向无关的常量。这是因为辐射源的表观面积随表面法线与观察方向夹角的余弦的变化而变化，而朗伯源的辐射功率的角分布又遵守余弦定律，所以观测到辐射功率大的方向，所看到的辐射源的表观面积也大。两者之比，即辐射亮度，应与观测方向无关。

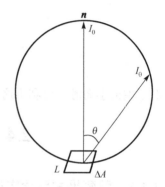

图 2-6　朗伯辐射体的特征

设面积很小的朗伯辐射源的辐射亮度为 $L$，该辐射源向空间某一方向与法线成 $\theta$ 角，如图 2-6 所示，$\Delta\Omega$ 立体角内辐射的功率为

$$\Delta P = L \Delta A \cos\theta \Delta\Omega \qquad (2\text{-}51)$$

由于该辐射源面积很小，可以看成是小面源，可用辐射强度度量其辐射空间特性。因为该辐射源的辐射亮度在各个方向上相等，则与法线成 $\theta$ 角方向上的辐射强度 $I_\theta$ 为

$$I_\theta = \frac{\Delta P}{\Delta\Omega} = L \Delta A \cos\theta = I_0 \cos\theta \qquad (2\text{-}52)$$

式中，$I_0 = L \Delta A$ 为其法线方向上的辐射强度。

式（2-52）表明，各个方向上辐射亮度相等的小面源，在某一方向上的辐射强度等于这个面垂直方向上的辐射强度乘以方向角的余弦，这就是朗伯余弦定律的最初形式。

式（2-52）可以描绘出小朗伯辐射源的辐射强度分布曲线，如图 2-6 所示。它是一个与发射面相切的整圆形。在实际应用中，为了确定一个辐射面或漫反射面接近理想朗伯面的程度，通常可以测量其辐射强度分布曲线。如果辐射强度分布曲线很接近图 2-6 所示的形状，就可以认为它是一个朗伯面。

（2）朗伯辐射体的 $L$ 与 $M$ 关系

$L$ 与 $M$ 关系的普遍表示式由式（2-8）给出。在一般情况下，如果不知道 $L$ 与方向角 $\theta$ 的明显函数关系，就无法由 $L$ 计算出 $M$。但是，对于朗伯辐射源而言，$L$ 与 $\theta$ 无关，于是式（2-8）可写为

$$M = L \int_{2\pi\text{球面度}} \cos\theta \mathrm{d}\Omega$$

因为球坐标的立体角元 $\mathrm{d}\Omega = \sin\theta\mathrm{d}\theta\mathrm{d}\varphi$，所以有

$$M = L \int \cos\theta \mathrm{d}\Omega = L \int_0^{2\pi} \mathrm{d}\varphi \int_0^{\frac{\pi}{2}} \cos\theta \sin\theta \mathrm{d}\theta = \pi L \qquad (2\text{-}53)$$

利用这个关系，可使辐射量的计算大为简化。

（3）朗伯小面源的 $I$、$L$、$M$ 的相互关系

对于朗伯小面源，由于 $L$ 值为常数，利用式（2-11），有

$$I = L\cos\theta\Delta A \tag{2-54}$$

利用 $M = \pi L$，有如下关系

$$I = L\cos\theta\Delta A = \frac{M}{\pi}\cos\theta\Delta A \tag{2-55}$$

或

$$L = \frac{M}{\pi} = \frac{I}{\Delta A\cos\theta} \tag{2-56}$$

$$M = \pi L = \frac{\pi I}{\Delta A\cos\theta} \tag{2-57}$$

对于朗伯小面源，可利用这些关系式简化运算。

## 2.4　朗伯辐射度量中的基本规律

### 2.4.1　距离平方反比定律

距离平方反比定律是描述点源（或小面源）的辐射强度 $I$ 与其所产生的辐射照度 $E$ 之间的关系。如图 2-7 所示，设点源的辐射强度为 $I$，它与被照面上 $x$ 点处面积元 $\mathrm{d}A$ 的距离为 $l$，

$\mathrm{d}A$ 的法线与 $l$ 的夹角为 $\theta$，则投射到 $\mathrm{d}A$ 上的辐射功率为 $\mathrm{d}P = I\mathrm{d}\Omega = I\mathrm{d}A\cos\theta/l^2$，所以点源在被照面上 $x$ 点处产生的辐射照度为

$$E = \frac{\mathrm{d}P}{\mathrm{d}A} = \frac{I\cos\theta}{l^2} \tag{2-58}$$

式（2-58）表明，一个辐射强度为 $I$ 的点源，在距离它 $l$ 处且与辐射线垂直的平面上产生的辐射照度与这个辐射源的辐射强度成正比，与距离的平方成反比，这个结论称为照度与距离平方反比定律。如果平面与射线不垂直，则必须乘以平面法线与射线之间的夹角的余弦，称为照度的余弦法则。

图 2-7　点源产生的辐射照度

### 2.4.2　互易定理

设有两个面积分别为 $A_1$ 和 $A_2$ 的均匀朗伯辐射面，其辐射亮度分别为 $L_1$ 和 $L_2$，如图 2-8 所示。现考察这两个朗伯面之间的辐射能量传递。为此在 $A_1$ 和 $A_2$ 上分别取面积元 $\Delta A_1$ 和 $\Delta A_2$，两者相距为 $l$，$\theta_1$ 和 $\theta_2$ 分别为 $\Delta A_1$ 和 $\Delta A_2$ 的法线与 $l$ 的夹角。$\Delta A_2$ 从 $\Delta A_1$ 接收到的辐射功率 $\Delta P_{1\to 2}$ 为

$$\Delta P_{1\to 2} = \frac{L_1\cos\theta_1\cdot\cos\theta_2\cdot\Delta A_1\cdot\Delta A_2}{l^2} \tag{2-59}$$

图 2-8　互易定理

而 $\Delta A_1$ 从 $\Delta A_2$ 接收到的辐射功率 $\Delta P_{2\to1}$ 为

$$\Delta P_{2\to1} = \frac{L_2 \cos\theta_1 \cdot \cos\theta_2 \cdot \Delta A_1 \cdot \Delta A_2}{l^2} \tag{2-60}$$

于是，两朗伯面所接收的辐射功率之比为

$$\frac{\Delta P_{1\to2}}{\Delta P_{2\to1}} = \frac{L_1}{L_2} \tag{2-61}$$

式（2-61）表明，两面元所传递的辐射功率之比等于两辐射面的辐射亮度之比。由于 $A_1$ 和 $A_2$ 可以看成是由许多面元组成的，且每一对组合的面元都具有上述性质，因此，对于整个表面有

$$\frac{P_{1\to2}}{P_{2\to1}} = \frac{\sum \Delta P_{1\to2}}{\sum \Delta P_{2\to1}} = \frac{L_1}{L_2} \tag{2-62}$$

式（2-62）称为互易定理。互易定理在辐射传输计算中有广泛的用途，某些情况下，使用互易定理可使计算大为简化。

### 2.4.3　立体角投影定理

如图 2-9 所示，小面源的辐射亮度为 $L$，小面源和被照面的面积分别为 $\Delta A_s$ 和 $\Delta A$，两者相距为 $l$，$\theta_s$ 和 $\theta$ 分别为 $\Delta A_s$ 和 $\Delta A$ 的法线与 $l$ 的夹角。

小面源 $\Delta A_s$ 在 $\theta_s$ 方向的辐射强度为 $I = L\Delta A_s \cos\theta_s$，利用式（2-58），可写出 $\Delta A_s$ 在 $\Delta A$ 上所产生的辐射照度为

$$E = \frac{I \cos\theta}{l^2} = L \cdot \frac{\Delta A_s \cos\theta_s \cos\theta}{l^2} \tag{2-63}$$

因为 $\Delta A_s$ 对 $\Delta A$ 所张开的立体角 $\Delta\Omega_s = \Delta A_s \cos\theta_s / l^2$，所以有

$$E = L\Delta\Omega_s \cos\theta \tag{2-64}$$

式（2-64）称为立体角投射定理。即 $\Delta A_s$ 在 $\Delta A$ 上所产生的辐射照度等于 $\Delta A_s$ 的辐射亮度与 $\Delta A_s$ 对 $\Delta A$ 所张的立体角以及被照面 $\Delta A$ 的法线和 $l$ 夹角的余弦三者的乘积。

当 $\theta_s = \theta = 0$ 时，即 $\Delta A_s$ 与 $\Delta A$ 相互平行且垂直于两者的连线时，$E = L\Delta\Omega_s$。若 $l$ 一定，$\Delta A_s$ 的周界一定，则 $\Delta A_s$ 在 $\Delta A$ 上所产生的辐射照度与 $\Delta A_s$ 的形状无关，如图 2-10 所示。此定理可使许多具有复杂表面的辐射源所产生的辐射照度的计算变得较为简单。

图 2-9　立体角投影定理　　　　　图 2-10　不同形状的辐射源对 $\Delta A$ 所产生的辐射照度

### 2.4.4　Sumpner 定理

在球形腔内，腔内壁面积元 $dA_1$ 从另一面积元 $dA_2$ 接收的辐射功率与 $dA_1$ 在球面上的位置无关，即球内壁某一面积元辐射的能量均匀照射在球形腔内壁，称为 Sumpner 定理。

球形腔体如图 2-11 所示。按辐射亮度定义，$dA_1$ 接收 $dA_2$ 的辐射功率为 $dP = L\cos\theta dA_2 d\Omega$。其中，$L$ 为腔内壁表面的辐射亮度。若腔内壁表面为理想的朗伯面，则 $L$ 为常数。因为立体角 $d\Omega = dA_1\cos\theta / l^2$，所以

$$dP = LdA_1 dA_2 \frac{\cos^2\theta}{l^2} \qquad (2\text{-}65)$$

由图 2-11 可知 $\cos\theta = (l/2)/R$，$R$ 为球腔的半径，则

$$dP = LdA_1 dA_2 \frac{1}{4R^2} \qquad (2\text{-}66)$$

图 2-11　Sumpner 定理

因为 $L$、$R$ 均为常数，所以 $dA_1$ 接收 $dA_2$ 的辐射功率 $dP$ 与 $dA_1$ 的位置无关。又因为腔内壁表面均为朗伯面，有 $M = \pi L$，腔壁面积 $A = 4\pi R^2$，所以式(2-66) 可改写为

$$dP = \frac{M}{\pi} dA_1 dA_2 \frac{1}{4R^2} = \frac{MdA_1 dA_2}{A} \qquad (2\text{-}67)$$

于是，$dA_1$ 单位面积接收的辐射功率，即辐射照度为

$$\frac{dP}{dA_1} = \frac{MdA_2}{A} = 常数 \qquad (2\text{-}68)$$

这就证明了 $dA_2$ 的辐射能量均匀地辐照在球形腔内壁。

将 $dA_2$ 推广至部分球面积 $\Delta A_2$，同样有 $\Delta A_2$ 在球内壁产生的辐射照度是均匀的。注意，在这个定理的讨论中，没有考虑辐射在球内壁的多次反射。

### 2.4.5　角系数互换性关系

角系数又称为形状因子，在计算规则几何形状表面的辐射能量传递中，利用角系数可使计算非常简便。下面就来简单讨论角系数的基本概念。

（1）角系数表示式

设有两个朗伯微表面元 $dA_1$ 和 $dA_2$，相距为 $l$，辐射亮度分别为 $L_1$ 和 $L_2$，两面的法线与 $l$ 的夹角分别为 $\theta_1$ 和 $\theta_2$，如图 2-12 所示。

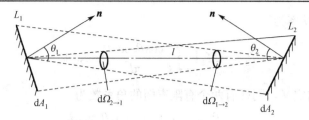

图 2-12　两微元之间的辐射变换

根据辐射亮度的定义式，由 $dA_1$ 向 $dA_2$ 发射的辐射功率为

$$dP_{1\rightarrow 2} = L_1 \cos\theta_1 dA_1 d\Omega_{2\rightarrow 1} \tag{2-69}$$

因为 $dA_2$ 对 $dA_1$ 所张的立体角元为

$$d\Omega_{2\rightarrow 1} = \frac{dA_2 \cos\theta_2}{l^2} \tag{2-70}$$

所以

$$dP_{1\rightarrow 2} = L_1 \cos\theta_1 dA_1 \frac{dA_2 \cos\theta_2}{l^2} = \frac{M_1}{\pi} \frac{dA_1 \cos\theta_1 dA_2 \cos\theta_2}{l^2} \tag{2-71}$$

式中，$M_1$ 为 $dA_1$ 的辐出度。同理，由 $dA_2$ 向 $dA_1$ 发射的辐射功率为

$$dP_{2\rightarrow 1} = L_2 \cos\theta_2 dA_2 \frac{dA_1 \cos\theta_1}{l^2} = \frac{M_2}{\pi} \frac{dA_2 \cos\theta_2 dA_1 \cos\theta_1}{l^2} \tag{2-72}$$

式中，$M_2$ 为 $dA_2$ 的辐出度。于是，两微元相互传递的净辐射功率为

$$\Delta dP_{1\rightarrow 2} = \left(\frac{M_1 - M_2}{\pi}\right) \frac{\cos\theta_1 \cos\theta_2}{l^2} \cdot dA_1 \cdot dA_2 \tag{2-73}$$

利用式（2-73）可以计算两个微元间辐射能量的传递。为了简化计算，引入角系数的概念。根据式（2-71）和式（2-72），令

$$dF_{1\rightarrow 2} = \frac{dP_{1\rightarrow 2}}{M_1 dA_1} = \frac{\cos\theta_1 \cos\theta_2}{\pi l^2} \cdot dA_2 \tag{2-74}$$

$$dF_{2\rightarrow 1} = \frac{dP_{2\rightarrow 1}}{M_2 dA_2} = \frac{\cos\theta_2 \cos\theta_1}{\pi l^2} \cdot dA_1 \tag{2-75}$$

$dF_{1\rightarrow 2}$ 和 $dF_{2\rightarrow 1}$ 分别称为微面元 $dA_1$ 对 $dA_2$ 和 $dA_2$ 对 $dA_1$ 的角系数。其物理意义为从一微面元发出，被另一微面元接收的辐射功率与微面元发射的总辐射功率的比值。

根据微面元角系数的表示式（2-74）和式（2-75），可以得到

$$dF_{1\rightarrow 2} \cdot dA_1 = dF_{2\rightarrow 1} \cdot dA_2 \tag{2-76}$$

这就是微面元对微面元角系数的互换性关系式。

对于有限的朗伯辐射表面 $A_1$ 和 $A_2$，可以写出 $A_1$ 向 $A_2$ 发射的辐射功率为

$$P_{1\rightarrow 2} = M_1 \int_{A_1} \int_{A_2} \frac{\cos\theta_1 \cos\theta_2}{\pi l^2} dA_1 dA_2 \tag{2-77}$$

$A_2$ 向 $A_1$ 发射的辐射功率为

$$P_{2 \to 1} = M_2 \int_{A_1} \int_{A_2} \frac{\cos\theta_2 \cos\theta_1}{\pi l^2} \mathrm{d}A_2 \mathrm{d}A_1 \qquad (2\text{-}78)$$

根据微面元角系数的定义，同样有两个有限表面的角系数为

$$F_{1 \to 2} = \frac{P_{1 \to 2}}{M_1 A_1} = \frac{1}{A_1} \int_{A_1} \int_{A_2} \frac{\cos\theta_1 \cos\theta_2}{\pi l^2} \mathrm{d}A_1 \mathrm{d}A_2 \qquad (2\text{-}79)$$

$$F_{2 \to 1} = \frac{P_{2 \to 1}}{M_2 A_2} = \frac{1}{A_2} \int_{A_1} \int_{A_2} \frac{\cos\theta_1 \cos\theta_2}{\pi l^2} \mathrm{d}A_1 \mathrm{d}A_2 \qquad (2\text{-}80)$$

而有限面元间的角系数互换性关系式为

$$F_{1 \to 2} \cdot A_1 = F_{2 \to 1} \cdot A_2 \qquad (2\text{-}81)$$

由上面角系数的表示式可以看到，只要知道发射表面所发射的辐射总功率以及发射和接收面间的角系数，就可以计算出发射面向接收面发射的辐射功率。另外，不论 $A_2$ 距 $A_1$ 远或近，或是形状、方向异同，只要 $A_1$ 对 $A_2$ 具有相同的立体角，$A_1$ 对 $A_2$ 的角系数就是相同的。如图 2-13 所示，$A_1$ 对曲面 $A_2'$ 和平面 $A_2''$ 的角系数相等。

（2）角系数计算举例

设两朗伯圆盘 $A_1$ 与 $A_2$，相距为 $l$，$A_1$ 很小，$A_2$ 的半径为 $R$，如图 2-14 所示。求它们之间的角系数。

图 2-13　$A_1$ 对曲面和平面的角系数相等　　　　图 2-14　两平行圆盘之间的角系数

在 $A_2$ 上取 $\mathrm{d}A_2 = x\mathrm{d}x\mathrm{d}\varphi$，且有 $\cos\theta_1 = \cos\theta_2 = l/r$ 及 $r^2 = x^2 + l^2$。

根据式（2-79），考虑到 $A_1$ 很小，则 $A_1$ 对 $A_2$ 的角系数为

$$F_{1 \to 2} = \frac{1}{A_1} \int_{A_1} \int_{A_2} \frac{\cos\theta_1 \cos\theta_2}{\pi l^2} \mathrm{d}A_1 \mathrm{d}A_2 = \int_0^R \frac{2l^2}{(x^2 + l^2)^2} x\mathrm{d}x = \frac{R^2}{l^2 + R^2} \qquad (2\text{-}82)$$

再由式（2-81）可得 $A_2$ 对 $A_1$ 的角系数为

$$F_{2 \to 1} = \frac{A_1}{A_2} \cdot F_{1 \to 2} = \frac{A_1}{A_2} \cdot \frac{R^2}{l^2 + R^2} \qquad (2\text{-}83)$$

若 $A_2$ 的辐射亮度为 $L_2$，则 $A_1$ 接收 $A_2$ 的辐射功率为

$$P_{2\to1} = F_{2\to1}\pi L_2 A_2 = L_2 \frac{\pi R^2}{l^2 + R^2} A_1 \qquad (2\text{-}84)$$

$A_1$ 上的辐射照度为

$$E_1 = \frac{P_{2\to1}}{A_1} = L_2 \frac{\pi R^2}{l^2 + R^2} = \pi L_2 \sin^2\theta_0 \qquad (2\text{-}85)$$

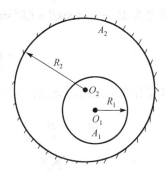

两朗伯球的辐出度分别为 $M_1$ 和 $M_2$，半径分别为 $R_1$ 和 $R_2$，如图 2-15 所示，求两球间的角系数和两球的净辐射功率。

因为内球 $A_1$ 发射的辐射功率全部到达外球 $A_2$，所以 $F_{1\to2}=1$。

根据角系数的互换关系式

图 2-15　套在一起的球间的角系数

$$F_{2\to1} = F_{1\to2} \times \frac{A_1}{A_2} = \frac{R_1^2}{R_2^2} \qquad (2\text{-}86)$$

内球 $A_1$ 向外球 $A_2$ 传递的净辐射功率为

$$\Delta P_{1\to2} = P_{1\to2} - P_{2\to1} = F_{1\to2}M_1A_1 - F_{2\to1}M_2A_2 = (M_1 - M_2)4\pi R_1^2 \qquad (2\text{-}87)$$

此式没有考虑两者之间的反射。

## 2.5　朗伯体的辐射量计算

（1）圆盘的辐射强度和辐射功率

设圆盘的辐射亮度为 $L$，面积为 $A$，如图 2-16 所示。圆盘在与其法线成 $\theta$ 角的方向上的辐射强度为

$$I_\theta = LA\cos\theta = I_0\cos\theta \qquad (2\text{-}88)$$

式中，$I_0 = LA$，为圆盘在其法线方向上的辐射强度。

圆盘向半球空间发射的辐射功率为 $P$，按辐射亮度的定义有

$$dP = LA\cos\theta d\Omega \qquad (2\text{-}89)$$

因为球坐标的 $d\Omega = \sin\theta d\theta d\varphi$，则

$$P = LA\int_0^{2\pi} d\varphi \int_0^{\frac{\pi}{2}}\cos\theta\sin\theta d\theta = \pi LA = \pi I_0 \qquad (2\text{-}90)$$

图 2-16　圆盘辐射强度

也可按辐射强度的定义，求得

$$P = \int_{2\pi} I_\theta d\Omega = \int_{2\pi} I_0\cos\theta d\Omega = LA\int_0^{2\pi} d\varphi \int_0^{\frac{\pi}{2}}\cos\theta\sin\theta d\theta = \pi LA = \pi I_0 \qquad (2\text{-}91)$$

或按朗伯源的辐射规律 $M = \pi L$，同样可得

$$P = MA = \pi LA = \pi I_0 \qquad (2\text{-}92)$$

可见，对于朗伯面，利用辐射出射度计算辐射功率最简单。

（2）球面的辐射强度和辐射功率

设球面的辐射亮度为 $L$，球半径为 $R$，球面积为 $A$，如图 2-17 所示，若球面在 $\theta=0$ 方向上的辐射强度为 $I_0$，则在球面上所取得的小面源 $\mathrm{d}A=R^2\sin\theta\mathrm{d}\theta\mathrm{d}\varphi$，在 $\theta=0$ 方向上的辐射强度为 $\mathrm{d}I_\theta=L\mathrm{d}A\cos\theta=LR^2\sin\theta\cos\theta\mathrm{d}\theta\mathrm{d}\varphi$，则

$$I_0=\int_{2\pi}\mathrm{d}I_0=LR^2\int_0^{2\pi}\mathrm{d}\varphi\int_0^{\frac{\pi}{2}}\cos\theta\sin\theta\mathrm{d}\theta=\pi LR^2 \tag{2-93}$$

同样计算可以求得球面在 $\theta$ 方向的辐射强度 $I_\theta=I_0=\pi LR^2$。

图 2-17　球面辐射强度

可见球面在各方向的辐射强度相等。

球面向整个空间发射的辐射功率为

$$P=\int_{4\pi}I_0\mathrm{d}\Omega=\pi LR^2\int_{4\pi}\mathrm{d}\Omega=4\pi^2 LR^2=4\pi I_0 \tag{2-94}$$

式中，$I_0=\pi LR^2$，为球面的辐射强度。

（3）半球面的辐射强度和辐射功率

设半球球面的辐射亮度为 $L$，球半径为 $R$，如图 2-18 所示，若球面在 $\theta=0$ 方向上的辐射强度为 $I_0$，则有

$$I_0=\pi LR^2 \tag{2-95}$$

半球球面在 $\theta$ 方向的辐射强度为

$$I_\theta=\frac{1}{2}\pi LR^2(1+\cos\theta) \tag{2-96}$$

可见半球球面在各方向上的辐射强度是不相等的。

半球球面向整个空间发射的辐射功率为

$$P=\int_{4\pi}I_\theta\mathrm{d}\Omega=\frac{1}{2}\pi LR^2\int_0^{2\pi}\mathrm{d}\varphi\int_0^{\pi}(1+\cos\theta)\sin\theta\mathrm{d}\theta=2\pi I_0 \tag{2-97}$$

以上的计算都是辐射亮度为常数的朗伯源的情况。对于朗伯源，辐射亮度不为常数，而与方向有关。若给出辐射源的辐射亮度与方向的关系，则可利用式（2-10）求得辐射强度。

（4）点源产生的辐射照度

设点源的辐射强度为 $I$，它与被照面上 $x$ 点处面积元 $\mathrm{d}A$ 的距离为 $l$，$\mathrm{d}A$ 的法线与 $l$ 的夹角为 $\theta$，如图 2-19 所示，则投射到 $\mathrm{d}A$ 上的辐射功率为 $\mathrm{d}P=I\mathrm{d}\Omega=I\mathrm{d}A\cos\theta/l^2$，所以，点源在被照面上 $x$ 点处产生的辐射强度为

$$E=\frac{\mathrm{d}P}{\mathrm{d}A}=\frac{I\cos\theta}{l^2} \tag{2-98}$$

此式即为照度与距离的平方反比定律。

（5）小面源产生的辐射照度

设小面源的面积为 $\Delta A_\mathrm{s}$，辐射亮度为 $L$，被照面面积为 $\Delta A$，$\Delta A_\mathrm{s}$ 与 $\Delta A$ 相距 $l$，$\Delta A_\mathrm{s}$ 和 $\Delta A$ 的法线与 $l$ 的夹角分别为 $\theta_\mathrm{s}$ 和 $\theta$，如图 2-20 所示。

图 2-18　半球面辐射强度

图 2-19　点源产生的辐射照度

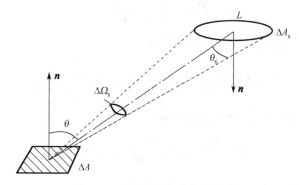

图 2-20　小面源产生的辐射照度

小面源 $\Delta A_s$ 的辐射强度为

$$I = L \cos\theta_s \Delta A_s \tag{2-99}$$

小面源产生的辐射照度为

$$E = \frac{I \cos\theta}{l^2} = L \Delta A_s \frac{\cos\theta_s \cos\theta}{l^2} \tag{2-100}$$

式（2-100）也可以直接利用立体角投影定理计算。小面源 $\Delta A_s$ 对被照点所张的立体角为 $\Delta\Omega_s = \Delta A_s \cos\theta_s / l^2$，由立体角投影定理有

$$E = L \Delta\Omega_s \cos\theta = L \Delta A_s \frac{\cos\theta_s \cos\theta}{l^2} \tag{2-101}$$

应用以上式子时，要求小面积的线度比距离 $l$ 要小得多。

（6）扩展源产生的辐射照度

设有一个朗伯大面积扩展源（如在室外工作的红外装置面对的天空背景），其各处的辐射亮度均相同。下面来讨论在面积为 $A_d$ 的探测器表面上的辐射照度。

设探测器半视场角为 $\theta_0$，在探测器视场范围内（即扩展源被看到的那部分）的辐射源面积为 $A_s = \pi R^2$，该辐射源与探测器之间的距离为 $l$，且辐射源表面与探测器表面平行，如图 2-21 所示，所以 $\theta_s = \theta_0$。

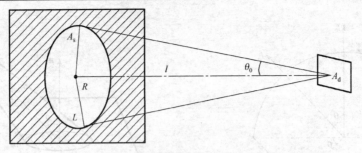

图 2-21 大面积扩展源产生的辐照度

利用角系数的概念，由式（2-83）可知，辐射源对探测器的角系数为

$$F_{s \to d} = \frac{A_d}{A_s} \frac{R^2}{l^2 + R^2} \tag{2-102}$$

于是，从辐射源 $A_s$ 发出被 $A_d$ 接收的辐射功率为

$$P_{s \to d} = F_{s \to d} A_s \pi L = \frac{A_d}{A_s} \cdot A_s \pi L \cdot \frac{R^2}{l^2 + R^2} = A_d \pi L \cdot \frac{R^2}{l^2 + R^2} \tag{2-103}$$

则大面积扩展源在探测器表面上产生的辐射照度为

$$E = \frac{P_{s \to d}}{A_d} = \pi L \frac{R^2}{l^2 + R^2} = \pi L \sin^2 \theta_0 \tag{2-104}$$

对朗伯辐射源，$M = \pi L$，式（2-104）也可写为

$$E = M \sin^2 \theta_0 \tag{2-105}$$

由此可见，大面积扩展源在探测器上产生的辐射照度，与辐射源的辐出度或者辐射亮度成正比，与探测器的半视场角 $\theta_0$ 的正弦平方成正比。如果探测器视场角达到 π，辐射源面积又充满整个视场（如在室外工作的红外装置面对的天空背景），则在探测器表面上产生的辐射照度等于辐射源的辐出度，即当 $2\theta_0 = \pi$ 时，

$$E = M \tag{2-106}$$

这是一个很重要的结论。

用互易定理求解，也可获得同样的结论：假设 $A_d$ 的辐射亮度也为 $L$，则按互易定理有

$$P_{s \to d} = P_{d \to s} \tag{2-107}$$

即朗伯圆盘与接收面 $A_d$ 之间相互传递的辐射功率相等。而 $A_d$ 向朗伯圆盘发射的辐射功率为

$$P_{d \to s} = \int_\Omega L A_d \cos \theta d\Omega = \int_0^{2\pi} d\varphi \int_0^{\theta_0} L A_d \sin \theta \cos \theta d\theta = \pi L A_d \sin^2 \theta_0 \tag{2-108}$$

所以圆盘在 $A_d$ 上产生的辐射照度为

$$E = \frac{P_{s \to d}}{A_d} = \frac{P_{d \to s}}{A_d} = \pi L \sin^2 \theta_0 \tag{2-109}$$

此结果与扩展源产生的辐照公式（2-104）相同。在某些情况下，使用互易定理可使计算大为简化。

下面讨论一下将辐射源作为小面源（点源）的近似条件和误差。

从图 2-21 得到

$$\sin^2 \theta_0 = \frac{R^2}{l^2 + R^2} \qquad (2\text{-}110)$$

包括在探测器视察范围内的辐射源面积为 $A_s = \pi R^2$，所以式（2-104）可改写为

$$E = L \frac{A_s}{l^2 + R^2} \qquad (2\text{-}111)$$

若 $A_s$ 小到可以近似为小面源（点源），则它在探测器上产生的辐射照度，可由式（2-101）（此时 $\theta_s = \theta_0 = 0$）得到

$$E_0 = L \frac{A_s}{l^2} \qquad (2\text{-}112)$$

所以，从式（2-111）和式（2-112）得到将辐射源看做是小面源（点源）的相对误差为

$$\frac{E_0 - E}{E} = \left(\frac{R}{l}\right)^2 = \tan^2 \theta_0 \qquad (2\text{-}113)$$

式中，$E$ 是精确计算给出的扩展源产生的辐射照度，$E_0$ 是将扩展源当做小面源（点源）近似时得到的辐射照度。

如果 $(R/l) \leqslant 1/10$，即当 $l \geqslant 10R(\theta_0 \leqslant 5.7°)$ 时，有

$$\frac{E_0 - E}{E} \leqslant \frac{1}{100} \qquad (2\text{-}114)$$

式（2-114）表明，如果辐射源的线度（即最大尺寸）小于等于辐射源与被照面之间距离的 10%，或者辐射源对探测器所张的半视场角 $\theta_0 \leqslant 5.7°$，可将扩展源作为小面源来进行计算，所得到的辐射照度与精确计算值的相对误差将小于 1%。

（7）线状辐射源产生的辐射照度

如果一个辐射亮度均匀、各方向相同的圆筒形辐射源的直径与其长度之比相对很小，可把它看成一条细线辐射源，简称线辐射源。例如，日光灯、管状碘钨灯、能斯脱灯、硅碳棒和陶瓷远红外加热管等均属于此类辐射源。线状辐射源的辐射强度分布曲线如图 2-22 所示，是以其本身为对称轴并相切于 O 点的圆环。

设线辐射源的长度为 $l$、半径为 $R$、辐射亮度为 $L$，如图 2-22 所示。则与线辐射源垂直方向上的辐射强度为 $I_0 = 2LRl$，与其法线成 $\alpha$ 角的方向上的辐射强度为 $I_\alpha$，有

$$I_\alpha = I_0 \cos \alpha \qquad (2\text{-}115)$$

因为 $\theta$ 角与 $\alpha$ 角互为余角，所以有

$$I_\theta = I_0 \sin \theta \qquad (2\text{-}116)$$

下面计算线辐射源发出的总功率。为此，采用球坐标系，如图 2-22 所示。显然，由于辐射强度的对称性，$I_\alpha$ 仅与 $\theta$ 角（或 $\alpha$ 角）有关，而与 $\varphi$ 角无关。首先在 $\theta$ 角方向上取一微小立体角 $\mathrm{d}\Omega$，在该立体角中，线辐射源辐射的功率为

$$\mathrm{d}P = I_\theta \mathrm{d}\Omega = I_\theta \sin \theta \mathrm{d}\theta \mathrm{d}\varphi \qquad (2\text{-}117)$$

又因为 $I_\theta = I_0 \sin\theta$，所以

$$dP = I_0 \sin^2\theta d\theta d\varphi \tag{2-118}$$

线辐射源发出的总辐射功率为

$$P = I_0 \int_0^{2\pi} d\varphi \int_0^\pi \sin^2\theta d\theta = \pi^2 I_0 \tag{2-119}$$

直接利用辐射出射度计算得

$$P = 2\pi R l M = 2\pi^2 L R l = \pi^2 I_0 \tag{2-120}$$

下面讨论有限线状辐射源产生的辐射照度。如图 2-23 所示，$AB$ 代表一个线辐射源，其辐射亮度为 $L$，长为 $l$，半径为 $R$，求在 $X$ 点的辐射照度。

图 2-22  线状辐射源产生的辐射强度    图 2-23  线源在平行面上 $X$ 点处的辐射照度

设单位长度上的最大辐射强度为 $I_1 = I_0/l = 2LR$ 表示，$X$ 点到线辐射源的垂直距离用 $h$ 表示，$XB$、$XA$ 与 $XC$ 的夹角分别用 $\alpha_1$ 和 $\alpha_2$ 表示，借助这些量，可以得到 $X$ 点的辐射照度公式。

首先计算线辐射源 $AB$ 上一微小长度 $dx$ 对 $X$ 点所产生的辐射照度。设 $dx$ 位于图中距 $C$ 点距离为 $x$ 的 $D$ 处，距离 $DX$ 用 $r$ 表示，$dx$ 对 $X$ 点的张角为 $d\alpha$。$dx$ 在 $DX$ 方向上的辐射强度为

$$dI_\alpha = I_1 dx \cos\alpha \tag{2-121}$$

而 $dx$ 在 $X$ 点的辐射照度为

$$dE_\alpha = \frac{dI_\alpha}{r^2}\cos\alpha \tag{2-122}$$

式中的 $r$ 和 $dx$ 可以借助于 $h$、$\alpha$ 表示，即

$$r = \frac{\alpha}{\cos\alpha}, \qquad x = h\tan\alpha \tag{2-123}$$

$$dx = \frac{h d\alpha}{\cos^2\alpha} \tag{2-124}$$

将上述各量代入式（2-122），则有

$$dE_\alpha = I_1 \frac{1}{h} \cos^2 \alpha \, d\alpha \tag{2-125}$$

在 $\alpha_1$ 和 $\alpha_2$ 之间积分，可得线辐射源 $AB$ 在 $X$ 点的辐射照度为

$$E = \int dE_\alpha = I_1 \frac{1}{h} \int_{\alpha_2}^{\alpha_1} \cos^2 \alpha \, d\alpha = I_1 \frac{1}{h} \frac{1}{4} \left[ 2 \,|\, \alpha_2 - \alpha_1 \,|\, + \,|\, \sin 2\alpha_1 - \sin 2\alpha_2 \,|\, \right] \tag{2-126}$$

如果 $X$ 点位于该线辐射源中心垂直向外的地方，此时 $AB$ 对 $X$ 点的张角为 $2\alpha$。在这种情况下，式（2-126）中的 $\alpha_1$ 和 $\alpha_2$ 有相等的数值，但符号相反。所以，有

$$E = \frac{I_1}{h} \frac{1}{2} (2\alpha + \sin 2\alpha) \tag{2-127}$$

因为 $\tan \alpha = l/2h$，所以因子 $(2\alpha + \sin 2\alpha)/2$ 可由 $l$ 和 $h$ 之比求得。

现在对式（2-127）的两种极端情况进行讨论：

第一种情况是 $h \gg l$。在这种情况下，可以把线辐射源 $AB$ 看作是在 $C$ 点的点源，其辐射强度为

$$I_0 = I_1 l \tag{2-128}$$

所以，$X$ 点的辐射照度为

$$E = \frac{I_0}{h^2} = \frac{I_1 l}{h^2} \tag{2-129}$$

计算结果表明，当 $h/l = 2$ 时，用式（2-129）代替式（2-127），所带来的相对误差是 4%。如果 $h/l \gg 2$，那么误差会更小。

第二种情况是 $h \ll l$。在这种情况下，$\alpha = \pi/2$，所以式（2-127）化为

$$E = \frac{\pi}{2} \frac{I_1}{h} \tag{2-130}$$

计算结果表明，当 $h < l/4$ 时，用式（2-130）代替式（2-127）可以得出足够精确的结果。

（8）简单几何形状辐射源的辐射特性

任何一个辐射源的辐射，都可用如下三个基本参数来描述：辐射源的总功率、辐射的空间分布和辐射的光谱分布。

总辐射功率 $P$ 就是目标在各个方向上所发射的辐射功率的总和，也就是目标的辐射强度 $I$ 对整个发射立体角的积分，即

$$P = \int_{\text{发射立体角}} I \, d\Omega$$

辐射的空间分布表示辐射强度在空间的分布情况。

辐射的光谱分布表征物体发射的辐射能量在不同波段（或各光谱区域）中的数值。

一般情况下，任何目标的辐射都是由辐射源的固有辐射和它的反射辐射组成的。目标的固有辐射决定于它的表面温度、形状、尺寸和辐射表面的性能等。由前面的讨论，可列出几种简单形状的均匀辐射源的辐射特性，如表 2-5 所示。根据这个表，并通过综合方法，往往可以简化较复杂形状辐射源的计算。

表 2-5　简单形状辐射源的辐射特性

| 辐射体类型 | | 辐射强度 | 辐射指向 | 辐射功率 |
|---|---|---|---|---|
| 圆盘 | | $I_\theta = I_0 \cos\theta$ <br> 式中，$I_0 = LA$ | | $P = \pi I_0$ |
| 球 | | $I_\theta = I_0 = L\dfrac{\pi D^2}{4}$ | | $P = 4\pi I_0$ |
| 半球 | | $I_\theta = \dfrac{I_0}{2}(1+\cos\theta)$ <br> 式中，$I_0 = L\dfrac{\pi D^2}{4}$ | | $P = 2\pi I_0$ |
| 圆柱 | | $I_\theta = I_\perp \sin\theta$ <br> 式中，$I_\perp = LHD$ | | $P = \pi^2 I_\perp$ |
| 有球面底的圆柱 | | $I_\theta = \dfrac{I_0}{2}(1+\cos\theta) + I_\perp \sin\theta$ <br> 式中，$I_0 = L\dfrac{\pi D^2}{4}$，$I_\perp = LHD$ | | $P = 2\pi I_0 + \pi^2 I_\perp$ |

# 小　结

　　本章 2.1 节和 2.2 节列出了辐射能、辐射功率、辐射强度等基本辐射量，光谱辐射量以及光度量等诸多辐射量的表示参数，我们首先要掌握各自的定义式，才能准确地表达所需的量。同样地，朗伯辐射体作为我们新接触的概念，那么它具有哪些特征，通过本章内容的学习应重点理解掌握。辐射度量的基本规律包括距离平方反比定律，互易定理、立体角投影定理、Sumpner 定理等规律，这些规律是我们研究问题的基础和必要工具。最后，本章通过多个实例计算辐射量的参数，以便读者能更直观地理解和掌握。

# 习　题

2-1　名词解释：
辐射能、辐射强度、辐射照度、光子辐射强度、光子辐射照度

2-2 填空题：

（1）辐射出射度是描述_____的量。辐射源单位表面积向_____发射的_____称为辐射出射度，用_____表示。

（2）辐射出射度是_____所发射的辐射功率在_____分布特性的描述，它是辐射功率在某一点附近的_____的度量。

（3）辐射亮度是描述_____的量，其描述如下：辐射源在某一方向上的辐射亮度是指在该方向上的_____向_____中发射的辐射功率，用_____表示。

2-3 已知一点辐射源，辐射强度为 2.5W/sr，求相距 50cm 的仪器（仪器物镜面积是 25cm$^2$）所接收到的辐射功率。

2-4 一点辐射源在上半空间发出的辐射通量为 62.8W，求该辐射源在上半空间的平均辐射强度。

2-5 房间的面积为 4.58m×3.66m，用 100cd 的电灯照明，灯悬于天花板中央，离地 2.44m，求地面上如下不同位置的照度：

（1）灯的正下方；

（2）房屋的一角（假设灯在各个方向的发光强度均相同）。

2-6 如题 2-6 图所示，小面源面积为 $A_s$，辐射亮度为 $L$，写出距其为 $l$ 和 $l/\cos\theta$ 的接收面 $A_d$，在如图所示的 5 个位置上所接收的辐射功率。

题 2-6 图

2-7 阳光垂直照射地面时，照度为 $10^5$lx，若认为太阳是朗伯辐射体，并忽略大气衰减，已知地球轨道半径为 $1.5\times10^8$km，太阳直径为 $1.4\times10^6$km，求太阳的亮度和辐射亮度。

2-8 有一个半径为 1.0m 的圆形桌子，在桌子中心正上方 2.0m 的高度处置一点光源，这时桌子的中心照度为 90.01 lx，在桌面其他点的照度随中心距离增大而下降，那么当把光源置于离桌子中心 3.00m 高处时，求桌子中心处和边缘上的照度。

2-9 已知飞机尾喷口直径 $D_s=60$cm，光学接收系统直径 $D=30$cm，喷口与光学系统相距 $d=1.8$km，当飞机尾喷口的辐射出射度 $M=1$W/cm$^2$ 时，忽略大气的影响，求光学系统所接收的辐射功率。

2-10 面积为 $A$ 的微面元，按余弦发射体发出辐射，其辐射亮度为 $L$，在与其法线成 $\theta$ 角的方向上发出辐射，求在与 $A$ 平行且相距为 $d$ 的平面上一点 $B$ 处产生的辐射照度。如果把 $B$ 点所在的平面在 $B$ 处逆时针转动 $\varphi$ 角，在 $B$ 点处的辐射照度如何？

2-11 如题 2-11 图所示，一主动红外系统所发射的辐射被一圆盘目标漫反射，该系统所发射的辐射强度为 $I_s$ 接收孔径为 $D_0$，目标的半径为 $R$，漫反射率为 $\rho$，目标与系统相距 $l$，大气透射率为 $l$，证明系统接收目标反射的辐射功率为 $\pi R^2 D_0^2 I_s \rho / 4l$。

题 2-11 图

2-12　半径为 $R$ 的球体，其表面为朗伯辐射面，辐射亮度为 $L$，求距球心为 $l$ 的点上球所产生的辐射照度的表达式。

2-13　证明如题 2-13 图所示的点源向圆盘发射的辐射功率为

$$P = 2\pi I \left( 1 - \frac{1}{\sqrt{1 + R^2/l^2}} \right)$$

题 2-13 图

2-14　两点辐射源 $A$、$B$ 相距 $l$，辐射强度分别为 $I_1$ 和 $I_2$，求在 $AB$ 连线上两点辐射源产生辐射照度相等的位置距 $A$ 的距离。

# 参 考 文 献

[1] 张建奇，方小平. 红外物理[M]. 西安：西安电子科技大学出版社，2004.

[2] 叶玉堂，刘爽. 红外与微光技术[M]. 北京：国防工业出版社，2010.

[3] 张敬贤，李玉丹，金伟其. 微光与红外成像技术[M]. 北京：北京理工大学出版社，1995.

[4] 石晓光，王蓟，叶文. 红外物理[M]. 北京：兵器工业出版社，2006.

# 第3章 热辐射的基本规律

## 引 言

物体的热辐射是自然界中普遍存在的现象，它不依赖任何外界条件而进行。一切物体，只要其温度高于绝对零度都将产生不同程度的辐射，如太阳对大地的照射、高炉内发出的炙热火焰等都是最常见的辐射现象。辐射遵守一定的规律，迄今为止，人类已经建立了完整的热辐射理论，包括基尔霍夫定律和普朗克辐射定律，并在此基础上推导出了普朗克辐射定律的特殊形式——维恩位移定律和斯蒂芬-玻尔兹曼定律。这些定律是研究物体红外成像特性的基本依据，对红外热成像技术的发展具有十分重要的意义。

本章目的：（1）讨论任意物体在热平衡条件下的辐射规律，即基尔霍夫定律；（2）讨论黑体的辐射规律，即普朗克辐射定律、维恩位移定律、斯蒂芬-玻尔兹曼定律；（3）通过确定某温度下物体的光谱发射率，得出任意物体的辐射特性，并将其与黑体辐射联系起来。

## 3.1 物体发光类型

物体的发光（即物体的辐射）要消耗能量，消耗的能量一般有两种：一种是物体本身的能量；另一种是物体从外界获得的能量。由于能量的供给方式不同，可将发光分为以下几种类型。

（1）化学发光：物体的发光是由物体内部的化学变化所引起的，如腐木的辉光、磷在空气中渐渐氧化的辉光等，都属于化学发光。在这种情况下，辐射能的发射与物质成分的变化和物质内能的减少是同时进行的。

（2）光致发光：物体的发光是由预先照射或不断照射所引起的。在这种情况下，要想维持发光，必须以光的形式把能量不断地输送给发光物体，即消耗的能量是由外光源来提供的。

（3）电致发光：物体发出的辉光是由电的作用直接引起的。这类常见的辉光一般是气体或金属蒸气在放电作用下产生的。放电可以有多种形式，如辉光放电、电弧放电、火花放电等。 在这些情况下，辐射所需要的能量是由电能直接转化而来的。除此之外，用电场加速电子轰击某些固体材料也可产生辉光，如变像管、显像管、荧光屏的发光就属于这类情况。

（4）热辐射：物体在一定温度下发出电磁辐射。显然，要维持物体发出辐射就必须给物体加热。热辐射的性质可由热力学来预测和解释，且如果理想热辐射体表面温度已知，那么其辐射特性就可以完全确定。一般的钨丝灯泡发光表面上看似电致发光，其实，钨丝灯因为所供给灯丝的电能并不是直接转化为辐射能，而是首先转化为热能，使钨丝灯的温度升高，导致发光，因而钨丝灯的辐射属于热辐射。

除了极高温的情况，热辐射一般处于红外波段，所以又称为红外辐射。在所有的发光中，只有热辐射是一种能量交换，即平衡辐射。

## 3.2　基尔霍夫定律

当物体向周围发射辐射能的同时，也在吸收周围物体所放出的辐射能。如果物体吸收的辐射能大于同一时间所放出的辐射能，其总能量将增加，温度升高；反之总能量减少，温度下降。

当辐射能入射到一物体表面时，将发生 3 种过程：一部分能量被物体吸收；一部分能量被物体表面反射；一部分能量被透射。对于不透明的物体来说，一部分能量被吸收，另一部分能量从表面反射出去。

基尔霍夫定律是 1885 年由德国物理学家基尔霍夫（Gustav Robert Kirchhoff，1824—1887年）提出的，如图 3-1 所示。它是热辐射理论的基础之一，不仅定量地描述了物体发射能量和吸收能量间的关系定律，而且还指出一个好的吸收体必然是一个好的发射体。

（1）基尔霍夫定律

如图 3-2 所示，任意物体 $A$ 置于一等温腔内，腔内为真空。物体 $A$ 在吸收腔内辐射的同时又在发射辐射，最后物体 $A$ 与腔壁达到同一温度 $T$，这时称物体 $A$ 与空腔达到了热平衡状态。在热平衡状态下，物体 $A$ 发射的辐射功率必等于它所吸收的辐射功率，否则物体 $A$ 将不能保持温度 $T$。于是有

$$M = \alpha E \tag{3-1}$$

式中，$M$ 是物体 $A$ 的辐射出射度，$\alpha$ 是物体 $A$ 的吸收率；$E$ 是物体 $A$ 上的辐射照度。则式（3-1）可表示为

$$\frac{M}{\alpha} = E \tag{3-2}$$

这是基尔霍夫定律的一种表达形式，即在热平衡条件下，物体的辐射出射度与其吸收率的比值等于空腔中的辐射照度，这与物体的性质无关。物体的吸收率越大，则它的辐射出射度也越大，即好的吸收体必然是好的发射体。

图 3-1　德国物理学家基尔霍夫

图 3-2　等温腔内的物体

对于不透明的物体，透射率为 0，则 $\alpha = 1 - \rho$，其中 $\rho$ 是物体的反射率。这表明好的发射体必是弱的反射体。

式（3-2）用光谱量可表示为

$$\frac{M_\lambda}{\alpha_\lambda} = E_\lambda \tag{3-3}$$

（2）密闭空腔中的辐射为黑体的辐射

所谓黑体（或绝对黑体），是指在任何温度下都能够全部吸收任何波长入射辐射的物体。按此定义，黑体的反射率和透射率均为 0，吸收率为 1，即

$$\alpha_{bb} = \alpha_{\lambda bb} = 1 \qquad (3-4)$$

式中，下角标 bb 特指黑体。

黑体是一个抽象或理想化的概念，在自然界中并不存在真正的黑体。然而，一个开有小孔的空腔可看作一个黑体模型。如图 3-3 所示，在一个密封的空腔上开一个小孔，当一束入射辐射由小孔进入空腔后，在腔体表面上要经过多次反射，每反射一次，辐射就被吸收一部分，最后只有极少量的辐射从腔孔逸出。譬如腔壁的吸收率为 0.9，进入腔内的辐射功率只进行三次反射，就可吸收入射辐射功率的 0.999。此时可认为进入空腔的辐射被完全吸收。因此，腔孔的辐射就相当于一个面积等于腔孔面积的黑体辐射。

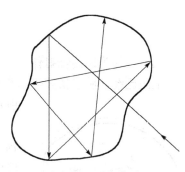

图 3-3　黑体模型

现在来证明，密闭空腔中的辐射是黑体辐射，如果在图 3-2 中，真空腔体中放置的物体 $A$ 是黑体，则由式（3-3）可得

$$E_\lambda = M_{\lambda bb} \qquad (3-5)$$

即黑体的光谱辐射出射度等于空腔容器内的光谱辐射照度。而空腔在黑体上产生的光谱辐射照度可由大面源所产生的辐照公式 $E_\lambda = M_\lambda \sin^2\theta_0$ 求得。由于黑体对大面源空腔所张的半视场角 $\theta_0 = \pi/2$，则 $\sin^2\theta_0 = 1$，于是得到 $E_\lambda = M_\lambda$，即空腔在黑体上的光谱辐射照度等于空腔的光谱辐射出射度。与式（3-5）联系，可得

$$M_\lambda = M_{\lambda bb} \qquad (3-6)$$

即密闭空腔的光谱辐射出射度等于黑体的光谱辐射出射度。所以，密闭空腔中的辐射即为黑体的辐射，而与构成空腔材料的性质无关。

（3）辐射亮度与能量密度的关系

以均匀的辐射场为例来说明。首先确定辐射到达某给定立体角元 $\mathrm{d}\Omega$ 的那部分场对能量密度的贡献，然后再把所有可能方向对能量密度的贡献相加。为此，在辐射场中取一面积元 $\mathrm{d}A$，如图 3-4 所示。$\mathrm{d}A$ 在与其法线夹角为 $\theta$ 的方向上，在立体角元 $\mathrm{d}\Omega$ 内的辐射功率为

$$\mathrm{d}^2 P = L\mathrm{d}A\cos\theta\mathrm{d}\Omega \qquad (3-7)$$

式中，$L$ 为 $\mathrm{d}A$ 的辐射亮度。在 $\mathrm{d}t$ 时间内，通过 $\mathrm{d}A$ 的能量为

$$\mathrm{d}^3 Q = L\mathrm{d}A\cos\theta\mathrm{d}\Omega\mathrm{d}t \qquad (3-8)$$

由于该能量包含在以 $\mathrm{d}A$ 为底，以 $c\mathrm{d}t\cos\theta$ 为高的体积内（$c$ 为光速），因此包含能量密度为

图 3-4　辐射亮度与能量密度的关系

$$\mathrm{d}\omega = \frac{\mathrm{d}^3 Q}{\mathrm{d}^3 V} = \frac{L\mathrm{d}A\cos\theta\mathrm{d}\Omega\mathrm{d}t}{\mathrm{d}A c\mathrm{d}t\cos\theta} = \frac{L\mathrm{d}\Omega}{c} \qquad (3-9)$$

场内所有方向对$\mathrm{d}\omega$的贡献为

$$\omega = \int \mathrm{d}\omega = \frac{4\pi L}{c} \qquad (3\text{-}10)$$

或

$$L = \frac{c\omega}{4\pi} \qquad (3\text{-}11)$$

因为能量密度$\omega$与光子数密度$n$的关系为$\omega = nh\nu$，辐射亮度$L$与光子辐射亮度$L_p$的关系为$L/(h\nu) = L_p$，所以有

$$L_p = \frac{cn}{4\pi} \qquad (3\text{-}12)$$

（4）黑体为朗伯辐射体

上面已经证明了密闭等温空腔中的辐射为黑体辐射。在此将推证黑体辐射遵守朗伯体辐射规律。

如图 3-5 所示，在一密闭等温空腔中取一假想的面$\mathrm{d}A$，其辐射亮度为$L$，根据立体角投影定理可知，$\mathrm{d}A$在腔壁上的辐射照度为

$$\mathrm{d}E = L\cos\theta \mathrm{d}\Omega \qquad (3\text{-}13)$$

利用式（3-13）对$2\pi$立体角求积分，可得腔壁面上的总辐射照度为

$$E = \int_{2\pi} L\cos\theta \mathrm{d}\Omega \qquad (3\text{-}14)$$

图 3-5　腔壁的辐射照度

由空腔的等温性可知，其能量密度是均匀的，按式（3-11），辐射亮度应为常数，与方向无关，于是有

$$E = \pi L = \frac{c\omega}{4} \qquad (3\text{-}15)$$

假如在腔壁上开一个小孔，腔内辐射将通过小孔向外辐射。小孔的辐射出射度就等于腔壁的总辐射照度，即$M = E = \pi L$。这说明小孔的辐射遵守朗伯体辐射规律，或称小孔为朗伯源。

## 3.3　普朗克辐射定律

基尔霍夫定律中指出黑体辐射出射度与波长和温度有关，因此寻找黑体辐射出射度的具体函数关系式成为研究热辐射理论最基本的问题。历史上作了很长时间的理论和实验研究，然而用经典理论得到的公式始终不能完全解释实验事实。直到 1900 年，德国物理学家、量子力学的创始人马克斯·普朗克（Max Planck，1858—1947 年）提出了一种与经典理论完全不同的学说，才建立了与实验完全符合的辐射出射度公式，如图 3-6 所示。

普朗克公式是确定黑体辐射光谱分布的公式，又称为普朗克辐射

图 3-6　德国物理学家
马克斯·普朗克

定律。它是黑体辐射理论的基本定律，在近代物理学发展中具有极其重要的作用。普朗克首先将微观粒子能量不连续的假设用于普朗克公式的推导上，并借助空腔和谐振子理论，确定了物体的波长和温度与黑体的辐射出射度之间的关系，并得到了与实验结果一致的结论，从而奠定了量子论的基础。

（1）普朗克公式的推导

由于普朗克公式可解决基尔霍夫定律提出的普适函数问题，因而它是黑体辐射理论的最基本公式，在此采用半经典的推导方法进行此公式的推导。以空腔为黑体模型，将空腔壁的原子看做电磁振子，发射的电磁波在空腔内叠加而形成驻波。当空腔处于热平衡状态时，空腔中形成稳定的驻波。首先确定空腔中的驻波数，即模式数；然后利用普朗克假设和玻尔兹曼分布规律确定每个模式的平均能量；最后求出单位体积和波长间隔内的辐射能量，即普朗克公式。

① 光子的状态和状态数。在经典力学中，质点的运动状态完全由其坐标 $(x, y, z)$ 和动量 $(p_x, p_y, p_z)$ 确定。若采用广义笛卡儿坐标 $(x, y, z, p_x, p_y, p_z)$ 所组成的六维空间来描述质点的运动状态，则将这六维空间称为相空间。相空间内的点表示质点的一个运动状态。由于受量子力学测不准关系的制约，光子的运动状态和经典宏观质点的运动状态有着本质的区别。测不准关系表明：微观粒子的坐标和动量不能同时被准确测定。在三维运动情况下，测不准关系为

$$\Delta x \Delta y \Delta z \Delta p_x \Delta p_y \Delta p_z \cong h^3 \tag{3-16}$$

式中，$h$ 为普朗克常数，且 $h = 6.624 \times 10^{-34} \text{J} \cdot \text{s}$。

于是在六维相空间中，一个光子对应的相空间体积元为 $h^3$，该相空间体积元称为相格。光子的运动状态在相空间中对应的不是一个点，而是一个相格。从式（3-17）还可得出一个相格所占有的坐标空间体积为

$$\Delta x \Delta y \Delta z = \frac{h^3}{\Delta p_x \Delta p_y \Delta p_z} \tag{3-17}$$

现在考虑一个体积为 $V$ 的空腔内的光子的集合。设空腔线度远远大于光波波长，光子频率连续分布，光子的行进方向按 $4\pi$ 立体角均匀分布。该空腔内的光子集合所包含的所有可能状态是与六维相空间一定的相体积对应的。动量绝对值处于 $p$ 到 $p + \mathrm{d}p$ 内的光子集合所对应的体积为

$$V_{相} = 4\pi p^2 \Delta p V \tag{3-18}$$

利用关系 $p = mc = h\nu/c$（$m$ 为光子的运动质量，$c$ 为光速，$\nu$ 为光子的频率），将式（3-18）化为频率处于 $\nu$ 到 $\nu + \mathrm{d}\nu$ 内的光子集合所对应的相体积

$$V_{相} = 4\pi \frac{h^3}{c^3} \nu^2 \Delta \nu V \tag{3-19}$$

由于一个光子状态对应的相体积元为 $h^3$，则按式（3-19）可得空间 $V$ 内频率处于 $\Delta \nu$ 内的光子集合所对应的状态数为

$$g_{\Delta \nu} = 4\pi \frac{\nu^2}{c^3} \Delta \nu V \tag{3-20}$$

若进一步考虑光子的偏振特性，式（3-20）可表示为

$$g_{\Delta\nu} = 8\pi \frac{\nu^2}{c^3} \Delta\nu V \tag{3-21}$$

② 电磁波的模式数。根据经典的电磁理论，单色平面波函数是麦克斯韦方程的一种特解，而麦克斯韦方程的通解可表示为一系列单色平面波的线性叠加。在自由空间内，具有任意波矢 $k$ 的单色平面波都可以存在。但在一个有边界条件限制的空间 $V$ 内，只能存在一系列独立的具有特定波矢 $k$ 的平面单色驻波。这种能够存在的驻波称为电磁波的模式，在 $V$ 内能够存在的平面单色驻波数即为模式数或状态数。

现在来确定空腔内的模式数。设空腔体积为 $V = \Delta x \Delta y \Delta z$ 的立方体，且空腔线度远大于电磁波波长 $\lambda$。沿 3 个坐标传播的波分别满足驻波条件，即

$$\Delta x = m\frac{\lambda}{2}, \ \Delta y = n\frac{\lambda}{2}, \ \Delta z = q\frac{\lambda}{2} \tag{3-22}$$

式中，$m$、$n$、$q$ 为正整数。而波矢 $k$ 应满足的条件为（$k = 2\pi/\lambda$）

$$k_x = m\frac{\pi}{\Delta x}, \ k_y = n\frac{\pi}{\Delta y}, \ k_z = q\frac{\pi}{\Delta z} \tag{3-23}$$

每一组正整数 $m$、$n$、$q$ 对应腔内一种模式。

如果在以 $k_x$、$k_y$、$k_z$ 为轴的直角坐标中，即在波矢空间中表示波的模式，则每一模式对应波矢空间的一个点。在 3 个坐标方向上，每一模式与相邻模式的间隔为

$$\Delta k_x = \frac{\pi}{\Delta x}, \ \Delta k_y = \frac{\pi}{\Delta y}, \ \Delta k_z = \frac{\pi}{\Delta z} \tag{3-24}$$

因此，每个模式在波矢空间占有的一个体积元为

$$\Delta k_x \Delta k_y \Delta k_z = \frac{\pi^3}{\Delta x \Delta y \Delta z} = \frac{\pi^3}{V} \tag{3-25}$$

在 $k$ 空间，波矢绝对值处于 $k$ 到 $k + \Delta k$ 区间的体积为 $4\pi k^2 \Delta k/8$，即在该体积内的模式数为

$$g_{\Delta h} = \frac{1}{8} 4\pi k^2 \Delta k \frac{V}{\pi^3} \tag{3-26}$$

利用 $k = 2\pi/\lambda = 2\pi\nu/c$ 和 $\Delta k = 2\pi\Delta\nu/c$ 关系式，可将式（3-26）化为频率处于 $\nu$ 到 $\nu + \Delta\nu$ 内的模式数

$$g_{\Delta\nu} = 4\pi \frac{\nu^2}{c^3} \Delta\nu \ V \tag{3-27}$$

再考虑对应同一 $k$ 有两种不同的偏振，则式（3-27）应为

$$g_{\Delta\nu} = 8\pi \frac{\nu^2}{c^3} \Delta\nu \ V \tag{3-28}$$

将式（3-28）与式（3-21）进行比较，可看出光子态和电磁波模式是等效的，光子态数与电磁波模式数是相同的。

③ 普朗克公式。普朗克假设在一个等温空腔内，电磁波每一模式的能量是不连续的，只能取 $E_n = nh\nu$（$n = 1, 2, 3, \cdots$）中的任意一个值。而腔内电磁波的模式与光子态相对应，即每一光子态的能量也不能取任意值，而只能取一系列的不连续值。

根据普朗克的这一假设，每个模式的平均能量为

$$\overline{E} = \frac{\sum\limits_{n=0}^{\infty} nh\nu e^{-nh\nu/K_B T}}{\sum\limits_{n=0}^{\infty} e^{-nh\nu/K_B T}} = \frac{\sum\limits_{n=0}^{\infty} nh\nu e^{-nx}}{\sum\limits_{n=0}^{\infty} e^{-nx}} \tag{3-29}$$

式中，$T$ 为空腔的绝对温度（K）；$K_B$ 为玻尔兹曼常数，且 $K_B = 1.38 \times 10^{-23}$（J/K）；$x = h\nu/(K_B T)$。

因为 $\sum\limits_{n=0}^{\infty} e^{-nx} = 1/(1 - e^{-x})$，所以式（3-29）可写为

$$\begin{aligned}
\overline{E} &= h\nu(1 - e^{-x}) \sum_{n=0}^{\infty} n e^{-nx} = -h\nu(1 - e^{-x}) \sum_{n=0}^{\infty} \frac{d}{dx} e^{-nx} \\
&= -h\nu(1 - e^{-x}) \frac{d}{dx} \sum_{n=0}^{\infty} e^{-nx} \\
&= h\nu(1 - e^{-x}) \frac{d}{dx} \left( \frac{1}{1 - e^{-x}} \right) \\
&= h\nu \frac{e^{-x}}{1 - e^{-x}} \\
&= \frac{h\nu}{e^{-x} - 1} \\
&= \frac{h\nu}{e^{h\nu/K_B T} - 1}
\end{aligned} \tag{3-30}$$

因为处于频率 $\nu$ 到 $\nu + \Delta\nu$ 内的模式数为 $g_{d\nu} = (8\pi\nu^2 V d\nu)/c^3$，则处于这个范围内的总能量为

$$E_{d\nu} = \frac{8\pi h\nu^3}{c^3} V \cdot \frac{1}{e^{h\nu/(K_B T)} - 1} d\nu \tag{3-31}$$

将式（3-31）除以 $V$，可得单位体积和 $d\nu$ 范围内的能量为

$$\omega_\nu d\nu = \frac{8\pi h\nu^3}{c^3} \cdot \frac{1}{e^{h\nu/(K_B T)} - 1} d\nu \tag{3-32}$$

式中，$\omega_\nu$ 为单位体积和单位频率间隔内的辐射能量，即为辐射场的光谱能量密度，单位是 $J/(m^3 \cdot Hz)$。

另外，也可根据 $\omega_\nu d\nu = \omega_\nu d\nu = \omega_\lambda(-d\lambda)$、$\lambda = c/\nu$ 和 $d\lambda = -c \, d\nu / \nu^2$，由式（3-32）求得单位体积和单位波长间隔的辐射能量：

$$\omega_\lambda = \frac{8\pi hc}{\lambda^5} \cdot \frac{1}{e^{hc/(\lambda K_B T)} - 1} \tag{3-33}$$

（2）普朗克公式的意义

上面已推导出以波长为变量的黑体辐射普朗克公式如式（3-33）所示。按光谱辐射亮度

与光谱能量密度的关系 $L_\lambda = c\omega_\lambda/(4\pi)$，以及黑体所遵守的朗伯辐射规律 $M_\lambda = \pi L_\lambda$，可得黑体的光谱辐射出射度为

$$M_{\lambda bb} = \frac{2\pi h c^2}{\lambda^5} \cdot \frac{1}{e^{hc/(\lambda K_B T)} - 1} = \frac{c_1}{\lambda^5} \cdot \frac{1}{e^{c_2/(\lambda T)} - 1} \qquad (3\text{-}34)$$

式（3-34）即为描述黑体辐射光谱分布的普朗克公式，也称为普朗克辐射定律。式中，$M_{\lambda bb}$ 为黑体的光谱辐射出射度[$W/(m^2 \cdot \mu m)$]；$\lambda$ 为波长（$\mu m$），$T$ 是绝对温度（K）；$c$ 是光速（m/s），$c_1$ 是第一辐射常数，且 $c_1 = 2\pi h c^2 = (3.7415 \pm 0.0003) \times 10^8$（$W \cdot \mu m^4/m^2$），$c_2$ 是第二辐射常数，且 $c_2 = hc/K_B = (1.43879 \pm 0.00019) \times 10^4$（$\mu m \cdot K$）；$K_B$ 是玻尔兹曼常数（J/K）。

图 3-7　几种不同温度下黑体辐射
出射度随波长的变化曲线

普朗克公式揭示了物体热辐射的基本规律，波长范围包括紫外光、可见光、红外光和毫米波。图 3-7 给出了温度在 500K ～ 900K 范围内黑体光谱辐射出射度随波长变化的曲线，图中虚线表示 $M_{\lambda bb}$ 取极大值的位置。

由图 3-7 可以看出，黑体辐射揭示了以下几个规律。

① 黑体的光谱辐射出射度随波长连续变化，且每条曲线只有一个极大值，极大值的连线近似一条直线。

② 光谱辐射出射度曲线随黑体温度的升高而整体提高。在任意指定波长处，与较高温度对应的光谱辐射出射度也较大，反之亦然。因为每条曲线下包围的面积正比于全辐射出射度，所以上述特性表明黑体的全辐射出射度随温度的增加而迅速增大。

③ 每条光谱辐射出射度曲线彼此不相交，故温度越高，在所有波长上的光谱辐射出射度也越大。

④ 每条光谱辐射出射度曲线的峰值 $M_{\lambda_m}$ 所对应的波长称为峰值波长 $\lambda_m$。随温度的升高，峰值波长减小。也就是说随着温度升高，黑体的辐射中包含的短波成分所占比例所占比例增大。

⑤ 黑体的辐射只与黑体的绝对温度有关。

（3）普朗克公式的近似

下面讨论普朗克公式（3-34）在以下两种极限条件下的情况。

① 当 $c_2/(\lambda T) \gg 1$，即 $hc/\lambda \gg K_B T$ 时，此时对应短波或低温情形，普朗克公式中的指数项远大于1，将分母中的1忽略，则普朗克公式变为

$$M_{\lambda bb} = \frac{c_1}{\lambda^5} \cdot e^{-\frac{c_2}{\lambda T}} \qquad (3\text{-}35)$$

这就是维恩公式，它仅适用于黑体辐射的短波部分。

② 当 $c_2/(\lambda T) \ll 1$，即 $hc/\lambda \ll K_B T$ 时，此时对应长波或高温情形，将普朗克公式中的指数项展成级数形式，并取前两项：$e^{\frac{c_2}{\lambda T}} = 1 + c_2/(\lambda T) + \cdots$，则普朗克公式变为

$$M_{\lambda bb} = \frac{c_1}{c_2} \cdot \frac{T}{\lambda^4} \tag{3-36}$$

这就是瑞利-普金公式，它仅适用于黑体辐射的长波部分。

（4）用光子数表示的普朗克公式

对于光子探测器来说，将普朗克公式直接用于其性能的研究并不适用，必须将其以光子的形式给出，这对于研究该类探测器的性能是很有用的。将普朗克公式（3-34）除以一个光子的能量 $h\nu = hc/\lambda$，就可得到以光谱光子辐射出射度表示的普朗克公式

$$M_{p\lambda bb} = \frac{c_1}{hc\lambda^4} \cdot \frac{1}{e^{c_2/(\lambda T)} - 1} = \frac{c_1'}{\lambda^4} \cdot \frac{1}{e^{c_2/(\lambda T)} - 1} \tag{3-37}$$

式中，$c_1' = 2\pi c = 1.88365 \times 10^{27} (\mu m^3/(s \cdot m^2))$；$M_{p\lambda bb}$ 表示单位时间内，黑体单位面积、单位波长间隔、向空间半球发射的光子数，单位是 $1/(s \cdot m^2 \cdot \mu m)$。

（5）用其他变量表示的普朗克公式

普朗克公式除了以波长为变量来表示外，还可由其他变量来表示，如频率 $\nu$，圆频率 $\omega$，波数 $\tilde{\nu}$，波矢 $k$，归一化辐射变量 $x(x = h\nu/(K_B T))$ 等。这些变量（包括波长变量）被称为光谱变量，它们之间存在以下关系

$$\nu = c\tilde{\nu} = \frac{\omega}{2\pi} = \frac{c}{2\pi} k = \frac{K_B T}{h} x = \frac{c}{\lambda} \tag{3-38}$$

$$\lambda = \frac{c}{\nu} = \frac{1}{\tilde{\nu}} = 2\pi c \frac{1}{\omega} = 2\pi \frac{1}{k} = \frac{hc}{K_B T} \frac{1}{x} \tag{3-39}$$

由以上两式可得光谱变量间的微分关系

$$d\nu = cd\tilde{\nu} = \frac{1}{2\pi} d\omega = \frac{c}{2\pi} dk = \frac{K_B T}{h} dx = -c \frac{d\lambda}{\lambda^2} \tag{3-40}$$

$$d\lambda = -c \frac{d\nu}{\nu^2} = -\frac{d\tilde{\nu}}{\tilde{\nu}^2} = -(2\pi c) \frac{d\omega}{\omega^2} = -(2\pi) \frac{dk}{k^2} = -\left( \frac{hc}{K_B T} \right) \frac{dx}{x^2} \tag{3-41}$$

有了光谱变量间的关系及其微分关系后，就可利用以波长为变量的普朗克公式（3-34）和式（3-37）求出用其他光谱变量表示的普朗克公式。例如，求以频率为变量的普朗克公式，可由

$$M_{p\lambda bb}(-d\lambda) = M_{p\nu bb}(d\nu) \tag{3-42}$$

得到。该式表明：无论用什么光谱变量来表示，在单位时间、单位面积内该黑体发射的光子数是不变的。按式（3-42）有

$$\frac{2\pi c}{\lambda^4} \cdot \frac{d\lambda}{e^x - 1} = \frac{2\pi c}{(c/\nu)^4} \cdot \frac{1}{e^x - 1} \cdot \frac{cd\nu}{\nu^2} = \frac{2\pi \nu^2}{c^2} \cdot \frac{d\nu}{e^x - 1} \tag{3-43}$$

于是得

$$M_{\text{pvbb}} = \frac{2\pi v^2}{c^2} \cdot \frac{1}{\mathrm{e}^x - 1} \qquad (3\text{-}44)$$

由 $M_{\text{vbb}} = M_{\text{pvbb}} \cdot hv$ 得

$$M_{\text{vbb}} = \frac{2\pi h v^3}{c^2} \cdot \frac{1}{\mathrm{e}^x - 1} \qquad (3\text{-}45)$$

同理，可得如下关系：

$$M_{\lambda\text{bb}}\lambda = M_{v\text{bb}}v = M_{\omega\text{bb}}\omega = M_{\tilde{v}\text{bb}}\tilde{v} = M_{k\text{bb}}k = M_{x\text{bb}}x \qquad (3\text{-}46)$$

表 3-1 列出了利用相同方法求出的其余光谱变量表示的普朗克公式，包括辐射出射度、辐射亮度、光子数密度和能量密度等的表示式。

表 3-1 各种光谱变量的 $n$、$\omega$、$M$、$L \times (\mathrm{e}^x - 1)^{-1}$

| 函数 ＼ $y$ | $\lambda$ | $v$ | $\omega$ | $\tilde{v}$ | $k$ | $x = hv/(K_B T)$ |
|---|---|---|---|---|---|---|
| $n_y = \dfrac{4}{c}M_{py} = \dfrac{N_y}{V}$ | $\dfrac{8\pi}{\lambda^4}$ | $\dfrac{8\pi v^2}{c^3}$ | $\dfrac{\omega^2}{\pi^2 c^3}$ | $8\pi\tilde{v}^2$ | $\dfrac{k^2}{\pi^2}$ | $8\pi\left(\dfrac{K_B}{ch}\right)^3 x^2$ |
| $\omega_y = \dfrac{4}{c}M_y = hvn_y$ | $\dfrac{8\pi hc}{\lambda^5}$ | $\dfrac{8\pi hv^3}{c^3}$ | $\dfrac{h\omega^3}{2\pi^3 c^3}$ | $8\pi hc\tilde{v}^3$ | $\dfrac{chk^3}{2\pi^3}$ | $\dfrac{8\pi h}{c^3}\left(\dfrac{K_B T}{h}\right)^4 x^3$ |
| $M_{py} = n\dfrac{c}{4}$ | $\dfrac{2\pi c}{\lambda^4}$ | $\dfrac{2\pi v^2}{c^2}$ | $\dfrac{\omega^2}{4\pi^2 c^2}$ | $2\pi c\tilde{v}^2$ | $\dfrac{ck^2}{4\pi^2}$ | $\dfrac{2\pi}{c^2}\left(\dfrac{K_B T}{h}\right)^3 x^3$ |
| $M_y = \omega_y\dfrac{c}{4}$ | $\dfrac{2\pi hc^2}{\lambda^5}$ | $\dfrac{2\pi hv^3}{c^2}$ | $\dfrac{h\omega^3}{8\pi^3 c^2}$ | $2\pi c^2 h\tilde{v}^3$ | $\dfrac{c^2 hk^3}{8\pi^3}$ | $\dfrac{2\pi h}{c^2}\left(\dfrac{K_B T}{h}\right)^4 x^3$ |
| $L_{py} = \dfrac{M_{py}}{\pi}$ | $\dfrac{2c}{\lambda^4}$ | $\dfrac{2v^2}{c^2}$ | $\dfrac{\omega^2}{4\pi^3 c^2}$ | $2c\tilde{v}^2$ | $\dfrac{ck^2}{4\pi^3}$ | $\dfrac{2}{c^2}\left(\dfrac{K_B T}{h}\right)^3 x^2$ |
| $L_y = \dfrac{M_y}{\pi}$ | $\dfrac{2hc^2}{\lambda^5}$ | $\dfrac{2hv^3}{c^2}$ | $\dfrac{h\omega^3}{8\pi^4 c^2}$ | $2c^2 h\tilde{v}^3$ | $\dfrac{c^2 hk^3}{8\pi^4}$ | $\dfrac{2h}{c^2}\left(\dfrac{K_B T}{h}\right)^4 x^3$ |

（6）广义普朗克函数

表 3-1 中的各光谱变量表示式可用一个通用的函数 $R$ 来表示为

$$R(x, T) = \frac{CT^l x^m}{\mathrm{e}^x - 1} \qquad (3\text{-}47)$$

式中，$C$ 为常数；$m$、$l$ 为整数。

若 $T$ 为常数，则式（3-47）可表示为

$$R = \frac{Ay^m}{\mathrm{e}^x - 1} \qquad (3\text{-}48)$$

式中，$y$ 为某一个光谱变量；$A$ 为常数。

式（3-47）和式（3-48）被称为广义普朗克函数。

将广义普朗克函数对 $x$ 进行 $0 \sim \infty$ 积分，称为广义普朗克函数的积分

$$I_{\mathrm{m}} = CT^l \int_0^\infty \frac{x^m}{\mathrm{e}^x - 1}\mathrm{d}x \qquad (3\text{-}49)$$

为了便于式（3-49）的积分计算，首先利用关系式

$$\frac{1}{1-e^{-x}}=1+e^{-x}+e^{-2x}+\cdots=\sum_{n=0}^{\infty}e^{-nx}$$

于是

$$\int_0^\infty\frac{x^m}{e^x-1}dx=\int_0^\infty x^m\frac{e^{-x}}{1-e^{-x}}dx=\int_0^\infty x^m\sum_{n=0}^{\infty}e^{-(n+1)x}dx=\sum_{n=0}^{\infty}\int_0^\infty x^m\cdot e^{-(n+1)x}dx \qquad（3-50）$$

然后，再利用积分公式

$$\int_0^\infty x^m\cdot e^{-\alpha x}dx=\frac{m!}{\alpha^{m+1}}$$

将式（3-50）化为

$$\int_0^\infty\frac{x^m}{e^x-1}dx=\sum_{n=0}^{\infty}\frac{m!}{(n+1)^{m+1}}=m!\sum_{n=0}^{\infty}\frac{1}{(n+1)^{m+1}} \qquad（3-51）$$

最后再引用 $\zeta$ 函数

$$\zeta(x)=\sum_{n=1}^{\infty}\frac{1}{n^x}$$

得到

$$\int_0^\infty\frac{x^m}{e^x-1}dx=m!\zeta(m+1) \qquad（3-52）$$

表 3-2 列出了 $m=1,2,3,4,5$ 时 $\zeta(m+1)$ 和 $m!\zeta(m+1)$ 的值，以便计算时引用。

表 3-2　$\zeta(m+1)$ 和 $m!\zeta(m+1)$ 的值

| $m$ | 1 | 2 | 3 | 4 | 5 |
|---|---|---|---|---|---|
| $\zeta(m+1)$ | $\pi^2/6$ | 1.2021 | $\pi^4/90$ | 1.0369 | $\pi^4/945$ |
| $m!\zeta(m+1)$ | $\pi^2/6$ | 2.4041 | $\pi^4/15$ | 24.9863 | $8\pi^6/63$ |

## 3.4　维恩位移定律

维恩位移定律是描述黑体光谱辐射出射度的峰值 $M_{\lambda_m}$ 所对应的峰值波长 $\lambda_m$ 与黑体绝对温度 $T$ 的关系表示式。

虽然德国物理学家威廉·维恩（图 3-8）提出本定律的时间是在普朗克辐定律出现之前的 1893 年，且过程完全基于对实验数据的经验总结，但可以证明，本定律是更为广义的普朗克辐射定律的一个直接推论。

（1）维恩位移定律推导

将 3.3 节中的普朗克公式（3-34）对波长求导，并令其导数等于 0，可得

图 3-8　德国物理学家
威廉·维恩

$$\frac{dM_{\lambda bb}}{d\lambda}=\frac{d}{d\lambda}\left(\frac{c_1}{\lambda^5}\cdot\frac{1}{e^{c_2/(\lambda T)}-1}\right)=0 \qquad（3-53）$$

由式（3-54）可得

$$\left(1-\frac{x}{5}\right)\cdot e^x = 1 \tag{3-54}$$

式中，$x = c_2/(\lambda T)$。

利用逐次逼近法，得

$$x = \frac{c_2}{\lambda_m T} = 4.965\,114\,2$$

则维恩位移定律的最后表示式为

$$\lambda_m T = b \tag{3-55}$$

式中，$b$ 为常数，且 $b = c_2/x = 2898.8 \pm 0.4\,\mu m \cdot K$。

维恩位移定律表明，黑体光谱辐射出射度峰值对应的峰值波长 $\lambda_m$ 与黑体的绝对温度 $T$ 成反比。图 3-7 中的虚线，就是这些峰值的轨迹，其近似一条直线。由维恩位移定律可计算出：人体（$T = 310K$）辐射的峰值波长约为 $9.4\mu m$；太阳（看做 $T = 6000K$ 的黑体）的峰值波长约为 $0.48\mu m$。可见，太阳辐射的 50% 以上功率是在可见光区和紫外区，而人体辐射几乎全部在红外区。

（2）黑体光谱辐射出射度的峰值

将维恩位移定律 $\lambda_m T$ 的值代入普朗克公式，可得黑体光谱辐射出射度的峰值 $M_{\lambda_m bb}$ 为

$$M_{\lambda_m bb} = \frac{c_1}{\lambda_m^5} \cdot \frac{1}{e^{c_2/(\lambda_m T)} - 1} = \frac{c_1}{b^5} \cdot \frac{T^5}{e^{c_2/b} - 1} = b_1 T^5 \tag{3-56}$$

式中，$b_1$ 为常数，且 $b_1 = 1.2862 \times 10^{-11}\,W/(m^2 \cdot \mu m \cdot K^5)$。

式（3-56）表明，黑体的光谱辐射出射度峰值与绝对温度的 5 次方成正比。这与图 3-7 中的曲线随温度的增加辐射曲线的峰值迅速提高相一致。

（3）光子辐射量的维恩位移定律

将光子数表示的普朗克公式（3-37）对波长求导，并令其导数等于 0，可得

$$\frac{dM_{p\lambda bb}}{d\lambda} = \frac{d}{d\lambda}\left(\frac{c_1'}{\lambda^4}\frac{1}{e^x - 1}\right) = 0 \tag{3-57}$$

化简得

$$\left(1 - \frac{x}{4}\right)e^x = 1 \tag{3-58}$$

式中，$x = c_2/(\lambda T)$。

利用逐步逼近法，得

$$x = 3.920\,690\,395$$

于是，得到黑体光谱光子辐射出射度峰值对应的峰值波长与绝对温度所满足的关系为

$$\lambda_m' T = b' \tag{3-59}$$

式中，$b'$ 为常数，且 $b' = 3669.73\,\mu m \cdot K$。

式（3-59）与维恩位移定律式（3-55）具有相同的形式，但两种情况下的常数 $b$ 和 $b'$ 的数值并不相等。这表明，光谱辐射出射度与光谱光子辐射出射度的峰值所对应的波长并不相同。一般情况下，光谱光子辐射出射度的峰值波长要比光谱辐射出射度长 25% 左右。

将式（3-59）代入式（3-37），可得黑体光谱光子辐射出射度的峰值为

$$M_{\text{p}\lambda\text{bb}} = \frac{c_1'}{(b'/T)^4} \cdot \frac{1}{\text{e}^{c_2/b'}-1} = b_1' T^4 \tag{3-60}$$

式中，$b_1'$ 为常数，且 $b_1' = 2.10098 \times 10^{11}\ (1/(\text{s} \cdot \text{m}^2 \cdot \mu\text{m} \cdot \text{K}^4))$ 。

（4）维恩位移定律的广义表达式

为得到某确定温度下，广义普朗克函数的峰值 $R_{\max}$ 所对应的峰值变量 $x_{\max}$，可由广义普朗克函数式 $R = Ay^m/(\text{e}^x-1)$ 出发，首先将 $x$ 看做 $y$、$T$ 的函数，然后将 $R$ 对 $y$ 求导数，并令其导数等于 0，得

$$\pm m \frac{1}{y} + \frac{x\text{e}^x}{\text{e}^x-1}\left(\frac{1}{T}\frac{\text{d}T}{\text{d}y} \mp \frac{1}{y}\right) = 0 \tag{3-61}$$

在等温情况下，有

$$\frac{x\text{e}^x}{\text{e}^x-1} = m \tag{3-62}$$

这就是维恩位移定律的广义表达式。由此可得峰值变量 $x_{\max}$。将 $x_{\max}$ 代入广义普朗克函数，可以得到

$$R_{\max} = C \cdot x_{\max}^m \cdot \frac{T^m}{\text{e}^x_{\max}-1} \tag{3-63}$$

式中，$C$ 为常数，令 $R_{\max}' = x_{\max}^m/(\text{e}^x_{\max}-1)$，则

$$R_{\max} = R_{\max}' \cdot C \cdot T^m \tag{3-64}$$

表 3-3 给出了几种情况下广义维恩位移定律的 $x_{\max}$ 和 $R_{\max}'$ 值。

表 3-3　广义维恩位移定律的 $x_{\max}$ 和 $R_{\max}'$ 值

| 函　　数 | | $m$ | $x_{\max}$ | $R_{\max}' = \dfrac{x_{\max}}{\text{e}^x_{\max}-1}$ |
|---|---|---|---|---|
| 应 变 量 | 自 变 量 | | | |
| 光子量 | $\tilde{\nu}$ | 2 | 1.593 624 260 | 0.6474 |
| 功率量 | $\nu$ | 3 | 2.821 439 372 | 1.4214 |
| 光子量 | $\lambda$ | 4 | 3.920 690 395 | 4.7796 |
| 功率量 | $\lambda$ | 5 | 4.965  114 230 | 21.2036 |
| 功率对比度 | $\lambda$ | 6 | 5.969 409 170 | 115.9359 |

# 3.5　斯蒂芬-玻尔兹曼定律

斯蒂芬-玻尔兹曼定律给出了黑体的全辐射出射度与温度的关系。该定律由斯洛文尼亚物理学家约瑟夫·斯蒂芬和奥地利物理学家路德维希·玻尔兹曼（图 3-9）分别于 1879 年和 1884 年各自独立提出。在提出过程中，斯蒂芬是通过对实验数据的归纳总结，而玻尔兹曼则是从热力学理论出发，通过假设将光（电磁波辐射）代替气体作为热机的工作介质，最终推导出与斯蒂芬归纳结果相同的结论。可以证明，本定律是广义普朗克辐射定律的一个特殊推论。

图 3-9　奥地利物理学家
路德维希·玻尔兹曼

（1）斯蒂芬-玻尔兹曼定律推导

利用普朗克公式（3-34），对波长进行 0 到 ∞ 积分可得

$$M_{bb} = \int_0^\infty M_{\lambda bb}d\lambda = \int_0^\infty \frac{c_1}{\lambda^5} \cdot \frac{d\lambda}{e^{c_2/(\lambda T)} - 1} \tag{3-65}$$

利用 $\lambda = c_2/(xT)$ 及 $d\lambda = -c_2 dx/(Tx^2)$，将式（3-65）中的变量 $\lambda$ 换为 $x$，有

$$M_{bb} = \int_\infty^0 \frac{c_1}{(c_2/(xT))^5} \cdot \frac{-\frac{c_2 dx}{Tx^2}}{e^x - 1} = \frac{c_1}{c_2^4} T^4 \int_0^\infty \frac{x^3}{e^x - 1}dx \tag{3-66}$$

由表 3-2 可知，当 $m = 3$ 时，式（3-66）中的积分等于 $\pi^4/15$，所以有

$$M_{bb} = \frac{c_1}{c_2^4} T^4 \cdot \frac{\pi^4}{15} = \sigma T^4 \tag{3-67}$$

这就是斯蒂芬-玻尔兹曼定律。式中，$\sigma = c_1 \pi^4/(15 c_2^4) = (5.6697 \pm 0.0029) \times 10^{-8}(W/(m^2 \cdot K^4))$。

该定律表明，黑体的全辐射出射度与其温度的 4 次方成正比。因此，温度很小的变化就会引起辐射出射度的很大变化。这与图 3-7 反映的规律相一致。

图 3-7 中每条光谱辐射出射度曲线下的面积，代表该曲线对应黑体的全辐射出射度。可以看出，随温度的增加，曲线下的面积迅速增大。

（2）用光子数表示的斯蒂芬-玻尔兹曼定律

将光谱光子辐射出射度表示式（3-37）对波长从 0 到 ∞ 积分，即可得到黑体的光子全辐射出射度。其推导方法与式（3-67）的推导方法相同。最后推得

$$M_{pbb} = \sigma' T^3 \tag{3-68}$$

式中，$\sigma' = 2c_1' \pi^3/(c_2^3 \cdot 25.79436) = 1.52041 \times 10^{15}(1/(s \cdot m^2 \cdot K^3))$。

该式表明，黑体的光子全辐射出射度与其绝对温度的 3 次方成正比。

## 3.6　黑体辐射的计算

利用普朗克公式（3-34）虽然可以对有关黑体辐射量进行计算，但过程往往非常麻烦。为简化计算，可采用简易的计算方法。下面就介绍一种黑体辐射函数的简易计算方法。

在此主要介绍两种函数，即 $f(\lambda T)$ 函数和 $F(\lambda T)$ 函数。用这些函数，就可计算任意波长附近的黑体光谱辐射出射度 $M_\lambda$，也可计算任意波长间隔内的黑体辐射出射度 $M_{\lambda_1 \sim \lambda_2}$。

（1）$f(\lambda T) = M_\lambda/M_{\lambda_m}$ 函数

由式（3-34）和式（3-56），可得

$$f(\lambda T) = \frac{M_\lambda}{M_{\lambda_m}} = \frac{c_1}{b_1}(\lambda T)^{-5} \cdot \frac{1}{e^{c_2/(\lambda T)} - 1} \tag{3-69}$$

以 $\lambda T$ 为变量，可计算出每组 $\lambda T$ 值对应的 $f(\lambda T)$ 值。于是便构成了 $f(\lambda T)$ 函数，该函数的图解表示，如图 3-10 中的曲线(a)所示。

当黑体的温度 $T$ 已知时，对某一特定波长 $\lambda$，可计算出 $\lambda T$ 值。再由函数 $f(\lambda T)$ 计算出 $f(\lambda T)$ 的值，最后可计算出黑体的光谱辐射出射度

$$M_\lambda = f(\lambda T)M_{\lambda_m} = f(\lambda T)\cdot b_1 T^5 \tag{3-70}$$

（2）$F(\lambda T) = M_{0\sim\lambda} / M_{0\sim\infty}$ 函数

由式（3-34）可写出波长 0 到 $\lambda$ 之间的辐射出射度为

$$M_{0\sim\lambda} = \int_0^\lambda M_\lambda d\lambda = \int_0^\lambda \frac{c_1}{\lambda^5}\cdot\frac{d\lambda}{e^{c_2/(\lambda T)}-1} = \int_x^\infty \frac{c_1 T^4}{c_2^4}\cdot\frac{x^3 dx}{e^x-1}$$

$$= \frac{c_1 T^4}{c_2^4}\int_{\frac{c_2}{\lambda T}}^\infty \frac{[c_2/(\lambda T)]^3 d[c_2/(\lambda T)]}{e^{c_2/(\lambda T)}-1}$$

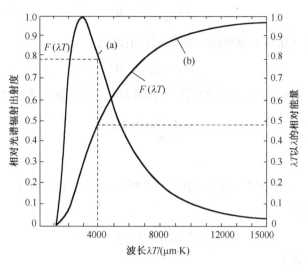

图 3-10　黑体通用曲线

由式（3-67）可知

$$M_{0\sim\infty} = M_{bb} = \frac{c_1\pi^4}{15c_2^4}T^4$$

于是可得

$$F(\lambda T) = \frac{M_{0\sim\lambda}}{M_{0\sim\infty}} = \frac{15}{\pi^4}\int_{\frac{c_2}{\lambda T}}^\infty \frac{[c_2/(\lambda T)]^3 d[c_2/(\lambda T)]}{e^{c_2/(\lambda T)}-1} \tag{3-71}$$

根据给定的一系列 $\lambda T$ 值可以计算出相应的函数值 $F(\lambda T)$。$F(\lambda T)$ 函数的图解表示，如图 3-10 中的曲线(b)所示。

利用 $F(\lambda T)$ 函数，可完成下列计算。波长 0 到 $\lambda$ 之间的黑体辐射出射度 $M_{0\sim\lambda}$ 为

$$M_{0\sim\lambda} = F(\lambda T)M_{0\sim\infty} = F(\lambda T)\cdot\sigma T^4 \tag{3-72}$$

波长 $\lambda_1$ 到 $\lambda_2$ 之间的黑体辐射出射度 $M_{\lambda_1\sim\lambda_2}$ 为

$$M_{\lambda_1\sim\lambda_2} = M_{0\sim\lambda_2} - M_{0\sim\lambda_1} = [F(\lambda_2 T) - F(\lambda_1 T)]\cdot\sigma T^4 \tag{3-73}$$

**例 3-1**　以人体为例，已知人体温度 $T = 310K$（假定人体的皮肤是黑体），则其峰值波长为

$$\lambda_{\mathrm{m}} = \frac{2898}{T} = \frac{2898}{310} = 9.4\mu\mathrm{m}$$

全辐射出射度为

$$M = \sigma T^4 = 5.67 \times 10^{-8} \times 310^4 = 5.2 \times 10^2 (\mathrm{W/m}^2)$$

处于紫外区时，波长（$0 \sim 0.38\mu\mathrm{m}$）的辐射出射度为

$$M_{0 \sim 0.38} \cong 0$$

处于可见光区时，波长（$0.38 \sim 0.75\mu\mathrm{m}$）的辐射出射度为

$$M_{0.38 \sim 0.75} \cong 0$$

处于红外区时，波长（$0.75 \sim 1000\mu\mathrm{m}$）的辐射出射度为

$$M_{0.75 \sim 1000} \cong M$$

**例 3-2**　以太阳为例，已知太阳的温度 $T = 6000\mathrm{K}$，并假定其为黑体，则其峰值波长为

$$\lambda_{\mathrm{m}} = \frac{2898}{6000} = 0.48\mu\mathrm{m}$$

全辐射出射度为

$$M = \sigma T^4 = 5.67 \times 10^{-8} \times 6000^4 = 7.3 \times 10^7 (\mathrm{W/m}^2)$$

紫外区的辐射出射度为

$$M_{0 \sim 0.38} \cong 0.14M$$

可见光区的辐射出射度为

$$M_{0.38 \sim 0.75} \cong 0.42M$$

红外区的辐射出射度为

$$M_{0.75 \sim 1000} \cong 0.44M$$

## 3.7　辐射效率和辐射对比度

　　以上对热辐射基本规律的讨论，实质上都是从物理学的角度来论述的，重点研究了物体辐射功率的大小及其光谱分布特性。下面讨论工程上常常涉及的两个概念，即辐射效率和辐射对比度。

　　（1）辐射效率

　　从工程设计的方面来说，人们往往只对热辐射产生的效率感兴趣。尽管大多数红外系统都是针对非合作目标（如飞机、导弹、地面装备和人员的搜索系统等）设计的。但当该系统为两个合作装置时，如一架飞机与另一架加油机的合作，则系统可由载在一个飞行器上的红外装置去搜索和跟踪另一个飞行器上所载的信标组成。此时系统设计的一个关键问题就是要有效地利用工作信标的极限功率。假定所研究的系统工作在单一的波长上，在信标所考虑的工作范围内输入功率转换成辐射通量的效率是常数，那么，问题就归结为恰当地选择信标的工作温度，以使系统工作效率最高。直观上来看，我们也许会认为：目标的工作温度可以通

过维恩位移定律来选定，使其光谱分布曲线的峰值工作波长相一致。但是，从下面的讨论我们会看出，这样的温度选择，从工程设计的角度来看，并不是最佳的。

将辐射源在特定波长 $\lambda$ 上的光谱辐射效率定义为

$$\eta = \frac{M_\lambda}{M} = \frac{c_1}{\lambda^5} \cdot \frac{1}{e^{c_2/(\lambda T)} - 1} \cdot \frac{1}{\sigma T^4} \tag{3-74}$$

这样，系统设计的问题就成为确定效率最高时所对应的温度。这可由 $\mathrm{d}\eta/\mathrm{d}T = 0$ 来确定，通过这样的数学运算可得

$$\frac{x e^x}{4} - e^x + 1 = 0$$

仍用逐次逼近法，得

$$x = \frac{c_2}{\lambda T} = 3.92069$$

最后得到效率最高时，波长与温度所满足的关系为

$$\lambda_e T_e = 3669.73 (\mu m \cdot K) \tag{3-75}$$

该式表明，对于辐射源辐射功率固定的情况，在指定波长 $\lambda_e$ 处，存在一个最佳的温度，在此温度下，在 $\lambda_e$ 上产生的辐射效率最高。

为了与维恩位移定律 $\lambda_m T_m = 2898$ 相区别，式（3-75）给出的值称为工程最大值。对于同一波长，$T_e$ 与 $T_m$ 存在以下关系

$$T_e = \frac{3669}{2898} T_m = 1.266 T_m \tag{3-76}$$

可见，工程最大值的温度比维恩位移定律的最大值温度要高 26.6%。

上述两个温度的不同，可用热辐射治疗人体组织的例子来说明：皮肤在 $1.1\mu m$ 处是相对透明的，但是由于热效应限制了入射到皮肤上总辐射功率的大小，因此，在不超过皮肤所允许的总辐射功率的情况下，在 $1.1\mu m$ 处辐射源的温度是多少呢？按照维恩位移定律，在 $1.1\mu m$ 上产生最大光谱辐射出射度的相应温度是 2630K，而工程的最大值相应温度是 3360K，这样，工程最大值温度比维恩位移定律最大值温度在 $1.1\mu m$ 上产生的辐射出射度要高 11.6%，如图 3-11 所示。

图 3-11　工程最大值温度与维恩位移定律最大值的比较

（2）辐射对比度

当目标和背景的温度近似相同或者目标和背景的辐射出射度差别不大时，很难利用热像仪探测出背景中的目标。为了有效描述目标和背景辐射的差别，在此引入辐射对比度的概念。

辐射对比度是指目标和背景辐射出射度之差与背景辐射出射度之比，即

$$C = \frac{M_T - M_B}{M_B} \tag{3-77}$$

式中，$M_T = \int_{\lambda_1}^{\lambda_2} M_\lambda(T_T)\,d\lambda$ 为目标在 $\lambda_1 \sim \lambda_2$ 波长间隔的辐射出射度；$M_B = \int_{\lambda_1}^{\lambda_2} M_\lambda(T_B)\,d\lambda$ 为背景在 $\lambda_1 \sim \lambda_2$ 波长间隔的辐射出射度。

现在讨论能否通过选择合适的波段来获得最大的辐射对比度：

首先计算波长从 $0 \sim \infty$ 全波带的对比度。设目标和背景均视为黑体，背景温度为 300K，目标温度为 310K。由 $M = \sigma T^4$，可得 $\partial M / \partial T = 4\sigma T^3$。当 $\Delta T$ 很小时，有

$$C_{0 \sim \infty} = \frac{M_T - M_B}{M_B} = \frac{\Delta M}{M} = \frac{(\partial M / \partial T)\Delta T}{M} = \frac{4\sigma T^3 \Delta T}{\sigma T^4} = \frac{4\Delta T}{T} = \frac{4 \times 10}{300} = 0.133$$

然后利用式（3-77）算出常用的两个波段 $3 \sim 5\mu m$ 和 $8 \sim 14\mu m$ 的对比度为

$$C_{3 \sim 5\mu m} = 0.413$$

$$C_{8 \sim 14\mu m} = 0.159$$

根据以上的计算结果可以看出，三种情况的对比度都比较差，且波段宽的对比度比窄的对比度更差。

在表征热成像系统的性能时，常把光谱辐射出射度与温度的微分 $\partial M / \partial T$ 称为热导数。因为 $e^{c_2/(\lambda T)} \gg 1$ 时，普朗克公式的热导数为

$$\frac{\partial M_\lambda}{\partial T} = \frac{\partial}{\partial T}\left[\frac{c_1}{\lambda^5} \cdot \frac{1}{e^{c_2/(\lambda T)} - 1}\right] = \frac{c_1}{\lambda^5} \cdot \frac{e^{c_2/(\lambda T)} \cdot \frac{c_2}{\lambda T^2}}{\left(e^{c_2/(\lambda T)} - 1\right)^2} \cong M_\lambda \cdot \frac{c_2}{\lambda T^2} \tag{3-78}$$

则辐射出射度与温度的微分的关系为

$$\frac{\Delta M_{\lambda_1 - \lambda_2}}{\Delta T} = \int_{\lambda_1}^{\lambda_2} \frac{\partial M_\lambda}{\partial T}\,d\lambda = \int_{\lambda_1}^{\lambda_2} M_\lambda \frac{c^2}{\lambda T^2}\,d\lambda \tag{3-79}$$

由于对比度对温度的变化率与 $\Delta M_{\lambda_1 \sim \lambda_2} / \Delta T$ 相对应，为求得对比度，只需求得 $\Delta M_{\lambda_1 \sim \lambda_2} / \Delta T$ 即可。表 3-4 给出了常用波段在几种温度下的 $\Delta M_{\lambda_1 \sim \lambda_2} / \Delta T$ 值。

表 3-4  几种波段的 $\Delta M_{\lambda_1 \sim \lambda_2} / \Delta T$ 值

| 波段 $\lambda_1\,(\mu m)$ | $\lambda_2\,(\mu m)$ | $\Delta M_{\lambda_1 \sim \lambda_2}/\Delta T = \int_{\lambda_1}^{\lambda_2} \frac{\partial M_\lambda}{\partial T}d\lambda$ (W/m²×K) | | | |
|---|---|---|---|---|---|
| | | $T = 280K$ | $T = 290K$ | $T = 300K$ | $T = 310K$ |
| 3 | 5 | $1.10 \times 10^{-1}$ | $1.54 \times 10^{-1}$ | $2.10 \times 10^{-1}$ | $2.81 \times 10^{-1}$ |
| 3 | 5.5 | $2.10 \times 10^{-1}$ | $2.73 \times 10^{-1}$ | $3.62 \times 10^{-1}$ | $4.72 \times 10^{-1}$ |
| 3.5 | 5 | $1.06 \times 10^{-1}$ | $1.47 \times 10^{-1}$ | $2.00 \times 10^{-1}$ | $2.65 \times 10^{-1}$ |
| 3.5 | 5.5 | $1.97 \times 10^{-1}$ | $2.66 \times 10^{-1}$ | $3.52 \times 10^{-1}$ | $4.57 \times 10^{-1}$ |
| 4 | 5 | $9.18 \times 10^{-2}$ | $1.26 \times 10^{-1}$ | $1.69 \times 10^{-1}$ | $2.23 \times 10^{-1}$ |
| 4 | 5.5 | $1.83 \times 10^{-1}$ | $2.45 \times 10^{-1}$ | $3.22 \times 10^{-1}$ | $4.14 \times 10^{-1}$ |
| 8 | 10 | $8.47 \times 10^{-1}$ | $9.65 \times 10^{-1}$ | 1.09 | 1.21 |
| 8 | 12 | 1.58 | 1.77 | 1.97 | 2.17 |
| 8 | 14 | 2.15 | 2.38 | 2.62 | 2.86 |
| 10 | 12 | $7.341 \times 10^{-1}$ | $8.08 \times 10^{-1}$ | $8.81 \times 10^{-1}$ | $9.55 \times 10^{-1}$ |
| 10 | 14 | 1.30 | 1.42 | 1.53 | $1.65 \times 10^{-1}$ |
| 12 | 14 | $5.67 \times 10^{-1}$ | $6.10 \times 10^{-1}$ | $6.52 \times 10^{-1}$ | $6.92 \times 10^{-1}$ |

图 3-12 给出了 $\partial M_\lambda / \partial T \sim \lambda T$ 的关系曲线。

从图 3-12 中可以看出，曲线有一峰值。利用推导维恩位移定律的方法可求得光谱辐射出射度变化率的峰值波长 $\lambda_c$ 与绝对温度 $T$ 的关系为

$$\lambda_c T = 2411 \mu m \qquad (3\text{-}80)$$

由于辐射的峰值波长满足 $\lambda_m T = 2898 (\mu m \cdot K)$，因此最大对比度的波长 $\lambda_c$ 与辐射峰值波长 $\lambda_m$ 的关系满足

$$\lambda_c = \frac{2411}{2898} \lambda_m = 0.832 \lambda_m \qquad (3\text{-}81)$$

利用热像仪观察地面目标时，由于地面背景的温度通常为 300K，其 $\lambda_c$ 近似为 $8\mu m$，因此在不考虑其他因素的情况下，以 $8 \sim 14 \mu m$ 波段探测背景最为理想。

图 3-12  $\partial M_\lambda / \partial T \sim \partial T$ 关系曲线

# 3.8 发 射 率

前面讨论了黑体辐射的基本规律，但黑体只是一种理想化的物体，其辐射与实际物体的辐射是不同的。为了把黑体辐射定律推广到实际物体的辐射，下面引入另一物理量——发射率，来表征实际物体的辐射接近于黑体辐射的程度。

## 3.8.1 发射率的定义

所谓物体的发射率（也称为比辐射率），是指该物体在指定温度 $T$ 时的辐射量与同温度黑体相应辐射量的比值。显然，该值越大，表明该物体的辐射与黑体辐射越接近。因此，只要获得了某物体的发射率，利用黑体的基本辐射定律就可揭示该物体的辐射规律，或计算出其辐射量。

（1）半球发射率

辐射体的辐射出射度与同温度下黑体的辐射出射度之比称为半球发射率，分为全量和光谱量两种。

半球全发射率定义为

$$\varepsilon_h = \frac{M(T)}{M_{bb}(T)} \qquad (3\text{-}82)$$

式中，$M(T)$ 为实际物体在温度 $T$ 时的全辐射出射度；$M_{bb}(T)$ 为黑体在相同温度下的全辐射出射度。

半球光谱发射率定义为

$$\varepsilon_{\lambda h} = \frac{M_\lambda(T)}{M_{\lambda bb}(T)} \qquad (3\text{-}83)$$

式中，$M_\lambda(T)$ 为实际物体在温度 $T$ 时的光谱辐射出射度；$M_{\lambda bb}(T)$ 为黑体在相同温度下的光谱辐射出射度。

由式（3-3）、式（3-4）以及式（3-83），可得任意物体在温度 $T$ 下的半球光谱发射率为

$$\varepsilon_{\lambda h}(T) = \alpha_\lambda(T) \qquad (3\text{-}84)$$

可见，任何物体的半球光谱发射率与该物体在同温度下的光谱吸收率相等。同理可得物体的半球全发射率与该物体在同温度下的全吸收率相等，即

$$\varepsilon_{\mathrm{h}}(T) = \alpha(T) \tag{3-85}$$

式（3-84）和式（3-85）为基尔霍夫定律的另一种表示形式，即物体吸收辐射的本领越大，其发射辐射的本领也越大。

（2）方向发射率

方向发射率也称为角比辐射率或定向发射本领，是指在与辐射表面法线成 $\theta$ 角的小立体角内测量的发射率。特殊地，当 $\theta$ 角为 0 时称为法向发射率 $\varepsilon_{\mathrm{n}}$，其也可分为全量和光谱量两种。

方向全发射率定义为

$$\varepsilon(\theta) = \frac{L}{L_{\mathrm{bb}}} \tag{3-86}$$

式中，$L$ 和 $L_{\mathrm{bb}}$ 分别是实际物体和黑体在相同温度下的辐射亮度。因为 $L$ 一般与方向有关，所以 $\varepsilon(\theta)$ 也与方向有关。

方向光谱发射率定义为

$$\varepsilon_{\lambda}(\theta) = \frac{L_{\lambda}}{L_{\lambda\mathrm{bb}}} \tag{3-87}$$

由于物体的光谱辐射亮度 $L_{\lambda}$ 与方向和波长两者有关，因此 $\varepsilon_{\lambda}(\theta)$ 是方向角 $\theta$ 和波长 $\lambda$ 的函数。

从以上各发射率的定义可看出，对于黑体来说，各种发射率的数值均等于 1；而对于所有的实际物体来说，各种发射率的数值均小于 1。

对于朗伯辐射体，其辐射出射度与辐射亮度、光谱辐射出射度与光谱辐射亮度之间具有以下关系：

$$M = \pi L$$

$$M_{\lambda} = \pi L_{\lambda}$$

而黑体又是朗伯辐射体，于是

$$M_{\mathrm{bb}} = \pi L_{\mathrm{bb}}$$

$$M_{\lambda\mathrm{bb}} = \pi L_{\lambda\mathrm{bb}}$$

由此可得，朗伯辐射体的方向发射率和方向光谱发射率为

$$\varepsilon(\theta) = \frac{L}{L_{\mathrm{bb}}} = \frac{\pi L}{\pi L_{\mathrm{bb}}} = \frac{M}{M_{\mathrm{bb}}} = \varepsilon_{\mathrm{h}} \tag{3-88}$$

$$\varepsilon_{\lambda}(\theta) = \frac{L_{\lambda}}{L_{\lambda\mathrm{bb}}} = \frac{\pi L_{\lambda}}{\pi L_{\lambda\mathrm{bb}}} = \frac{M_{\lambda}}{M_{\lambda\mathrm{bb}}} = \varepsilon_{\lambda\mathrm{h}} \tag{3-89}$$

由式（3-88）和式（3-89）可知，朗伯辐射体的方向发射率和方向光谱发射率与方向无关，且黑体的各种发射率均为 1，也与方向无关。因此，黑体是朗伯辐射体。对于朗伯辐射体，三种发射率 $\varepsilon_{\mathrm{h}}$、$\varepsilon(\theta)$ 和 $\varepsilon_{\mathrm{n}}$ 彼此相等。对于其他辐射源来说，除了磨光的金属外，都在

某种程度上接近于朗伯辐射体，其三种发射率之间的差别通常都比较小，以至于可以忽略不计。因而，除非需要区别半球发射体和方向发射率时，需要使用脚注外，一般统一用 $\varepsilon$ 来表示全发射率（简称发射率），而用 $\varepsilon_\lambda$ 表示光谱发射率。表 3-5 给出了几种常见材料的发射率。

**表 3-5  几种常见材料的发射率**

| 材料 | | 温度(℃) | 发射率 | 材料 | | 温度(℃) | 发射率 |
|---|---|---|---|---|---|---|---|
| 金属及其氧化物 | 铝 抛光板材 | 100 | 0.05 | 砖 普通红砖 | | 20 | 0.93 |
| | 铝 普通板材 | 100 | 0.09 | 碳 烛烟 | | 20 | 0.95 |
| | 铝 铬酸处理的阳极化板材 | 100 | 0.55 | 碳 表面挫平的石磨 | | 20 | 0.98 |
| | 铝 真空沉积的 | 20 | 0.04 | 碳 混凝土 | | 20 | 0.92 |
| | 黄铜 高度抛光的 | 100 | 0.03 | 玻璃 抛光玻璃板 | | 20 | 0.94 |
| | 黄铜 氧化处理的 | 100 | 0.61 | 漆 白漆 | | 100 | 0.92 |
| | 黄铜 用80#粗金钢砂磨光的 | 20 | 0.20 | 漆 退光黑漆 | | 100 | 0.97 |
| | 铜 抛光的 | 100 | 0.05 | 纸 白胶膜纸 | | 20 | 0.93 |
| | 铜 强氧化处理的 | 20 | 0.78 | 熟石膏 粗涂层 | | 20 | 0.91 |
| | 金 高度抛光的 | 100 | 0.02 | — 砂 | | 20 | 0.90 |
| | 铁 抛光的铸件 | 40 | 0.21 | — 人类的皮肤 | | 32 | 0.98 |
| | 铁 氧化处理的铸件 | 100 | 0.64 | 土壤 干土 | | 20 | 0.92 |
| | 铁 锈蚀严重的板材 | 20 | 0.69 | 土壤 含有饱和水的 | | 20 | 0.95 |
| | 镁 抛光的 | 20 | 0.07 | 水 蒸馏水 | | 20 | 0.96 |
| | 银 抛光的 | 100 | 0.03 | 水 平坦的水 | | −10 | 0.96 |
| | 不锈钢 18-8型抛光的 | 20 | 0.16 | 水 霜晶 | | −10 | 0.98 |
| | 不锈钢 18-8型在800℃下氧化处理的 | 60 | 0.85 | 水 雪 | | −10 | 0.85 |
| | 钢 抛光的 | 100 | 0.07 | 木材 刨光的栋木 | | 20 | 0.90 |
| | 钢 氧化处理的 | 200 | 0.79 | | | | |
| | 锡 镀锡薄铁板 | 100 | 0.07 | | | | |

## 3.8.2  物体发射率的变化规律

物体发射率的一般变化规律如下。

（1）不同类物体的发射率不同。

对于朗伯辐射体来说，三种发射率 $\varepsilon_h$、$\varepsilon(\theta)$ 和 $\varepsilon_n$ 彼此相等；对于电绝缘体来说，$\varepsilon_h/\varepsilon_n$ 在 0.95~1.05 之间，其平均值为 0.98，但在 $\theta$ 角不超过 65° 或 70° 时，$\varepsilon(\theta)$ 和 $\varepsilon_n$ 仍然相等；对于导电体来说，$\varepsilon_h/\varepsilon_n$ 在 1.05~1.33 之间，对大多数磨光金属，其平均值为 1.20，即半球发射率比法向发射率约大 20%，当 $\theta$ 角超过 45° 时，$\varepsilon(\theta)$ 和 $\varepsilon_n$ 差别明显。

（2）金属的发射率较低，但它随温度的升高而增高，且当表面形成氧化层时，可以成 10 倍或更大倍数地增高。

（3）非金属的发射率较高，一般大于 0.8，且随温度的增加而降低。

（4）金属及其他非透明材料的辐射，一般发生在表面几微米内，因此发射率是表面状态的函数，而与尺寸无关。据此，涂敷或刷漆的表面发射率是涂层本身的特性，而不是基层表面的特性。对于同一种材料来说，只要样品表面条件不同，测得的发射率值会有差别。

（5）介质的光谱发射率随波长的变化而变化，如图 3-13 所示。在红外区域，大多数介质的光谱发射率随波长的增加而降低。对现象进行解释时，这一点必须注意。例如，白漆和涂

料 $TiO_2$ 等在可见光区有较低的发射率,但当波长超过 $3\mu m$ 时,几乎相当于黑体。用它们覆盖的物体在太阳光下的温度相对较低,主要是因为它不仅反射了部分太阳光,而且几乎像黑体一样重新辐射所吸收的能量。而铝板在直接太阳光照射下,相对温度较高,这是由于它在 $10\mu m$ 附近有相当低的发射率,因此不能有效地辐射所吸收的能量。

图 3-13　各种材料的光谱发射率

值得注意的是,并不能完全根据人眼的观察去判断物体发射率的高低。譬如对雪来说,如表 3-5 所示,雪的发射率较高,为 0.85。但根据人眼的判断,雪是很好的漫反射体,或者说它的反射率高而吸收率低,即它的发射率低。其实,处在雪这个温度下的黑体峰值波长为 $10.5\mu m$,且整个辐射能量的 98% 处于 $3\sim 70\mu m$ 的波段内。而人眼仅对 $0.5\mu m$ 左右的波长敏感,不可能感觉到 $10\mu m$ 处的情况,所以眼睛的判断是毫无意义的。另外,太阳可看作 6000K 的黑体,其峰值波长为 $0.5\mu m$,且整个辐射能量的 98% 处于 $0.15\sim 3\mu m$ 波段内,因此被太阳照射的雪,相当于吸收了 $0.5\mu m$ 波段的辐射能,而在 $10\mu m$ 的波段上重新辐射出去。

### 3.8.3　热辐射体的分类

利用光谱发射率的变化规律,热辐射体通常分为以下三类。

(1)黑体或普朗克辐射体

黑体或普朗克辐射体的发射率、光谱发射率均等于 1。黑体的辐射特性,遵守普朗克公式、维恩位移定律和斯蒂芬-玻尔兹曼定律。

(2)灰体

灰体的发射率、光谱发射率均为小于 1 的不变常数。若用脚注 $g$ 表示灰体的辐射量,则

$$\begin{cases} M_g = \varepsilon M_{bb} \\ M_{\lambda g} = \varepsilon M_{\lambda bb} \\ L_g = \varepsilon(\theta) L_{bb} \\ L_{\lambda g} = \varepsilon(\theta) L_{\lambda bb} \end{cases} \quad (3\text{-}90)$$

式中,$\varepsilon$ 表示发射率;$L$ 为对应的辐射亮度。

当灰体是朗伯辐射体时，它的 $\varepsilon(\theta) = \varepsilon$。于是，适合于灰体的普朗克公式和斯蒂芬-玻尔兹曼定律的形式为

$$M_{\lambda g} = \varepsilon M_{\lambda bb} = \frac{\varepsilon c_1}{\lambda^5}(e^{c_2/(\lambda T)} - 1) \tag{3-91}$$

$$M_g = \varepsilon M_{bb} = \varepsilon \sigma T^4 \tag{3-92}$$

而维恩位移定律的形式不变。

（3）选择性辐射体

选择性辐射体的光谱发射率随波长的变化而变化。

图 3-14、图 3-15 给出了三类辐射体的光谱发射率和光谱辐射出射度曲线。

图 3-14　黑体、灰体、选择性辐射　　　　　图 3-15　黑体、灰体、选择性辐射
　　　　体的发射率与波长的关系　　　　　　　　　　体的光谱辐射出射度曲线

由图 3-14 与图 3-15 可知，黑体辐射的光谱分布曲线是各种辐射体曲线的包络线。这表明，在相同的温度下，黑体总的或任意的光谱区间的辐射比其他辐射体的都大。灰体的发射率是一个不变的常数，这一概念在红外辐射研究中非常有用，有些辐射源，如喷气机尾喷管、气动加热表面、无动力空间飞行器、人、大地及空间背景等，都可以视为灰体，因此只要知道它们的表面发射率，就可根据有关的辐射定律进行足够准确的计算。灰体的光谱辐射出射度曲线与黑体的辐射出射度曲线有相同的形状，但其发射率小于 1，所以在黑体曲线以下。

选择性辐射体在有限的光谱区间有时也可看成是灰体来简化计算。

# 小　　结

本章讨论了热辐射理论的基本定律，即基尔霍夫定律、普朗克辐射定律、维恩位移定律和斯蒂芬-波尔茨曼定律；介绍了黑体辐射的计算方法，引入辐射效率、辐射对比度等物理量来描述黑体辐射，并将任意物体的辐射特性与黑体辐射联系起来，为读者提供了完整的热辐射理论基础，方便了对任意物体辐射特性的研究。本章的内容将对后续章节中红外目标仿真、红外成像技术的研究提供依据。

# 习　题

3-1　名词解释：

热辐射、辐射效率、辐射对比度、灰体

3-2　填空题：

（1）物体的发光包括_____、_____、_____、_____4种形式。

（2）普朗克公式揭示了物体热辐射的基本规律，波长范围包括_____、_____、_____和_____。

（3）黑体的全辐射出射度与_____成正比；黑体的光子全辐射出射度与_____成正比。

（4）热辐射体通常可分为_____、_____、_____三大类。

3-3　什么是黑体，黑体辐射具有哪些规律？

3-4　什么物体的发射率，它具有哪些变化规律？

3-5　简述黑体辐射的几个定律，并讨论其物理意义。

3-6　黑体在某一温度时的辐射出射度为 $3.45\times10^5\,\text{W/cm}^2$，求这时光谱辐射出射度最大值所对应的波长 $\lambda_\text{m}$。

3-7　黑体辐射源面积为 $1500\text{cm}^2$，温度从 $700\,℃$ 升到 $850\,℃$，辐射的功率增加了多少？

3-8　一灰体表面的吸收率为 0.4，当温度为 $25\,℃$，求它在每秒内每平方厘米表面所发出的能量。

3-9　在一次原子弹爆炸中，在直径为 15cm 球形的整个范围内产生 $1\times10^7\,℃$ 的温度。若按黑体辐射处理，试计算：

（1）在这个范围内的辐射能密度。

（2）辐射的总功率。

（3）辐射的最大能量所对应的波长。

3-10　如题图所示的液氢低温恒温器，吸收靶面表面黑化，面积较大且紧挨窗口，此液氢低温要接收环境的辐射，环境温度为 300K 时，可接近看成黑体，其窗口面积为 $1\text{cm}^2$。若液氢的汽化潜热为 $25.115\text{J/g}$，则每分钟消耗多少液氢？

题 3-10 图

3-11　已知普朗克公式，试证 $\lambda_\text{m}\nu_\text{m}=0.568c$，其中 $c$ 为光速。

3-12　已知单位波长间隔的辐射出射度 $M_{\lambda bb}$，试证对应 $0\sim\infty$ 整个波段范围的光子数为

$$N=\frac{\sigma T^4}{2.75K_\text{B}T}$$

3-13　试证温度为 $T$ 的黑体，单位表面积向半球空间辐射的功率 $M_{\nu T}=\dfrac{2\pi h\nu^3}{c^2}\cdot\dfrac{1}{\text{e}^{h\nu/(K_\text{B})T}-1}$，设 $\nu_\text{m}$ 为 $M_{\nu T}$ 极大值所对应的频率，而 $\lambda'_\text{m}=c/\nu_\text{m}$，证明 $\lambda'_\text{m}T=5099\mu\text{m}\cdot\text{K}$，并说明为什么在相同温度下，$\lambda'_\text{m}$ 与维恩位移定律中得到的 $\lambda_\text{m}$ 值不同。

# 参 考 文 献

[1]　张建奇，方小平. 红外物理[M]. 西安：西安电子科技大学出版社，2004.

[2]　石晓光，王蓟，叶文. 红外物理[M]. 北京：兵器工业出版社，2006.

[3]　叶玉堂，刘爽. 红外与微光技术[M]. 北京：国防工业出版社，2010.

[4]　常本康，蔡毅. 红外成像阵列与系统（修订版）[M]. 北京：科学出版社，2009.

[5]　白廷柱，金伟其. 光电成像原理与技术[M]. 北京：北京理工大学出版社，2006.

[6]　谭吉春. 夜视技术[M]. 北京：国防工业出版社，1999.

[7]　张敬贤，李玉丹，金伟其. 微光与红外成像技术[M]. 北京：北京理工大学出版社，1995.

[8]　刘景生. 红外物理[M]. 北京：兵器工业出版社，1992.

[9]　陈衡. 红外物理学[M]. 北京：国防工业出版社，1985.

# 第4章 红外辐射源

## 引 言

任何发射红外波段电磁波的物体均称为红外辐射源。辐射源一般分为标准辐射源（黑体）、实用红外辐射源、自然背景辐射源和人工目标辐射源。黑体型辐射源作为标准辐射源，广泛用于红外设备的绝对标准。实用红外辐射源主要是实验室和光谱仪器中常用的一些红外辐射源。自然背景辐射源是自然界中如太阳、月亮、星星、地面、云层等自然红外辐射源。人工目标辐射源主要是典型目标，如火箭、飞机、坦克、火炮、红外诱饵、人体等辐射源。

本章目的：（1）分析腔体辐射理论；（2）讨论作为标准用于校准的黑体型辐射源；（3）介绍实验室常用的红外辐射源以及红外激光器；（4）着重讨论自然景物和人工目标的红外辐射，以及在自然景物和人工目标的红外辐射特性研究中所涉及的一些理论和测量问题。

## 4.1 腔体辐射理论

黑体型辐射源作为标准辐射源，是研制红外设备的绝对标准。然而，在自然界并不存在绝对的黑体，黑体只是一种理想化的概念。因此，按定义，我们也就不可能制作出一个绝对的黑体。基尔霍夫定律证明密闭空腔内的辐射就是黑体的辐射。在实际应用中，做标准的黑体型辐射源，都是开有小孔的空腔，小孔的辐射只能近似于黑体的辐射，由于从小孔入射的辐射总有一小部分从小孔逸出，因此其发射率略小于 1。习惯上就把这种开有小孔的空腔称为黑体源或黑体炉。

腔体辐射理论是制作黑体源的基础，主要有 Gouffé 理论、Devos 理论等。本节首先介绍制作黑体源所涉及的腔体辐射理论，给出空腔小孔的有效发射率计算，从而描述开有小孔的空腔与绝对黑体的差别或近似程度。

### 4.1.1 Gouffé 理论

Gouffé 在 1954 年提出了一个计算开孔空腔有效发射率的表达式，可对球形、圆柱形和圆锥形腔体的有效发射率进行理论上的计算。尽管在推导中做了一些近似的假设，但是因它的表达式意义明确，使用方便，所以仍是广为应用的方法。

（1）有效发射率的推导

设有一开孔面积为 $A$，整个内表面面积（包括开孔面积）为 $S_t$ 的空腔。腔体具有均匀温度 $T$，其内表面吸收率为 $a=\varepsilon$ 的不透明（$\tau=0$）朗伯面（即理想的漫反射表面）。

Gouffé 首先推导腔孔的有效吸收率 $\alpha_0$，然后根据基尔霍夫定律，求出腔孔的有效发射率 $\varepsilon_0=\alpha_0$。

如图 4-1 所示，设有一束辐射功率，自外部垂直于腔孔表面射入腔内，投射到腔壁上 $x$ 位置附近的小面积 $\Delta S(x)$ 上，在此位置产生的辐射照度为

$$E(x) = \frac{P_0}{\Delta S(x)} \qquad (4\text{-}1)$$

如果把被照面 $\Delta S(x)$ 也看做辐射源，则其辐出度为

$$M(x) = \rho E(x) = \rho \frac{P_0}{\Delta S(x)} \qquad (4\text{-}2)$$

图 4-1 Gouffé 表达式推导

式中，$\rho$ 为腔壁的反射率。所以，经第一次反射后，反射到腔内的辐射功率为

$$P' = M\Delta S(x) = \rho P_0 \qquad (4\text{-}3)$$

而从腔孔中逸出的辐射功率，根据朗伯余弦定律，应该为

$$\Delta P_1 = \int_\Omega d^2 P = \int_\Omega L\Delta S(x)\cos\theta d\Omega = \frac{M}{\pi}\Delta S(x)\int_\Omega \cos\theta d\Omega = \rho P_0 F(x,\Omega) \qquad (4\text{-}4)$$

式中，$F(x,\Omega) = \dfrac{1}{\pi}\displaystyle\int_\Omega \cos\theta d\Omega$ 称为腔孔的角度因子，它与腔孔对 $x$ 点所张的立体角及 $x$ 点的位置有关。

这样，经第一次反射后，净留在腔内的辐射功率为

$$P_1 = P' - \Delta P_1 = [1 - F(x,\Omega)]\rho P_0 \qquad (4\text{-}5)$$

经第一次反射后，净留在腔内的辐射功率又被腔壁第二次反射到腔内，第二次反射到腔内的辐射功率为

$$P'' = \rho P_1 \qquad (4\text{-}6)$$

假设经第二次反射后，辐射功率 $P''$ 将均匀辐照整个空腔内壁。因为腔孔面积为 $A$，腔壁面积为 $S_t$，则 $P''$ 中有 $A/S_t$ 的分量从腔孔中逸出，即第二次从腔孔中逸出的辐射功率为

$$\Delta P_2 = P''\frac{A}{S_t} = \frac{A}{S_t}\rho P_1 \qquad (4\text{-}7)$$

于是，经过腔壁的第二次反射，净留在腔内的辐射功率为

$$P_2 = P'' - \Delta P_2 = \left(1 - \frac{A}{S_t}\right)\rho P_1 \qquad (4\text{-}8)$$

以此类推，经腔壁第三次反射后，从腔孔逸出的辐射功率为

$$\Delta P_3 = \frac{A}{S_t}\rho P_2 = \left(1 - \frac{A}{S_t}\right)\frac{A}{S_t}\rho^2 P_1 \qquad (4\text{-}9)$$

第三次反射后，净留在腔内的辐射功率为

$$P_3 = \left(1 - \frac{A}{S_t}\right)\rho P_2 = \left(1 - \frac{A}{S_t}\right)^2 \rho^2 P_1 \qquad (4\text{-}10)$$

所以，经第 $n$ 次反射后，从腔孔中逸出的辐射功率为

$$\Delta P_n = \frac{A}{S_t} \rho P_{n-1} = \left(1 - \frac{A}{S_t}\right)^{n-2} \frac{A}{S_t} \rho^{n-1} P_1 \tag{4-11}$$

这样一来，经无数次反射后，从腔孔中逸出的总辐射功率为

$$P_r = \Delta P_1 + \Delta P_2 + \Delta P_3 + \cdots + \Delta P_n + \cdots$$

$$= \Delta P_1 + \frac{A}{S_t} \rho P_1 + \left(1 - \frac{A}{S_t}\right) \frac{A}{S_t} \rho^2 P_1 + \cdots + \left(1 - \frac{A}{S_t}\right)^{n-2} \frac{A}{S_t} \rho^{n-1} P_1 + \cdots$$

$$= \Delta P_1 + \frac{A}{S_t} \rho P_1 \left[1 + \left(1 - \frac{A}{S_t}\right) \rho + \left(1 - \frac{A}{S_t}\right)^2 \rho^2 + \cdots + \left(1 - \frac{A}{S_t}\right)^{n-2} \rho^{n-2} + \cdots\right]$$

$$= \Delta P_1 + \frac{A}{S_t} \rho P_1 \frac{1}{1 - \rho \cdot \left(1 - \frac{A}{S_t}\right)} \tag{4-12}$$

$$= F(x, \Omega) \rho P_0 + \frac{A}{S_t} \frac{[1 - F(x, \Omega)] \rho^2 P_0}{1 - \rho \left(1 - \frac{A}{S_t}\right)}$$

所以，腔孔的有效反射比为

$$\rho_0 = \frac{P_r}{P_0} = \rho F(x, \Omega) + \frac{[1 - F(x, \Omega)] \frac{A}{S_t} \rho^2}{1 - \rho \left(1 - \frac{A}{S_t}\right)} \tag{4-13}$$

根据基尔霍夫定律，腔孔的有效发射率为

$$\varepsilon_0 = \alpha_0 = 1 - \rho_0 = \frac{(1 - \rho)\left\{1 + \rho\left[\frac{A}{S_t} - F(x, \Omega)\right]\right\}}{1 - \rho \left(1 - \frac{A}{S_t}\right)} \tag{4-14}$$

（2）角度因子的推导和发射率公式的简化

由式（4-14）可见，要计算腔孔的有效发射率 $\varepsilon_0$，关键在于计算出角度因子 $F(x, \Omega)$。因为 $F(x, \Omega)$ 与位置 $x$ 有关，所以要计算所有 $x$ 点的 $F(x, \Omega)$，势必十分复杂。为了简单起见，只计算特殊情况下的 $F(x, \Omega)$ 值即可。我们仅计算当入射辐射是垂直腔孔表面的时候，正对腔孔的元壁表面 $\Delta S(x)$ 与腔孔表面平行情况下的 $F(x, \Omega)$。在这种情况下，使得第一次反射时，从腔孔逸出的辐射功率最大，$F(x, \Omega)$ 的值也最大。故用此情况下的 $F(x, \Omega)$ 值来计算 $\varepsilon_0$ 是比较合理的。这样，$F(x, \Omega)$ 利用下面的计算而得

$$F(x, \Omega) = \frac{1}{\pi} \int_{\Omega} \cos\theta \mathrm{d}\Omega = \frac{1}{\pi} \int_0^{2\pi} \mathrm{d}\varphi \int_0^{\theta_0} \cos\theta \sin\theta \mathrm{d}\theta = \sin^2\theta_0 = \frac{R^2}{l^2 + R^2} \tag{4-15}$$

式中，$R$ 是腔孔的半径；$l$ 是腔孔平面算起的腔的深度。如果令 $g = R/l$ 称为腔孔的几何因子，则有

$$F(x,\Omega) = \frac{g^2}{1+g^2} \qquad (4\text{-}16)$$

对于通常应用的黑体型辐射源，其几何因子 $g = R / l \ll 1$，故式（4-16）可近似为

$$F(x,\Omega) \cong g^2 \qquad (4\text{-}17)$$

（3）三种典型腔体的 $A / S_t$ 计算

下面对图 4-2 所示的三种腔体结构，计算出它们的 $A / S_t$。

① 圆孔圆锥形腔的 $A / S_t$ 为

$$\frac{A}{S_t} = \frac{g}{g + \sqrt{1+g^2}} \cong g(1-g) \qquad (4\text{-}18)$$

② 圆孔圆柱形腔的 $A / S_t$ 为

$$\frac{A}{S_t} = \frac{g}{2(1+g)} \cong \frac{g}{2}(1-g) \qquad (4\text{-}19)$$

③ 圆孔球形腔的 $A / S_t$ 为

$$\frac{A}{S_t} = \frac{g^?}{1+2g^2} \cong g^2 \qquad$$

（4-20）

对于圆孔球形腔的 $\dfrac{A}{S_t}$ 记为 $\dfrac{A}{S_0}$，在 $g \ll 1$ 时，它恰好等于角度因子 $F(x,\Omega)$，所以有

$$F(x,\Omega) = g^2 = \frac{A}{S_0} \qquad (4\text{-}21)$$

（4）公式简化

由于腔壁是不透明的，因此，腔壁材料的发射率 $\varepsilon = \alpha$，或者说，腔壁的反射率为 $\rho = 1-\varepsilon$。由上面我们可得常见的腔孔有效发射率的表达式为

图 4-2　三种典型的腔体结构

$$\varepsilon_0 = \frac{\varepsilon \left[ 1 + (1-\varepsilon)\left( \dfrac{A}{S_t} - \dfrac{A}{S_0} \right) \right]}{\varepsilon \left( 1 - \dfrac{A}{S_t} \right) + \dfrac{A}{S_t}} \qquad (4\text{-}22)$$

如果令

$$k = (1-\varepsilon)\left( \frac{A}{S_t} - \frac{A}{S_0} \right) \qquad (4\text{-}23)$$

$$\varepsilon_0' = \frac{\varepsilon}{\varepsilon \left( 1 - \dfrac{A}{S_t} \right) + \dfrac{A}{S_t}} \qquad (4\text{-}24)$$

则可得

$$\varepsilon_0 = \varepsilon_0'(1+k) \qquad (4\text{-}25)$$

（5）数图

根据前面的有关公式，绘制了如图 4-3 和图 4-4 所示的数图。利用这些数图，可方便地计算出 $\varepsilon_0$。

数图的使用方法如下。

① 根据给定的腔体形状和比值 $l/R$（即 $1/g$），便可以从图 4-3 查出 $A/S_t$ 的值。

② 根据给定的腔壁发射率 $\varepsilon$，利用从图 4-3 查出的 $A/S_t$ 值，即可从图 4-4 查出相应的 $\varepsilon_0'$ 值。

③ 对于球形腔体，因为 $A/S_t = A/S_0$，所以 $k=(1-\varepsilon)(A/S_t - A/S_0)=0$，因此所查出的 $\varepsilon_0'$ 就是所求的 $\varepsilon_0$ 值。

④ 对于圆柱形或圆锥形腔，根据同样的 $l/R$ 值从图 4-3 中查出 $A/S_t$ 和相应的 $A/S_0$（即与球形腔曲线对应的 $A/S_t$）。根据查出的这两个值，先用式（4-23）计算出 $k$ 值，再利用查出的 $A/S_t$ 值和给定的 $\varepsilon$ 值，从图 4-4 查出 $\varepsilon_0'$，最后利用式（4-25）计算出 $\varepsilon_0$。

图 4-3　圆锥、圆柱和球形腔的 $A/S_t$ 值

图 4-4　圆锥、圆柱和球形腔的 $\varepsilon_0'$ 值

例如，已知 $l/R=6$，$\varepsilon=0.9$ 的圆锥腔体，用数图近似计算其腔孔的有效发射率 $\varepsilon_0$。利用 $l/R=6$，从图 4-3 中查出 $A/S_t=0.14$，$A/S_0=0.026$，再利用 $\varepsilon=0.9$ 和 $A/S_t=0.14$，从图 4-4 中查出 $\varepsilon_0'=0.98$，计算出 $k=(1-\varepsilon)(A/S_t - A/S_0)=(1-0.9)(0.14-0.26)=0.0114$，最后得 $\varepsilon_0=\varepsilon_0'(1+k)=0.98(1+0.0114)=0.99$。

（6）结论

通过具体的计算或从数图上可得出如下结论：

① 腔孔的有效发射率 $\varepsilon_0$ 总是大于腔壁材料的发射率 $\varepsilon$。

由于球形腔体的内表面积最大，有 $A/S_t > A/S_0$，又因为 $(1-\varepsilon)>0$，根据式（4-23），有 $k>0$；因为 $\varepsilon<1$，所以有

$$\varepsilon\left(1-\frac{A}{S_t}\right) < \left(1-\frac{A}{S_t}\right)$$

$$\varepsilon\left(1-\frac{A}{S_t}\right) + \frac{A}{S_t} < 1$$

$$\frac{1}{\varepsilon\left(1-\dfrac{A}{S_t}\right) + \dfrac{A}{S_t}} > 1$$

则有
$$\varepsilon_0' = \frac{\varepsilon}{\varepsilon\left(1 - \dfrac{A}{S_t}\right) + \dfrac{A}{S_t}} > \varepsilon$$

于是根据式（4-25），有 $\varepsilon_0 > \varepsilon_0' > \varepsilon$。此结论称为腔体效应。

② 在 $l/R$ 值相同的情况下，$\varepsilon$ 的值越大则 $\varepsilon_0$ 也越大。

③ 在 $\varepsilon$ 值相同的情况下，$l/R$ 的值越大则 $\varepsilon_0$ 也越大。

④ 对于同一 $l/R$ 的值，空腔的内表面积越大则 $\varepsilon_0$ 也越大，即对同一 $l/R$，球形腔的 $\varepsilon_0$ 最大，圆柱形腔次之，圆锥形腔最小。

⑤ 若 $\varepsilon$ 足够大，$l/R$ 足够大，$\varepsilon_0$ 将趋于 1。故空腔型辐射源在此条件下，可视为黑体辐射源。

（7）对有限制开口腔体的修正

为了限制腔的开口孔径，往往做成如图 4-5 所示的孔径 $R' < R$ 的腔。此时用上述公式和数图计算 $\varepsilon_0$ 时，应作如下修正。

因为这时腔体内表面的总面积 $S_t$ 没有变化，而腔孔的面积变为
$$A' = \pi R'^2 = \pi R^2 \frac{R'^2}{R^2} = A\left(\frac{R'}{R}\right)^2 \tag{4-26}$$

所以，限制的腔孔面积与腔壁总面积之比变为
$$\frac{A'}{S_t} = \frac{A}{S_t}\left(\frac{R'}{R}\right)^2 \tag{4-27}$$

如已知腔深 $l$，圆柱腔或圆锥腔的半径为 $R$，腔孔半径为 $R'$，则按下述步骤计算 $\varepsilon_0$：

① 用 $l/R$ 查出 $A/S_t$，根据式（4-27）计算出 $A'/S_t$，利用此值和给定的 $\varepsilon$ 查出 $\varepsilon_0'$。

② 利用 $l/R'$ 查出 $A'/S_0$，再用上面的 $A'/S_t$，由式（4-23）算出 $k$ 值。

③ 由 $\varepsilon_0'$ 和 $k$ 值，用式（4-24）计算出 $\varepsilon_0$ 值。

如果腔体形状不是上面给出的三种形状，则应计算出具体形状的 $A/S_t$，而 $A/S_0$ 值可由图 4-3 查出，然后再用上述有关计算求得 $\varepsilon_0$。

（8）计算举例

如图 4-6 所示，圆柱-圆锥形空腔，圆柱部分长 $l = 5.4\text{cm}$，半径 $R = 1.5\text{cm}$，开口半 $R' = 1.0\text{cm}$。圆锥部分高 $h = 2.6\text{cm}$，顶角 $\theta = 60°$。腔壁发射率 $\varepsilon = 0.78$，试计算其腔孔的有效发射率 $\varepsilon_0$。

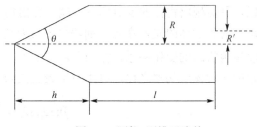

图 4-5　具有限制腔孔径的腔体　　　　　　　图 4-6　圆柱-圆锥形腔体

解：先计算开孔面积 $A$ 和整个内表面积 $S_t$（包括开孔面积）即可求出 $A/S_t$ 为

$$A = \pi R'^2 = \pi \times 1^2 = \pi \ \text{cm}^2$$

$$S_t = \pi R \frac{h}{\cos 30^\circ} + 2\pi R l + \pi R^2$$

$$= \pi \left( \frac{1.5 \times 2.6}{0.866} + 2 \times 1.5 \times 5.4 + 1.5^2 \right)$$

$$= \pi \times 22.953 \ \text{cm}^2$$

$$\frac{A}{S_t} = \frac{\pi}{22.953\pi} = 0.0436$$

再用近似式求出 $A/S_0$ 为

$$\frac{A}{S_0} \cong g^2 = \left( \frac{1}{8} \right)^2 = 0.0156$$

最后求出 $\varepsilon_0$ 为

$$\varepsilon_0 = \frac{\varepsilon \left[ 1 + (1-\varepsilon) \left( \dfrac{A}{S_t} - \dfrac{A}{S_0} \right) \right]}{\varepsilon \left( 1 - \dfrac{A}{S_t} \right) + \dfrac{A}{S_t}}$$

$$= \frac{0.78[1 + 0.22(0.0436 - 0.0156)]}{0.78(1 - 0.0436) + 0.0436}$$

$$= 0.9939$$

### 4.1.2 Devos 理论

Devos 在 1954 年给出了黑体辐射源腔孔有效发射率的计算公式。在该公式的推导中，不像 Gouffé 理论那样先推导吸收比，而是直接推导发射率，并且考虑的是任意形状的腔体，也没有假设腔壁是漫反射表面，所以一般认为它是比较完善、比较系统的理论，其结果在等温腔腔壁为漫反射时，与 Gouffé 理论所得出的结果极为相近，但计算比 Gouffé 理论复杂得多。在介绍 Devos 理论之前，先介绍一些与其有关的基本知识。

（1）双向反射率

对于反射率 $\rho$、吸收率 $\alpha$ 和透过率 $\tau$，有 $\alpha + \rho + \tau = 1$。通常被照射的物体是不透明物体，辐射功率除了可以被照射的物体吸收一部分之外，其余都被反射了，即 $\tau = 0$，则有

$$\alpha + \rho = 1 \tag{4-28}$$

所以，只要测出物体的反射率 $\rho$，就可算出物体的吸收率 $\alpha$，再根据基尔霍夫定律有 $\alpha = \varepsilon$，则可以得到物体的发射率 $\varepsilon_0$，而物体的反射通常是有方向性的，故为了研究反射辐射随入射与收集角状态的变化关系，特引入双向反射率的定义：特定立体角的反射辐射功率与特定立体角的入射辐射功率之比，可用数学表达式表示为

$$\rho(\Omega_i, \Omega_r) = \frac{P_r(\Omega_r)}{P_i(\Omega_i)} \tag{4-29}$$

其物理意义由图 4-7 说明，式中，$\Omega_r$ 为反射立体角，$P_r(\Omega_r)$ 是 $\Omega_r$ 立体角内的反射功率，$\Omega_i$ 为入射立体角，$P_i(\Omega_i)$ 为 $\Omega_i$ 立体角内入射的辐射功率。

由于入射和反射可以是半球入射和反射，也可以是在某一有限立体角内的入射和反射或特定方向（即小立体角元内）的入射和反射，它们的组合可得 9 种不同的反射率。这 9 种反射率还冠以"光谱"或"波段范围"，以表示光谱反射率和某波段范围的反射率。

图 4-7　入射与收集辐射功率的角度状态

为了方便地描述反射率按角度的分布情况，可引入部分反射率的概念：在某方向上单位立体角内的反射率，可表示为

$$\rho_{\mathrm{A}}^{ir} = \frac{\mathrm{d}P_{\mathrm{r}}(\Omega_{\mathrm{r}})/\mathrm{d}\Omega_{\mathrm{r}}}{\mathrm{d}P_{\mathrm{i}}(\Omega_{\mathrm{i}})} \qquad (4\text{-}30)$$

实际上，$\rho_{\mathrm{A}}^{ir}$ 表示辐射由 $i$ 方向入射，经面元 $\mathrm{d}A$ 向 $r$ 方向单位立体角内的反射本领，它是双向反射分布函数的另外一种定义形式。

（2）Helmholtz 互易性定理

如图 4-8 所示，两个面元 $\mathrm{d}A_1$ 和 $\mathrm{d}A_2$ 经面元 $\mathrm{d}A$ 反射相互传递辐射量。设面元 $\mathrm{d}A_1$ 垂直于 $r_1$，$\mathrm{d}A_2$ 垂直于 $r_2$。根据辐射亮度的定义式，可以写出 $\mathrm{d}A_1$ 到 $\mathrm{d}A$ 的辐射功率 $\mathrm{d}P_1$ 为

$$\mathrm{d}P_1 = L_1 \mathrm{d}A_1 \mathrm{d}\Omega_1 = L_1 \mathrm{d}A_1 \frac{\mathrm{d}A \cos\theta_{\mathrm{A}}^A}{r_1^2} \qquad (4\text{-}31)$$

式中，$\theta_{\mathrm{A}}^A$ 是 $\mathrm{d}A_1$ 和 $\mathrm{d}A$ 的连线与 $\mathrm{d}A$ 法线方向的夹角。

这个辐射功率经 $\mathrm{d}A$ 反射到 $\mathrm{d}A_2$ 的部分为

$$\mathrm{d}P_1^2 = \rho_{\mathrm{A}}^{A_1 A_2} L_1 \cos\theta_{\mathrm{A}}^A \mathrm{d}A \frac{\mathrm{d}A_1}{r_1^2} \cdot \frac{\mathrm{d}A_2}{r_2^2} \qquad (4\text{-}32)$$

式中，$\rho_{\mathrm{A}}^{A_2 A}$ 是 $\mathrm{d}A_1$ 的辐射由 $A_1 P$ 的方向入射，经面元 $\mathrm{d}A$ 向 $PA_2$ 方向上单位立体角内的反射率。

图 4-8　Helmholtz 互易性定理

同理可得来自 $\mathrm{d}A_2$，经 $\mathrm{d}A$ 反射到 $\mathrm{d}A_1$ 的辐射功率 $\mathrm{d}P_2^1$ 为

$$\mathrm{d}P_2^1 = \rho_{\mathrm{A}}^{A_2 A_1} L_2 \cos\theta_{\mathrm{A}}^{A_2} \mathrm{d}A \frac{\mathrm{d}A_2}{r_2^2} \cdot \frac{\mathrm{d}A_1}{r_1^2} \qquad (4\text{-}33)$$

式中，$\theta_A^{A_2}$ 是 $\mathrm{d}A_2$ 和 $\mathrm{d}A$ 的连线与 $\mathrm{d}A$ 法线的夹角，$\rho_A^{A_1A_2}$ 是 $\mathrm{d}A_2$ 的辐射由 $A_2P$ 方向入射，经面元 $\mathrm{d}A$ 向 $PA_1$ 方向上单位立体角内的反射率（即双向反射分布函数）。

如果面元 $\mathrm{d}A_1$ 和 $\mathrm{d}A_2$ 是温度恒定的同一物体上的两部分，则应有 $L_1 = L_2 = L$，于是，在辐射热平衡条件下，$\mathrm{d}P_1^2 = \mathrm{d}P_2^1$，则可得到

$$\rho_A^{A_1A_2} \cos\theta_A^{A_1} = \rho_A^{A_2A_1} \cos\theta_A^{A_2} \tag{4-34}$$

式（4-34）就是互易性定理的数学表达式。

（3）Devos 腔体理论

如图 4-9 所示，Devos 腔体理论的推导思路是：第一，考虑一个封闭腔，推出腔壁上任意面元 $\mathrm{d}\omega$ 在任一方向 $\mathrm{d}o$ 的有效发射率。如果腔是等温的，则求出其有效发射率为 1，如果腔不是等温腔的，则得出温度的修正项，就是封闭腔的有效发射率。第二，考虑开口腔有效发射率的近似计算公式。它相当于封闭腔下 $\mathrm{d}\omega$ 面元在 $\mathrm{d}o$ 方向的有效发射率减去 $\mathrm{d}o$ 直接或间接对 $\mathrm{d}\omega$ 在 $\mathrm{d}o$ 方向的有效发射率的贡献。

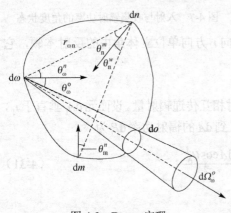

图 4-9　Devos 定理

① 封闭腔内壁任意面元的有效发射率。由图 4-9 可知，$\mathrm{d}\omega$ 向 $\mathrm{d}o$ 方向的辐射功率等于 $\mathrm{d}\omega$ 自身向 $\mathrm{d}o$ 方向的辐射功率加上整个腔经 $\mathrm{d}\omega$ 向 $\mathrm{d}o$ 方向反射的辐射功率。

$\mathrm{d}\omega$ 自身向 $\mathrm{d}o$ 方向的辐射功率为

$$\mathrm{d}P_\omega^o = \varepsilon_\omega^o L_{bb}(T_\omega) \cdot \mathrm{d}\omega \cdot \cos\theta_\omega^o \cdot \mathrm{d}\Omega_\omega^o \tag{4-35}$$

式中，$\varepsilon_\omega^o$ 是 $\mathrm{d}\omega$ 面元在 $\mathrm{d}o$ 方向上的发射率；$L_{bb}(T_\omega)$ 是温度为 $T_\omega$ 时黑体的辐射亮度；$\mathrm{d}\Omega_\omega^0$ 为 $\mathrm{d}o$ 对 $\mathrm{d}\omega$ 所张的立体角；$\theta_\omega^o$ 为 $\mathrm{d}o$ 和 $\mathrm{d}\omega$ 的连线与 $\mathrm{d}\omega$ 法线之间的夹角。

整个腔壁经 $\mathrm{d}\omega$ 向 $\mathrm{d}o$ 方向反射的辐射功率计算如下。

首先考虑一次反射的情况，在腔内取面积元 $\mathrm{d}n$，求面元 $\mathrm{d}n$ 的辐射经 $\mathrm{d}\omega$ 向 $\mathrm{d}o$ 方向反射的辐射功率，为此先求 $\mathrm{d}n$ 的辐射入射到 $\mathrm{d}\omega$ 的辐射功率，则有

$$\mathrm{d}P_\omega^n = \varepsilon_n^\omega L_{bb}(T_n) \cdot \mathrm{d}n \cdot \cos\theta_n^\omega \cdot \mathrm{d}\Omega_n^\omega \tag{4-36}$$

式中，$\varepsilon_n^\omega$ 为 $\mathrm{d}n$ 在 $\mathrm{d}\omega$ 方向的发射率，$L_{bb}(T_n)$ 为温度为 $T_n$ 时黑体的辐射亮度，$\theta_n^\omega$ 为 $\mathrm{d}n$ 和 $\mathrm{d}\omega$ 的连线与 $\mathrm{d}n$ 法线之间的夹角，$\mathrm{d}\Omega_n^\omega$ 为 $\mathrm{d}\omega$ 对 $\mathrm{d}n$ 所张的立体角。由于

$$\mathrm{d}\Omega_n^\omega = \frac{\mathrm{d}\omega \cdot \cos\theta_n^\omega}{r_{\omega n}^2} \tag{4-37}$$

式中，$\theta_\omega^n$ 为 $\mathrm{d}n$ 和 $\mathrm{d}\omega$ 的连线与 $\mathrm{d}\omega$ 法线间的夹角，$r_{\omega n}$ 为 $\mathrm{d}\omega$ 与 $\mathrm{d}n$ 间的距离，而 $\mathrm{d}n$ 对 $\mathrm{d}\omega$ 所张的立体角 $\mathrm{d}\Omega_\omega^n$ 为

$$\mathrm{d}\Omega_\omega^n = \frac{\mathrm{d}n \cdot \cos\theta_n^\omega}{r_{\omega n}^2} \tag{4-38}$$

所以 $\mathrm{d}n$ 入射到 $\mathrm{d}\omega$ 上的辐射功率可改写为

$$\mathrm{d}P_{\omega}^{n} = \varepsilon_{n}^{\omega} L_{bb}(T_{n}) \cdot \mathrm{d}\omega \cdot \cos\theta_{\omega}^{n} \cdot \mathrm{d}\Omega_{\omega}^{n} \tag{4-39}$$

则 dn 经 dω 反射到 do 方向，$\mathrm{d}\Omega_{\omega}^{o}$ 立体角内的辐射功率 $\mathrm{d}P_{\omega}^{no}$ 可写成

$$\mathrm{d}P_{\omega}^{no} = \varepsilon_{n}^{\omega} L_{bb}(T_{n}) \cdot \mathrm{d}\omega \cdot \cos\theta_{\omega}^{n} \cdot \mathrm{d}\Omega_{\omega}^{n} \cdot \rho_{\omega}^{no} \cdot \mathrm{d}\Omega_{\omega}^{o} \tag{4-40}$$

式中，$\rho_{\omega}^{no}$ 为 dn 经 dω 反射到 do 方向上单位立体角的反射率。当 Helmholtz 定理近似成立时，有

$$\rho_{\omega}^{no} \cdot \cos\theta_{\omega}^{n} = \rho_{\omega}^{on} \cdot \cos\theta_{\omega}^{o} \tag{4-41}$$

可把上式简化为

$$\mathrm{d}P_{\omega}^{o} = \varepsilon_{n}^{\omega} L_{bb}(T_{n})\mathrm{d}\omega\rho_{\omega}^{on}\cos\theta_{\omega}^{n}\mathrm{d}\Omega_{\omega}^{n}\mathrm{d}\Omega_{\omega}^{o} \tag{4-42}$$

这样可以得到整个腔体经 dω 反射到 do 方向的 $\mathrm{d}\Omega_{\omega}^{o}$ 立体角内的辐射功率 $P_{\omega}^{no}$ 为

$$P_{\omega(1)}^{o} = \mathrm{d}\omega\cos\theta_{\omega}^{o}\mathrm{d}\Omega_{\omega}^{o}\int_{\text{半球}} \varepsilon_{n}^{\omega} L_{bb}(T_{n})\rho_{\omega}^{on}\mathrm{d}\Omega_{\omega}^{n} \tag{4-43}$$

现在再来考虑二次反射的情况，即由元面 dm 入射到 dn，并从 dn 向 dω 反射，然后又被 dω 向 do 方向反射。用与一次反射相同的方法可得

$$\mathrm{d}P_{n\omega}^{mo} = \varepsilon_{m}^{n} L_{bb}(T_{m})\mathrm{d}\omega\cos\theta_{\omega}^{o}\mathrm{d}\Omega_{\omega}^{m}\rho_{n}^{\omega m}\mathrm{d}\Omega_{\omega}^{n}\rho_{\omega}^{on}\mathrm{d}\Omega_{n}^{o} \tag{4-44}$$

对 dm 和 dn 积分，就可得到整个腔体通过 dω 向 do 方向反射的辐射功率

$$P_{\omega(2)}^{o} = \mathrm{d}\omega\cos\theta_{\omega}^{o}\mathrm{d}\Omega_{\omega}^{o}\iint_{\text{半球}} \varepsilon_{n}^{m} L_{bb}(T_{m})\rho_{n}^{\omega m}\mathrm{d}\Omega_{\omega}^{n}\rho_{\omega}^{om}\mathrm{d}\Omega_{n}^{m} \tag{4-45}$$

如此继续下去，可同样求得通过 dω 的三次、四次……反射到 do 的辐射功率。

所以总的由 dω 到 do 方向的辐射功率等于 dω 自身辐射的功率加上多次反射的辐射功率之和。从而得到

$$\begin{aligned}
P_{\omega}^{o} = \mathrm{d}\omega\cos\theta_{\omega}^{o}\mathrm{d}\Omega_{\omega}^{o}\Bigg[ &\varepsilon_{\omega}^{o} L_{bb}(T_{\omega}) + \int_{\text{半球}} \varepsilon_{n}^{\omega} L_{bb}(T_{n})\rho_{\omega}^{on}\mathrm{d}\Omega_{\omega}^{n} \\
&+ \iint_{\text{半球}} \varepsilon_{m}^{n} L_{bb}(T_{m})\rho_{n}^{\omega m}\mathrm{d}\Omega_{\omega}^{n}\rho_{\omega}^{on}\mathrm{d}\Omega_{n}^{m} + \cdots \Bigg]
\end{aligned} \tag{4-46}$$

若令

$$C_{n} = \frac{L_{bb}(T_{\omega}) - L_{bb}(T_{n})}{L_{bb}(T_{\omega})} \tag{4-47}$$

$$C_{m} = \frac{L_{bb}(T_{\omega}) - L_{bb}(T_{m})}{L_{bb}(T_{\omega})} \tag{4-48}$$

则有

$$\begin{aligned}
P_{\omega}^{o} = L_{bb}(T_{\omega})\mathrm{d}\omega\cos\theta_{\omega}^{o}\mathrm{d}\Omega_{\omega}^{o}\Bigg[ &\varepsilon_{\omega}^{o} + \int_{\text{半球}} (1-C_{n})\varepsilon_{n}^{\omega}\rho_{\omega}^{on}\mathrm{d}\Omega_{\omega}^{n} \\
&+ \iint_{\text{半球}} (1-C_{m})\varepsilon_{m}^{n}\rho_{n}^{\omega m}\mathrm{d}\Omega_{\omega}^{n}\rho_{\omega}^{on}\mathrm{d}\Omega_{n}^{m} + \cdots \Bigg]
\end{aligned} \tag{4-49}$$

由此可知，面元 dω 在 do 方向的有效发射率为

$$\varepsilon'_\omega = \varepsilon^o_\omega + \int_{\text{半球}} (1-C_n)\varepsilon^\omega_n \rho^{on}_\omega \mathrm{d}\Omega^n_\omega + \iint_{\text{半球}} (1-C_m)\varepsilon^n_m \rho^{\omega m}_\omega \rho^{on}_\omega \mathrm{d}\Omega^n_\omega \mathrm{d}\Omega^m_n + \cdots \qquad (4\text{-}50)$$

若密闭空腔为恒温腔，即腔壁温度处处相等，则 $C_n = C_m = \cdots = 0$，此时的发射功率为

$$\varepsilon'_\omega = \varepsilon^o_\omega + \int_{\text{半球}} \varepsilon^\omega_n \rho^{on}_\omega \mathrm{d}\Omega^n_\omega + \iint_{\text{半球}} \varepsilon^n_m \rho^{\omega m}_\omega \rho^{on}_\omega \mathrm{d}\Omega^n_\omega \mathrm{d}\Omega^m_n + \cdots \qquad (4\text{-}51)$$

式中，$\varepsilon^o_\omega$、$\varepsilon^\omega_n$、$\varepsilon^n_m$ 为 $\mathrm{d}\omega$、$\mathrm{d}n$、$\mathrm{d}m$ 处腔壁的发射率（或吸收率）。

若有单位辐射能从 $\mathrm{d}o$ 经 $o\omega$ 入射到 $\mathrm{d}\omega$ 上，首先被 $\mathrm{d}\omega$ 吸收了 $\varepsilon^o_\omega$ 部分的辐射，经 $\mathrm{d}\omega$ 反射后，整个腔壁对一次反射后的辐射吸收部分为 $\int_{\text{半球}} \varepsilon^\omega_n \rho^{on}_\omega \mathrm{d}\Omega^n_\omega$，同样地，整个腔壁对二次反射后的辐射的吸收部分为 $\iint_{\text{半球}} \varepsilon^n_m \rho^{\omega m}_\omega \rho^{on}_\omega \mathrm{d}\Omega^n_\omega \mathrm{d}\Omega^m_n$，以此类推。由于腔是密闭的，入射辐射将全部被吸收，因此得到等温密闭腔的有效发射率 $\varepsilon'_\omega = 1$。

若密闭腔不恒温，则 $\mathrm{d}\omega$ 在 $\mathrm{d}o$ 方向的有效发射率为

$$\varepsilon'_\omega = 1 - \int_{\text{半球}} C_n \varepsilon^\omega_n \rho^{on}_\omega \mathrm{d}\Omega^n_\omega - \iint_{\text{半球}} C_m \varepsilon^n_m \rho^{\omega m}_\omega \rho^{on}_\omega \mathrm{d}\Omega^n_\omega \mathrm{d}\Omega^m_n + \cdots \qquad (4\text{-}52)$$

令

$$\delta\varepsilon'_\omega = \int_{\text{半球}} C_n \varepsilon^\omega_n \rho^{on}_\omega \mathrm{d}\Omega^n_\omega + \iint_{\text{半球}} C_m \varepsilon^n_m \rho^{\omega m}_\omega \rho^{on}_\omega \mathrm{d}\Omega^n_\omega \mathrm{d}\Omega^m_n + \cdots \qquad (4\text{-}53)$$

则有

$$\varepsilon'_\omega = 1 - \delta\varepsilon'_\omega \qquad (4\text{-}54)$$

由此可以得到如下三条结论：

a. 当腔壁温度均匀时，$\delta\varepsilon'_\omega = 0$，而腔壁 $\mathrm{d}\omega$ 在 $\mathrm{d}o$ 方向上的有效反射率 $\varepsilon'_\omega = 1$。

b. 当 $C_n > 0$、$C_m > 0$ 时，即腔壁其他部分的温度比 $\mathrm{d}\omega$ 面元的温度低时，面元 $\mathrm{d}\omega$ 在 $\mathrm{d}o$ 方向上的有效发射率 $\varepsilon'_\omega < 1$。

c. 当 $C_n < 0$、$C_m < 0$ 时，即腔壁其他部分的温度比 $\mathrm{d}\omega$ 面元的温度高，则面元 $\mathrm{d}\omega$ 在 $\mathrm{d}o$ 方向上的有效发射率 $\varepsilon'_\omega > 1$。

由于面元 $\mathrm{d}\omega$ 和 $\mathrm{d}o$ 是任意取的，因此我们推导的结论是普遍适用的。

② 开口腔的有效发射率。如图 4-9 所示，首先考虑恒温开口腔的有效发射率。其指导思想是：封闭恒温腔壁上开一小口 $\mathrm{d}o$ 对腔壁上任意面元 $\mathrm{d}\omega$ 的有效发射率的影响，等价于恒温封闭腔的情况，在面元 $\mathrm{d}\omega$ 的有效发射率中扣除面元 $\mathrm{d}o$ 的有效辐射直接和间接地到达面元 $\mathrm{d}\omega$ 所产生的贡献。

其具体推导如下：

由于恒温封闭腔 $\mathrm{d}\omega$ 的有效发射率是 1，因此 $\mathrm{d}\omega$ 向 $\mathrm{d}o$ 发射出的辐射功率为

$$\mathrm{d}P^o_\omega = L_{bb}(T)\mathrm{d}\omega \cos\theta^o_\omega \mathrm{d}\Omega^o_\omega \qquad (4\text{-}55)$$

它减去从 $\mathrm{d}o$ 发出经 $\mathrm{d}\omega$ 反射到 $\mathrm{d}o$ 的辐射功率以及从 $\mathrm{d}o$ 发出经腔壁反射到 $\mathrm{d}\omega$，然后再反射回 $\mathrm{d}o$ 的辐射功率，就是 $\mathrm{d}o$ 为开孔情况 $\mathrm{d}\omega$ 向 $\mathrm{d}o$ 总功率。

从有效发射率为 1 的面元 $\mathrm{d}o$ 发出经 $\mathrm{d}\omega$ 反射到 $\mathrm{d}o$ 的辐射功率可写成

$$\mathrm{d}P^{oo}_\omega = \left[ L_{bb}(T)\mathrm{d}o \cos\theta^\omega_o \mathrm{d}\Omega^\omega_o \right] \rho^{oo}_\omega \mathrm{d}\Omega^o_\omega \qquad (4\text{-}56)$$

$$d\Omega_o^\omega = \frac{d\omega\cos\theta_\omega^o}{r_{o\omega}^2}$$

因为

$$d\Omega_\omega^o = \frac{do\cos\theta_o^\omega}{r_{o\omega}^2}$$

所以上式可改写为

$$dP_\omega^{oo} = L_{bb}(T)d\omega\cos\theta_\omega^o d\Omega_\omega^o [\rho_\omega^{oo} d\Omega_\omega^o] \tag{4-57}$$

其次，从面元 do 发射到面元 dn 后被反射到 dω 面元，再由 dω 反射到 do 的辐射功率为

$$dP_{n\omega}^{oo} = L_{bb}(T)do\cos\theta_o^n d\Omega_o^n \left(\rho_n^{o\omega} d\Omega_n^\omega\right)\left(\rho_\omega^{no} d\Omega_\omega^o\right) \tag{4-58}$$

注意到

$$d\Omega_o^n = \frac{dn\cos\theta_n^o}{r_{on}^2} \qquad\qquad d\Omega_n^o = \frac{do\cos\theta_o^n}{r_{on}^2}$$

且利用互易定理

$$\rho_n^{o\omega}\cos\theta_n^o = \rho_n^{\omega o}\cos\theta_n^\omega$$

式（4-58）可变为

$$dP_{n\omega}^{oo} = L_{bb}(T)dn\cos\theta_n^\omega d\Omega_n^o \left(\rho_n^{\omega o} d\Omega_n^\omega\right)\left(\rho_\omega^{no} d\Omega_\omega^o\right) \tag{4-59}$$

再利用

$$d\Omega_n^\omega = \frac{d\omega\cos\theta_\omega^n}{r_{n\omega}^2} \qquad\qquad d\Omega_\omega^n = \frac{dn\cos\theta_n^\omega}{r_{n\omega}^2}$$

及互易定理

$$\rho_\omega^{no}\cos\theta_\omega^n = \rho_\omega^{on}\cos\theta_\omega^o$$

则上式又可写为

$$dP_{n\omega}^{oo} = L_{bb}(T)d\omega\cos\theta_\omega^o d\Omega_\omega^o \left(\rho_n^{\omega o} d\Omega_n^o\right)\left(\rho_\omega^{on} d\Omega_\omega^n\right) \tag{4-60}$$

对 dn 在半球减去 do 所对应的立体角范围内积分，就可以得到由 do 发出经整个腔壁反射到 dω，再由 dω 反射到 do 的辐射功率为

$$dP_\omega^{oo} = L_{bb}(T)d\omega\cos\theta_\omega^o d\Omega_\omega^o \iint_{\text{半球}-(do)} \rho_\omega^{on}\rho_n^{\omega o} d\Omega_n^o d\Omega_\omega^n \tag{4-61}$$

这样，在 do 为开孔的恒温腔，dω 向 do 方向的总反射辐射功率等于式（4-55）减去式（4-57）和式（4-61），即有

$$P_\omega^o = L_{bb}(T)d\omega\cos\theta_\omega^o d\Omega_\omega^o \left[1 - \rho_\omega^{oo} d\Omega_\omega^o - \iint_{\text{半球}-(do)} \rho_\omega^{on}\rho_n^{\omega o} d\Omega_n^o d\Omega_\omega^n \right] \tag{4-62}$$

根据有效发射率的定义，在开口腔的情况下，面元 dω 向 do 方向的有效发射率为

$$\varepsilon_\omega' = 1 - \rho_\omega^{oo} d\Omega_\omega^o - \iint_{\text{半球}-(do)} \rho_\omega^{on}\rho_n^{\omega o} d\Omega_n^o d\Omega_\omega^n \tag{4-63}$$

这就是在均匀壁恒温情况下，开口空腔的 Devos 二级近似有效发射率的计算公式。

对于非等温腔，其有效发射率的二级近似公式，只是从式（4-63）中减去由于温度不均匀所引起的修正项因子 $\delta\varepsilon''$，其中 $\delta\varepsilon''$ 与式（4-53）的区别在于其积分限不是半球，而是半球减去 $do$ 所张的相应立体角。即

$$\delta\varepsilon_\omega'' = \int_{\text{半球}-(do)} C_n \varepsilon_n^\omega \rho_\omega^{on} d\Omega_\omega^n + \iint_{\text{半球}-(do)} C_m \varepsilon_m^\omega \rho_n^{om} \rho_\omega^{on} d\Omega_n^m d\Omega_\omega^n + \cdots \quad (4\text{-}64)$$

式中，$C_n$ 和 $C_m$ 由式（4-47）和式（4-48）定义。

所以，非等温腔的有效发射率的二次近似公式为

$$\varepsilon_\omega'' = 1 - \rho_\omega^{oo} d\Omega_\omega^o - \iint_{\text{半球}-(do)} \rho_\omega^{on} \rho_n^{oo} d\Omega_n^o d\Omega_\omega^n - \delta\varepsilon_\omega'' \quad (4\text{-}65)$$

（4）举例

对于等温球形腔，如图 4-10 所示，由几何关系有

$$d\Omega_\omega^o = \frac{\pi r^2}{l^2}$$

$$\Omega_\omega^n = 2\pi(1 - \cos\theta)$$

所以有

$$d\Omega_\omega^n = 2\pi \sin\theta d\theta$$

且

图 4-10 等温球形腔

$$d\Omega_n^o = \frac{\pi r^2 \cos(90° - \theta)}{b^2} = \frac{\pi r^2 \sin\theta}{l^2 \sin^2\theta} = \frac{\pi r^2}{l^2 \sin\theta}$$

所以，对于开孔为 $do$ 的球形腔，一级近似的有效发射率为

$$\varepsilon_0 = 1 - \frac{\pi r^2}{l^2} \rho_\omega^{oo} \quad (4\text{-}66)$$

二级近似的有效发射率为

$$\varepsilon_0 = 1 - \frac{\pi r^2}{l^2} \rho_\omega^{oo} - \frac{2\pi^2 r^2}{l^2} \int_0^{\pi/2} \rho_n^{on} \rho_n^{\omega o} d\theta \quad (4\text{-}67)$$

对于等温圆柱形腔，如图 4-11 所示，因为

$$d\Omega_\omega^o = \frac{\pi r^2}{l^2}$$

$$d\Omega_\omega^n = \frac{2\pi r dx \cos(90° - \theta)}{a^2} = \frac{2\pi r dx}{a^2} \frac{r}{a} = \frac{2\pi r^2 dx}{\left[(l-x)^2 + r^2\right]^{3/2}}$$

$$d\Omega_n^o = \frac{\pi r^2 \cos a}{b^2} = \frac{\pi r^2 x}{b^3} = \frac{2\pi r^2 dx}{(x^2 + r^2)^{3/2}}$$

图 4-11 等温圆柱形腔

所以一级近似为

$$\varepsilon_0 = 1 - \frac{\pi r^2}{l^2} \rho_\omega^{oo} \quad (4\text{-}68)$$

二级近似为

$$\varepsilon_0 = 1 - \frac{\pi r^2}{l^2}\rho_\omega^{oo} - 2\pi^2 r^4 \int_0^l \frac{\rho_\omega^{on}\rho_n^{\omega o}\, x\, \mathrm{d}x}{(x^2+r^2)^{3/2}\left[(l-x)^2+r^2\right]^{3/2}} \tag{4-69}$$

## 4.2　黑体型辐射源

由前面的讨论可知，开有小孔的空腔很接近黑体，所以通常就把开有小孔的空腔称为黑体型辐射源（或标准黑体辐射源）。黑体辐射源通常用做辐射标准，它被用于：标定各种红外辐射源的辐射强度；标定各类红外探测器响应率；测定红外光学系统的透射比；研究各种物质表面的热辐射特性；研究大气或其他物质对辐射的吸收或透射性能。

典型的实用黑体型辐射源的构造如图 4-12 所示，它主要由包容腔体的黑体腔芯、无感加热绕线圈、测量腔体温度控制器以及腔体外的保温绝热层等组成。

如按辐射腔口的口径尺寸来分类，则可把黑体型辐射源分为以下三类。

大型：$\varPhi \geqslant 100\mathrm{mm}$；

中型：$\varPhi \approx 30\mathrm{mm}$；

小型：$\varPhi \leqslant 10\mathrm{mm}$。

如按工作温度的范围来分类，则可把黑体型辐射源分为以下三类。

高温：3000～2000K；

中温：900～500K；

低温：400～200K。

在设计制造黑体辐射源时，应考虑以下几个问题。

图 4-12　黑体型辐射源的结构

（1）腔形的选择

一般考虑选用圆锥、圆柱或球形腔体。根据 Gouffé 理论，对于给定的 $l/R$ 值，锥形腔的有效发射率最小，球形腔的有效发射率最大。但是从源的体积和质量较小、易于保温、温度均匀以及加工容易等方面来看，柱形腔和锥形腔具有较多优点，所以在高温、中温、低温黑体辐射源中广泛采用柱形腔做高精度黑体，而在工业标准中温黑体源中常常采用锥形腔，球形腔仅在大口径黑体源的情况下被采用。

（2）对腔芯材料加热的要求

做成腔体的材料称为腔芯。理想的腔芯应满足三个要求：①具有高的导热率，以降低腔壁的温度梯度；②在使用温度范围内（尤其在高温时），要有好的抗氧化能力和氧化层不易脱落的性能；③材料的表面发射率要高。

能满足上述所有要求的材料并不多，所以一般采取一些折中。对于 1400K 以上的高温黑体，通常选用石墨和陶瓷材料制作。对于 1400K 以下的中温黑体，选用铬镍（18-8 系列）不锈钢最好，它有良好的导热率。加热到 300℃，则表面变暗，发射率可增加到 0.5；用铬酸和硫酸处理表面，发射率可达 0.6；将表面加热到 800℃，则表面形成一层发射率为 0.85 的稳定性很高又很牢固的氧化层。对于低于 600K 的黑体可用铜制作，铜的导热率较高，但应注意，铜表面由于受热而形成的表面发黑的氧化层是不稳定的，高于 600K 时，氧化层就会脱落。

为增加腔壁的发射率，可对其表面进行粗糙加工，以形成好的漫反射体。另外，还可在腔壁上涂上某种发射率高的涂层，来增加腔壁的发射率。但是，在温度较高时，涂料层较易脱落，故腔壁涂层的方法只适用于温度不太高的情况。

（3）腔体的等温加热

为了使空腔型黑体辐射源更接近于理想黑体，要求腔体要等温加热。实际上开口处温度总要低一些，所以一般要求其恒温区越长越好，而恒温区做得长是很困难的，通常 1/3～2/3 的恒温区就可满足一般实验室的要求。

对腔体的等温加热，通常是用电热丝加热的，即通过绕在腔芯外围的镍铬丝加热线圈进行加热。为改善腔体温度的均匀性，可以改变腔芯的外形轮廓，使其在任意一点上腔芯的横断面面积相等，以保证每一加热线圈所加热的腔芯体积相等。在腔体开口附近，应增加线圈匝数，以弥补其热损失。质量更高的黑体还可用热管式加热器或通过高温气体加热，但其成本要高得多。

恒温区的测量通常有两种方法，一种是测腔壁的温度，一种是测腔内沿轴线的温度分布。

（4）腔体的温度控制和测量

根据斯蒂芬-玻尔兹曼定律，黑体型辐射源的辐出度 $M = \varepsilon_0 \sigma T^4$。$\varepsilon_0$ 为黑体型辐射源的有效发射率，$T$ 为腔体的工作温度。如果该温度有一个微小的变化 $\mathrm{d}T$，则引起辐射源的辐出度变化 $\mathrm{d}M$ 为

$$\mathrm{d}M = 4\varepsilon_0 \sigma T^3 \mathrm{d}T$$

于是，辐出度的相对变化为

$$\frac{\mathrm{d}M}{M} = 4\frac{\mathrm{d}T}{T}$$

以上说明腔体温度变化对辐出度变化的影响是很大的。若要求供给红外设备校准用的黑体型辐射源辐出度变化小于 1%，则要求其腔体温度变化能不超过 0.25%。对于一个 1000K 的黑体型辐射源，要保证 0.5% 的辐射精度，则要求温度的控制精度大约为 0.1%，即对 1000K 而言，要求控制和测量精度达 1K。

由此可见，对黑体温度的控制和测量的好坏，直接影响到黑体的性能。为此，通常对黑体提出控温精度和温度稳定性的要求。由于黑体内的温度不可能是完全恒定的，因此测温点的选择就非常重要。一般规定，对圆柱形腔，测温点取在腔的底部中央；对圆锥形腔，测温点一般取在锥顶点处；而对球形腔，测温点则取在开口的对称中心位置。温度计一般用热电偶或铂电阻温度计。

（5）降低黑体前表面的辐射

黑体的前方，紧挨开口处应放置光阑盘，且用水冷，以降低黑体前表面的辐射。由于光阑的存在，所以规定了黑体有一定的使用视场，如图 4-13 所示。

图 4-13　黑体视场的示意图

通常在标定黑体时，只标定腔底的温度。一般腔的底部及光阑决定了它的视场。若恒温区较稳定且较长，则黑体的视场就可变大。一般要在黑体的视场范围内使用。

总之，对黑体辐射源有如下一些指标要求：有效发射率、温度范围、孔径尺寸、加热时间、重量、尺寸、控温精度、温度稳定性、视场及恒温区等。要根据使用的场合、目的，合理地选择和设计黑体。表 4-1 列出了国外通用标准系列的技术规格。

表 4-1　黑体通用标准系列技术规格

| 规　　格 | 600℃的型号 | 600℃以上的型号 | 1900℃的型号 |
| --- | --- | --- | --- |
| 控制精度 | ±1℃ | ±1℃ | ±1℃ |
| 稳定性（长期） | 0.1℃ | 0.5℃ | 0.05% |
| 稳定性（短期） | 0.02℃ | 0.25℃ | 0.25℃ |
| 敏感元件 | 铂电阻温度计 | 铂电阻温度计 | 硅测温仪 |
| 控制类型 | 线性比例实际调零 | 线性比例实际调零 | 线性比例实际调零 |
| 腔体 | 15°凹锥 | 15°凹锥 | 15°凹锥 |
| 有效发射率 | 0.99±0.01 | 0.99±0.01 | 0.99±0.01 |
| 源外壳温度 | <环境温度以上 10℃ | <环境温度以上 10℃ | <环境温度以上 10℃ |
| 环境温度范围 | −40～60℃ | −40～60℃ | −40～60℃ |

## 4.3　实用红外辐射源

下面主要介绍实验室和光谱仪器中常用的红外辐射源，如能斯脱灯、硅碳棒、钨丝（带、管）灯、氙灯、汞灯和各种气体放电灯等。

### 4.3.1　电热固体辐射源

**（1）能斯脱灯**

能斯脱灯常作为红外分光光度计中的红外辐射源。它有体积小、寿命长、工作温度高、黑体特性好和不需要水冷等特性。能斯脱灯一般是由氧化锆（$ZrO_2$）、氧化钇（$Y_2O_3$）、氧化铈（$CeO_2$）和氧化钍（$ThO_2$）的混合物烧结而成的一种很脆的圆柱体或空心棒。管子两端绕有铂丝，以作为电极与电路的连接，它要求用很稳定的直流或交流供电。在室温下它是非导体，在工作之前必须对其进行预热。当用火焰或电热丝对其加热到 800℃时，开始导电。能斯脱灯具有负的电阻温度系数，所以在电路中需要加镇流器，以防止管子烧坏。

能斯脱灯的辐射输出与900℃黑体的辐射输出之比所表示的光谱特性曲线如图 4-14 所示。可以看出，能斯脱灯的光谱在 1～6μm 波段类似于选择性辐射体，其光谱发射率很小；而从 7～15μm 波段就接近于黑体辐射，其光谱发射率约为 0.9。能斯脱灯的光谱发射率如图 4-15 所示。

图 4-14　光谱特性曲线

图 4-15　能斯脱灯的光谱发射率

能斯脱灯是近代红外技术中常用的辐射源之一，其典型参数值：功率消耗为 45W、工作电流为 0.1A；工作温度为 1980K；尺寸为 3.1mm（直径）12.7mm（长度）。

**（2）硅碳棒**

硅碳棒是用碳化硅（SiC）超过 95%的材料制成的棒状或管状辐射源。一般硅碳棒的直径为 6～50mm，长度为 5～100cm，其两端做成银或铝电极，用 50V、5A 的电流输入，它同样需要镇流器，在空气中的工作温度一般在 1200～1400K，寿命约为 250h。由于它在室温下是导体，加热可直接通过，因此它不需要像能斯脱灯那样在工作之前需要预热。

图 4-16 给出了硅碳棒输出与 900℃黑体输出之比所表示的光谱特性曲线，图 4-17 给出了硅碳棒的光谱发射率与波长之间的关系。可以看出，在 2～15μm 波段内的平均发射率值约为 0.8。

硅碳棒机械强度好，工作寿命长，使用简便，受电压波动影响较小；但它体积大，电阻小，供电需用低电压、大电流的电源，功率消耗较大。

一般来说，大尺寸硅碳棒常用于工业生产中，作为红外加热元件。小尺寸硅碳棒则广泛用于红外光度计中，作为高温辐射标准。

图 4-16 光谱特性曲线

图 4-17 硅碳棒的光谱发射率

（3）钨丝灯、钨带灯和钨管灯

由于钨的熔点高（3680K），蒸发率较小，在可见光波段辐射选择性好，在高温下有较大的机械强度，容易加工等优点。因此钨丝灯、钨带灯和钨管灯可以应用于光度测量、高温测量、光辐射测量、旋光测定、分光测定、比色测定、显微术和闪光灯技术等。

钨丝灯也是近红外测量中常用的辐射源，通常将钨丝装在一个充满惰性气体并带有红外透射窗口的灯泡内，根据不同需要，灯丝可做成各种形状。使用时，要求供电电源稳定。

钨带灯是将钨带通电加热而使其发光的光源。通常将钨带制成狭长条形，宽约为 2mm，厚度为 0.05mm 左右。通电加热后，整条钨带的温度分布并不均匀，两端靠近电极支架处温度较低，中间温度较高，因此测量时要选择温度均匀的中心部分处的钨带辐射。钨带的电阻很小，因此钨带灯要求低电压，大电流且稳定的供电电源，一般以稳流（或稳压）直流电源供电，但在要求不高的情况下，也可用电子稳压器输出，经降压后供电。

钨管灯是由一根在真空或氩气中通电加热的钨管做成的。真空灯的温度可达 1100℃。充氩灯的温度可达 2700℃，其结构如图 4-18 所示。

钨管由约 25μm 厚的钨皮制成，长约 45mm，直径约 2mm，在一端有一个直径约 1mm 的孔，钨管的辐射就是从这个孔沿钨管轴线向外射出的。通常管心装有一束直径约为 23μm 的细钨丝，钨丝先拧在一起，然后切断成毛刷状的断面，塞入钨管内。这样一个由大量细钨丝做成的发光断面使钨管灯在可见光区域内的光谱发射率很高（可达 0.95），且改变很少（在 500～700nm 范围内只改变千分之几），同时，钨管灯的温度变化很小，可以说，钨管灯是最接近黑体的辐射源之一，通常用做光谱分布标准光源。

1—钨管；2—硬质玻璃窗；3—硬质玻璃泡壳；
4—镀银的铜棒；5—钼管；6—钨棒

图 4-18 钨管黑体灯结构

（4）乳白石英加热管

在红外加热技术中，有多种加热辐射源，如金属陶瓷加热器、电阻带、碳化硅板和陶瓷板等。与这些加热元件不同，乳白石英加热管不存在基体与涂层之分，不必担心在使用过程中涂层的脱落问题，所以乳白石英加热管是一种新型红外加热元件。

乳白石英加热管是以天然水晶为原料，在以石墨电极为坩埚发热体的真空电阻炉中熔融（1740℃）拉制而成的。在熔融过程中，使气体在熔体中形成大量的小气泡，故外观呈乳白色，乳白石英玻璃材料耐热性能好（可耐200～1300℃高温），热膨胀系数小，有优良的抗热震性能和电绝缘性能，此外，还具有很好的化学稳定性，但机械强度和耐冲击性能较差。

与碳化硅辐射元件相比，乳白石英加热管用作红外辐射源有如下特点。

① 发射率高，并具有选择性发射，在4～8μm和11～22μm波段内，光谱发射率可达到0.92。在8～11μm内具有较强的选择反射光谱带。其光谱发射率曲线如图4-19所示。

② 热容量小，热容量仅为碳化硅及金属管的1/10。

③ 工作温度范围广，通常为400～500℃，也可制作表面温度为750℃以下、100℃以上的加热辐射源。

④ 升温降温快，只需7～10min（碳化硅需30～35min）。

⑤ 表面纯净洁白，可以用在工艺卫生要求高的场所。

图4-19　SH乳白石英管的光谱发射率

### 4.3.2　气体放电辐射源

当电流通过气体媒质时，会产生放电现象，利用这种放电现象可制作辐射源。常见的有辉光放电和弧光放电两类。各种气体放电灯的基本结构大同小异，一般可用图4-20表示。图中，B是灯的泡壳，通常是由透明玻璃或石英按所需要的形状加工而成的。A和C是放电灯的电极，其中A是阳极，C是阴极。这样的区分是对直流灯而言的。对交流灯来说没有阴阳极之分，可交替作为阴阳极使用。G代表灯中所充气体。很明显，这些气体应不与泡壳和电极材料起化学反应。它们可以是惰性气体，也可以是一些金属或金属化合物的蒸气。

如果将灯接入电路中，灯就会放电发光。发光的基本过程分为三个阶段，即自由电子被外场加速；被加速的电子与气体原子碰撞，使气体原子受激发；当受激发的原子返回基态时，则以辐射的形式释放能量。

（1）水银灯

水银灯是利用水银蒸气放电制成的灯的总称，按水银的蒸气压强不同，水银灯可分为低压水银灯、高压水银灯和超高压水银灯三种。因为低压水银灯的辐射主要是紫外辐射，所以这里只介绍高压水银灯和超高压水银灯。

高压水银灯的核心结构与工作线路如图 4-21 所示，灯管用石英玻璃制成，内部充有一定量的水银和少量氩气，电极和石英玻璃靠铝箔实现气密封接，内有启动用的辅助电极。另外，它还有玻璃外壳和灯头（图中未画出）。在正常工作时，灯管内的水银气压为 0.1～0.5MPa。

图 4-20　放电管结构示意图　　　　图 4-21　高压水银灯的核心结构与工作线路

在 220V 电压下，高压水银灯是不能启动的，需借助辅助电极的帮助。当灯接入电路后，辅助电极与相邻的主电极之间加有 220V 的交流电。这两个电极之间的距离很近，通常只有 2～3mm，所以它们之间有很强的电场。在电场的作用下，两电极间的气体被击穿，发生辉光放电，产生大量电子和离子，这些带电粒子在两主电极之间的电场作用下很快产生繁流过程，并在两主电极之间过渡时进行弧光放电。

在灯点燃的初始阶段，主要有低气压的水银蒸气和氩气放电，这时管压很低，约 25V，放电电流很大，为 5～6A，我们称为启动电流。低压放电时放出的热量，使管壁温度升高，水银逐渐气化，水银蒸气压和管压逐渐增加，电弧开始收缩，放电逐渐由低压放电向高压放电过渡。当水银全部蒸发后，管压开始稳定，进入稳定的高压水银蒸气放电，可见高压水银灯从启动到正常工作需要一段时间，通常为 4～10min。

高压水银灯熄灭以后，不能立即启动，因为灯熄灭后，内部还保持着较高的蒸气压，此时电子的自由程很短，在原来的电压下，电子不能积累足够的能量来电离气体，所以要在灯管冷却，水银蒸气凝结后才能启动。

水银蒸气压为 1～2MPa 时的水银灯称为超高压水银灯。随着水银蒸气压的升高，谱线增宽并形成带有一系列峰尖的连续谱，在红外区的辐射增加，当压强超过 20MPa 时，红外辐射占全部辐射的 34%。因此，超高压水银灯是良好的近红外辐射源。

超高压水银灯（不同水银气压下的）相对光谱分布如图 4-22 所示。

（2）氙灯

除了利用金属蒸气放电制成辐射源之外，还可利用高压、超高压惰性气体的放电现象制成辐射源。超高压下的氩、氪、氙等惰性气体放电的光谱分布如图 4-23 所示。

由图 4-23 可知，惰性气体放电在紫外和可见光区域具有连续光谱，在红外区有明显的线光谱叠加在连续光谱上，红外部分辐射的极大值随气体的原子量的增大而向长波方向移动。

在这些惰性气体中，以氙气放电最为常见，由氙气放电制成的辐射源称为氙灯。典型的超高压短弧氙灯的结构和光谱分布如图 4-24 和图 4-25 所示。

这种灯的工作气压在 0.5～3.0MPa 之内，它的实际光谱与太阳光谱很接近，在近红外也是很强的辐射源。

图 4-22　不同水银气压下的光谱分布

图 4-23　超高压下惰性气体放电的光谱

1—灯头；2—钼箱；3—钨阳极；4—石英泡壳；5—铈钨阴极

图 4-24　短弧氙灯结构示意图

图 4-25　短弧氙灯的光谱分布

（3）碳弧

前面讨论的各种气体放电灯的放电都是在密封的泡壳内进行的，放电在其中进行。碳弧则是开放式放电，电弧发生在大气中的两个碳棒之间。为使电弧保持稳定，阳极做成有芯结构，一般它由外壳和灯芯组成。普通碳弧阳极的外壳和灯芯都是用纯碳素材料（炭黑、石墨、焦炭）制成的，只是灯芯材料较软。由于放电时阳极大量放热，造成碳的蒸发，而灯芯的蒸发又比外壳厉害得多，因此便在阳极中心形成稳定的喷火口（弧坎）。普通碳弧的辐射约有 90%是从阳极弧坎发出的，其中主要是热辐射。

碳弧的光谱是由炽热电极的连续光谱和气体混合物的特征谱线及带光谱叠加而成的。图 4-26 给出了作为标准的普通碳弧的相对光谱分布，除了在 0.38～0.39μm 的氰带之外，其光谱与 3800K 的黑体十分接近。在可见光范围内，碳弧的发射率达 0.99，在紫外的 0.28μm 处和红外的 1.7μm 处，发射率达 0.96，所以可把普通碳弧近似认为是 3800K 的黑体。

碳弧的辐射随电流增大而增加，在大部分光谱范围内，辐射的增加正比于电流，而在波长 0.4μm 附近处，辐射增加的速度超过电流的增加速度。电流增加一倍，辐射增加原来的 2.5～5 倍。

普通碳弧一般都采用直流供电，其伏安特性是负的，即电流增大时，电极间的电压下降。因此，为使工作稳定，电路中要串联适当的附加电阻，碳弧即可稳定。

碳弧的启动方式与一般的放电灯不同。需先将两个电极接触，然后拉开一定距离才能起弧。放电过程中阳极的消耗速度比阴极快一倍左右，因而阳极要做得比阴极粗一倍左右。在放电过程中为了使两个电极相对位置保持不变，阳极和阴极的电极支架都附有自动移动调节装置。

图 4-26　碳弧的光谱分布

# 4.4　红外激光器

激光器是 20 世纪 60 年代发展起来的一种新型光源。与普通光源相比，激光具有方向性好、亮度高、单色性和相干性好等特性。激光器的出现从根本上突破了以往普通光源的种种局限性（如亮度低、方向性和单色性差等），赋予古老光学技术以新的生命力，产生了许多新的分支学科，如全息照相、光信息处理、非线性光学等。本节将简单介绍激光的特性及常用的红外激光器。

## 4.4.1　激光的特性

激光与普通光源相比，有如下 3 个特点。

（1）激光的方向性好

普通光源发出的光向四面八方发射，分散到 $4\pi$ 立体角内，而激光发射的光束不同，其光束的发散角很小，一般为 $10^{-6}$ sr。所以激光的方向性很强，光束的能量在空间高度集中。例如，普通光源中方向性较好的探照灯，其光束在几千米外也要扩展到几十米的范围，而激光光束在几千米外，扩展的范围不到几厘米。

（2）激光光束具有高亮度

一般激光器发射的立体角 $\Delta\Omega$ 约为 $10^{-6}$sr。而且有些激光器（如 Q 突变激光器）可使能量集中在很短的时间内发射（约 $10^{-15}$s 内），这样激光器发出的瞬时功率很大，所以激光光源可具有非常高的亮度。例如，一台红宝石巨脉冲激光器，每平方厘米的输出功率可达 1000MW，其亮度可达 $10^9$ MW/(cm$^2$·sr) 或 $37\times10^{14}$ cd/cm$^2$，而太阳的亮度只有 0.16cd（熙提），因此，此种激光器的亮度可以比太阳的亮度高几十亿倍。

（3）单色性和相干性好

激光器的另一特点就是谱线宽度很窄。人们通常所说的单色光，实际上都包含一定的谱线宽度，例如普通光源中单色性最好的氪灯（Kr$^{86}$），它所发出红光的波长 $\lambda = 605.7$nm，在低温条件下其谱线宽度为 $4.7\times10^{-4}$nm。与之相比，单模稳频氦氖激光器发出的激光波长 $\lambda = 632.8$nm，其谱线宽度可窄至 $10^{-8}$nm，可见该激光的单色性要比氪灯高 10 万倍。

因为每个粒子在跃迁的过程中所发出的光都是一个有限长度的波列，每个波列频率完全一样，初相位也一样，所以同一波列在空间相遇时将出现干涉现象，其相干长度与每个波列维持的时间成正比。光源发出的光的相干长度与谱线宽度 $\Delta\lambda$ 成反比，与辐射的波长 $\lambda^2$ 成正比，即 $l = \lambda^2/\Delta\lambda$。把氪灯的数据代入此式，则相干长度为 38.5cm，而单模稳频的氦氖激光器的相干长度可达几十千米。由于相干长度越长，波列维持的时间越长，因此激光时间相干性好。除时间相干性外，激光光束还具有很好的空间相干性，即在辐射场的空间波场中，波前各点都是相干的，所以激光器是理想的相干光源。

## 4.4.2 常用激光器

任何种类的激光器，其基本结构必然包括以下 3 个主要组成部分。

（1）工作物质：用来在特定能级间实现粒子数反转并产生受激发射。

（2）抽运（汞浦）装置：用来激励工作物质，使其产生并维持特定能级间的粒子数反转和相应的受激发射。

（3）光学谐振腔：其作用是保证受激发射光子在腔内产生持续的激光振荡，此外还对振荡光子的特征（频率、方向等）加以限制，以保证激光输出的高定向性和高单色性。

按所采用的工作物质和汞浦方式，以及使用的目的和工作方式不同，激光器大致可分为如下 4 种。

（1）单次脉冲方式工作。按此方式，工作物质的激励以及激光发射均是一个单次脉冲的过程，一般的固体激光均以此方式工作，可获得大能量激光输出。

（2）重复脉冲方式工作。按此方式，激励是采取重复脉冲的方式进行的，故可获得相应的重复脉冲激光输出。

（3）连续方式工作。按此方式，工作物质的激励和激光的输出均是连续的。

（4）Q 突变工作。这是一种特殊的超短脉冲工作方式，其特点是将单次激光能量压缩在极短的振荡时间内输出，从而可获得极高的脉冲输出功率。当激光器在这种状态下工作时，通常在工作物质和组成谐振腔的反射镜之间放置一种特殊的快速光开关，当激励开始后，开关处于关闭状态，切断了腔内的光振荡回路，这时工作物质虽然处于粒子数反转状态，但不能形成有效的振荡。只有当工作物质的粒子数反转增大到一定程度后，光开关才迅速打开，形成光振荡回路，在极短的时间内形成极强的受激发射。这种开关作用，是控制谐振腔内的一个反射面的光学"反馈"能力的，即是控制谐振腔内的品质因数 Q 值的，所以通常称为 Q 开关，这种方法称为 Q 突变方法。

按照激光器采用的工作物质、泵浦方式、工作方式和输出波段的不同，可对激光器进行如下分类。

（1）按工作物质分类，可分为固体（含半导体）、液体（含染料）、气体（含分子的、原子的、离子的）激光器。

（2）按泵浦方式分类，可分为光泵式、电光式、化学反应式等激光器。

（3）按工作状态分类，可分为脉冲式、重复脉冲式、连续式和 Q 突变式等激光器。

（4）按输出波长来分类，可分为紫外、可见、红外和远红外等激光器。

表 4-2 列出了一些典型的红外激光器的特性。

表 4-2　一些典型的红外激光器的特性

| 类　型 | 工作物质 | 波长(μm) | 技术特点 | 应　用 |
|---|---|---|---|---|
| YAG 激光器 | Nd：YAG | 1.06 | 板条结构，输出功率：40MW/1000W 或 100MW/400W | 软破坏，热处理等 |
| 喇曼激光器 | Nd：YAG | 1.54 | 喇曼平移 1.06～1.54μm，输出能量 35mJ | 安全测距等 |
| 掺铒玻璃激光器 | 掺 $Er^{3+}$ 粒子磷酸盐玻璃 | 1.54 | 非 Q 开关输出 25～30mJ（输入 12～15J） | 安全测距等 |
| BF-$CO_2$ 激光器 | $CO_2$ | 10.6 | 连续，BF 激励，波导，寿命 25 000h，输出 25～35W | 测距，激光雷达、软破坏、热处理等 |
| TEA-$CO_2$ 激光器 | $CO_2$ | 10.6 | 脉冲式，输出脉冲 30～50mJ，功率 1MW/ 30W，寿命 $10^5$～$10^7$ 次 | 测距，照射等 |
| 半导体激光泵浦固体激光器 | Nd：YAG | 1.06 | 连续功率 100W，脉冲能量 1J（重复频率 30），准连续输出 1000W | 通信、测量等 |
| 半导体激光器 | GaAs 双异质结和 InGaAs/GaAs 应变层量子阱 | 远红外，可变 | 功率密度 200W/mm²，寿命 $10^6$～$10^7$ 次，输出功率 10W | 光纤通信、传感、测距、模拟等 |

# 4.5　自然景物光辐射

自然界中，太阳、月亮、星星、地面、云层等均是自然红外辐射源。在自然辐射源中，太阳是最强的辐射源。这些光辐射可来自地物、海面、大气、气溶液和星体的自身发射，也可来自这些环境的反射辐射或散射辐射。

## 4.5.1　太阳光辐射

太阳是距地球最近的球形炽热恒星天体。太阳的平均半径约为 $6.3638 \times 10^5 \mathrm{km}$，太阳与地球之间的平均距离 $AU = 1.49985 \times 10^8 \mathrm{km}$，在太阳与地球距离为 1AU 时，太阳在地球大气层外产生的总辐照度为 $E_0 = 1353 \mathrm{W/m^2}$（太阳常数），利用黑体辐射的玻尔兹曼定理，可以求得此时太阳等效的黑体辐射温度为 $T = 5770\mathrm{K}$ 的黑体。若用黑体曲线最佳拟合表示太阳温度时，太阳温度约为 5900K。

图 4-27 给出了在地球上大气层外的太阳光谱辐照度，太阳天顶角为 0° 时经过一个大气质量后在海平面上太阳光谱辐照度的近似值，以及 5900K 的黑体光辐射分布。

当太阳天顶角为 0° 且天空较晴朗时，太阳在海平面上产生的可见光照度为 $E_v = 1.24 \times 10^5 \mathrm{lx}$。

太阳在地球上的辐照度与太阳的高度角、观测者的海平面高度以及天空中云霾与尘埃的含量有关。其计算较复杂，可采用 MODTRAN 软件，根据不同的大气模拟进行计算。在工程估算中，如果仅关心地表太阳总辐照度，则可采用以下公式近似计算。

假设波长大于 0.9μm 的太阳辐射主要被大气吸收，而波长小于 0.9μm 的太阳辐射受瑞利散射的影响，无云时太阳在水平地面上的辐照度 $E_{s0}$ 为

$$E_{s0} = \left[1 - A(U^*, \beta)\right](0.349E_0)\sin\beta + \left(\frac{1 - \rho_0}{1 - \rho_0\overline{\rho}_g}\right)(0.651E_0)\sin\beta \qquad (4\text{-}70)$$

式中，$0.349E_0$ 为波长大于 0.9μm 的太阳辐射量；$0.651E_0$ 为波长小于 0.9μm 的太阳辐射量；$A(U^*, \beta)$ 为吸收系数；$\beta$ 为太阳高度角，$\overline{\rho}_g$ 为区域地表反射率；$\rho_0$ 为瑞利大气反射率，且有

$$\rho_0 = 0.085 - 0.247 \lg\left(\frac{P_a}{P_0}\sin\beta\right) \tag{4-71}$$

式中，$P_a$ 为近地面大气压(hPa)；$P_0 = 1000$(hPa)。

图 4-27　地球上大气层外的太阳光谱辐照度

太阳高度角 $\beta$ 的计算表达式为

$$\sin\beta = \sin\varphi\sin\delta + \cos\varphi\cos\delta\cos\omega \tag{4-72}$$

式中，$\varphi$ 为地理纬度，$\delta$ 为太阳赤纬；$\omega$ 为时角。太阳赤纬可根据日序计算得

$$\delta = \arcsin(0.398\sin(SL)) \tag{4-73}$$

$$SL = 4.87 + 0.0175\,\text{day} + 0.033\sin(0.0175\,\text{day}) \tag{4-74}$$

$$\text{day} = 30(\text{mon}-1) + \text{md} \tag{4-75}$$

式中，day 为日序；mon 为一年中的月份；md 为该月的日期。时角根据式（4-76）计算得

$$\omega = (t-12)\frac{\pi}{12} \tag{4-76}$$

式中，$t$ 为从正午算起的地方时。

吸收系数 $A(U^*, \beta)$ 的计算式为

$$A(U^*, \beta) = 0.271\left(U^*\frac{1}{\sin\beta}\right)^{0.303} \tag{4-77}$$

式中，$U^*$ 为大气等效水蒸气含量（可凝结水量，单位为 g/cm$^3$），它可由空气温度和相对湿度计算得

$$U^* = \exp(0.07074 t_d + A_s) \tag{4-78}$$

式中，$t_d$ 为露点温度（℃），$A_s$ 为经验常数（4～6 月份取–0.0229；其他月份取 0.0203）。露点温度与大气相对湿度和温度有关，数学表达式为

$$t_d = \frac{2371.78}{11.286 - \lg\left[ \mathrm{Rh} \times 611 \times 10^{8.5(T_a - T_0)/T_a} \right]} - T_0 \tag{4-79}$$

式中，$T_a$ 为近地面大气温度；Rh 为近地面大气湿度；$T_0$ 为三相点温度。

若天空有云覆盖时，太阳辐射度为

$$E_{sun} = E_{s0}\left[ 1 - (1 - \mathrm{CA}) \cdot \mathrm{CC}^2 \right] \tag{4-80}$$

式中，CC 为云的覆盖率；CA 为校正因子，有

$$\mathrm{CA} = \frac{B_c}{94.4} \exp\left( -\frac{C_c - 0.059}{\sin\beta} \right) \tag{4-81}$$

式中，$B_c$ 和 $C_c$ 是由云的类型所决定的系数，如表 4-3 所示。

表 4-3　太阳和天空辐射云类型校正系数

| 云类型系数 | 卷云（CI） | 卷层云（CS） | 高积云（AC） | 高层云（SS） | 层积云（SC） | 层云（ST） | 雾（FOG） |
|---|---|---|---|---|---|---|---|
| $B_c$ | 82.2 | 87.1 | 52.5 | 39.0 | 34.7 | 23.8 | 15.4 |
| $C_c$ | 0.079 | 0.148 | 0.112 | 0.063 | 0.104 | 0.159 | 0.028 |
| CAR | 0.04 | 0.08 | 0.17 | 0.20 | 0.22 | 0.24 | 0.25 |

如果地面为倾斜面时，太阳辐射在其上面的辐射度 $E_{fsun}$ 为

$$E_{fsun} = E_{sd} + (E_{sun} - E_{sd})\frac{\mathrm{SF}}{\sin\beta} \tag{4-82}$$

式中，$E_{sd}$ 为由于大气散射所产生的辐照度；SF 为倾斜因子。

$$E_{sd} = 0.05 E_{sun} + 0.10(1 - \sin\beta)E_{sun} \tag{4-83}$$

$$\mathrm{SF} = \sin\beta\cos\alpha + \cos\beta\sin\alpha\cos(\varphi_s - \varphi_l) \tag{4-84}$$

式中，$\alpha$ 为地面倾斜角；$\varphi_s$ 为太阳方位角；$\varphi_l$ 为倾斜面方位角。

### 4.5.2　月亮光辐射

月亮经过晴朗大气在地表水平面的辐射度是月亮仰角和月相角的函数。用 LOWTRAN 程序计算海平面上垂直于射线的满月的光谱辐照度，当空气质量 $m_a = 1$ 时，计算结果如图 4-28 所示；当 $m_a = 2$ 时，计算结果如图 4-29 所示，其计算条件取自 1976 年美国标准大气。

图 4-28　$m_a = 1$ 时的光谱辐射度　　　　　　图 4-29　$m_a = 2$ 时的光谱辐射度

### 4.5.3　天空背景光辐射

天空的光辐射来自大气对太阳（含星光）的散射和大气自身的热辐射。

（1）天空的可见光辐射

晴天，地面上总照度的 1/5 来自天空（即来自大气对太阳光的散射）。表 4-4 列出了不同条件下的地面辐照度，表 4-5 给出了不同条件下，靠近地平方向上的天空亮度。

表 4-4　不同条件下地面照度度 $E_v$

| 天空状态 | 地面照度（lm/m²） |
|---|---|
| 直射太阳 | $1\sim1.3\times10^5$ |
| 全部散射太阳光 | $1\sim2\times10^4$ |
| 阴天 | $10^3$ |
| 阴暗天 | $10^2$ |
| 曙光 | 10 |
| 暗曙光 | 1 |
| 满月 | $10^{-1}$ |
| 1/4 月亮 | $10^{-2}$ |
| 晴天无月 | $10^{-3}$ |
| 阴天无月 | $10^{-4}$ |

表 4-5　不同条件下的天空亮度 $L_v$

| 天空状况 | 天空亮度（cd/m²） |
|---|---|
| 晴天 | $10^4$ |
| 阴天 | $10^3$ |
| 阴暗天 | $10^2$ |
| 阴天日落时 | 10 |
| 晴天日落后 15min | 1 |
| 晴天日落后 30min | $10^{-1}$ |
| 很亮月光 | $10^{-2}$ |
| 无月的晴朗夜空 | $10^{-3}$ |
| 无月的阴天夜空 | $10^{-4}$ |

（2）天空的红外辐射

白天，天空背景的红外辐射是散射太阳光和大气热辐射的组合。图 4-30 给出了白天天空的红外光谱辐射亮度。图 4-30 显示的光谱被分隔成两个区域：波长小于 3μm 的太阳散射区和 4μm 以上的热发射区。太阳的散射以明亮的日耀云（指在太阳光照射下的云）反射或交替地用晴空散射的曲线来表示，用 300K 黑体代表热发射区。在 3～5μm 之间，天空的红外辐射最小。

夜间，因不存在散射的太阳光，天空的红外辐射为大气的热辐射。大气的热辐射主要与水蒸气、二氧化碳和臭氧等的含量有关。

如图 4-31 所示为晴朗夜空光谱辐射亮度随仰角的变化情况。在低仰角时，大气路程很长，光谱辐射亮度为底层大气温度（图中为 8℃）的黑体辐射；在高仰角时，大气路径变短，在那些吸收率（即发射率）很小的波段上，红外辐射变小了，但在 6.3μm 处的水蒸气发射带和 15μm 处的二氧化碳发射带上，吸收很厉害，甚至在一段的路程上，发射率就基本等于 1，而 9.6μm 处的发射是由臭氧引起的。

有云时，近红外太阳散射和热发射都会受影响。在云层中，近红外辐射呈现出强的正向散射。因此，太阳、观测仪和云覆盖的相对位置就特别重要。对于昏暗的阴天，多次散射会减少这种强烈的正向散射。

浓厚云层是良好的黑体。云层的发射在 8～13μm 波段内，其发射与云的温度有关。由于大气的发射和吸收带在 6.3μm 和 15.0μm 上，因此，在这个波长处看不到云，而该处的辐射由大气的温度决定，图 4-32 给出了一个暗积云下测得的光谱辐射亮度的明显例子，这时，大气温度处于 +10℃ 的地面上，而发射带在 6.3μm 和 15μm 上趋于与该温度相当的辐射值。云层下侧的温度为 -10℃，在 8～13μm 大气窗口内的辐射趋近于相同温度下黑体的辐射。

图 4-30 白天天空的红外光谱辐射亮度　　　　　图 4-31 晴朗夜空的光谱辐射亮度

**图 4-33** 示意了天空光谱辐射亮度相对于环境温度的变化情况。

图 4-32 暗积云下侧的光谱辐射亮度　　　　　图 4-33 环境气温变化较大的天空光谱辐射亮度

对于阴天天空，从地表面上看到的阴天天空亮度 $L_v$ 的近似关系为

$$L_v(\theta) = L_v(0)(1 + A\cos\theta)$$

式中，$\theta$ 为天顶角；$A$ 为经验常数，通常取 2.0。

海平面上，晴朗天空的总热辐射照度可利用地面气象学绝对温度 $T_a$，按下面经验公式估算

$$E_{sky0} = \sigma T_a^4 \left( B_k + C_k \sqrt{E_a} \right) \tag{4-85}$$

式中，$B_k$、$C_k$ 为经验常数，通常取 $B_k = 0.61$，$C_k = 0.05$。$E_a$ 为近地水蒸气压（hPa）。

$$E_a = Rh \times 6.108 \times \exp\left[ \frac{17.269(T_a - T_0)}{T_a - 35.86} \right] \tag{4-86}$$

有云覆盖时，应考虑云的红外辐射贡献，此时天空总辐射照度为

$$E_{sky} = E_{sky0}(1 + CAR \cdot CC^2) \tag{4-87}$$

式中，CAR 是与云的类型有关的系数，如表 4-3 所示。

### 4.5.4 地物光辐射

由于地球表面的物质种类太多，地物光辐射不但与物质种类有关，而且同一种地物的光辐射还与它的地理位置、季节、昼夜时间和气象条件等有关。这里仅定性叙述植被、土壤、水体和冰雪的可见光及近红外的光谱反射特性，以及对军事应用有重要意义的地物红外热辐射特性。

（1）几类地物的可见光和近红外光谱反射特性

① 植被的光谱反射特性。绿色植被的光谱反射率具有如图 4-34 所示的明显特征。在可见光波段，对于健康的绿色植被，在蓝色区域（中心波长在 0.45μm 处的谱带）和红色区域（中心波长在 0.65μm 处的谱带），其反射率都非常低。这两个低反射率区就是通常所说的叶绿素吸收带。在上述两个叶绿素吸收带之间，即在 0.54μm 附近形成一个反射峰，这个反射峰正好位于可见光的绿色波长区域，形成的植被人眼看见是绿色的。

图 4-34 绿色植被的光谱反射率

当植被患病或成熟时，叶绿素含量减少，导致两个叶绿素吸收带的吸收减弱，反射率增大，尤其在上述可见光的红色吸收区，反射率增加更明显，所以患病植被或成熟庄稼呈黄色或红色。

从波长 0.7μm 附近开始，植被反射率迅速增加，形成近红外反射峰，与可见光波段相比，植被在近红外的光谱特征是：反射率很高，透射率也很高，但吸收率很低。大多数植被在近红外波段的反射率为 45%～50%，透射率为 45%～50%，但吸收率小于 5%。

在波长大于 1.3μm 的近红外区域，植被的光谱反射率主要受 1.4μm 和 1.9μm 附近的水吸收带支配，植被的含水量控制着这个区域的反射率，在这两个吸收带之间的 1.6μm 处有一个反射峰。

② 水的光谱特性。图 4-35 是清洁水、混浊水和含藻类浮游生物的水在 0.4～1.1μm 波段的光谱反射率曲线。清洁海水和湖泊水的光学特性基本与纯水相同。纯水除蓝绿波段有 10% 稍强的反射外，其他波段的反射率都很低，特别是在近红外波段。水中的悬浮泥沙能提高水在各波段的反射率，尤其在红黄波段（0.6～0.7μm）的反射率随泥沙含量增加而有较大的提高，因而泥沙量大的水呈红黄色。

1—含藻类浮游生物的水；2—混浊水；3—清洁水

图 4-35　水的光谱反射率曲线

由于藻类浮游生物含有叶绿素，因此它会降低水在蓝光波段的反射率，而绿色部分却有所增加，尤其在近红外波段。

应当注意，当太阳的天顶角很大时（>70°），水的反射率会大大提高，甚至会出现全反射现象。

③ 冰雪的光谱反射特性。冰和雪的光谱反射特性基本相同。图 4-36 所示是雪的光谱反射率曲线。从图中可以看出，在可见光波段，积雪的反射率很高，特别是新雪，几乎接近 100%。但在近红外波段，雪的反射率明显下降。这样的反射特性在天然存在的地物中几乎是独一无二的。

图 4-36　雪的光谱反射率曲线

随着积雪的老化，雪的反射率普遍下降，但降低程度随波长而异，一般在可见光波段下降不大，但在大于 0.8μm 的红外波段，反射率明显降低。

（2）地物的红外辐射特性

在白天，波长小于 4μm 时，地物的红外辐射与太阳光和构成地物的物质反射率有关；超过 4μm 时，地物的红外辐射主要来源于自身的热辐射。地物的热辐射与其温度和反射率有关。大多数地物有高的反射率。

白天地物的温度与可见光吸收率、红外发射率以及与空气的热接触、热传导和热容量有关。夜晚地物温度的冷却速度与热容量、热传导、周围空气热接触、红外发射率以及大气湿度有关。

图 4-37 给出了几种地物白天在 1～6μm 波段的光谱辐射亮度。从图中可看到，在波长 3μm 以下，由于太阳散射占支配地位，因此光谱辐射亮度差别较大；超过 4μm，不同地物的光谱辐射亮度差别较小。在波长 3μm 以下，雪对太阳光有强的散射，其光谱辐射亮度最大，而草在 3μm 以下有最小的太阳光反射率，其光谱辐射亮度最小。

图 4-37　几种地物的光谱辐射亮度

## 4.5.5　海洋背景光辐射

海洋的光辐射由海洋本身的热辐射和它对环境辐射（如太阳和天空）的反射组成。图 4-38 所示为海洋在白天时的光谱辐射亮度，在波长 3μm 以下，白天海洋的光辐射主要是对太阳和天空辐射的反射；在 4μm 以上，无论是白天还是晚上，海洋的光辐射主要来自海洋的热辐射。

图 4-39 给出了平静水面（粗糙度为 $\sigma=0$）在不同入射角下光谱反射率与波长的关系。图 4-40 所示的是水面反射率和发射率（在 2~15μm 内的平均值）与入射角的关系。

图 4-38　海洋的光谱辐射亮度

图 4-39　不同入射角下平静水面的光谱反射率

海水的反射率和发射率，尤其是靠近水平方向，与海面粗糙度有关。图 4-41 给出了不同粗糙度 $\sigma$ 下的海面反射率 $\rho$ 与入射角的关系。海面发射率 $\varepsilon = 1 - \rho$。而海面粗糙度 $\sigma$ 与海风风速 $v$ 有如下关系

$$\sigma^2 = 0.003 + 5.12 \times 10^{-3} v \tag{4-88}$$

在用探测器测量海背景的光辐射时，探测器接收到的海背景光辐射中包括海面的热辐射、海面反射的太阳和天空的辐射，以及海面至探测器间光学路径上的大气辐射。

图 4-40 不同水面反射率和发射率

由于存在海面的镜面反射现象，因此在波长 5μm 以下，当探测器指向太阳反射而形成的海面亮带区，或探测器俯仰角较小且按反射定律所对应低空方向存在云层时，海背景光辐射亮度因太阳和云层的强烈反射而增大。有试验表明，在红外 3～5μm 波段内海面亮度带区的平均辐射温度达 44.2℃，而非亮带区海面平均辐射温度只有 27℃，但在长波 8～14μm 波段内，海背景的光谱辐射亮度基本上不受太阳和云层的影响。所以利用红外 8～14μm 成像系统，可以有效地抑制海背景杂波干扰，来探测和识别海面舰船。

图 4-41 不同粗糙度下海平面的反射率与入射角的关系

# 4.6 人工目标的红外辐射

## 4.6.1 火箭的红外辐射

飞行中的弹道火箭是一种强烈的红外辐射源。其壳体由于火箭发动机工作时散发的热量、空气气动加热和太阳辐射，可达到很高的温度。飞机初始段，短时间的辐射源是燃料燃烧后的产物和尾焰。

由于发动机的工作，火箭壳体（尤其是尾部）温度很高，燃烧室内的温度高达 2000～3000℃。壳体最强烈的加热是火箭在稠密大气层内飞行时与空气摩擦所产生的热量。例如，德国 V-2 弹道火箭头部，在稠密大气层内以近 5000km/h 的速度飞行时，其温度可达 950℃。美国丘比特弹道火箭在稠密大气层内飞行时，其锥形头部温度达到白炽程度，连肉眼也能看得清楚。

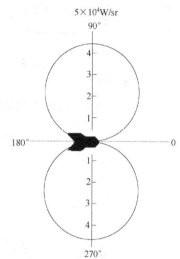

图 4-42　美国红石式弹道火箭外壳的辐射特性曲线

火箭穿过稠密大气层时的速度及其外壳平均温度是：射程为 1600km 的火箭是 3500m/s 和 3700K；射程为 8000km 的火箭是 6700m/s 和 7400K；轨道高度为 480km 的人造卫星火箭是 7600m/s 和 8900K。图 4-42 给出了美国红石式弹道火箭在 20km 高度以相当于 5 马赫速度飞行时外壳的辐射特性曲线。红石式火箭外壳最大辐射方向垂直于它的轴向，其辐射强度为 4.4W/sr。美国阿特拉斯弹道火箭以相当于 10 马赫的速度在 40km 高度飞行时，其头部外壳在飞行方向（沿纵轴）的辐射强度为 $6 \times 10^4$W/sr。

战术导弹，尤其是战略导弹，在其发动机工作时伴随很强的光辐射，辐射功率可达 $10^5 \sim 10^6$W（与发动机推力有关）。利用发动机发出的光辐射，可以对导弹进行远距离探测。发动机的光辐射与发动机喷焰的结构（形状、尺寸、压力及温度）和化学组分有关。

喷焰辐射的光谱分布同构成喷焰的分子种类有关。火箭推进剂燃烧产物的含量与氧化剂/燃料比和发动机工作状态有关。

因为火箭发动机工作于富油状态，所以喷焰含有可燃烧的燃料，在低高度飞行时，它与大气中的氧混合后产生补燃，补燃使喷焰温度升高约 500K。随着高度增加，氧气减少，补燃降低。除了分子成分，在喷焰中还可以存在固态粒子。

图 4-43 表示液体火箭发动机低高度的喷焰结构，非扰动圆锥是各向同性的等温区，圆锥区外与大气混合，产生补燃。随着高度增加，喷焰膨胀，温度降低，如图 4-44 所示。

火箭发动机喷焰的辐射由分子的辐射带和粒子的散射、辐射带组成。图 4-45 给出了含铅的固体推进剂燃烧的近场光谱。

从图 4-45 可以看出，除了气体分子辐射带外，还含有明显的固体粒子辐射。

图 4-43　低空的火箭尾结构图　　　　　图 4-44　发动机喷焰形状随高度的变化

图 4-45　固体推进剂（加金属）燃烧时的理论光谱辐射图

## 4.6.2　飞机的红外辐射

　　喷气飞机的红外辐射来源于被加热的金属尾喷管热辐射，发动机排出的高温尾喷焰辐射，飞机飞行时气动加热形成的蒙皮热辐射，对环境辐射（太阳、地面和天空）的反射。

　　喷气式飞机因所使用的发动机类型、飞行速度、飞机高度以及有无加力燃料等因素，其辐射情况有很大的区别。

　　涡轮喷气发动机有两个热辐射源：尾喷管和尾焰。从无加力燃料室发动机的后部来看，尾喷管的辐射远大于尾焰辐射。但有加力燃料室后，尾焰就成为主要辐射源了。

　　尾喷管是被排出气体加热的圆柱形腔体，可把尾喷管看做一个长度与半径比 $l/R = 3\sim8$ 的黑体辐射源，利用其温度和喷管面积可计算它的辐射出射度。在工程计算时，往往把涡轮气体发动机看做一个发射率为 0.9 的灰体，其温度等于排出气体的温度，而面积等于排气喷嘴的面积。就现在的发动机而言，只能在短时间内（如起飞时）经受高达 700℃ 的排出气体温度；在长时间飞行时能经受的最大值为 500～600℃；低速飞行时可降到 350℃或 400℃。

由于尾焰的主要成分是二氧化碳和水蒸气，它们在 2.7μm 和 4.3μm 附近有较强的辐射。同时大气中也含有水蒸气和二氧化碳，辐射在大气中传输时，在 2.7μm 和 4.3μm 附近往往容易引起吸收衰减。但是由于尾焰的温度比大气的温度高，在上述波长处，尾焰辐射的谱带宽度比空气吸收的谱带宽度宽，所以某些弱谱线辐射就越出了大气的强吸收范围，在大气的强吸收范围外，其传输衰减比大气吸收谱带内小得多，这个现象在 4.3μm 处的二氧化碳吸收带内最为显著。因此，从探测的角度来看，4.3μm 的发射带要比 2.7μm 处的更有用（可以减少太阳光线干扰，同时具有较好的大气透射）。

由于通过排气喷嘴的膨胀是绝热膨胀，用绝热过程公式 $T^{-\lambda}P^{\gamma-1}=$ 常数，可以得到通过排气喷嘴膨胀后的气体温度为

$$T_2 = T_1 \left( \frac{P_2}{P_1} \right)^{\frac{\gamma-1}{\gamma}} \qquad (4-89)$$

式中，$T_2$ 是通过排气喷嘴膨胀后的气体温度；$T_1$ 是在尾喷管内的气体温度（即排出气体温度）；$P_2$ 是膨胀后的气体压强；$P_1$ 是尾喷管内的气体压强；$\gamma$ 是气体的定压热容量与定容热容量之比。对于燃烧的产物 $\gamma=1.3$。

对于现代亚音速飞行的涡轮喷气飞机，$P_2/P_1$ 的值约为 0.5。如果假定膨胀到周围环境的压力，则式（4-89）变为

$$T_2 = 0.85T_1 \qquad (4-90)$$

因此，喷嘴处尾焰的绝对温度约比尾喷管内的气温低 15%。

很明显，尾焰的辐射亮度与排出气体中气体分子的温度和数目有关，这些值取决于燃料的消耗，它是飞机飞行高度和节流阀位置的函数。

涡轮风扇发动机就是在涡轮喷气式发动机上装置风扇。风扇位于压缩机的前面称为前向风扇。风扇位于涡轮的后面称为后向风扇。涡轮风扇发动机将吸取更多的空气，产生附加的推力。

涡轮风扇发动机比涡轮喷气发动机的辐射要低一些。这是由于涡轮风扇发动机的排出气体温度较低所致。涡轮风扇发动机的尾焰形状和温度分布，与涡轮喷气发动机大不相同。具有前向风扇时，过量的空气相对于发动机以轴线同心地被排出，在羽状气柱周围形成了一个冷套，其发动机的尾焰比一般的涡轮喷气发动机的尾焰小得多。在后向风扇发动机中，一些过量的空气与尾喷管中排出的热气流相混合，其发动机的尾焰和尾喷管的温度都降低了。

表 4-6 以波音 707 系列的两种民用运输机为例，把涡轮风扇发动机与涡轮喷气发动机的特性进行比较。这两种发动机的外形结构大体相同，推力大致相等，但是，它们的辐射有着很大的差别。图 4-46 给出了在海平面上以最大推力工作时，两种发动机排出气流的等温线。可以明显看出，风扇空气使尾焰的直径变小了。两种发动机的尾焰长度约和飞机长度相等，所以几乎从任何方位都可以看到尾焰或尾焰的一部分。如果具有多个发动机的飞机中有个别的发动机被机翼、机身或机尾挡住，其辐射方向图将会显示出剧烈的变化。

表 4-6　波音 707 洲际喷气运输机的特性

| 型　号 | 707-320 | 707-320B |
|---|---|---|
| 发动机类型 | 涡轮喷气（4 台） | 涡轮风扇（4 台） |
| 最大推力(kg)（每台发动机） | 7620 | 8165 |
| 发动机排气喷嘴面积(cm²) | 3660 | 3502 |
| 排出气体温度 | — | — |
| 最大允许起飞(℃) | 635 | 555 |
| 最大连续推力(℃) | 515 | 490 |
| 最大巡航推力(℃) | 485 | 445 |
| 燃料消耗（每台发动机） | — | — |
| 海平面，$M$=0.4kg/h | 4905 | 4113 |
| 10600m，$M$=0.8kg/h | 2186 | 1796 |
| 发动机间隔 | — | — |
| 内发动机(m) | 20.1 | 20.1 |
| 外发动机(m) | 31.7 | 31.7 |
| 最大速率(km/h) | 941.5 | 925.7 |

图 4-46　两种发动机排出气流的等温线

　　当与精确量的空气混合（化学计量混合）时，就能产生完全燃烧。对于典型的喷气燃料，燃烧温度可达 2700℃。由于这个温度远远超过所允许的 900℃ 的涡轮进气温度，因而需要过量的空气与燃料混合，以降低这一温度。燃烧室里只消耗 1/3 的氧气，其余的氧气用于燃烧尾喷管里的附加燃料。这一过程称为加力燃烧，其结果是增加推力。由于加力燃烧是靠近尾喷管一端进行的，故尾焰的温度和尺寸明显加大，图 4-47 表示了涡轮喷气发动机在加力燃烧时和无加力燃烧时排出气流的等温线。

　　飞机在空中飞行时，当速度接近或大于声速时，气动加热产生的飞机蒙皮热辐射不能忽视，尤其在飞机的前向和侧向。飞机蒙皮温度 $T_s$ 为

$$T_s = T_0 \left[ 1 + k \left( \frac{\gamma - 1}{2} \right) M_a^2 \right] \tag{4-91}$$

式中，$T_s$ 为飞机蒙皮温度；$T_0$ 为周围大气温度；$k$ 为恢复系数，其取值决定于附面层中气流的流场，层流取 0.82，紊流取 0.87；$\gamma$ 为空气的定压热容量和定容热容量之比，通常取 1.3；$M_a$ 为飞行马赫数。

图 4-47　涡轮喷气发动机排出气流的等温线

因太阳光是近似 6000K 的黑体辐射，所以飞机反射的太阳光谱类似于大气衰减后的 6000K 黑体辐射光谱。飞机反射的太阳光辐射主要在近红外 1~3μm 和中红外 3~5μm 波段内。而飞机对地面和天空热辐射的反射主要在远红外 8~14μm 和 3~5μm 中红外波段内。

飞机红外辐射强度随其方位角而变化的关系曲线称为辐射方向图，它是表征飞机红外辐射特征的重要参数。在 0°~180° 极坐标平面内，不同方位上，由于可观测到的喷口和尾焰投射面积不同，因而红外辐射强度大小也不同，一般随方位角的增大，红外辐射强度减少。图 4-48 和图 4-49 分别表示苏制米格 21 飞机发动机静态非加力和加力状态下，在 3~5μm 的红外辐射强度方向图。

图 4-48　米格 21 飞机（非加力状态）静态红外 3~5μm 的辐射方向图

飞机红外辐射包含有尾喷管和蒙皮的近似为灰体连续谱的热辐射，以及有选择性的带状谱的喷焰气体辐射。其红外辐射光谱随飞机工作（加力与非加力）和目标的方位角而变化。在非加力状态下，飞机尾向的辐射光谱是峰值波长位于约 4μm 左右的连续谱。但在实际应用中，由于大气中 $H_2O$ 和 $CO_2$ 分子的吸收，在 2.7μm 和 4.3μm 附近形成凹陷，因此，图 4-50 给出了通过 200ft 大气观察并用三个不同的光谱分辨率测量飞机喷气尾焰的光谱。

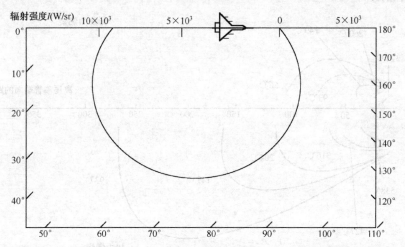

图 4-49　米格 21 飞机（加力状态）静态红外 3～5μm 的辐射方向图

图 4-50　飞机喷气尾焰的光谱

### 4.6.3　坦克的红外辐射

不同型号的坦克，由于使用的发动机功率不同或者效率不同，采用的热伪装与屏蔽措施不同，因而红外辐射特性也不同。如美国 M48 坦克，发动机排气装置位于坦克底部，而苏制 T-58 坦克，发动机排气装置位于侧面，发动机性能较差，所以在相同速度下，T-58 型坦克表面的红外辐射温度较高,尤其在排气装置的一侧,辐射温度明显增大。因而,苏制 T-58 型坦克与美国 M48 坦克相比,在红外波段内更容易被探测和识别。

由于坦克形状复杂,各部分结构安装不同,因此从不同方位上观测,坦克表面的红外辐射温度也有所差别。表 4-7 给出了 T-58 型坦克在水平方向、不同方位角进行测量得到的坦克表面平均辐射亮度。

表 4-7  对 T-58 型坦克不同观测方位的平均辐射亮度

| 观 测 方 位 | 平均辐射亮度/(W/sr · m²) | |
| --- | --- | --- |
| | 8~14μm | 3~5μm |
| 左外侧 | 50.2 | 3.81 |
| 右外侧 | 45.5 | 2.90 |
| 尾向 | 58.4 | 6.24 |
| 前向 | 47.5 | 2.90 |

注:左侧面为发动机排气方向,尾向较大的红外辐射值是坦克运动形成的"热烟尾迹"所引起的。

由于白天太阳对坦克的辐射加热和昼夜环境温度变化,静止状态或运动状态的坦克,其表面温度随时间变化而变化。在日出前 5~6 小时,坦克表面温度最低,日出后,在太阳光照射加热下,表面温度逐渐升高,大约在下午 2~3 时,坦克表面温度最高,以后表面温度又慢慢下降,一直降到日出前的极小值。表 4-8 给出了 T-58 型坦克白天和晚上的平均辐射亮度。

表 4-8  对 T-58 型坦克白天和晚上的平均辐射亮度

| 测 量 时 间 | 测 量 方 位 | 平均辐射亮度(W/sr · m²) | | 发动机转速(r/min) |
| --- | --- | --- | --- | --- |
| | | 8~14μm | 3~5μm | |
| 10:00 | 左外侧 | 45.5 | 2.90 | 0 |
| 21:43 | 右外侧 | 38.6 | 2.29 | 0 |
| 10:42 | 尾向 | 47.5 | 2.90 | 600 |
| 21:25 | 前向 | 39.0 | 2.33 | 600 |

另外注意到,对于静止不动的坦克,受太阳照射的坦克表面红外辐射温度,比不受太阳照射的坦克表面红外辐射温度高出 5~10 ℃。图 4-51 给出了某坦克辐射特性曲线。

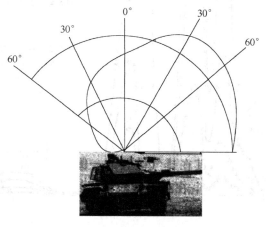

图 4-51  2.7~5.3μm 波段的坦克辐射特性曲线

### 4.2.4 火炮的红外辐射

炮口喷出的热燃气，除了一些杂质外，还含有大量的易燃成分，如一氧化碳（CO）、氢气（$H_2$）、二氧化碳（$CO_2$）、氮气（$N_2$）以及温度相当高的水蒸气。因此伴随着炮口闪光的出现，聚集在炮口附近的热燃气将发射出大量的红外辐射。从这个区域内发出的辐射称为初次闪光。图 4-52 给出了炮口前的气流图形。气流通过正冲击波时受热而产生的辐射称为中间闪光，和大气混合后，热燃气点燃并燃烧成具有高亮度的火焰，称为二次闪光。图 4-53 示出了 155mm M2 型火炮的二次闪光的相对辐射光谱分布。

图 4-52 炮口前的气流图形（虚线表示合成物的边界）

图 4-53 二次闪光的相对辐射光谱分布与火炮距离变化的关系

此外，当火炮射击后，会使炮管温度升高，当环境温度为 28℃时，以 1 发每秒，射出 57 发炮弹后，炮口内温度可达 124℃。图 4-54 给出了火炮射击后的温度变化情况。

图 4-54　火炮射击后的温度变化

### 4.6.5　红外诱饵的辐射

红外诱饵是最有效干扰各类红外制导武器的重要手段之一。按红外诱饵辐射源性质，红外诱饵可分为烟火剂类诱饵，凝固油料类诱饵、红外热气球诱饵和红外综合箔条。

（1）烟火剂类诱饵。该诱饵是利用物质燃烧时的化学反应产生大量烟云，并发射红外辐射的一种诱饵。烟火剂一般由燃烧剂、氧气剂和黏合剂按一定比例配制而成。其中燃烧剂常选用燃烧时能产生大量热量的元素，如 Er、Al、Ca、Mg 等。这类诱饵的辐射波长一般为 1.8～5.2μm。若添加了四氧化钛，也可拓展到 8～12μm。

（2）凝固油料类诱饵，凝固油料燃烧将产生 CO、$CO_2$、$H_2O$ 等物质，并发射红外辐射，且它们是选择性辐射。$CO_2$ 辐射的主要红外光谱带是 2.65～2.80μm、4.15～4.45μm、13.0～17.0μm；$H_2O$ 的红外辐射主要谱带是 2.55～2.84μm、5.6～7.6μm、12～30μm。

（3）红外热气球诱饵。这类诱饵是在特制气球内充以高温气体作为红外诱饵。

（4）红外综合箔条。金属箔条的一面涂以无烟火箭推进剂作为引燃药，投放时，大量箔条燃烧在空气中形成"热云"吸引红外寻的导弹。金属箔条的另一面光滑，散布到空中，通过对太阳光的散射，在紫外、可见光到近红外波段对导弹形成干扰。

### 4.6.6　人体的红外辐射

人的皮肤的发射率是很高的，波长大于 4μm 以上的平均值为 0.99，而与肤色无关。

皮肤温度是皮肤和周围环境之间辐射交换的复杂函数，并且与血液循环和新陈代谢有关。当人的皮肤剧烈受冷时，其温度可降低到 0℃。在正常温室环境下，当空气温度为 21℃时，裸露在外部的脸部和手的皮肤温度大约是 32℃。假定皮肤是一个漫辐射体，有效辐射面积等于人体的投影面积（对于男子，其平均值可取 $0.6m^2$）。在皮肤温度为 32℃时，裸露男子的平均辐射度为 93.5W/sr。如果忽略大气的吸收，在 305m 的距离上，则它所产生的辐照度为 $10^{-3}W/m^2$，其中大约有 32%的能量处在 8～13μm 波段，仅有 1%的能量处在 3.2～4.8μm 波段。

# 小 结

本章介绍了各种类型的红外辐射源，其中，黑体型辐射源是标定其他人工辐射源、辐射测量仪器的基础，在工程应用中占据重要的地位；红外激光器的应用非常普及，是一种不容忽视的辐射源；自然景物和人工目标的辐射特性对提高红外探测技术的针对性和有效性具有重要作用，也是红外信号和图像分析、处理及目标识别的依据，这部分内容是后续章节的基础。

# 习 题

4-1 直径为 $D$ 的球体，腔壁的反射遵守朗伯余弦定律。已知壁的反射率 $\rho$ 为 0.4。问小孔的直径 $d$ 为多长时，才能把空腔当做准确度可达 0.1%的黑体（只考虑一级近似的情况）。

4-2 设计一个圆柱形腔的黑体，材料用氧化铜，$\varepsilon = 0.85$，腔体的开口 $R = 1\text{cm}$，腔体的深度 $l = 6\text{cm}$，求腔体的有效发射率 $\varepsilon_0$。

4-3 用 Gouffé 理论计算：

（1）当腔体为球形，材料选用表面反射率为 0.8 的不锈钢，要求直径为 20mm 的圆形开口时，若要求有效发射率达到 0.998，应如何设计腔长？

（2）若用表面发射率为 0.5 的材料，当几何因子 $l/R = 9$ 时，问球形、圆柱形及锥形腔的 $\varepsilon_0$ 各为多少？

4-4 一球形腔的开口半径与腔的直径比为 1：9.5，部分反射率为 0.15，用 Devos 理论的一级近似求该腔的有效发射率。

4-5 若将太阳与地球都近似地看为黑体，已知太阳的平均直径 $D = 1.39 \times 10^9 \text{m}$，太阳的表面温度为 5900K，地球到太阳的距离 $l = 1.49 \times 10^{11} \text{m}$，试估计：

（1）地球表面的平均温度；

（2）太阳常数；

（3）若地球大气层吸收太阳辐射能的 10%，太阳仰角为 30° 时，地面上 5000m² 的区域所接收的辐射功率。

4-6 温度 $T = 1000\text{K}$ 的红外星球，对直径为 1m 的红外望远镜张的立体角为 $\Omega = 0.25 \times 10^{-6} \text{sr}$，此红外望远镜工作于 10μm，波段间隔 1μm。

（1）求入射到红外望远镜上的辐射功率；

（2）设在 10μm 处，大气的透过率为 $\tau_a(\lambda) = 0.8$，求温度为 300K 的大气，在红外望远镜上所形成的背景辐射功率。

4-7 为了制造一架红外隐身飞机，可能采取的隐身措施有哪些？

4-8 在飞机尾焰中加入碳颗粒，可以降低飞机尾焰 3～5μm 波段的辐射，试解释其原因。

# 参 考 文 献

[1] 张建奇，方小平. 红外物理[M]. 西安：西安电子科技大学出版社，2004.

[2] 白长城，张海兴，方湖宝. 红外物理[M]. 北京：电子工业出版社，1989.

[3] 叶玉堂，刘爽. 红外与微光技术[M]. 北京：国防工业出版社，2010.

[4] 陈衡. 红外物理学[M]. 北京：国防工业出版社，1985.

[5] 石晓光，王蓟，叶文. 红外物理[M]. 北京：兵器工业出版社，2005.

[6] 刘景生. 红外物理[M]. 北京：兵器工业出版社，1992.

# 第5章 红外辐射的测量

## 引 言

红外辐射的测量是描述物体辐射特性的重要手段。不同物体由于其辐射特性不同，导致了成像特性的差异，而成像特性的差异直接影响着红外热成像技术的发展。随着对红外热成像技术要求的不断提高，红外辐射的测量引起了人们的高度重视，成为红外物理和技术领域中一个不容忽视的内容。

本章目的：（1）介绍红外辐射测量中的常用测量仪器；（2）讨论红外辐射的基本参数（如辐射亮度、辐射强度及总辐射通量等）、红外辐射率及红外反射比的测量原理和方法；（3）研究红外辐射的测温技术。

## 5.1 常见的红外辐射测量仪器

物体的发射、吸收、反射和透射特性的测量，需要的仪器种类很多。本节主要介绍一些常用红外测量仪器的基本结构和工作原理。

### 5.1.1 单色仪

单色仪是一种常用的分光仪器，适用于单色光的产生。如图 5-1 所示为一单色仪示意图。单色仪分为棱镜单色仪和光栅单色仪两种，其中光栅单色仪的应用较为广泛，在科研、生产、质控等环节都占有重要地位。

单色仪是利用分光元件（棱镜或光栅）从复杂辐射中获得紫外、可见和红外光谱，且具有一定单色程度光束的仪器。一般由狭缝、准直镜和分光元件按一定排列方式组合而成。单色仪单独使用时，可用来对物体的发射、吸收、反射和透射特性等的分光辐射进行测量和光谱研究，或用来测量各种探测器的光谱响应。将单色仪与其他系统相结合，可构成各种光谱测量仪器，如红外光谱辐射计、红外分光光度计等。

下面分别对两种单色仪来进行介绍。

（1）棱镜单色仪

早期的单色仪大都采用棱镜作为分光元件，其原理是基于棱镜材料的光折射率 $n$ 随波长 $\lambda$ 而变化的。根据几何光学，入射光线和经过棱镜的出射光线之间的夹角称为偏向角，其用 $\theta$ 来表示，如图 5-2 所示。角色散表示偏向角随波长的变化率，即波长相差 $d\lambda$ 的两光线被棱镜分开后的角度。当入射角 $i_1$ 等于出射角 $i_2$ 时，角色散为

$$\frac{d\theta}{d\lambda} = \frac{2\sin(A/2)}{[1 - n^2\sin^2(A/2)]^{1/2}} \cdot \frac{dn}{d\lambda} \tag{5-1}$$

式中，$A$ 为棱镜的顶角；$dn/d\lambda$ 为棱镜材料的色散率。

式（5-1）表明，角色散取决于棱镜和光线的几何条件与棱镜材料的色散率。

图 5-1　单色仪示意图

图 5-2　棱镜对单色光的折射

棱镜的分辨本领与其本身的材料和形状有关。棱镜的分辨本领是指分离开两条邻近谱线的能力，它是影响红外单色仪光谱分辨本领的重要因素。如果棱镜能分辨开波长为 $\lambda$ 和 $\lambda + \delta\lambda$ 的单色光，由瑞利判据可知，一条谱带的最大值刚好与邻近谱带的最小值相重叠，则理论分辨本领 $R$ 为

$$R = \frac{\lambda}{\delta\lambda} \tag{5-2}$$

进一步推导可得

$$R = b\frac{\mathrm{d}n}{\mathrm{d}\lambda} \tag{5-3}$$

式中，$b$ 为棱镜的有效底边长度。

由上可知，棱镜的最大分辨本领与棱镜底边长度 $b$ 及棱镜材料的色散率 $\mathrm{d}n/\mathrm{d}\lambda$ 成正比。

（2）光栅单色仪

光栅单色仪是利用光栅每个缝对光线的衍射和缝间的干涉所产生的，且与衍射花样的极大位置和波长有关。图 5-3 所示为三角形线槽的反射式平面衍射光栅，称为闪耀光栅。它每个缝的平面和光栅平面之间有一个角度 $\theta$，每个缝都对入射光产生衍射作用。

图 5-3　闪耀光栅的横剖面图

闪耀光栅主极大的位置服从光栅方程式

$$m\lambda = b(\sin i + \sin\varphi) \tag{5-4}$$

式中，$m$ 为衍射级次级，$m = 0, \pm 1, \pm 2, \cdots$；$b$ 为光栅常数；$i$ 为入射角；$\varphi$ 为衍射角。

由式（5-4）可知，在入射角和衍射角不变时，乘积 $m\lambda$ 可由不同的 $m$ 和 $\lambda$ 组成，即 $m_1\lambda_1 = m_2\lambda_2 = \cdots$，其中 $m$ 为正负整数。这就说明：同一衍射角会出现不同波长的衍射极大，

从而出现光谱级次的重叠，因此要想从光栅作为分光元件的单色器中获得单色光，必须用滤光器滤去不需要的级次光。将式（5-4）对 $\lambda$ 求微分，便可求得角色散率

$$\frac{\mathrm{d}\varphi}{\mathrm{d}\lambda} = \frac{m}{b\cos\varphi} \tag{5-5}$$

光栅的色散率比棱镜大得多，尤其是红外区，光栅可得到棱镜无法达到的高色散率。

光栅的分辨本领 $R$ 具有式（5-2）的形式，即

$$R = W\frac{\mathrm{d}\varphi}{\mathrm{d}\lambda} \tag{5-6}$$

式中，$W$ 为有效孔径宽度，且 $W = bN\cos\varphi$；$b$ 为一条划线的宽度；$N$ 为划线总数；$\varphi$ 为衍射角。

将式（5-5）代入式（5-6），可得

$$R = mN \tag{5-7}$$

式（5-7）表明，光栅的分辨本领 $R$ 与划线总数 $N$ 和光谱的级数 $m$ 成正比。因此，对于同一光栅来说，用高级次光谱可得到较大的分辨本领。但由于级次分离的困难以及光谱强度随级次升高而迅速减弱的问题，使得利用高级次光谱有 定的困难。即便如此，使用一级光谱，光栅达到的分辨本领也远远高于棱镜。

下面以反射式单色仪光路系统来说明单色仪的工作原理，其示意图如图 5-4 所示。

图 5-4　反射式单色仪光路系统示意图

当来自辐射源的辐射束穿过入射狭缝 $S_1$ 后，经抛物面准直反射镜 $M_1$ 反射变成平行光束投射到平面反射镜 $M_2$，再被反射进入色散棱镜 $P$，便被分解为不同折射角的单色平行光束，经另一抛物面反射镜 $M_3$ 反射，并聚焦于出射狭缝 $S_2$ 输出。色散棱镜 $P$ 与平面反射镜 $M_2$ 的组合，称为瓦茨伏尔士（Wadsworth）色散系统。通过转动该系统，可在出射狭缝 $S_2$ 后面获得不同波长的单色光束。

单色仪的组合形式除了图 5-4 所示的结构外，还可采用立托夫（Littrow）和法司脱-尔波特（Fastie-Ebert）组合结构。由于篇幅所限，在此不对其他组合形式进行介绍。

## 5.1.2　光谱辐射计

光谱辐射计又称为光谱仪、光谱分析仪、光谱分析系统，可用于测量光源或物体的辐射照度、辐射通量、辐射强度和辐射亮度等基本参量。但由于每测量一次所需时间较长，较难

图 5-5　HAAS-3000 高精度快
速光谱辐射计示意图

实现连续测量，且仪器价格昂贵，对环境和人员素质要求较高。图 5-5 所示为远方光电信息股份有限公司生产的一款高精度快速光谱辐射计示意图。光谱辐射计是在窄光谱区间测量光谱辐射通量的装置。辐射计是在宽光谱区间测量辐射通量的装置。

辐射计一般由光学系统、光谱元件、探测器和电子部件等组成，其原理图如图 5-6 所示。从辐射源发出的一部分辐射通量，经过光学系统的接收聚焦在探测器上。探测器产生一个正比于输入辐射通量的电信号（当在探测器前放置一个斩光器时，得到的信号为交流信号）。

在辐射参量的测量中，只有辐射照度可以用辐射计直接测量来获得，而辐射通量、辐射强度和辐射亮度等都是通过辐射照度来计算获得。

在图 5-6 中的辐射计中，光谱区间由探测器的光谱响应和光学系统的投射特性决定。如果探测器均匀地响应所有波长，而光学系统对所有波长全部透过而无吸收，则输出指示将与光学系统入射光瞳上的总辐射照度成正比。辐射计可以做到十分近似这些条件，如用热探测器和反射式光学系统就可得到 2~40μm 波段上的近似均匀的响应；若要获得任意所需的较小的光谱区间，可在探测器前放置一适当的滤光片。

图 5-6　辐射计原理

光谱辐射计主要由产生窄谱带辐射的单色仪和测量此辐射通量的辐射计两个部分组成，其结构示意图如图 5-7 所示。从辐射源发出的辐射通量，经过棱镜色散成光谱，再通过单色仪出射狭缝的辐射投射到探测器上。出射狭缝的宽度决定了通过单色仪的光谱宽度。依靠棱镜和反射镜组合件的旋转，可以改变通过出射狭缝的波长，因此整个光谱辐射计可以给出光源的辐射通量的光谱分布，即辐射通量随波长的变化关系。

图 5-7　光谱辐射计结构示意图

### 5.1.3　红外分光光度计

红外分光光度计又称为红外光谱仪，是进行红外光谱测量的基本设备。如图 5-8 所示为天津港东科技发展股份有限公司生产的一款专用型红外分光光度计。

红外分光光度计一般由辐射源、单色仪、探测器、电子放大器和自动记录系统等组成。根据红外分光光度计的结构和工作原理不同，可将其分为色散型和傅里叶变换型两种。

红外分光光度计根据其结构特征的不同，可分为单光束分光光度计和双光束分光光度计两种。在全自动快速光谱分析中，多采用双光束分光光度计。如图 5-9 所示为色散型双光束红外分光光度计结构框图。

各种双光束分光光度计由于结构特征的不同，其工作原理也不相同，最常见的是双光束光学自动平衡系统和双光束电学平衡系统。下面分别对这两种系统的工作原理进行介绍。

图 5-8　WGH-30A 专用型红外分光光度计　　　　图 5-9　色散型双光束红外分光光度计结构框图

（1）双光束光学自动平衡系统

该系统的光学部分如图 5-10 所示。

图 5-10　红外分光光度计光路图

该系统的工作原理为：辐射源 S 的辐射被反射镜 $M_1$、$M_3$ 和 $M_2$、$M_4$ 反射成强度相同的两束光，然后分别通过样品槽 $C_1$ 和参比槽 $C_2$，并经均匀旋转的扇形反射镜 $M_7$（斩光器），使透过样品的光束送到单色仪的入射狭缝 $S_1$。在另一瞬间，转动的扇形镜使透过参比槽的光束送到入射狭缝 $S_1$。经反复交替，进入单色仪的光线经分光后由出射狭缝输出到探测器 D。如果光路中未放置待测的吸收样品，或样品光路与参比光路的吸收情况相同，则探测器不产生信号；如果在样品中放入吸收样品，则会破坏与参比光路的平衡，于是探测器就有信号输出。该信号被放大后用来驱动梳状光阑（衰减器）W，使它进入参比光路遮挡辐射，直到参比光路的辐射强度和样品光路的辐射强度相等为止。这就是"光零位平衡"原理。显然，参比光路中梳状光阑削弱的能量就是样品吸收的能量。因此，如果记录笔和梳状光阑在同步运动，则可直接记录样品的吸收（或透射）百分率。连续转动立托夫反射镜 $M_{12}$，到达探测器上的入射光波数将随其变化。如果随后的光束未被吸收，则当光被探测器扇形斩波器送到探测器上时，就会使梳状光阑退出参比光路，记录笔向基线方向移动。据此，在连续扫描过程中就能得到样品的整个吸收光谱。

应该注意的是，红外分光光度计或单色仪的色散棱镜（通常用 NaCl、KBr 和 LiF 材料制作）很容易受水汽腐蚀或潮解，所以仪器对工作的环境温度和湿度有着严格要求，而且还受材料透射性能和色散能力的限制。因此，目前红外分光光度计大都使用光栅作为分光元件，不仅降低了对仪器工作环境的恒温恒湿要求，还可以较大提高仪器的分辨能力和光谱范围。

（2）双光束电学平衡系统

该系统在光路的安排上，要求斩光器放在样品槽之前，通过样品的光束为间断的脉冲光束；在参比光路上，不使用光学衰减器，而是用斩光器将参比光束变为间断的脉冲光束；然后分别将两个光束强度转变成电信号，经放大测量两个电信号的比率。因此要求电系统对两个光束信号进行分离，而每个信号大小应与相应的光束强度成正比。

典型的双光束电学平衡式红外光谱仪的光学系统如图 5-11 所示。在样品光路和参比光路上，利用转速不同的斩光器将两束光变为间断的脉冲光束。设样品光束和参比光束变化的频率分别为 $f_1$ 和 $f_2$，用光束复合镜将两束光复合在一起，使两个光束投向同一方向，后经棱镜式或光栅式单色器投射到探测器上；将探测器输出的电信号经过放大，用调谐电路将信号按频率进行分离，再测量其比率。

图 5-11 双光束电学平衡式红外光谱仪的光学系统

目前，测量电信号比率的方法大都是把检波出来的参比信号直流成分和样品信号直流成分反极性串联，分别加到一个串接的电阻和滑线电阻上，如图 5-12 所示。通过可逆电动机可以调节与记录笔联动的滑线电阻点，使 $u_s = u'_s$。当 $u_s \neq u'_s$ 时，差信号（$u_s - u'_s$）被振子放大器变为交流，经功率放大器后将其输入到可逆电动机，驱动滑点直至 $u_s = u'_s$，同时在记录纸上画出曲线来。显然，透过率为

$$\tau = \frac{u_s}{u_R} = \frac{I}{I_0} \tag{5-8}$$

图 5-12　电比率记录原理图

## 5.1.4　傅里叶变换红外光谱仪

傅里叶变换红外光谱仪简称傅里叶红外光谱仪。它不同于色散型红外分光的原理，是基于对干涉后的红外光进行傅里叶变换的原理而开发的一种红外光谱仪，可以对样品进行定性和定量分析，在医药化工、地矿、石油、煤炭、环保、海关、宝石鉴定、刑侦鉴定等领域具有广泛的应用。图 5-13 为天津港东科技发展股份有限公司生产的一款傅里叶变换红外光谱仪。

图 5-13　FTIR-850 傅里叶变换红外光谱仪

傅里叶变换红外光谱仪主要由迈克尔逊干涉仪和计算机组成。迈克尔逊干涉仪的主要作用是将光源发出的光分成两束以产生一定的光程差，然后将它们复合来产生干涉，这样得到的干涉图函数就包含了光源的全部频率和强度信息。计算机的作用是将干涉图函数进行傅里叶变换，以得到原始光源的强度按频率的分布。如果在复合光束中放置一个能吸收红外辐射的试样，由所测得的干涉图函数经过傅里叶变换后与未放试样时光源的强度按频率分布之比值，即可得到试样的吸收光谱。

实际上，干涉仪没有将光按频率（即按波长）分开，而只是把各种频率的光信号经干涉作用调制为干涉图函数，再由计算机通过傅里叶变换计算出原来的光谱。

傅里叶变换红外光谱仪主要有以下 4 部分组成。

（1）光源

为了测定不同范围的光谱，傅里叶变换红外光谱仪设有多个光源，常见的有钨丝灯或碘钨灯（近红外）、硅碳棒（中红外）、高压汞灯及氧化钍灯（远红外）。

（2）分束器

分束器是迈克尔逊干涉仪的关键元件，它的作用是将入射光束分成反射和透射两个部分，然后再将其复合。如果可动镜使两束光造成一定的光程差，则复合光束即可造成相长和相消干涉。对分束器的要求是：应在波数 $\tilde{\nu}$ 处使入射光束透射和反射各半，此时被调制的光束振幅最大。根据使用波段范围的不同，在不同的介质材料上加相应的表面涂层，即可构成分束器。

（3）探测器

傅里叶变换红外光谱仪所用的探测器与色散型红外分光光度计所用的探测器没有本质的区别，主要有 TGS、铌酸钡锶、碲镉汞、锑化铟等。

（4）数据处理系统

傅里叶变换红外光谱仪数据处理系统的核心是计算机，其作用是控制仪器的操作、数据的收集和处理。

下面以迈克尔逊干涉仪为例来说明傅里叶变换红外光谱仪的工作原理。

如图 5-14 所示，当被斩光器斩切的光源 S 辐射通过窗口 W 之后，被分光板 B 分成透射光束 Ⅰ 和反射光束 Ⅱ，其中光束 Ⅰ 被动镜 $M_1$ 反射，沿原路回到分光板，再被半透膜反射到探测器；同时，光束 Ⅱ 经补偿板 C 垂直照射到定镜 $M_2$，被反射后再穿过补偿板 C 和分光板 B 后也到达探测器。这时探测器上接收到的就是光束 Ⅰ 和光束 Ⅱ 的相干光。如果进入干涉仪的是单色光，开始时因反射镜 $M_1$ 和 $M_2$ 与分光板距离相等，所以光束 Ⅰ 和 Ⅱ 到达探测器时的相位相同，产生的干涉条纹强度最大；然而当动镜 $M_1$ 移动入射光的 1/4 波长距离时，光束 Ⅰ 和 Ⅱ 到达探测器的光程差为 $\lambda/2$，即相位相反，产生的干涉条纹强度最小。如果动镜 $M_1$ 以匀速向分光板移动，并以探测器接收到的光强度对 $M_1$ 的移动距离作图，即可得到光强变化的余弦曲线。如果入射光为复合光（如测量样品的红外发射光谱），得到的干涉图将为单色光余弦曲线的叠加。因此得到的入射光干涉图强度 $I(x)$ 的数学表达式为

$$I(x) = \int_0^\infty S(\nu)[1+\cos(2\pi\nu x)]\mathrm{d}\nu = \frac{I(0)}{2} + \int S(\nu)\cos(2\pi\nu x)\mathrm{d}x \qquad (5\text{-}9)$$

式中，$x$ 为光束 Ⅰ 和光束 Ⅱ 的光程差；$\nu$ 为频率；$I(0)$ 为光程差为零时的干涉光强度；$S(\nu)$ 为待测样品（即入射光）的发射光谱。

图 5-14　迈克尔逊干涉仪工作原理

可见，由干涉仪得到的只是发射光谱的干涉图，还不能直接给出发射光谱。为得到样品的真实发射光谱 $S(\nu)$，将式（5-9）给出的干涉图作傅里叶变换，即

$$S(\nu) = 4\int_0^\infty [I(x) - I(0)/2]\cos(2\pi\nu x)\mathrm{d}x \qquad (5\text{-}10)$$

该过程非常烦琐，必须借助计算机来完成。利用傅里叶变换红外光谱仪获得所需光谱时，一般应遵循以下几个步骤：

① 当干涉仪动镜 $M_1$ 随时间做匀速移动时，记录相应的信号，测出 $I(x)$ 值（等间隔取样）；

② 由实验测定光程差，即 $x=0$ 时的 $I(0)$；

③ 将 $I(x) - I(0)/2$ 代入式（5-10）中，对于选定的频率 $\nu$ 计算出积分；

④ 对于每一频率完成式（5-10）的积分，便可获得 $S(\nu)$ 与 $\nu$ 的光谱曲线图。

与红外分光光度计相比，傅里叶变换红外光谱仪有以下优点：

① 扫描时间短，信噪比高。在色散型光谱仪中，如果测量一个光谱的时间为 $t$，则测定全部光谱元 $N$ 的时间为 $Nt$。而傅里叶变换红外光谱仪在相当于色散型仪器测量一个光谱元的时间 $t$ 内，可以测量全部光谱元，且在测量总时间相同的情况下，其信噪比是色散型仪器的 $(N/8)^{\frac{1}{2}}$ 倍。

② 光通量大。色散型光谱仪大部分光源的能量都被入口狭缝的刀口阻挡而损失掉；而傅里叶变换红外光谱仪没有狭缝，从而光通量比较大，能利用的辐射多，一般比色散型仪器高出数十倍乃至上百倍以上。

③ 具有很高的波数准确度。由于干涉仪的可动镜能够很精确地驱动，所以干涉图的变化很准确。可动镜的移动是由 He-Ne 激光器的干涉条纹来测量的，从而保证了所测光程差的准确性。因此有很高的波数准确度，通常可达到 $0.01\text{cm}^{-1}$。

④ 具有很高的、恒定的分辨能力。干涉仪的分辨能力主要由可动镜驱动时所造成的最大光程差来确定的。一台研究型的傅里叶光谱仪在整个光谱范围内可以很容易达到 $0.05\text{cm}^{-1}$ 左右的分辨能力；简易型的傅里叶光谱仪在整个光谱范围内达到 $0.1\sim0.2\text{cm}^{-1}$ 的分辨能力也很普遍。

⑤ 具有很宽的光谱范围和极低的杂质辐射。一台傅里叶变换红外光谱仪通常都具有远红外、中红外和近红外的光谱范围。某些波长杂散辐射引起的干涉图变化，在傅里叶变换后，可以被很容易地鉴别出来。通常杂散光在全光谱范围内可低于 0.3%。

## 5.1.5　多通道光谱仪

多通道光谱仪可一次从多个信息源上采集信号，这对于空间成像和高光谱成像具有非常重要的意义。图 5-15 为一款多通道光谱仪。

多通道光谱仪与单色仪的相同之处在于均采用棱镜或光栅作为色散元件，不同之处在于多通道光谱仪可同时在很多波长的通道内收集色散能量。每一通道内的能量可以采用探测器阵列的各分立探测元件收集，或利用摄像管收集，或用具有空间分辨能力的相似器件探测。

多通道光谱仪的基本结构如图 5-16 所示，其工作原理为：由色散元件产生的色散光谱被光学元件聚焦到出瞳处或其附近，经聚焦后光束入射到探测器阵列面上，在此平面内不同的波长垂直展开。

图 5-15　多通道光谱仪

图 5-16　多通道光谱仪的基本结构

另外，还可采用扫描光学元件，使不同时间内的光谱出现在不同的水平位置。合成数据的二维阵列表示光谱辐射光通量与时间的关系。这一基本结构的各种变型可以不用扫描器，而只采用一维探测器阵列，相隔一定时间读出有关数据。正如上面已提到的，探测器阵列可被能提供空间分辨能力的传感器（如 CCD）代替。不管是用上述的扫描器，还是用探测器阵列周期地读出信息的光谱仪，通常均称为快速扫描光谱仪。

采用多通道方法的主要原因是要用同时收集所有要探测波长上的能量来获得信噪比的改善。如果测量是受探测器噪声限制的，那么多通道光谱仪信噪比的改善和傅里叶变换光谱仪的一样。

## 5.2　基本辐射量的测量

红外基本辐射量的测量可分为以辐射源为标准的测量和以探测器为标准的测量两大类，本节主要讲述以辐射源为标准的测量，以探测器为标准的测量仅进行简单叙述。

### 5.2.1　辐射亮度的测量

假设用下脚标"s"表示与标准辐射源有关的量，而用下脚标"x"表示与待测量辐射源有关的量。若定义仪器的光谱辐射亮度响应度为 $R_L(\lambda)$，则

$$R_L(\lambda) = \frac{V(\lambda)}{L_e(\lambda)} \qquad (5\text{-}11)$$

式中，$V(\lambda)$ 为波长 $\lambda$ 处仪器的光谱输出电压；$L_e(\lambda)$ 为入瞳处被测光谱辐射亮度。

由式（5-11）可得 $\lambda_1 \sim \lambda_2$ 波段内的响应度为

$$R_L = \frac{V}{L_e} = \frac{\displaystyle\int_{\lambda_1}^{\lambda_2} L_e(\lambda) R_L(\lambda) \mathrm{d}\lambda}{\displaystyle\int_{\lambda_1}^{\lambda_2} L_e(\lambda)\, \mathrm{d}\lambda} \qquad (5\text{-}12)$$

利用标准辐射源在 $\lambda$ 处测得的电压为

$$V_{s\lambda} = R_L(\lambda) L_s(\lambda) \qquad (5\text{-}13)$$

在 $\lambda_1 \sim \lambda_2$ 波长内测得的电压为

$$V_s = \int_{\lambda_1}^{\lambda_2} L_s(\lambda) \cdot R_L(\lambda) \mathrm{d}\lambda \qquad (5\text{-}14)$$

式中，$L_s(\lambda)$ 为标准辐射源的光谱辐射亮度。

同样，用待测辐射源所测得的电压为 $V_{x\lambda}$ 和 $V_x$ ，则

$$V_{x\lambda} = R_L(\lambda)L_x(\lambda) \tag{5-15}$$

$$V_x = \int_{\lambda_1}^{\lambda_2} L_x(\lambda) \cdot R_L(\lambda)\, d\lambda \tag{5-16}$$

式中，$L_x(\lambda)$ 为待测样品的光谱辐射亮度，于是可得待测辐射源的辐射亮度为

$$L_{x\lambda} = \frac{V_{x\lambda}}{R_L(\lambda)} = \frac{V_{x\lambda}}{V_{s\lambda}}L_{s\lambda} \tag{5-17}$$

$$L_x = \frac{V_x}{R_L} = \frac{V_x}{V_s}\int_{\lambda_1}^{\lambda_2} L_s(\lambda) \cdot d\lambda = \frac{V_x}{V_s}L_s \tag{5-18}$$

式中，$L_{s\lambda}$ 和 $L_s$ 为标准辐射源在入射光瞳处的光谱辐射亮度和总辐射亮度。

值得注意的是，在利用式（5-17）和式（5-18）的最终结果时，不需要考虑仪器的响应度，只要求知道辐射源的光谱辐射亮度和仪器的输出电压信号。

上述以辐射源为标准的辐射亮度的测量方法，同样适用于其他辐射量的测量（如辐射照度、辐射通量等），只需将上述过程中的辐射亮度和辐射亮度响应度，用辐射照度或辐射通量以及相应的响应度来代替。同样，仪器的输出信号也可以用电流代替电压。

## 5.2.2　辐射强度的测量

一般情况下，辐射源的辐射强度可通过辐射照度的测量来获得。假设辐射穿过透射率为 $\tau_a$ 的大气后，在距离为 $d$ 处产生的辐射照度为 $E$ ，当 $d$ 远大于辐射源的线度时，辐射强度为

$$I = \frac{Ed^2}{\tau_a} \tag{5-19}$$

式中，$Ed^2$ 为表观辐射强度。

测量点源辐射强度时，在接近视场光栏处最好放置一高质量的场镜，使孔径光栏的像清晰地呈在探测器上。虽然在探测器表面的边缘响应度不均匀，但由于孔径光栏是由远处的点光源均匀的辐照，所以得到的仍然是均匀响应。点光源在探测器上的像也是均匀辐照的，因而与点源在仪器视场中的位置无关，只要整个点光源位于该视场之内即可。

如果辐射源是扩展辐射源，需要测量辐射源表面上各点在给定方向上的辐射亮度 $L$ ，利用 $dI_\theta = L\cos\theta\, dA$ 对整个辐射源表面 $A$ 积分，即可得该方向上的辐射强度 $I_\theta$ ，即

$$I_\theta = \int_A L\cos\theta\, dA \tag{5-20}$$

另外，通过比较距离平方反比定律和标准辐射源，也可测量出待测辐射源的辐射强度。

## 5.2.3　总辐射通量的测量

辐射源的总辐射通量是辐射源的重要指标之一。对于各向同性的点源来说，其总辐射通量为 $\Phi = 4\pi I$ 。因此，只要测出它的辐射强度 $I$ ，就能计算出总辐射通量。但由于实际的光源都有一定的大小，而且辐射强度也不是各向同性的，所以不能用点源的方法处理。对于实际光源总辐射通量的测量方法有两种：一种是在积分球内利用已知辐射源的辐射与待测辐射源

做比较来测量；另一种是利用分布光度计测定辐射源在空间各个方向上的辐射强度分布，然后计算辐射通量。

积分球又称为积分光度计，它是一个内壁涂有白色漫反射涂层，球内放置待测光源的完整球壳。由光源发射并经球壁漫反射的一部分辐射通过球壁上的一个小孔（窗口）射到测量用的接收器上。该部分辐射通量正比于光源所发出的总辐射通量。

图 5-17 为一个半径为 $R$ 的积分球，其中 $C$ 为待测辐射源，可放置在球内任意位置。假设球内壁各点都能产生均匀的漫反射，且漫反射比为 $\rho$，球心在 $O$ 处，辐射源发出的总辐射通

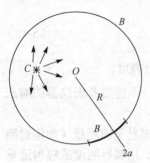

图 5-17　积分球原理

量为 $\Phi$。在 $C$ 和球壁上一点 $B$ 之间放一挡屏，挡去直接射向 $B$ 点的辐射，则 $B$ 点的辐射照度为

$$E = \frac{\Phi}{4\pi R^2} \cdot \frac{\rho}{1-\rho} \qquad （5-21）$$

由于球的半径 $R$ 和反射比 $\rho$ 均为常数，因此球壁上任何位置的辐射照度与辐射源的总辐射通量成正比。这样，一方面可以通过球壁窗口处的辐射照度计算出光源的总辐射通量；另一方面可以利用比较法测量辐射源的总辐射通量。

在图 5-17 中的位置 $C$ 处依次放入标准源和待测源，设它们在窗口处产生的辐射照度分别为 $E_s$ 和 $E_x$，则待测源的总辐射通量为

$$\Phi_x = \frac{E_x}{E_s}\Phi_s \qquad （5-22）$$

式中，$\Phi_s$ 为标准源的总辐射通量。

若选取的探测器是无光谱选择性的，且是响应均匀的，则可用相应的电信号来表示待测源的辐射通量，即

$$\Phi_x = \frac{i_x}{i_s}\Phi_s \qquad （5-23）$$

式中，$i_x$ 为待测辐射源产生的光电流；$i_s$ 为标准辐射源产生的光电流。

当 $C$ 位于球心时，根据经验可将挡屏放在辐射源与窗口之间，距离球心 $R/3$ 处最合适。设辐射源的最大尺寸为 $2b$，窗口的直径为 $2a$，则挡屏的半径为 $d = a + 2(b-a)/3$。

积分球的选取与辐射源的尺寸有关，理想情况下，辐射源的最大尺寸不应该超过球壳直径的 1/10。但实际的积分球并不满足理想条件，主要原因在于：

（1）球内壁不可能发出理想的漫反射；

（2）球内壁各点的漫反射率不可能是严格相同的；

（3）挡屏不仅遮挡了源的辐射，在球壁上也会形成一定的阴影；

（4）落在辐射源、悬浮装置以及挡屏上的辐射会被反射或吸收；

（5）在窗口或接收器处不可能像朗伯余弦定律那样传输辐射或吸收辐射，另外对于掠入射和正入射的情况也不相同等。

因此，在使用积分球之前，应该对积分球的测量精度进行检验。

由于许多新型光源，特别是大功率的卤钨灯和金属卤化物灯的辐射通量大，热量高，如果将这些光源放在一般的积分球内，会由于球内通风条件差，导致温度快速升高，以至于将

球壁和挡屏烤焦，损坏测量仪器。另外，尺寸大的积分球不仅制造困难，使用也不方便。因此，一般采用分布光度计测量辐射通量（或光通量）。

根据辐射通量与辐射照度之间的关系，通过面积 $\Delta A$ 的辐射通量为

$$\Delta\Phi = I \cdot \Delta\Omega = E \cdot \Delta A \tag{5-24}$$

式中，$\Delta\Omega$ 为面积 $\Delta A$ 对光源 $S$ 所张的立体角。

由式（5-24）可知，只要测量出辐射照度，再乘以面积 $\Delta A$，即可计算出光源在 $\Delta\Omega$ 立体角内发射的辐射通量。从这点出发，可以设想一个闭合曲面把光源包在里面，将这个曲面分割成 $S_1, S_2, \cdots, S_n$ 许多小面积，分别测出各小面积上的平均辐照度 $E_1, E_2, \cdots, E_n$，再乘以该小面积的大小，即为通过该面积的辐射通量；最后将所有的通量相加，即为光源发射的总辐射通量，即

$$\Phi = \sum_{i=1}^{n} E_i \cdot \Delta A_i = \sum_{i=1}^{n} E_i \cdot S \tag{5-25}$$

为了简便，通常假设光源发出的辐射强度是轴对称的。分球带的方法主要有等角度法和等立体角法两种。

如果想获得辐射通量的标准辐射源可以用这种方法去做。实际上，光通量标准灯就是利用这一方法从发光强度标准灯过渡来的。

上述方法都是以辐射源为标准的测量，下面简单介绍一下以探测器为标准的测量方法。

以探测器为标准的测量原理与方法，实际上就是进行绝对测量，或者说组成一个绝对辐射计。从计量的观点上来说，可称为标准辐射计。

在能够直接进行绝对测量的装置中，必须将辐射能量或被吸收的辐射通量与一种定量的能量或者其他形式的功率作比较。

如图 5-18 是一带参考黑体辐射的辐射计。聚光望远镜把目标和参考黑体成像到探测器上。反射调制盘交替使外部和内部辐射信号落到探测器上，因此，探测器产生了交变信号，它对应于目标与参考黑体之间辐射信号差。

一般低精度的辐射计不采用参考黑体，而是用

图 5-18　带参考黑体的辐射计

涂黑或高发射率的调制盘，以调制盘的叶片作为参考辐射源。商业用的辐射计，通常采用在可见光和红外波段内有均匀光谱响应的热电或热阻探测器。而对于军用辐射计来说，为了对军用目标有大的作用距离和快速的目标光辐射采样频率，一般采用在较窄光谱波段范围内有高灵敏度的光子探测器。对应大气红外窗口，目前广泛使用的光子探测器主要有 $1\sim 3\mu m$ 的硫化铅（PbS）、$3\sim 5\mu m$ 的锑化铟（InSb）和 $8\sim 14\mu m$ 的碲镉汞（HgCdTe）。

# 5.3　红外发射率的测量

在红外发射率的实际测量中，目标表面的红外发射率是影响测量结果的基本参数，如在 0℃ 条件下观测 25℃ 的两个目标，若发射率相差 0.01，则测出的辐射温度相差 0.2℃，这明显

超出了较灵敏仪器的温度分辨率。在热成像和红外遥感技术中，景物发射率也会影响辐射对比度。

在测量和报道红外发射率时，必须注意以下几个问题。

（1）根据定义，发射率是实际物体与黑体在相同条件（温度、光谱范围和几何条件）下的辐射之比。因此，报道测量结果时应指明测试条件，并把测量结果严格地说成是在某温度、光谱范围和方向上的发射率，如 500K 时的半球发射率 $\varepsilon_h(500K)$ 或 800K 时 5μm 处的法向光谱发射率 $\varepsilon_n(5\mu m, 800K)$ 等。

（2）必须对样品状态有完整的描述：因为材料发射率的测量受一系列因素影响，所以报道测量结果时，应尽可能详尽地说明测试样品的成分、厚度、表面的形貌特征和结构特征。否则会降低测量结果与报道的价值。

（3）对光学不均匀的样品必须考虑反射作用：关于发射、透射和反射相互关系的相关论述，都只适用于光学均匀的材料。因此，在发射率测量中，在用基本关系式 $\varepsilon + \rho + \tau = 1$ 时，必须注意式中三个量要有一致的几何条件。例如，当从反射率和透射率计算法向发射率时，反射率和透射率必须属于均匀漫照射和法向观测的值。光谱条件则要求三个量必须属于相同光谱范围的观测值。

（4）样品温度问题：测量发射率必须准确知道样品的温度。

### 5.3.1　半球全发射率的测量

在研究辐射热传递和热损耗问题时，最重要的是物体表面的半球全发射率。对它的测量，绝大多数采用量热法。

图 5-19　热丝法测量半球全
发射率装置示意图

测量半球全发射率的辐射热平衡法有各种不同的具体方案，但广泛采用的是热丝法及其不同的改进形式，其基本原理和装置如图 5-19 所示。在具有冷却壁的真空室内，装一个小且横截面均匀的窄长带状样品，通过电加热，保持输入电功率稳定来使样品与周围达到热平衡。在此条件下，样品中部附近基本上无轴向温度梯度，且因样品处于真空环境中，可忽略样品通过传导和对流的热损耗，于是输入给样品的电功率几乎全部以辐射的形式散发掉。

为了找出实际发射率与测量值之间的关系，应导出样品的热平衡方程式。首先，输入到样品的功率除外界提供的稳定电功率 $IV$ 外，还有真空室壁发射并被样品吸收的辐射功率，其值为 $A\varepsilon_2 a\sigma T_2^4$，其中 $A$ 和 $a$ 分别为样品的表面积和吸收率，$\varepsilon_2$ 和 $T_2$ 分别为室壁的发射率和温度。由于温度均匀，且密闭容器辐射就是黑体辐射，因此可近似认为 $\varepsilon_2 = 1$。此外，样品发射的辐射经室壁反射回到样品后也可被它吸收，但该项很小，可以忽略。于是，样品的总输入功率为

$$P_1 = IV + Aa\sigma T_2^4 \tag{5-26}$$

样品的输出功率主要由下列三项组成：样品的热辐射 $A\varepsilon_h\sigma T_1^4$（其中 $\varepsilon_h$ 和 $T_1$ 分别为样品的半球全发射率和平衡温度），通过样品两端及测温热电偶传导消耗的功率 $2ka\Delta T/\Delta x$，通过

空气传导和对流造成的热损耗。可以证明，若样品横截面 $a$ 和温度梯度 $\Delta T/\Delta x$ 足够小，则在通常的金属热导率 $k$ 值情况下，样品两端和热电偶的传导热耗可以忽略。至于真空室内残留气体的热传导和对流引起的热损耗也可以忽略，如 $T_1 > 200\mathrm{K}$ 时其热损耗小于 2%；当 $T_1 > 300\mathrm{K}$ 时，其热损耗小于 1%。

综上所述，在辐射热平衡条件下，样品的输入与输出功率必须相等，即

$$IV + Aa\sigma T_2^4 = A\varepsilon_\mathrm{h}\sigma T_1^4 \tag{5-27}$$

令 $a \approx \varepsilon_\mathrm{h}$，则由式（5-27）可得半球全发射率为

$$\varepsilon_\mathrm{h} = \frac{IV}{A\sigma(T_1^4 - T_2^4)} \tag{5-28}$$

由此可知，只要测量出输入电功率 $IV$ 和样品与真空室壁的温度 $T_1$ 和 $T_2$，就可得到 $\varepsilon_\mathrm{h}$。

该方法的测量误差在 2%～20% 之间，其误差的大小主要取决于样品与真空室壁的相对温度及其测量精度。当用液氮把室壁冷却到约 80K 时，对于样品温度高于 225K 的测量，室壁对样品辐射的影响是可以忽略的。但是，当用接近室温的恒温水冷却真空室壁时，计算中必须考虑室壁对样品的辐射。

如果被测样品是导电材料，则把样品直接做成上述窄长带形状，直接通电加热。若被测样品是电介质材料，则可将薄片状样品绕着圆柱形加热元件缠起来，或者把平板状样品以良好的热接触与一加热平板黏合起来，并在背面与侧面用防护性材料包围加热器，使辐射热损耗限制在样品的前表面。当然，在允许的情况下，也可将样品材料喷涂在加热器上测量。上述方法的其他细节变化，在于测量样品温度方法的不同（利用样品电阻、热电偶或光测高温计测量等）和加热方法的差别（用内部电阻、灯丝加热器、太阳模拟器或激光加热等）。

当用太阳模拟器的光照加热样品时，如果室壁对样品辐射的影响可忽略，则式（5-27）将变为

$$\frac{Aa_\mathrm{s}E}{2} = A\varepsilon_\mathrm{h}\sigma T^4 \tag{5-29}$$

在式（5-29）中，等式左边的因子 1/2 表明样品一侧表面接受光照，$E$ 为表面全辐照度。可见，当用太阳模拟器光照加热样品时，欲求发射率 $\varepsilon_\mathrm{h}$，必须精确测量入射光照 $E$ 和吸收率 $\alpha_\mathrm{s}$。因此，这种加热方法并不比电加热样品优越。但是，若为了测量样品材料对太阳辐射的 $\alpha_\mathrm{s}/\varepsilon_\mathrm{h}$ 值，用太阳模拟器加热样品就比较方便，只需测量出光照 $E$ 和样品温度 $T$，即可直接得到比值

$$\frac{\alpha_\mathrm{s}}{\varepsilon_\mathrm{h}} = \frac{2\sigma T^4}{E} \tag{5-30}$$

在使用热平衡测量发射率时，必须使样品达到热稳定状态，因此测量时间较长。为缩短测量时间，可在非稳态下用温度衰减法来测量。该方法是把一个表面积较大而质量很小的样品悬挂在具有冷却壁的真空室内，并加热使其温度明显高于室壁温度，停止功率输入后，测量样品的冷却速率。从冷却速率和已知的样品表面积、质量和比热，计算出辐射热损耗速率，进而得到半球全发射率。对于不同的方案，往往采用不同的加热方法，如线圈加热器、碳弧、电炉、太阳模拟器及激光加热等。

当以光照加热样品时，若忽略真空壁辐射对样品的影响，则能量平衡方程式为

$$2A\varepsilon_h\sigma T^4 + mC_p\frac{dT}{dt} = A\alpha E \tag{5-31}$$

式中，$A$ 为薄样品的一侧表面积，$m$ 和 $C_p$ 分别为样品的质量和比热，$dT/dt$ 为样品温度随时间的变化率，$E$ 为入射光辐照度。待样品有足够的温升后，停止光照并使样品冷却，则式（5-31）变为

$$2A\varepsilon_h\sigma T^4 = mC_p\frac{dT}{dt} \tag{5-32}$$

若假设 $C_p$ 与温度无关，则对式（5-32）积分可得

$$\varepsilon_h = \frac{mC_p}{6\sigma A(t_2-t_1)}\left(\frac{1}{T_1^3} - \frac{1}{T_2^3}\right) \tag{5-33}$$

式中，$T_1$ 和 $T_2$ 分别为样品在 $t_1$ 和 $t_2$ 时刻的温度。只要测出温度随时间下降的数据，即可确定样品半球的全发射率。测量误差一般在5%以内。

## 5.3.2 法向光谱发射率的测量

测量法向光谱发射率，除了借助光谱发射率测量技术外，基本上都是采用辐射度量比较法。利用后者在测量法向或方向光谱发射率时，一般都是首先收集给定温度下样品在小立体角内发射的辐射，并将其经过分光计分光后，测量中心在指定波长 $\lambda$ 处的一个窄波带的辐射；然后将该测量值除以同条件下由黑体源获得的测量值。在各种具体测量方案中，主要有以下几方面会发生变化。

（1）比较的方法，包括单光路和双光路。

（2）加热样品的方法，包括辐射、附加电阻加热器的热传导、对流或旋转样品炉等样品加热。

（3）分光计的类型，棱镜或光栅式单色仪、滤光片等。

（4）测量的光谱范围，取决于分光计和探测器的工作波带。

（5）温度测量和控制方法，有热电偶、光学或辐射高温计，手动或自动控制。

（6）数据处理方法，逐个波长的测量比较，或在一个宽的波长范围内自动记录。

（7）所用比较的黑体类型，有独立的实验室黑体源、加热样品的炉子或在样品中开的参比黑体腔孔。

不同方案测量的误差范围不同，主要在从内部电阻加热金属样品下的1%～2%，到高于2000K温度下非金属样品的15%左右的范围内变化。

双光路测量法具有容易消除大气中二氧化碳及水蒸气吸收的影响，且可直接获得欲测结果等优点。因此，在实践中具有广泛的应用。

双光路法向光谱发射率测量系统，广泛采用双光束比率记录的红外分光光度计工作模式，它以实验用黑体源和待测样品作为两个光束的辐射源。其中来自黑体源的辐射束作为参比光路，样品辐射束作为测量光路。经过图5-20所示的光学系统，使两束辐射交替地投射到单色仪的入射狭缝，分光后经出射狭缝被探测器转变为电信号，由电子系统放大处理，最后以两路光束输出信号比的形式，在记录仪上直接给出发射率随波数变化的曲线。

图 5-20 法向光谱发射率双光路测量示意图

为了直接记录样品的法向光谱发射率，双光路测试系统必须满足以下几个条件。

（1）被测样品和比较的黑体必须控制在相同的温度，样品表面的温度梯度应尽可能小。

（2）为使两光束有相同的大气吸收，并使该吸收降到最低，两光束的光路长度必须相等，或使仪器保持在无吸收条件或真空中工作。

（3）除分光棱镜外，必须始终采用前表面发射系统，并在两光路中使用完全对等的光学元件，使得两光束在光学上有相等的吸收、衰减。

（4）两光束的源面积的场孔径必须相等，以保障两光束中的辐射功率来自相同的源面积和发射立体角。

因为低于熔点温度固体材料的光谱发射率曲线不会有锐峰或锐谷值，所以具有较低波长分辨率的宽狭缝棱镜单色仪即可适用于光谱发射率测量。而且较宽的狭缝能够保障在一个宽的光谱范围内通过足够的辐射通量，这正是我们所希望的。为了扩大测量的范围，在单色仪中往往备有可供更换的不同棱镜，以及与不同测量范围相应的合适探测器。

测量的基本原理：若被测样品和实验用黑体维持在相同的温度 $T$，它们的法向光谱辐射亮度分别为 $L_{\lambda s}(T)$ 和 $L_{\lambda bb}(T)$。设环境温度为 $T_a$，单色仪和探测器的温度为 $T_m$，它们的光谱辐射亮度分别为 $L_\lambda(T_a)$ 和 $L_\lambda(T_m)$，仪器的光谱响应度为 $R(\lambda)$，则当仪器只对黑体或样品测量时，其输出信号分别为

$$V_b(\lambda) = R(\lambda)[L_{\lambda bb}(T) - L_\lambda(T_m)] \tag{5-34}$$

$$V_s(\lambda) = R(\lambda)\{[L_{\lambda s}(T) - L_\lambda(T_m)] + [1 - \varepsilon_n(\lambda)]L_\lambda(T_a)\} \tag{5-35}$$

由于样品的总光谱辐射亮度为

$$L_{\lambda s}(T) + [1 - \varepsilon_n(\lambda)]L_\lambda(T_a) = \frac{L_{\lambda s}(T) - L_\lambda(T_m) + [1 - \varepsilon_n(\lambda)]L_\lambda(T_a)}{L_{\lambda bb}(T) - L_\lambda(T_m)}$$
$$\times [L_{\lambda bb}(T) - L_\lambda(T_m)] + L_\lambda(T_m) \tag{5-36}$$

则由式（5-34）、式（5-35）及式（5-36）可得

$$L_{\lambda s}(T) = \frac{V_s(\lambda)}{V_b(\lambda)}[L_{\lambda bb}(T) - L_\lambda(T_m)] + L_\lambda(T_m) - [1 - \varepsilon_n(\lambda)]L_\lambda(T_a)$$
$$= \frac{V_s(\lambda)}{V_b(\lambda)}[L_{\lambda bb}(T) - L_\lambda(T_m)] + [L_\lambda(T_m) - L_\lambda(T_a)] + \varepsilon_n(\lambda)L_\lambda(T_a) \tag{5-37}$$

如果不考虑样品辐射，则仪器的输出信号（零输入时的输出信号）为

$$V_0(\lambda) = R(\lambda)[L_\lambda(T_a) - L_\lambda(T_m)] \tag{5-38}$$

由于法向光谱发射率的定义为 $\varepsilon_n = L_{\lambda s}(T) / L_{\lambda bb}(T)$，将式（5-37）及其与式（5-34）的差代入式（5-36）中，可得样品的法向光谱发射率为

$$\varepsilon_n(\lambda) = \frac{V_s(\lambda) - V_0(\lambda)}{V_b(\lambda) - V_0(\lambda)} \tag{5-39}$$

若仪器以比率记录模式工作，则记录的是输出信号与黑体信号 $V_b(\lambda)$ 之比。假设记录仪上记录的比值分别为 $S(\lambda) = V_s(\lambda)/V_b(\lambda)$、$Z(\lambda) = V_0(\lambda)/V_b(\lambda)$、$H(\lambda) = V_b(\lambda)/V_b(\lambda)$，则得到的法向光谱发射率为

$$\varepsilon_n(\lambda) = \frac{S(\lambda) - Z(\lambda)}{H(\lambda) - Z(\lambda)} \tag{5-40}$$

由上可知，$S(\lambda)$ 为样品信号在记录仪上的高度；$Z(\lambda)$ 为无样品辐射时输出信号的高度，称为零线高度；$H(\lambda)$ 为实验黑体代替同温度样品的输出信号高度，称为100%线高度。在理想情况下，$Z(\lambda)$ 和 $H(\lambda)$ 分别对应于 $\varepsilon_n(\lambda) = 0$ 和 $\varepsilon_n(\lambda) = 1$ 位置的两条直线；但由于各种假信号的影响，往往使 $Z(\lambda)$ 和 $H(\lambda)$ 在 $\varepsilon_n(\lambda) = 0$ 和 $\varepsilon_n(\lambda) = 1$ 位置出现一定起伏。

测量方法及步骤：测量前先对仪器进行定标，即波长定标和仪器线性响应定标。不同的波长范围，可采用不同的方法对单色仪进行波长定标，如在 0.24~2.2μm 范围内，利用氢弧、汞弧灯发射光谱，钕玻璃和聚苯乙烯薄膜吸收光谱，在各自的曲线上辨认已知波长的发射或吸收峰，作为峰值已知波长的函数，画出这些峰对应的鼓轮位置，再在这些点之间连接一条光滑曲线，从而得到更长波长的定标曲线。此外，利用大气吸收曲线也可在 0.4~15μm 范围内找出 52 个吸收峰，从而获得更长波长的定标曲线。

对于线性响应定标来说，由于仪器的工作都基于这样的假设，即它的响应（记录的发射率曲线相对于零线的高度）与下列量成线性关系：

（1）当仪器在单光路模式工作时，通过单色仪的单色辐射功率；

（2）当仪器在双光路比率模式工作时，在各自光束中通过单色仪的单色辐射功率之比。

然而，在实际情况中，上述线性关系是否成立，必须经过定标来确定。这包括狭缝线性的定标和使用扇形盘衰减器的定标。

仪器定标后便可进行测量。为能够根据式（5-40）得到样品的法向光谱发射率，必须测出仪器的100%线高度 $H(\lambda)$、零线高度 $Z(\lambda)$ 和样品高度 $S(\lambda)$。

原则上，若用两个温度完全相同的黑体作为光路长度一样的两个光束辐射源，则100%线高度 $H(\lambda) = V_b(\lambda)/V_b(\lambda)$ 应该是一条直线。但因为两光束在时间上是分开的，并按斩波器的调制频率交替通过单色仪，所以一束辐射能量脉冲相对于另一束在波长标尺上移动了一个很小的位移。这种位移效应使能量-波长曲线变得很陡，相继能量脉冲的轻微光谱位移都可在仪器连续记录曲线上产生显著偏差。此外，从源到探测器的两个光路中，光谱吸收或其他损耗的变化，探测器对两光束辐射的光谱灵敏度变化，以及两个光束的不同光程长度和个别反射镜上灰尘散射等均可造成100%线的高度起伏。

为此，在测量时首先应该把两个温度相同的黑体炉用作两光束辐射源，调节分光计"满标尺"控制，在记录仪上记录100%线的高度 $H(\lambda)$；然后去掉样品光路中的实验黑体，并封

住样品光束，此时由于单色仪的杂散辐射将产生假信号，调节分光计的"零比率"控制，在记录仪上记录零线高度 $Z(\lambda)$；最后用样品炉代替参比实验黑体，并使样品温度和比较光路的黑体温度相同，即可测得样品线 $S(\lambda)$，并用式（5-40）计算法向光谱发射率。

虽然测量法向光谱发射率的双光路系统具有消除大气吸收的影响、可直接读出光谱发射率等优点，但存在系统复杂，光学调节苛刻的缺点。因此，在实际中广泛采用单光路测试法。该方法的优点是样品光束和比较的黑体光束经同一光路，有相同的光程长度和衰减损耗。

图 5-21　单光路测试系统示意图

单光路测试系统如图 5-21 所示。黑体和样品并排放置于光具座上，可交替地移至光学系统焦点上。这保证了样品辐射和比较的黑体辐射束经过同一光路，具有相同的光程和衰减，经斩光器调制后进入单色仪入射狭缝。值得注意的是，在使用单光路系统时，需要按照与双光路类似的方法进行波长定标和线性响应特性定标。

为了测量法向光谱发射率，应把样品及同温黑体交替地放在光学系统焦点处，一个波长、一个波长地测量比较，并将结果画成发射率-波长曲线。也可使用电机驱动单色仪鼓轮分别对样品与黑体辐射在感兴趣的波长范围作全程自动扫描，并用记录仪记录；然后对样品和黑体辐射曲线按波长逐次比较，最后得到光谱发射率。

对于1000K 以上的高温气体或固体样品，使用常规的棱镜和光栅式色散分光装置作红外光谱发射测量是很方便的。然而，当温度低于100℃时，因来自仪器系统的杂散辐射大得几乎和样品本身辐射相仿，因而信噪比受到限制。此时，使用色散型分光技术时会遇到很大困难。但利用扫描干涉度量分光计作为发射测量，则不受仪器修正或温度范围的限制，其被广泛应用于材料光谱发射率与光学性质之间关系的研究。

干涉度量法所用的设备和工作原理可参见傅里叶变换红外光谱仪的描述，此处不再赘述。应该指出，测量法向光谱发射率的方法只要稍加改进，原则上都可用来测量方向光谱发射率。此时，首先，应把样品和黑体连接在一个支架上，以便通过支架绕某轴转动来调节和测量发射率的方向依赖关系；其次，因为受热样品在所有方向上均可发射辐射，所以为使杂散辐射减到最低，样品室和黑体源的加热部分都必须用水冷却，并用良好的反辐射的屏幕保护。另外，还须严格分析来自分光计不同部分的辐射对到达探测器上的总辐射中各占多少。为完成方向光谱发射率的测量，较合适的装置是采用光栅分光计和片状光栅干涉仪。

## 5.4　红外反射比的测量

物体红外反射比的测量非常重要，它不仅是获得许多不透明材料（尤其在800K 以下）的反射比与吸收比的重要方法，而且在材料光学性质与光学参数研究、矿物岩石的识别与结构分析中，也都需要对材料的红外光谱反射比有深入研究。特别是随着遥感技术的发展，如海洋污染探测、地球资源勘测与农作物估产遥感，以及军事勘察等的应用中，为充分利用遥感得到的信息，除地物发射光谱外，不可缺少的重要基础工作是研究地物对太阳光照的反射光谱。

测量反射比有光谱与全谱测量以及绝对与相对测量之分。不言而喻，光谱测量给出的结果是反射比随波长（或波数）的变化，全谱测量给出的是在指定波长范围或整个波长区间的平均反射比。绝对测量是在不使用任何参考标准的情况下测量的反射比，而相对测量则是利用已知反射比的参考标准与样品作的比较测量。

### 5.4.1 反射比

反射比的测量一般取决于入射辐射的波长及偏振状态。即使假定单色非偏振辐射束在均匀各向同性和透明无损耗介质中传播，测量反射比还要与入射及收集反射辐射的角度状态有关。根据入射及收集反射辐射的几何关系，分别有不同的定义和表示方法。

（1）双向反射比

双向反射比即向指定方向 $(\theta_r, \varphi_r)$ 反射的辐射与指定方向 $(\theta_i, \varphi_i)$ 入射的辐射之比。其中 $\theta_i$ 和 $\theta_r$ 为天顶角，$\varphi_i$ 和 $\varphi_r$ 为方位角。假设入射与反射辐射分别是充满 $(\theta_i, \varphi_i)$ 和 $(\theta_r, \varphi_r)$ 方向的无限小立体角元 $\mathrm{d}\Omega_i$ 和 $\mathrm{d}\Omega_r$ 的一束辐射，于是入射到 $\mathrm{d}A$ 单位表面的辐射功率（即辐照度）为 $\mathrm{d}P_i(\theta_i, \varphi_i) = L_i(\theta_i, \varphi_i)\cos\theta_i\mathrm{d}\Omega_i$，其中 $L_i(\theta_i, \varphi_i)$ 为源的辐射亮度。反射到 $(\theta_r, \varphi_r)$ 方向的辐射功率为

$$\mathrm{d}P_r(\theta_r, \varphi_r) = \rho(\theta_i, \varphi_i; \theta_r, \varphi_r)\mathrm{d}P_i(\theta_i, \varphi_i) = \rho(\theta_i, \varphi_i; \theta_r, \varphi_r)L_i(\theta_i, \varphi_i)\cos\theta_i\mathrm{d}\Omega_i \quad (5\text{-}41)$$

式中，$\rho(\theta_i, \varphi_i; \theta_r, \varphi_r)$ 为表面双向反射比。如果不考虑表面 $\mathrm{d}A$ 自发的反射，则利用 $\mathrm{d}A$ 反射的辐射亮度 $L_r(\theta_r, \varphi_r)$ 可将式（5-41）表示为

$$\mathrm{d}P_r(\theta_r, \varphi_r) = L_r(\theta_r, \varphi_r)\cos\theta_r\mathrm{d}\Omega_r = \rho(\theta_i, \varphi_i; \theta_r, \varphi_r)L_i(\theta_i, \varphi_i)\cos\theta_i\mathrm{d}\Omega_i \quad (5\text{-}42)$$

则双向反射比为

$$\rho(\theta_i, \varphi_i; \theta_r, \varphi_r) = \frac{L_r(\theta_r, \varphi_r)\cos\theta_r\mathrm{d}\Omega_r}{L_i(\theta_i, \varphi_i)\cos\theta_i\mathrm{d}\Omega_i} \quad (5\text{-}43)$$

显然，当入射和反射方向角互易时是对称的，或者说，$\rho(\theta_i, \varphi_i; \theta_r, \varphi_r)$ 满足互易性关系。

与式（5-43）等效的双向反射分布函数的定义式为

$$f(\theta_i, \varphi_i; \theta_r, \varphi_r) = \frac{L_r(\theta_r, \varphi_r)}{L_i(\theta_i, \varphi_i)\cos\theta_i\mathrm{d}\Omega_i} \quad (5\text{-}44)$$

式中，$f(\theta_i, \varphi_i; \theta_r, \varphi_r)$ 的物理意义是沿 $(\theta_r, \varphi_r)$ 方向出射的辐射亮度与沿 $(\theta_i, \varphi_i)$ 方向入射在 $\mathrm{d}A$ 面上的辐射照度之比。

由式（5-43）和式（5-44）可知，双向反射比与双向反射分布函数之间的关系为

$$\rho(\theta_i, \varphi_i; \theta_r, \varphi_r) = f(\theta_i, \varphi_i; \theta_r, \varphi_r)\cos\theta_r\mathrm{d}\Omega_r \quad (5\text{-}45)$$

由此可见，$\rho(\theta_i, \varphi_i; \theta_r, \varphi_r)$ 和 $f(\theta_i, \varphi_i; \theta_r, \varphi_r)$ 是随 $(\theta_i, \varphi_i; \theta_r, \varphi_r)$ 变化的复杂函数，在推导其他反射比时，双向反射分布函数 $f(\theta_i, \varphi_i; \theta_r, \varphi_r)$ 的使用更方便，式（5-44）也可写成

$$f(\theta_i, \varphi_i; \theta_r, \varphi_r) = \frac{\mathrm{d}P_r(\theta_r, \varphi_r)}{\mathrm{d}P_i(\theta_i, \varphi_i)\cos\theta_r\mathrm{d}\Omega_r} \quad (5\text{-}46)$$

（2）方向-半球反射比

方向-半球反射比是指由 $\mathrm{d}A$ 表面反射到半球（$2\pi$）的辐射功率与从 $(\theta_i, \varphi_i)$ 方向入射到 $\mathrm{d}A$ 面上的辐射功率之比。由式（5-46）可知，反射到半球（$2\pi$）空间的辐射功率为

$$P_r(2\pi) = \int_{2\pi} f(\theta_i,\varphi_i;\theta_r,\varphi_r)\mathrm{d}P_i(\theta_i,\varphi_i)\cos\theta_r\mathrm{d}\Omega_r$$

$$= \mathrm{d}P_i(\theta_i,\varphi_i)\int_{2\pi} f(\theta_i,\varphi_i;\theta_r,\varphi_r)\cos\theta_r\mathrm{d}\Omega_r \tag{5-47}$$

则方向-半球反射比为

$$\rho(\theta_i,\varphi_i;2\pi) = \frac{\int_{2\pi}\mathrm{d}P_r(\theta_r,\varphi_r)}{L_i(\theta_i,\varphi_i)\cos\theta_i\mathrm{d}\Omega_i} = \frac{\int_{2\pi}\mathrm{d}P_r(\theta_r,\varphi_r)}{\mathrm{d}P_i(\theta_i,\varphi_i)} \tag{5-48}$$

利用式（5-47）可得它与双反射分布函数的关系为

$$\rho(\theta_i,\varphi_i;2\pi) = \int_{2\pi} f(\theta_i,\varphi_i;\theta_r,\varphi_r)\cos\theta_r\mathrm{d}\Omega_r \tag{5-49}$$

（3）半球-方向反射比

半球-方向反射比是指由 d$A$ 表面反射到 $(\theta_r,\varphi_r)$ 方向的辐射功率与整个半球入射到 d$A$ 面上的辐射功率之比，可以表示为

$$\rho(2\pi;\theta_r,\varphi_r) = \frac{\mathrm{d}P_r(\theta_r,\varphi_r)}{\int_{2\pi}L_i(\theta_i,\varphi_i)\cos\theta_i\mathrm{d}\Omega_i} = \frac{L_r(\theta_r,\varphi_r)\cos\theta_r\mathrm{d}\Omega_r}{\int_{2\pi}L_i(\theta_i,\varphi_i)\cos\theta_i\mathrm{d}\Omega_i} \tag{5-50}$$

它与双向反射分布函数的关系为

$$\rho(2\pi;\theta_r,\varphi_r) = \cos\theta_r\mathrm{d}\Omega_r \cdot \frac{\int_{2\pi} f(\theta_i,\varphi_i;\theta_r,\varphi_r)L_i(\theta_i,\varphi_i)\cos\theta_i\mathrm{d}\Omega_i}{\int_{2\pi}L_i(\theta_i,\varphi_i)\cos\theta_i\mathrm{d}\Omega_i} \tag{5-51}$$

由式（5-49）和式（5-51）可知，即使有 $\theta_i=\theta_r$ 和 $\varphi_i=\varphi_r$ 成立，$\rho(2\pi;\theta_r,\varphi_r)$ 也不等于 $\rho(\theta_i,\varphi_i;2\pi)$。但当入射为漫射时

$$\rho(2\pi;\theta_r,\varphi_r) = \frac{\cos\theta_r\mathrm{d}\Omega_r}{\pi} \cdot \int_{2\pi} f(\theta_i,\varphi_i;\theta_r,\varphi_r)\cos\theta_i\mathrm{d}\Omega_i \tag{5-52}$$

则可获得互易性定理所要求的关系如下

$$\rho(2\pi;\theta_i,\varphi_i) = \frac{\rho(\theta_r,\varphi_r;2\pi)\cos\theta_r\mathrm{d}\Omega_r}{\pi} \tag{5-53}$$

（4）双半球反射比

双半球反射比是指反射到半球与从整个半球方向入射的辐射功率之比，可以表示为

$$\rho(2\pi;2\pi) = \frac{\int_{2\pi}\mathrm{d}P_r(\theta_r,\varphi_r)}{\int_{2\pi}L_i(\theta_i,\varphi_i)\cos\theta_i\mathrm{d}\Omega_i}$$

$$= \frac{\int_{2\pi}\left[\int_{2\pi} f(\theta_i,\varphi_i;\theta_r,\varphi_r)L_i(\theta_i,\varphi_i)\cos\theta_i\mathrm{d}\Omega_i\right]\cos\theta_r\mathrm{d}\Omega_r}{\int_{2\pi}L_i(\theta_i,\varphi_i)\cos\theta_i\mathrm{d}\Omega_i} \tag{5-54}$$

当入射为漫射时，存在以下关系

$$\rho(2\pi;2\pi) = \frac{1}{\pi}\int_{2\pi}\left[\int_{2\pi}f(\theta_i,\varphi_i;\theta_r,\varphi_r)\cos\theta_i d\Omega_i\right]\cos\theta_r d\Omega_r$$

$$= \frac{1}{\pi}\int_{2\pi}\rho(\theta_i,\varphi_i;2\pi)\cos\theta_i d\Omega_i \tag{5-55}$$

除了上述主要的 4 个反射比外，若入射或接收反射辐射限制在某个有限的锥角 $\Delta\Omega_i$ 或 $\Delta\Omega_r$ 内，还有方向-锥角反射比、锥角-方向反射比、双锥反射比、半球-锥角反射比和锥角-半球反射比 5 种反射比。

如果理想反射镜表面对给定的角度状态的反射比为 1，则任何样品反射的辐射功率与理想反射镜反射的辐射功率之比在数值上等于样品的反射比。这时，该理想反射镜即可作为对于这种反射比有数值为 1 的反射比标准。同样，若对于给定的一组角度状态，理想的漫反射比为 1，则任何样品反射的辐射功率与理想漫反射的辐射功率之比在数值上等于样品的反射比。因此，理想漫反射体即可用做对于这种反射比有数值为 1 的反射比标准。这就是进行反射比相对测量的依据。

在测量反射比时，应根据不同的情况采用相应的方法。目前常用的室内反射比测量系统主要分为积分球反射计、热腔反射计、半球反射计、椭球镜（又称抛物镜）反射计 4 种。

### 5.4.2 积分球反射计

积分球是个内壁涂有 MgO、$BaSO_4$ 或 $BaCO_3$ 等漫反射涂层的球形腔体，所以这些涂层有近似理想漫反射的性能。如果有一辐射束照射球的内壁，则反射辐射将按余弦定律分布。因涂层漫反射性质和球形腔的几何性质使积分球具有特殊的功能，即其内壁上任一小面元经照射成为一个光源后，在球内壁上的辐照度处处均匀相等，这是积分球工作的基础条件。

积分球的结构大致相同，归纳起来主要有以下两种类型：

（1）将待测样置于球壁或球心，把光束引入球内，并依次照射样品和球内壁的高漫反射涂层（或已知反射比的标准反射体），从样品及球内壁反射的光束，经球内多次反射后，在球壁产生的辐射照度与样品及球内首次被照面的反射比有关。在球内壁另一位置的探测器将分别产生两个输出信号，其比值即为样品反射比的绝对测量值。若用标准反射体，则探测器的两个输出信号比就是样品与标准反射体的反射比之比值。因此，给出反射比的相对测量。

（2）将待测样品置于球壁或球心，把光束引入球内（或在入射孔处放一漫透射体），并将入射孔与样品间用挡板屏蔽。进入球内的光束经多次反射后，使球壁成为一个理想的漫射光源。将探测器依次对准样品和球壁某部位测量，其比值就是样品的反射比。

图 5-22 积分球工作原理图

由上可知，第一类积分球测量的是方向-半球反射比 $\rho(\theta,\varphi;2\pi)$；第二类积分球测量的是半球-方向反射比 $\rho(2\pi;\theta',\varphi')$。只要 $\theta=\theta'$，就有互易性关系式（5-53）成立。因此只需针对样品置于球壁或球心这两种情况，讨论一类积分球的原理就可以了。

下面以第一类积分球为例来进行介绍。

（1）样品置于球壁

一般情况下，若有一单色光束来自入射孔进入积分球，照射到球内壁某面积元 $dA_0$ 上，如图 5-22 所示。

$dA_0$ 将成为一个小辐射源，经它反射后辐射分布于整个球内壁。从 $dA_0$ 向球壁上任一小面积元 $dA_1$ 反射的辐射功率

$$dP_{01} = L_{01} \cos\theta' dA_0 d\Omega_r \qquad (5\text{-}56)$$

于是，从 $dA_0$ 向整个球壁反射的辐射功率为

$$P = \int dP_{01} = \int L_{01} \cos\theta' dA_0 d\Omega_r = \rho_0 P_0 \qquad (5\text{-}57)$$

式中，$P_0$ 为从入射孔投射到 $dA_0$ 的辐射功率；$\rho_0 = \rho(\theta,\varphi;2\pi)$ 是面元 $dA_0$ 的方向-半球反射比；$\theta$ 为 $P_0$ 的入射角。利用几何关系，有

$$dP_{01} = \left(\frac{dA_0}{4R^2}\right) L_{01} dA_1 \qquad (5\text{-}58)$$

$$P = \left(\frac{dA_0}{4R^2}\right) \int L_{01} dA_1 \qquad (5\text{-}59)$$

因此，$dP_{01}$ 在面积元 $dA_1$ 上产生的辐照度为

$$E_{01} = \left(\frac{dP_{01}}{dA_1}\right) = L_{01}\left(\frac{dA_0}{4R^2}\right) \qquad (5\text{-}60)$$

如果不考虑面积元 $dA_1$ 自身的发射，则因 $dP_{01}$ 的照射而使 $dA_1$ 产生的反射辐出度为

$$M_{01} = \rho_d L_{01}\left(\frac{dA_0}{4R^2}\right) \qquad (5\text{-}61)$$

式中，$\rho_d = \rho(\theta,\varphi;2\pi)$ 为球内壁的漫反射比。

对于涂有均匀漫反射涂层的球壁，可近似看做理想漫反射面，故在各方向的辐亮度相同，即 $L_{01} = L_0$（常数），因此，可将式（5-60）、式（5-61）写为

$$E_{01} = L_0\left(\frac{dA_0}{4R^2}\right) \qquad (5\text{-}62)$$

$$M_{01} = \rho_d L_0\left(\frac{dA_0}{4R^2}\right) \qquad (5\text{-}63)$$

同样，也可得到 $dA_0$ 反射的辐射在壁上任一面积元 $dA_2$ 上产生的辐照度 $E_{02}$ 和辐射度 $M_{02}$ 为

$$E_{02} = L_0\left(\frac{dA_0}{4R^2}\right) \qquad (5\text{-}64)$$

$$M_{02} = \rho_d L_0\left(\frac{dA_0}{4R^2}\right) \qquad (5\text{-}65)$$

根据 $M_{02} = \pi L_{02} = \pi L_0$，$dA_1$ 接收来自 $dA_2$ 的辐射功率为

$$d^2 P_{21} = L_{02}\frac{dA_2 dA_1}{4R^2} = \rho_d L_0 \frac{dA_0}{4\pi R^2} \cdot \frac{dA_0 dA_2}{4R^2} \qquad (5\text{-}66)$$

这部分辐射在 $dA_1$ 上产生的辐射为

$$dE_{21} = \frac{d^2 P_{21}}{dA_1} = \frac{\rho_d L_0}{4\pi R^2} \cdot \frac{dA_0 dA_2}{4R^2} \qquad (5\text{-}67)$$

对 $dA_2$ 积分后可得整个球壁上在 $dA_1$ 产生的辐照度为

$$E_{w1} = \int dE_{21} = \frac{\rho_d}{4\pi R^2}\left(\frac{dA_0}{4R^2}\int L_0 dA_2\right) \qquad (5\text{-}68)$$

由式（5-68）可知，$\left(\dfrac{dA_0}{4R^2}\displaystyle\int L_0 dA_2\right)$ 就是 $dA_0$ 向整个球壁反射的辐射功率 $P$，因此

$$E_{w1} = \frac{\rho_d P}{4\pi R^2} = \frac{\rho_d \rho_0 P_0}{4\pi R^2} \qquad (5\text{-}69)$$

如果考虑到辐射在积分球内被反射无穷多次，则式（5-69）中的球壁反射比 $\rho_d$ 应该用 $\rho'$ 代替，即

$$\rho' = \rho_d(1 + \rho_d + \rho_d^2 + \cdots + \rho_d^n) = \sum_{n=1}^{\infty} \rho_d^n = \frac{\rho_d}{1-\rho_d} \qquad (5\text{-}70)$$

除 $dA_0$ 外的整个球壁照射 $dA_1$ 产生的辐照度为

$$E'_{w1} = \frac{\rho' \rho_0 P_0}{4\pi R^2} = \frac{\rho_d}{1-\rho_d} \cdot \frac{\rho_0 P_0}{4\pi R^2} \qquad (5\text{-}71)$$

由此产生的反射辐出度为

$$M'_{w1} = \frac{\rho_d^2}{1-\rho_d} \cdot \frac{\rho_0 P_0}{4\pi R^2} \qquad (5\text{-}72)$$

将式（5-63）和式（5-72）相加，得到 $dA_1$ 的总反射辐射度为

$$M_1 = M_{01} + M'_{w1} = \frac{\rho_d}{1-\rho_d} \cdot \frac{\rho_0 P_0}{4\pi R^2} \qquad (5\text{-}73)$$

式（5-73）表明，积分球内壁上任一面积元的反射辐出度是由 $dA_0$ 的直接反射和整个球壁反射所形成的反射辐出度 $M_{01}$ 和 $M'_{w1}$ 的叠加而成的。

若球壁上被照面元 $dA_0$ 是样品表面，通常样品表面可能既非理想漫反射面又非理想镜面。因此，经入射辐射束 $P_0$ 照射后，反射辐射的空间分布是不均匀的。设其方向-半球反射比为 $\rho(\theta,\varphi;2\pi)$，于是样品在 $\theta'$ 方向反射的辐射亮度为

$$L_s(\theta',\varphi') = \rho(\theta,\varphi;2\pi)\frac{E}{\pi} = \rho(\theta,\varphi;2\pi)\frac{P_0}{\Delta A_s}\frac{1}{\pi} \qquad (5\text{-}74)$$

式中，$E$ 为入射辐射 $P_0$ 在样品表面积 $\Delta A_s$ 上产生的辐照度。于是代替式（5-63）得到因样品直接反射到的面积元 $dA_1$ 的反射辐射出射度为

$$M_{s1} = \rho_d \rho(\theta,\varphi;2\pi)\frac{P_0}{4\pi R^2} \qquad (5\text{-}75)$$

此时，球内壁 $dA_1$ 的总反射辐射度应为式（5-72）和式（5-75）之和（此时式（5-72）中的 $\rho_0 = \rho(\theta,\varphi;2\pi)$），即

$$M_s = M_{s1} + M'_{w1} = \rho_d \rho(\theta,\varphi;2\pi) \frac{P_0}{4\pi R^2} \left(1 + \frac{\rho_d}{1-\rho_d}\right)$$

$$= \frac{\rho_d \rho(\theta,\varphi;2\pi)}{1-\rho_d} \frac{P_0}{4\pi R^2} \tag{5-76}$$

如果将入射光束依次照射样品和球壁，则置于 $dA_1$ 处的探测器给出的输出信号比将等于 $M_s/M_1$。在式（5-53）中，只要 $\rho_0 = \rho_d$ 就会得到样品的反射比为

$$\rho(\theta,\varphi;2\pi) = \rho_d \frac{M_s}{M_1} = \rho_d \frac{V_s}{V_1} \tag{5-77}$$

式中，$V_s$ 和 $V_1$ 分别为探测器对着样品和球壁测量时的输出信号。如果用一个已知反射比为 $\rho_{st}$ 的标准反射体进行比较测量，则式（5-77）可写为

$$\rho(\theta,\varphi;2\pi) = \rho_{st} \frac{M_s}{M_{st}} = \rho_{st} \frac{V_s}{V_{st}} \tag{5-78}$$

对于理想漫反射样品来说，由于 $L_s(\theta,\varphi)$ 与方向无关，所以 $M_s$ 以及测出的反射比 $\rho$ 是与方向无关的常数。反之，对于理想镜面反射样品，当 $\theta \neq \theta'$ 时，$L_s(\theta',\varphi') = M_s = 0$，则 $\rho_d = \rho(\theta,\varphi;\theta',\varphi') = 0$；而当 $\theta = \theta'$ 时，$\rho(\theta,\varphi;\theta',\varphi') = \rho(\theta,\varphi;2\pi)$。

（2）样品置于球心

式（5-78）表明，当样品置于球壁时，若样品不是理想的漫反射面，则球壁各处的辐射亮度将不同。因此当探测器对着样品和球壁的不同位置测量时，将产生较大误差。而且这样的样品布置只能测量样品在给定入射角 $\theta$ 时的半球反射比，不能测量反射比随入射角的变化。然而，若将样品置于球心，则不论样品是不是理想漫反射面，因样品待测面背后的后半球不受样品待测面的直接反射，故球壁各处辐射度相同。此外，只要转动样品，则可测量出样品对不同入射角度状态的反射比。

如图 5-23 所示，如果不考虑球壁的自身辐射，则后半球（2）发出的总辐射功率 $A_2M_2$ 应等于后半球（2）反射来自它自身各部分的辐射，以及反射来自前表面（1）各部分的辐射之和，即

$$M_2 A_2 = \rho_d M_2 A_2 F_{A_2 A_2} + \rho_d \int_{A_1} M_{dA_1} F_{dA_1 A_2} dA_1 \tag{5-79}$$

式中，$A_1$ 和 $A_2$ 分别为前后半球的面积；$M_2$ 为后半球的辐射度；$M_{dA_1}$ 为前半球上任一面积元 $dA_1$ 的辐射度；$F_{m,n}$ 是 $m$ 面对 $n$ 面的角度因子，它等于从 $m$ 面投射到 $n$ 面的辐射功率与 $m$ 面发出的总辐射功率之比。

对于图 5-23 所示的球形空腔，式（5-79）中的 $F_{A_2,A_2} = A_2/A$，$F_{dA_1,A_2} = A_2/A$，其中 $A$ 为球壁的总面积。此外，根据前面的分析结果可知

$$M_{dA_1} = M_{sdA_1} + M'_{wdA_1} \tag{5-80}$$

$$M_2 = M'_{wdA_1} \tag{5-81}$$

将式（5-80）和式（5-81）代入式（5-79），可得

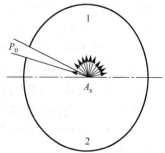

图 5-23　样品置于球心的情况

$$M_2 A_2 = \rho_d M_2 A_2 \frac{A_2}{A_1} + \rho_d \int_{A_1} [M_{sdA_1} + M_2] \frac{A_2}{A} dA_1$$

(5-82)

$$= \rho_d M_2 \frac{A_2^2}{A} + \rho_d M_2 A_1 \frac{A_2}{A} + \rho_d \frac{A_2}{A} \int_{A_1} M_{sdA_1} dA_1$$

式（5-82）右边的积分表示半球（1）因样品直接反射而发出的辐射功率，即

$$\int_{A_1} M_{sdA_1} dA_1 = \rho_d \rho(\theta, \varphi; 2\pi) P_0$$

(5-83)

将式（5-93）代入式（5-82）并考虑到 $A = 4\pi R^2$ 后得到

$$M_2 = \rho(\theta, \varphi; 2\pi) \rho_d \left( \frac{\rho_d}{1 - \rho_d} \right) \frac{P_0}{4\pi R^2}$$

(5-84)

如果入射光束直接投射到后半球，则根据式（5-73）可注意到此时的 $\rho_0 = \rho_d$，则得到

$$M_2' = \rho_d \left( \frac{\rho_d}{1 - \rho_d} \right) \frac{P_0}{4\pi R^2}$$

(5-85)

假设依次使入射光束照射样品待测表面和后半球壁，则探测器对着后半球壁测量的结果，直接给出样品的方向-半球反射比为

$$\rho(\theta, \varphi; 2\pi) = \frac{M_2}{M_2'}$$

(5-86)

为了提高积分球的测量精度，对实用的积分球结构提出了各种改进的设计，但积分球反射计仍存在一些根本性的困难：

（1）目前使用的球内壁漫反射涂层只在 0.3～2.6μm 范围有高反射比，在长波红外区受到限制；

（2）因积分球的效率较低，来自一般辐射源的有用能量，即使有良好的高反射球壁涂层，也不足以使常用的探测器产生足够的响应。

鉴于以上原因，在波长大于 2μm 的红外区，广泛采用其他种类的反射计来测量红外反射比。

## 5.5　红外吸收比和透射比的测量

在工程设计和基础研究中，往往需要测量材料的红外吸收和透射特性。在已知材料全波长或较宽光谱范围的吸收比时，可以利用辐射源足够强的辐射功率，采用量热法（即通过照射样品并观测其温度变化速率）直接得到吸收比。当需要知道材料的光谱吸收比、透射比时，由于经分光后严重地限制了可利用的辐射功率，且只有热容量和热导率都与黑体相同的样品才能作比较，所以吸收和透射的光谱测量不能采用量热法，可以采用以下方法。

（1）对于气体、半透明液体和固体材料，测量光谱吸收和光谱透射比的最简单方法是利用色散型红外分光光度计或傅里叶变换红外光谱仪测量。必要时需作表面反射修正。

（2）对于不透明固体材料，往往首先测量光谱反射比 $\rho(\lambda)$，然后根据 $\alpha(\lambda) = 1 - \rho(\lambda)$ 确定光谱吸收比。

（3）对于不能使用透射和反射法测量的固体材料，可测量材料的红外光谱发射比来获得

光谱吸收系数 $a(\lambda)$，然后根据 $\tau(\lambda)=\exp[-a(\lambda)x]$ 和 $\alpha(\lambda)=1-\tau(\lambda)$ 来确定光谱透射比和光谱吸收比。

这里仅讨论直接测量样品全吸收比或宽光谱带吸收比的量热法，其基本原理是在测定投射到表面上辐射功率的同时，直接测量样品表面吸收的辐射功率。

图 5-24 所示为稳态面积比较法的示意图，设 $S_1$ 和 $S_2$ 是两块完全相同的试样薄片，其中 $S_2$ 为表面涂一层吸收比 $\alpha_2$ 已知的材料作标准面。当它们同时受辐射功率相同的辐射照射时，虽然两者发射比相同，但因被照面吸收比不同而吸收不等的辐射功率，因此两者热平衡温度不同。若调节 $S_2$ 上方的窗口光阑，改变投射到标准面上的辐射功率，直至两块试样温度相同（测定温度差热电偶的电位差计读数为 0）为止。此时两块试样的热状态相同，即

$$EA_1\alpha_1 = EA_2\alpha_2 \tag{5-87}$$

式中，$E$ 为试样表面辐照度；$A_1$ 和 $A_2$ 分别为待测面和标准面的实际受照面积；$\alpha_1$ 和 $\alpha_2$ 分别为它们的吸收比。

由式（5-87）得到的待测面吸收比为

$$\alpha_1 = \alpha_2 \frac{A_2}{A_1} \tag{5-88}$$

图 5-24　稳态面积比较法示意图

# 5.6　红外辐射测温

温度是确定物质状态的最重要参数之一。物体的温度越高，向外发出的光谱辐射能量就越高。一切高于绝对零度的物体都存在红外辐射现象，物体红外辐射能量的大小及其波长的分布情况，都与物体的表面温度有关。随着科学技术的发展，温度测量越来越受到重视，而且对测量准确度的要求也越来越高。在很多场合，都具有非常重要的应用。如热处理加热工艺中工件温度的测量和控制；高速轧制钢材的温度测量和控制；航空发动机和航天火箭发动机的温度测量等，特别是在新材料、新工艺的研究中，经常要求更加准确的温度测量和控制。

根据热辐射基本理论，可以对物体的温度进行测量。若辐射体是黑体，只要测得辐射出射度最大值所对应的波长，再直接利用维恩位移定律，就可确定黑体的温度。若辐射体是一般的物体，且已知其发射率，则可通过测量物体的光谱辐射量来确定物体的温度。这就是红外辐射测温技术的基本原理。

利用上述原理制成的红外线测温仪可以测量所有目标物体释放的红外能量，具有响应快的特点。通常被用于测量移动和间歇性目标，真空状态下的目标，由于恶劣环境空间限制以及安全威胁无法由人接触的目标。尽管在有些情况下使用其他设备也可以完成，但成本相对较高。

如果仪器依据物体的总辐射而定温，则得到的是物体的辐射温度（$T_r$）；若仪器根据两个或多个特征波长上的辐射而定温，则得到的温度是物体的色温度（$T_s$）；若仪器只根据某一个特征波长上的辐射而定温，则得到的是物体的亮温度（$T_l$）。辐射温度、色温度和亮温度都不是物体表面的真实温度（$T$），即使经过了大气传输因子等的修正，它们与物体表面的真实温度之间仍存在一定的差异。

在给出它们的具体定义之前，对于待测物体作以下两个假设：

（1）物体是朗伯体；

（2）物体是面辐射源。

在这两个假设条件下，如果忽略物体和系统之间介质的辐射、散射和吸收的影响，则进入测温仪的辐射能量与物体的辐射出射度、辐射亮度都成正比，而与距离无关。因此，各种温度的定义都只涉及辐射出射度或辐射亮度，而各种温度的测量，实质上都是对辐射量的测量。

（1）辐射测温的基本方法

① 全辐射式测温。由斯蒂芬-玻尔兹曼定律可知全辐射出射度

$$M_b = \int_0^\infty M_0(\lambda, T) \mathrm{d}\lambda = \sigma T^4 \tag{5-89}$$

式中，$\sigma$ 为黑体辐射常数，且 $\sigma = 5.7 \times 10^{-8} \ \mathrm{Wm^2 K^{-4}}$。

当绝对黑体与黑体的总辐射亮度相等时，绝对黑体的温度称为非黑体的辐射温度。实际上，真正的黑体是不存在的，实际情况下，辐射力和光谱辐射力可分别表示为

$$E = \varepsilon E_b \tag{5-90}$$

$$E_\lambda = \varepsilon_\lambda E_\lambda \tag{5-91}$$

$$\varepsilon(T) \sigma T^4 = \sigma T_r^4 \tag{5-92}$$

由式（5-90）和式（5-92）可知，只要测出全波长总辐射出射度，则被测物体的温度就可以确定。测量的温度 $T_r$ 与实际温度 $T$ 之间的关系式可表示为

$$T = \frac{T_r}{\sqrt[4]{\varepsilon(T)}} \tag{5-93}$$

式中，$\varepsilon$ 为物体的发射率；$\varepsilon_\lambda$ 为物体光谱发射率；$T$ 为实际物体真实温度；$T_r$ 为黑体温度，即实际物体的辐射温度；$\varepsilon(T)$ 为所有波长的实际物体的总发射率。

由于不同物体的全辐射率差异很大，在条件已知的情况下，根据式（5-92）可以通过测量实际物体的辐射温度计算出实际温度。

② 亮度测温（又称为单色辐射测温）。当实际物体（非黑体）在某一波段下的单色辐射出射度，与绝对黑体在同一波长下的单色辐射度相等时，则该黑体的温度称为实际物体的亮度温度，表达式为

$$L_\lambda(T) = L_{\lambda bb}(T_1) \tag{5-94}$$

在常用的温度与波长范围内，式（5-93）可用维恩公式进行简化处理，得

$$T = \frac{c_2 T_1}{\lambda T_1 \ln \varepsilon_\lambda(T) + c_2} \tag{5-95}$$

由式（5-95）可知，知道波长为 $\lambda$ 的光谱发射率和用高温计测得的亮度温度 $T_1$ 后，就可以用它求出实际物体的真实温度 $T$。物体的光谱发射率 $\varepsilon_\lambda(T)$ 越小，亮度温度 $T_1$ 与真实温度 $T$ 之间的差距越大。因为 $0 < \varepsilon_\lambda(T) < 1$，则 $T - T_1 \geqslant 1$，因此物体的亮度温度 $T_1 \leqslant T$。

亮度测温法的灵敏度较高，是目前应用较广泛的辐射测温方法之一，但它须用 $\varepsilon_\lambda(T)$ 来

修正 $T_1$，而 $\varepsilon_\lambda(T)$ 的大小往往取决于材料的性质、表面形状、温度和光的波长，很难精确得到。因此，$\varepsilon_\lambda(T)$ 的准确度将影响系统的测量精度。

③ 比色测温。比色式辐射测温是根据物体在两个相邻波长下的辐射能量密度之比来确定物体温度的。单位面积物体在半球方向、单位时间的辐射通量由普朗克公式给出。

在 $T < 3000K$，且 $L$ 较小（$L < 2lm$）时，维恩近似成立，即

$$M(\lambda, T) = \frac{\varepsilon c_1}{\lambda^5}(e^{c_2/(\lambda T)} - 1) \tag{5-96}$$

取波长 $\lambda_1$ 和 $\lambda_2$ 处辐射率的比值，可得

$$R(T) = \frac{M(\lambda_1, T)d\lambda_1}{M(\lambda_2, T)d\lambda_2} = \frac{\varepsilon(\lambda_1)d\lambda_1}{\varepsilon(\lambda_2)d\lambda_2}\left(\frac{\lambda_2}{\lambda_1}\right)^5 \exp\left[\frac{c_2}{T}\left(\frac{1}{\lambda_2} - \frac{1}{\lambda_1}\right)\right] \tag{5-97}$$

考虑两波长处的带宽相等，并将 $\varepsilon(\lambda_1)$ 简记为 $\varepsilon_1$，可得

$$T = \frac{c_2\left(\dfrac{1}{\lambda_2} - \dfrac{1}{\lambda_1}\right)}{\ln R(T) - 5\ln\dfrac{\lambda_2}{\lambda_1} - \ln\dfrac{\varepsilon_1}{\varepsilon_2}} \tag{5-98}$$

比色测温法就是假设 $\varepsilon_1 = \varepsilon_2$，于是所测得的温度 $T_s$（比色温度）为

$$T_s = \frac{c_2\left(\dfrac{1}{\lambda_2} - \dfrac{1}{\lambda_1}\right)}{\ln R(T) - 5\ln\dfrac{\lambda_2}{\lambda_1}} \tag{5-99}$$

则物体真实温度与比色温度的误差为

$$\frac{1}{T} - \frac{1}{T_s} = \frac{\lambda_1\lambda_2}{c_2(\lambda_2 - \lambda_1)}\ln\left(\frac{\varepsilon_1}{\varepsilon_2}\right) \tag{5-100}$$

对一辐射体来说，测出在两波长处辐射能量的比值 $R(T)$，再利用式（5-99）确定其温度的方法称为双波长测温法，所得温度为 $T_s$。如果从其他途径获知 $\varepsilon_1/\varepsilon_2$ 的值，则可利用式（5-99）得到物体的真实温度。

对于纯金属表面，$\varepsilon$ 随波长的增加而减小，即当 $\lambda_1 > \lambda_2$ 时，有 $\varepsilon_1 < \varepsilon_2$，此时 $T_s > T$，测温偏高；对于金属氧化物及非金属材料，$\varepsilon$ 随波长的增加而升高，即 $\lambda_1 < \lambda_2$ 时，有 $\varepsilon_1 > \varepsilon_2$，此时 $T_s < T$，测温偏低。

对于黑体或灰体，$\varepsilon$ 为常数，即 $\varepsilon_1 = \varepsilon_2$，此时 $T_s = T$。

这种测温精度高，抗干扰能力强，所以比色测温是辐射测温中提高测温精度的有效方法。

④ 多波长辐射测温。当采用超过两个波长来测量温度时，都称为多波长测温，目前有一些特殊场合已经开始尝试三波长方法，近年来也有很多学校和科研单位开始研究多波长的理论和方法，并取得了一定成果，但仪器都处于实验室阶段。由于其实现较复杂，目前其实用化还有一定困难。

（2）辐射测温法的比较

① 全辐射温度、亮温度恒小于物体表面的真实温度。实际上，由于红外探测器的光谱

响应，光学系统透射比，大气介质的吸收等因素的限制，所谓全辐射测温是不可能的。在亮温度测量中，也同样存在着光学系统效率低下的辐射能量损失。色温度测量和前两者不同，它的测量取决于辐射功率之比。因此，上述因素的影响甚微。

② 对于发射率较小的物体，全辐射测温和亮温度测温相对误差都较大。对于发射率较高的材料，3 种测温法均适宜。

③ 全辐射测温和亮温度测温都必须知道被测物体发射率的绝对值。而双波长辐射测温则只要知道两个波长处光谱发射率之比值。

④ 为了减少色温度的相对误差，在所选两个特征波长 $\lambda_1$ 和 $\lambda_2$ 处材料的发射率宜接近。对于 $\varepsilon$ 随 $L$ 变化缓慢的物体，双波长辐射测温误差也较小。特别是对于灰体，其发射率为常数，则 $\dfrac{\Delta T_s}{\Delta T} = 0$。另外还存在其他误差来源。

# 小 结

本章介绍了单色仪、光谱辐射计、红外分光光度计、傅里叶变换红外光谱仪及多通道光谱仪等常用红外辐射测量仪器的基本组成及其工作原理；讨论了红外辐射亮度、强度、总辐射通量及辐射率等参数的基本测量方法；研究了红外辐射的测温技术，使读者了解了红外辐射测量的基本原理及方法，也进一步加深对第 2 章辐射度量的理解。

# 习 题

5-1 名词解释：

多波长辐射测温、比色测温

5-2 填空题：

（1）单色仪是一种常用的_____仪器，可分为_____单色仪和_____单色仪两类。

（2）辐射计一般由_____、_____、_____和_____等组成。

（3）红外发射率具体是指_____。

（4）红外分光光度计根据其结构特征不同，可分为_____光度计和_____光度计两种。

5-3 简述反射式单色仪的工作原理。

5-4 简述双光束光学自动平衡系统和双光束电学平衡系统的异同。

5-5 各类辐射测温法的特点。

5-6 某热像仪的空间分辨率极限为 58μm，如果用显微光学系统的衍射极限来估算，仪器在温度 20℃下，求反射式显微镜的数值孔径是多少？

5-7 有一每毫米 1200 条刻痕的光栅，其宽度为 5cm，由它所产生的第一级光栅光谱的分辨率为多少？若采用照射光的波长为 600nm，求光栅在一级光谱中所能分辨的最近的两条谱线的波长差为多少？

5-8 将一个色散率较大的光学玻璃作为棱镜，若 $\lambda = 600nm$ 处的色散率为 $120 / mm$，当分辨率为 $6 \times 10^4$ 时，该棱镜的底边该有多大？

5-9 将折射率为 $n = 1.47118 \times 10^{-10} / \lambda^2$ 的光学材料制成等边棱镜，使其分辨率等于一个具有每毫米 300 条线，宽度为 5cm 的平面衍射光栅第一级光谱的衍射分辨率，当波长为 4μm 时，求棱底边的长度为多少？

5-10　某玻璃在 $\lambda_0 = 656.3\text{nm}$ 和 $\lambda_e = 546.1\text{nm}$ 处的折射率分别为 $n_0 = 1.6545$ 和 $n_e = 1.6630$。如果用该玻璃制作顶角为 $60°$ 的等边棱镜，并且刚好能分辨钠 D 线，该棱镜的底边长度是多少？

5-11　欲购一台红外光栅光谱仪，利用光栅的一级光谱，使其适用于 $0.415 \sim 10\mu\text{m}$ 波段，试问对其光栅有什么要求？

5-12　如果用绝对辐射计测量天空辐射亮度，对其接收器有什么要求？（假设天空为朗伯辐射体）

5-13　用单色仪在研究红外辐射源的光谱特性时，为了不引入杂光，提高测量灵敏度，满足全波段测试的要求，应在辐射源与入射狭缝间加入一个什么样的光学元件？

# 参 考 文 献

[1]　周书铨. 红外辐射测量基础[M]. 上海：上海交通大学出版社，1991.

[2]　张建奇，方小平. 红外物理[M]. 西安：西安电子科技大学出版社，2004.

[3]　纪红. 红外技术基础与应用[M]. 北京：科学出版社，1993.

[4]　石晓光，王蓟，叶文. 红外物理[M]. 北京：兵器工业出版社，2006.

[5]　刘景生. 红外物理[M]. 北京：兵器工业出版社，1992.

[6]　陈衡. 红外物理学[M]. 北京：国防工业出版社，1985.

[7]　王文革. 辐射测温技术综述[J]. 宇航计测技术，2005, 25 (4): 20-24.

# 第 6 章 红外辐射的大气传输

# 引　言

地球表面环绕着厚厚的大气层，它是人类赖以生存的重要条件。现代的各种图像探测器，无论是在大气层内对层内或层外目标的探测，还是从大气层对层内目标的探测，都是以大气作为辐射的传输媒介。而大气本身对辐射具有吸收、散射等作用，这导致了辐射能的衰减。因此，大气的传输特性直接影响探测器的探测效果，特别是在红外探测系统中，很多技术指标的制定都与一定的大气条件相对应。

当某一辐射源发出的辐射通过大气时，为了较准确地计算辐射能的衰减，需要考虑各种类型的大气衰减。由于每种衰减的机理不同且很复杂，必须分别对其进行处理。在此主要讨论由吸收和散射所导致的大气对红外辐射的衰减，以及大气透射率的计算等。

本章目的：（1）介绍大气的基本组成及其对辐射传输的影响；（2）分析大气的吸收和散射效应，并进行计算；（3）讨论大气消光对成像系统的影响，并介绍大气传输计算软件 MODTRAN。

# 6.1　大气的基本组成

## 6.1.1　大气层的结构

根据温度、成分、电离状态及其他物理性质，可将大气在垂直方向上划分成若干层次。由于温度垂直分布的特征更能反应大气状态，一般以其为划分层次的标准。常见的方法是将大气划分为对流层、平流层、中间层、热成层和散逸层 5 个层次。如图 6-1 所示，横坐标为温度 $T(K)$；纵坐标为海拔高度 $z(km)$；带箭头的横线表示赤道至极地范围内任何地点最低和最高月平均温度；实线表示美国标准大气（1976）北纬45°（45°N）的标准状态，大致与我国江淮流域（23km 30°～35°N）的平均状态相近。

对流层对人类活动影响最大，天气过程主要发生在这一层，其厚度不到地球半径的 2‰，却集中了约 80% 的大气质量和 90% 以上的水汽。对流层温度变化较大，在地面至 2m 高的范围内称为贴地层，昼夜温度变化可达 10℃ 以上，贴地层以上至 1～2km 高度的

图 6-1　大气层的结构

边界层内常出现逆温。就整个对流层而言，温度是随高度的增加而递减的，平均递减率为 6.5℃/km。温度递减率变为零或负处称为对流层顶，对流层的高度在中纬度区平均为 10～12km。

平流层位于大约12～55km 范围内，集中了20% 左右的大气质量，水汽已相当少，而臭氧含量最为丰富。平流层的温度变化与对流层相反，温度递减率变为零或正处为平流层顶。这种温度结构的空气十分稳定，气溶胶比较丰富。

中间层为平流层顶至 55～85km 范围，在该范围内温度随高度的增加而迅速下降，80km 以上则保持不变或递增。由于中间层的温度结构与对流层相似，故有第二对流层之称。

热成层又称为电离层或暖层。其范围自中间层顶至800km，该层大气的温度随高度的增加而迅速上升，直到 300km 高度时，温度可接近于 1000℃左右。该层的大气由于受强烈的太阳紫外辐射和宇宙射线的照射，使空气形成了好几个电离层，这使短波无线电的远距离传输成为可能。

散逸层为热成层以上的大气层统称为散逸层，近代人造卫星的探测结果表明，大气的上界可以扩展到2000～3000km 处。

对于一般军用光电成像器件大多工作在对流层或平流层下部（为 20～25km 以下），因此，后面的讨论将主要集中在平流层以下。

## 6.1.2　大气的组成

大气是由多种元素和化合物混合而成，大致可分为干洁大气、水蒸气以及其他悬浮的固体和液体粒子。

（1）干洁大气

干洁大气指不含水蒸气和气溶胶粒子等的大气。大致可分为两类：一类是常定成分，主要有氮（$N_2$）、氧（$O_2$）、氦（$He$）、氢（$H_2$）、氖（$Ne$）、氩（$Ar$）、氪（$Kr$）、氙（$Xe$）等，它们在大气中的含量随时间地点变化很小，但占据了绝大部分干洁空气的体积；另一类是可变成分，如二氧化碳（$CO_2$）、一氧化碳（$CO$）、甲烷（$CH_4$）、臭氧（$O_3$）、氨（$NH_3$）、二氧化硫（$SO_2$）、一氧化氮（$NO$）、二氧化氮（$NO_2$）等，其含量随时间地点的变化而变化，虽在大气中所占体积很小，但对辐射的吸收和散射有重要作用。

表 6-1 列出了主要大气成分及含量。

（2）水蒸气（$H_2O$）

通常大气并不是干燥的，总是含有水蒸气，而水蒸气的含量随地理位置、温度、季节及气层高度的变化而变化。全球地面水蒸气含量可相差 5 个数量级，且主要集中在 4km 以下气层，14km 以上的气层中，水蒸气含量变化很小。

由于水蒸气严重影响着辐射能的衰减，因此，它是人们研究的主要大气成分之一。描述大气中水蒸气含量常用方法主要如下。

① 水蒸气分压强 $e_v$，单位为大气压（atm）或毫巴（mb）；

② 体积比浓度；

③ 混合比或质量密度比，即单位质量空气中所包含的水蒸气质量，单位为 g/kg；

表6-1 大气成分及含量

| 成分 | 分子量 | 体积比含量（ppmV） | 重量比含量（ppmm） | 总量（大气压·厘米） |
|------|--------|-------------------|-------------------|---------------------|
| $N_2$ | 28.013 | 780840 | 755230 | 62400 |
| $O_2$ | 31.999 | 209470 | 231420 | 167400 |
| Ar | 39.948 | 9340 | 12900 | 7450 |
| $CO_2$ | 44.010 | 320 | 500 | 260 |
| Ne | 20.178 | 18.2 | 12.7 | 14.6 |
| He | 4.003 | 5.24 | 1.0 | 4.2 |
| $CH_4$ | 16.043 | 1.8 | 1.0 | 1.4 |
| Kr | 83.80 | 1.14 | 3.3 | 0.91 |
| CO | 28.010 | 0.06~1 | 0.06~1 | 0.05~0.8 |
| $SO_2$ | 64.06 | 1 | 2 | 1 |
| $H_2$ | 2.016 | 0.5 | 0.04 | 0.4 |
| $N_2O$ | 44.012 | 0.27 | 0.5 | 0.2 |
| $O_3$ | 47.998 | 0.01~0.1 | 0.02~0.2 | 0.25 |
| $H_2S$ | 34.08 | 0.002~0.02 | 0.002~0.02 | 0.0015~0.015 |
| $HNO_3$ | 63.016 | 0~0.005 | 0~0.01 | 0~0.004 |
| Xe | 131.30 | 0.087 | 0.39 | 0.07 |
| $NO_2$ | 46.006 | 0.0005~0.02 | 0.0008~0.03 | 0.0004~0.02 |
| Rn | 222 | 0.0136 | 0.0125 | $5\times10^{-14}$ |
| NO | 30.006 | 0 | | |
| $NH_3$ | 17.032 | | | |

注：ppmV 为体积比含量，ppm = $10^{-6}$；

ppmm 为重量比含量；

大气压·厘米=简化成标准温度和压力下以厘米为单位的大气层厚度。

④ 绝对湿度，单位体积空气中所含水蒸气的质量，单位为 g/m³；

⑤ 饱和水蒸气含量：在一定温度下，单位体积空气中所含有的水蒸气质量的最大值，该值仅与温度有关。当给定空气样品中的水蒸气含量时，可通过降低温度使其中的水蒸气从非饱和变为饱和状态，对应的饱和温度称为"露点"温度。表 6-2 为标准大气下的饱和水蒸气含量，表中第一列为露点温度。

⑥ 相对湿度：单位体积空气中所含水蒸气的质量与同温度下饱和水蒸气含量之比，以百分数表示。

根据定义，绝对湿度 $H$，饱和水蒸气含量 $H_a$ 和相对湿度 $H_r$ 之间的关系可表示为

$$H = H_r H_a \tag{6-1}$$

绝对湿度 $H$ 与水蒸气压强 $e_v$ 的关系为

$$e_v = H R_v T \tag{6-2}$$

式中，$R_v = 4.615 \times 10^2 (J/(kg \cdot K))$ 为气体常数；$T$ 为绝对温度。

当相对湿度 $H_r$ 为 100% 时，对应的水蒸气压强称为饱和水蒸气压强为 $e_a = H_a R_v T_d = H_a R_v (273.15 + t_a)$。

表 6-2　标准大气压下的饱和水蒸气含量（g/m³）

| $t$（℃） | 0 | 1 | 2 | 3 | 4 | 5 | 6 | 7 | 8 | 9 |
|---|---|---|---|---|---|---|---|---|---|---|
| −40 | 0.1200 | 0.1075 | 0.0962 | 0.0861 | 0.0769 | 0.0687 | 0.0612 | 0.0545 | 0.485 | 0.0431 |
| −30 | 0.341 | 0.308 | 0.279 | 0.252 | 0.227 | 0.205 | 0.1849 | 0.166 | 0.149 | 0.134 |
| −20 | 0.888 | 0.810 | 0.738 | 0.672 | 0.611 | 0.556 | 0.505 | 0.458 | 0.415 | 0.376 |
| −10 | 2.145 | 1.971 | 1.808 | 1.658 | 1.520 | 1.393 | 1.275 | 1.166 | 1.066 | 0.973 |
| −0 | 4.84 | 4.47 | 4.13 | 3.82 | 3.52 | 3.25 | 2.99 | 2.76 | 2.54 | 2.33 |
| 0 | 4.84 | 5.18 | 5.55 | 5.94 | 6.35 | 6.79 | 7.25 | 7.74 | 8.26 | 8.81 |
| 10 | 9.39 | 10.00 | 10.64 | 11.33 | 12.05 | 12.81 | 13.61 | 14.45 | 15.34 | 16.28 |
| 20 | 17.3 | 18.3 | 19.4 | 20.5 | 21.7 | 23.0 | 24.3 | 25.7 | 27.2 | 28.7 |
| 30 | 30.3 | 32.0 | 33.7 | 35.6 | 37.5 | 39.5 | 41.6 | 43.6 | 46.1 | 48.5 |
| 40 | 51.0 | 53.6 | 56.3 | 59.2 | 62.1 | 65.2 | 68.4 | 7.9 | 75.3 | 78.9 |

（3）气溶胶粒子

大气中悬浮着大量固体和液体粒子。通常将半径小于几十微米的固体微粒称为大气气溶胶粒子。液态粒子的尺度一般较大，具有可见的形态，按其形态分别称为云滴、雾滴、雨滴、冰晶、雪花和冰雹等。如图 6-2 所示，给出了气溶胶粒子的尺度范围。

图 6-2　气溶胶粒子的尺度范围

通常把半径小于 0.1μm 的粒子称为爱根核（Aitken）；0.1～1μm 的粒子称为大粒子；大于 1μm 的粒子称为巨粒子。

云由水滴和冰晶两种粒子组成，液态云滴的半径约为 1μm，冰晶尺寸稍大。

雾由靠近地面飘浮在空中的极细小水滴或冰晶组成，是一种近地层的云。通常把水平能见度小于 1km 的近地层水汽凝结物统称为雾，能见度在 1～10km 之间雾称为轻雾或霭。

由于人类活动排放的烟尘，或海上产生的盐粒漂浮于大气中的固态气溶胶系统称为霾。

雨滴的直径在 0.2～6.0mm，当直径小于 0.35mm 时其形态为严格的球形，直径越大，越偏离球形。

固态降水主要有雪花和冰雹，它们的尺度都较大，形状虽有一定规律但较复杂，其光学性质的描述也较困难。

由于重力作用，大气气溶胶粒子的浓度随高度按指数形式衰减，在对流层中其浓度随高

度变化的表达式为

$$N(z) = N(0)\mathrm{e}^{-z/h_0} \tag{6-3}$$

式中，$N$ 为粒子浓度；$z$ 为高度；$h_0$ 为特征高度（与气候和地区有关）。

表 6-3 给出不同地面（$z = 0$）能见度条件下的气溶胶特征高度。

表 6-3　不同地面能见度条件下的气溶胶特征高度

| 能见度（km） | 2 | 3 | 4 | 5 | 6 | 8 | 10 | 13 | 25 |
|---|---|---|---|---|---|---|---|---|---|
| $h_0$（km） | 0.84 | 0.90 | 0.95 | 0.99 | 1.03 | 1.10 | 1.15 | 1.23 | 1.45 |

气溶胶粒子的另一个重要概念为尺度分布。由于不同尺度（大小）的粒子对不同波长光波的散射不同，因此应知道气溶胶粒子尺度分布。

如上所述，气溶胶种类繁多，形态各异，尺度分布也相当复杂，目前尚无完整的理论可以解释某种分布的成因，但有许多经验公式来描述其分布，应用最普遍的是广义伽马分布

$$n(r) = ar^b \exp(-cr^d) \tag{6-4}$$

式中，$r$ 为粒子半径（μm）；$n(r)$ 为半径 $r$ 处单位半径间隔内气溶胶粒子浓度（$\mathrm{cm}^{-3} \cdot \mu\mathrm{m}^{-1}$）；$a$，$b$，$c$ 和 $d$ 为拟合参数。

选择不同的拟合参数可较好地描述霾、雨、雹、云等粒子的尺度分布及宏观的光学特性。式（6-4）也可演变为其他一些常见的模型：

① 标准伽马分布（$d = 1$）

$$n(r) = ar^b \exp(-cr) \tag{6-5}$$

适合于雾滴谱。

② XppNaH-$\mathrm{M_{QZ}}$NH 分布（$b = 2, d = 1$）

$$n(r) = ar^2 \exp(-cr) \tag{6-6}$$

适合于云雾粒子散射的分析。

③ Junge 分布（$b = -(v+1), c = 0$）

$$n(r) = ar^{-(v+1)} \tag{6-7}$$

适合于描述多数的霾情况，$v$ 为常数 $2 < v < 4$；当 $r$ 在 $0.1 \sim 1.0\mu\mathrm{m}$ 范围内时，$v = 3$；当 $r$ 在 $0.02 \sim 0.1\mu\mathrm{m}$ 范围内时，$v = 4$。

④ Marshall-palmer 分布（$b = 0, c = 2v, d = 1$）

$$n(r) = a \exp(-2vr) \tag{6-8}$$

可较好地描述连续性降水的平均谱。式中，$a = 8000\mathrm{m}^{-3}\mathrm{mm}^{-3}$；$v = 4.1J^{-0.21}$，$J$ 为降水强度，单位是 $\mathrm{mm/hr}$。

⑤ 对数正态分布

$$n(r) = \frac{a}{\sqrt{8\pi}}(\ln\sigma)^{-1} \exp\left\{-\left[\frac{\ln(r/r_g)}{2\ln\sigma}\right]^2\right\} \tag{6-9}$$

适合于描述阵雨、自然尘埃和烟雾粒子的分布。式中，$r_g$ 为粒子的几何平均半径；$\sigma$ 为粒子半径的标准差；$a$ 为拟合参数。在某些情况下，气溶胶的尺度分布呈双峰或多峰结构，此时利用对数正态分布模型更方便。

## 6.1.3　大气模式

大气的成分随地理位置、季节和温度等有很大变化，对大气的光学性质有明显影响。通常认为大气具有分层结构，即在局部区域大气成分只沿高度方向变化。描述大气特征的主要参数有气压、温度、温度递减率和密度等量的地面值及它们的高度廓线。由于这些参数复杂多变，无法用精确的形式表示，也不易完全测量得到。随着计算机模拟仿真技术的迅速发展，需要用这些参数来推算大气的性能、变化趋势等，来完成系统的设计和分析。因此，这就要求人们必须归纳出一些分析模式和给出标准大气的具体定义。

（1）标准大气

标准大气是用以描述理想的中纬度状况的物理量，即在太阳黑子最多和最少活动范围内的大气年平均状态。世界气象组织（WMO）关于标准大气的定义是："所谓标准大气，就是能够粗略地反映周年，中纬度状况的，得到国际上承认的假想大气温度、压力和密度的垂直分布。它的典型用途是做压力高度计校准，飞机性能计算，飞机和火箭设计，弹道制表和气象制图的基础，假定空气服从使温度、压力和密度与位势发生关系的理想气体定律和流体静力学方程。在一个时期内只能规定一个标准大气，这个标准大气除相隔多年做修正外，不允许经常变动。"

目前最具权威的标准大气是 1976 年美国标准大气。该标准大气是在 1962 年美国标准大气和 1966 年美国标准大气增补（USSAS-1966）的基础上，经过大量实验数据的收集和分析，对 1962 年标准大气进行了修正和补充，并把高度延伸到1000km。

经我国国家标准总局批准，在建立我国自己的标准大气之前，可使用 1976 年美国标准大气，其30km 以下作为国家标准。

（2）分析模式

按照 1976 年标准大气标准，海平面（$z=0$）的温度为 $T_0=10°C=283.15K$，气压为 $P=1013.25pa$，空气密度为 $\rho=1.225kg/m^3$。图 6-3 给出了气压 $P$ 和密度 $\rho$ 与几何高度 $z$ 的分布。图中曲线分段按以下几种模式拟合。

① 等密度模式（$\rho=$常数$=\rho_0$）

$$\begin{cases} P(z)=P_0-\rho_0 g(z-z_0) \\ T(z)=T_0-\gamma(z-z_0) \end{cases}$$

式中，$g$ 为重力加速度；$\gamma=-\dfrac{\mathrm{d}T}{\mathrm{d}z}$ 为温度递减率。

② 等温模式（$\gamma=0$）

$$\begin{cases} P(z)=P_0\exp\left[-\dfrac{g(z-z_0)}{RT}\right] \\ \rho(z)=\rho_0\exp\left[-\dfrac{g(z-z_0)}{RT}\right] \end{cases} \tag{6-11}$$

式中，$R=2.8706\times10^2(\mathrm{J/(kg\cdot K)})$ 为气体常数。

③ 多元模式（$\gamma=$常数）

图 6-3　气压 $P$ 和密度 $\rho$ 与几何高度 $z$ 的分布

$$\begin{cases} P(z) = P_0 \left[ \dfrac{T(z)}{T_0} \right]^{g/R\gamma} = P_0 \left[ 1 - \dfrac{\gamma}{T_0}(z - z_0) \right]^{g/R\gamma} \\ T(z) = T_0 - \gamma(z - z_0) \\ \rho(z) = \rho_0 \left[ \dfrac{T(z)}{T_0} \right]^{(g/R\gamma)-1} = \rho_0 \left[ 1 - \dfrac{\gamma}{T_0}(z - z_0) \right]^{(g/R\gamma)-1} \end{cases} \tag{6-12}$$

以上三种模式都是由理想气体定律导出，通过不同组合和拟合来表示标准大气中最常用的86km以下的大气参数及其变化。

除了1976年美国标准大气外，美国空军地球物理实验室（AFGL）推出的LOWTRAN模式中还提出了热带（Tropical）、中纬度夏季（Midlatitude Summer）、中纬度冬季（Midlatitude Winter）、近北极夏季（Subarctic Summer）和近北极冬季（Subarctic Winter）等5个区域性的标准大气模式。

# 6.2 辐射在大气中传输的光学现象

由多种成分组成的大气是复杂的光学介质。辐射在这种介质中传输时，将产生折射、吸收和散射等物理过程，从而导致辐射能的衰减，这将使光电成像系统对目标的探测产生直接影响。同时这些现象也反映了大气的状态，为大气遥感提供了依据。

## 6.2.1 大气的折射

由于大气的密度很小，大气的折射比与真空折射比（$n_\rho = 1$）非常地接近。通常用折射模数 $N$ 来表示大气的折射比。其定义为

$$N = (n-1) \times 10^6 \tag{6-13}$$

理论和实验结果表明，大气模数 $N$ 与大气压力、温度和水汽分压有关，同时还取决于光波的波长，其关系式为

$$N = 77.6(1 + 7.52 \times 10^{-3} / \lambda^2)\left( \frac{P}{T} + \frac{4810e}{T^2} \right) \tag{6-14}$$

式中，$P$ 为气压（百帕）；$T$ 为温度（K）；$dN/dz$ 为水汽分压（百帕）；$\lambda$ 为光波波长（μm）。

由上可知，随着气候特征的不同，各地区大气折射比的平均状态也不同。如表6-4给出了6类典型气候地区地面大气折射模数的年平均值范围及一年中的平均变化范围。

表 6-4 典型地区的地面大气折射模数

| 类　　型 | 位　　置 | $\bar{N}$ 年平均值 | $\Delta N$ 年平均变化 | 气 候 特 征 |
|---|---|---|---|---|
| 中纬沿海 | 纬度20°～50°之间靠近海洋、河流或湖泊的地区 | 300～350 | 30～60 | 海洋性气候亚热带气候 |
| 亚热带和热带草原 | 30°S与25°N之间，离海洋很远 | 350～400 | 30～60 | 有确定的雨季和旱季，典型的热带草原气候 |
| 季风地区 | 20°N与40°N之间 | 280～400 | 60～100 | 降雨与气温有季节性极值 |
| 半干旱山区 | 沙漠和草原区以及1000m上的山区 | 240～300 | 0～60 | 整年干旱的气候 |
| 极地大陆 | 高纬和极区或地中海型气候的中纬 | 300～340 | 0～30 | 低或适中的平均温度 |
| 赤道 | 20°S～20°N之间热带 | 340～400 | 0～30 | 单调的多雨气候 |

大气折射比随高度的变化比水平方向变化平均要大 3 个数量级左右。在标准大气条件下，随高度的变化近似符合指数衰减律。

$$N = N_{\mathrm{s}} \exp\left\{-\frac{h}{h_{\mathrm{N}}}\right\} \tag{6-15}$$

式中，对光波来说 $N_{\mathrm{S}} = 273$，$h_{\mathrm{N}} = 9.82\mathrm{km}$；对无线电波段来说 $N_{\mathrm{S}} = 316$，$h_{\mathrm{N}} = 8.08\mathrm{km}$。在平流层以上由于空气非常稀薄，$N \approx 0$，大气折射比接近于真空介质的值。

由于大气折射比的不均匀性，辐射在大气中的传输并不完全按直线进行，其传输路径的曲率 $K$ 为

$$K = -\frac{\mathrm{d}N}{\mathrm{d}z} \times 10^{-6} \tag{6-16}$$

由式（6-14）可知，$\mathrm{d}N/\mathrm{d}z$ 可表示为

$$\frac{\mathrm{d}N}{\mathrm{d}z} = \frac{\partial N}{\partial T} \cdot \frac{\partial T}{\partial z} + \frac{\partial N}{\partial P} \cdot \frac{\partial P}{\partial z} + \frac{\partial N}{\partial e} \cdot \frac{\partial e}{\partial z} \tag{6-17}$$

对于光波来说，$N$ 主要取决于温度，因此

$$\frac{\mathrm{d}N}{\mathrm{d}z} \approx \frac{\partial N}{\partial T} \cdot \frac{\partial T}{\partial z} = -77.6 \frac{P}{T^2} \cdot \frac{\mathrm{d}T}{\mathrm{d}z} \tag{6-18}$$

该式表明，光折射主要决定于温度层结构。

通常情况下，$\mathrm{d}N/\mathrm{d}z < 0$（即 $K > 0$）表示光射线弯向地面。对标准大气来说，在光波波段 $\mathrm{d}N/\mathrm{d}z = -0.028\mathrm{m}^{-1}$；在无线电波段 $\mathrm{d}N/\mathrm{d}z = -0.04\mathrm{m}^{-1}$，称为标准折射；当 $\mathrm{d}N/\mathrm{d}z = 0$（即 $K = 0$）时，光射线不弯曲，称为无折射，当弯曲的曲率半径等于地球曲率半径时，$\mathrm{d}N/\mathrm{d}z = -0.157\mathrm{m}^{-1}$，这时光线平行于地表面传输，称为临界折射。如图 6-4 给出了大气中不同的折射情况。

图 6-4　大气中不同的折射情况

辐射在大气中的折射对光电成像系统的影响主要在长距离的探测和遥测中较为明显，在短距离上其影响可忽略。

## 6.2.2　大气消光及大气窗口

大气对辐射强度的衰减作用称为消光。图 4-27 已给出了地球上大气层外的太阳光谱辐照度分布曲线，阴影部分为大气所引起的消光。图 6-5 所示为一大气消光示意图。

图 6-5　大气消光示意图

### 1. 大气消光

（1）大气消光的基本特点

① 在干洁大气中，大气消光决定于空气密度和辐射通过的大气层厚度。

② 大气中有气溶胶粒子及云雾粒子群时其消光作用增强。

③ 在地面基本观测不到波长 $\lambda < 0.03\mathrm{\mu m}$ 以下的短波太阳紫外辐射。

④ 地面观测到的太阳光谱辐射中有明显的气体吸收带结构。

（2）大气消光的原因

大气消光作用主要是由于大气中各种气体成分及气溶胶粒子对辐射的吸收与散射造成的。在辐射的传输过程中，辐射与气体分子和气溶胶粒子相互作用。从经典电子论角度看，构成物质的原子或分子内的带电粒子被准弹性力保持在其平衡位置附近，并具有一定的固有振动频率。在入射辐射作用下，原子或分子发生极化并依入射光频率作强迫振动，此时可能产生两种形式的能量转换过程。

① 入射辐射转换为原子或分子的次波辐射能。在均匀介质中，这些次波叠加的结果使光只在折射方向上继续传播下去，在其他方向上因次波的干涉而相互抵消，所以没有消光现象；在非均匀介质中，由于不均匀质点破坏了次波的相干性，使其他方向出现散射光。在散射情况下，原波的辐射能不会变成其他形式的能量，而只是由于辐射能向各方向的散射，使沿原方向传播的辐射能减少。

② 入射辐射能转换为原子碰撞的平动能，即热能。当共振子发生受迫振动时，即入射辐射频率等于共振子固有频率时（$\omega = \omega_0$），这种过程会吸收特别多的能量，入射辐射被吸收而变为原子或分子的热能，从而使原方向传播的辐射能减少。

（3）波盖尔定律

辐射通过介质时的消光作用与入射辐射通量 $\Phi$、衰减介质密度 $\rho(\mathrm{g/m^3})$ 以及所经过的路径 $\mathrm{d}s$ 成正比。

$$\mathrm{d}\Phi(v,s) = -k(v,s)\Phi(v,s)\rho\,\mathrm{d}s \tag{6-19}$$

式中，$\Phi(v,s)$ 为 $s$ 处的光谱辐射通量；$v$ 为波数，$v = 1/\lambda(\mathrm{cm^{-1}})$；$k(v,s)$ 为光谱质量消光系数，单位是 $\mathrm{M^{-1}L^2}$。

理论与实践表明，大气不同成分与不同物理过程造成的消光效应具有线性叠加的特性，即总消光特征量可以写成各分量之和。

$$k(v,s) = \alpha_m(v,s) + \beta_m(v,s) + \alpha_p(v,s) + \beta_p(v,s) \tag{6-20}$$

式中，前两项表示分子的吸收和散射，后两项为气溶胶粒子的吸收和散射。

由式（6-19）可得辐射衰减规律

$$\Phi(v,s) = \Phi(v,0)\exp\left[-\int_0^s k(v,s)\mathrm{d}s\right] \tag{6-21}$$

式中，$\Phi(v,0)$ 为初始光谱辐射通量。

若介质具有均匀的光学性质，则式（6-21）可进一步简化为

$$\Phi(v,s) = \Phi(v,0)\exp[-k(v)s\rho] \tag{6-22}$$

该式称为波盖尔（Bougner）定律。式中，$\omega = \rho s$ 为光程上单位截面中的介质质量；$l_\tau = k(v)s\rho$ 为介质的光学厚度。

为了描述辐射通过大气时的透射特性，引入大气透射比 $\tau$ 的概念，它为波数 $v$、大气厚度 $s$ 和介质密度 $\rho$ 的函数，具体表达式为

$$\tau = \frac{\Phi(v,s)}{\Phi(v,0)} = \exp[-k(v)\rho s] \tag{6-23}$$

由式（6-20）可得

$$\tau = \tau_M^\alpha \tau_M^\beta \tau_P^\alpha \tau_P^\beta \tag{6-24}$$

即总透射比为各单项透射比之积。各单项透射比还可进一步分解，如大气吸收可分解为 $H_2O$、$CO_2$ 和 $O_3$ 的吸收等。分别求出各因素的大气衰减后，相乘就得到整体透射比。值得注意的是，式（6-24）仅适合于光谱透射比的计算而不能用于计算平均透射比。

为描述在某一波段内的大气透射性质，下面引入平均透射比的概念

$$\overline{\tau} = \frac{1}{\nu_2 - \nu_1} \int_{\nu_1}^{\nu_2} \exp[-k(\nu)\rho s] \mathrm{d}\nu \tag{6-25}$$

式中，$\Delta\nu = \nu_2 - \nu_1$，$\nu_1$ 和 $\nu_2$ 分别为波数的下限和上限。

在使用波盖尔定律的时候，有以下几点值得注意：

① 定律假定消光系数与入射辐射强度、吸收介质浓度无关。一般情况下吸收比与辐射强度无关，但当辐射功率密度大到某一阈值（$10^7\,\mathrm{W/cm^2}$）时，会出现"饱和吸收"。与吸收介质无关意味着每个分子彼此无关地吸收，当吸收分子浓度很高或外来气体浓度很高时，由于分子间的相互作用增强而使吸收比发生变化。

② 假定粒子之间彼此独立地散射电磁辐射，即不考虑多次散射的影响。

对于准直光束，当光束发散角小于 $6'$，光束直径 $d \leqslant 100\mathrm{cm}$，接收视场与光束发散角相当时，在可见光谱区波盖尔定律适用于 $k\rho s = l_\tau \leqslant 25$ 的情况，在红外光谱区适用的范围更宽。在能见度1.6km的霾雾天气下，10km以内的传输距离可不考虑多次散射；对于云、雾和降水天气，$l_\tau > 8$ 时需要考虑多次散射。

### 2. 大气窗口

大气的消光作用与波长相关，且具有明显的选择性。如图 6-6 所示，给出了典型的大气透射谱图。由图可知，除可见光范围外，在 $0.76\sim1.11\mu m$、$1.25\sim1.77\mu m$、$1.16\sim1.32\mu m$、$2.10\sim2.40\mu m$、$3.4\sim4.1\mu m$、$4.5\sim5.3\mu m$、$8\sim14\mu m$ 等波段有较大的透射比，犹如辐射透射的窗口，称为"大气窗口"。有效地利用大气窗口可增加光电成像系统的作用距离。常用的大气窗口有近红外 $0.75\sim2.5\mu m$、中红外 $2.5\sim25\mu m$、远红外 $25\sim1000\mu m$。

图 6-6　典型大气透射谱图

## 6.2.3　大气的其他光学现象

大气中还存在其他一些光学现象，如大气自身的辐射，大气湍流，日、月光照射产生的虹、晕、华、宝光环、曙暮光、朝晚霞、海市蜃楼等。图 6-7 和图 6-8 分别为大气湍流和宝光环示意图。

大气自身的辐射和大气对日光辐射的反射都会对光电成像系统产生直接的影响。它使景物对比度下降，大气自身辐射在热成像系统的成像过程中构成附加背景而降低图像对比度。大气对日光的反射对成像系统影响明显，这一因素的模拟要考虑太阳—地球系统的状态、地理位置、日期和大气条件来决定。

图 6-7　大气湍流示意图　　　　　　　　图 6-8　宝光环示意图

# 6.3　大气吸收与散射的计算

　　在辐射通过大气的衰减过程中，大气对辐射的吸收和散射对光电成像系统的影响最为明显，它使景物信息衰减，图像边缘模糊。因此在系统分析和设计时要对大气辐射的吸收和散射做估算。

## 6.3.1　大气的吸收

　　对大气的吸收进行精确理论计算的方法主要有吸收线性法和吸收带法，但计算方法都十分烦琐。一般的工程计算方法有集合法和 MODTRAN 软件中的 LOWTRAN 法，计算误差为 5%～10%。

### 1. 大气吸收线形

　　在讨论大气吸收时，通常使用吸收比 $A$ 的概念，$A = 1 - \tau(\nu)$。$\tau(\nu)$ 为由于吸收形成的透射比。

　　图 6-6 中已给出的透射谱图是海平面上大气主要吸收气体的低分辨力吸收光谱。所谓低分辨力，是指图中曲线任一点的值不是该点的准确值，而是在一个波数段 $\Delta\nu$ 中吸收比的平均值。如果用高分辨力的光栅光谱仪测量，会发现 $A$ 随波数 $\nu$ 的变化频繁涨落，吸收气体的吸收带是由许多吸收谱线组成。吸收线可以用吸收比 $\alpha(\nu)$ 描述，实际测量和电动力学的研究表明，单条吸收线的形状主要分为：

　　（1）洛伦兹（Lorentz）线形

$$\alpha_L(\nu) = \frac{s}{\pi} \frac{\nu_L}{(\nu - \nu_0)^2 + \nu_L^2} \tag{6-26}$$

式中，$s$ 为与分子能带分布有关的吸收线强度；$\nu_0$ 为吸收线中心波数；$\nu_L$ 为 Lorentz 半宽度，它与气压 $P$ 成正比，与 $\sqrt{T}$ 成反比。

　　（2）多普勒（Doppler）线形

$$\alpha_D(\nu) = \frac{s}{\nu_D \sqrt{\pi}} \exp\left[-\frac{(\nu - \nu_0)^2}{\nu_D^2}\right] \tag{6-27}$$

式中，$\nu_D$ 为 Doppler 半宽度，它与 $\sqrt{T}$ 成正比。

　　（3）混合线型

$$\alpha(\nu) = \frac{sy}{\nu_D \sqrt{\pi^3}} \int_{-\infty}^{\infty} \frac{\exp(-t^2)}{[y^2 + (x-t)^2]} \mathrm{d}t \tag{6-28}$$

式中，$x = (\nu - \nu_0)/\nu_D$；$y = \nu_L/\nu_D$。

　　通常在对流层 $\nu_L > \nu_D$ 时可忽略 Doppler 线形，当 $\nu_L < 3.2\nu_D$ 时要考虑 Doppler 线形，即混合

线形。美国空军地球物理实验室（AFGA）光学部出版的"大气吸收线参数汇编"给出了各种成分吸收线参数。

**2．吸收带模式**

通常情况下，一个很窄的吸收带可包含有数十条或数百条吸收线，虽然每条吸收线都有确定的参数，但要找出谱带总吸收的解析形式是极其困难的。解决的方法之一是逐线积分，所得值与实测值之间相差为 5%～10%，这种计算工作量大且不方便，于是又提出了一些吸收带模式，最常用的有爱尔撒司模式，统计模式、随机模式和准随机模式 4 种。

（1）爱尔撒司模式

爱尔撒司模式又称为规则模式。把 $\Delta \nu$ 内的吸收线强度 $s$ 当做相同，吸收线中心距 $d$ 相等的周期性吸收线，则 $\Delta \nu$ 内的 $\alpha(\nu)$ 可表示为

$$\alpha(\nu) = \sum_{n=-\infty}^{\infty} \frac{s}{\pi} \frac{\nu_L}{(\nu - nd)^2 + \nu_L^2} \tag{6-29}$$

则在一个周期内的平均透射比为

$$\tau = \frac{1}{2\pi} \int_{-\pi}^{\pi} \exp\left[ -\frac{sW\mathrm{sh}\beta}{d(\mathrm{ch}\beta - \cos t)} \right] dt = 1 - \mathrm{sh}\beta \int_{0}^{y} e^{-y\mathrm{ch}\beta} J_0(i, y) dy \tag{6-30}$$

式中，$\beta$ 为无量纲线宽参量，$\beta = 2\pi \nu_L / d$；$J_0(i, y)$ 为虚宗量零阶 Bassel 函数，$y = m / \mathrm{sh}\beta$；$m = sW/d$；$W$ 为光程上的介质质量。

式（6-30）在特定条件下可进行以下简化：

强线近似（$\alpha_L(\nu_0)W \gg 1$）

$$\tau \approx 1 - \mathrm{erf}\left( \sqrt{\frac{LW}{2}} \right) \approx 1 - \sqrt{\frac{2LW}{\pi}} \tag{6-31}$$

式中，$L$ 为广义吸收系数，$L = \beta \dfrac{s}{d}$；$\mathrm{erf}(\cdot)$ 为误差函数。

平均吸收系数为

$$A = 1 - \tau = \mathrm{erf}\left( \sqrt{\frac{LW}{2}} \right) \approx \sqrt{\frac{2LW}{\Pi}} \tag{6-32}$$

弱线近似（$\alpha_L(\nu_0)W \ll 1$）

$$\tau \approx \exp\left[ -\frac{sW}{d} \right] \approx 1 - \frac{sW}{d} \tag{6-33}$$

平均吸收系数为

$$A = 1 - \tau \approx \frac{sW}{d} \tag{6-34}$$

由上可知，在弱线近似时，$A$ 与 $W$ 成正比，而强线近似时 $A$ 与 $\sqrt{W}$ 成正比，该结果与实际的测试结果相一致。

对于 $CO_2$ 的吸收来说，周期模式与实验结果较一致；对于 $H_2O$ 和 $O_3$ 的吸收来说，由于吸收线不满足等距分布条件，且强度相差很大，因此误差偏大。

（2）统计模式

统计模式又称为 Goody 模型。这种模型假设谱线的位置和强度可以用一种概率函数来表

示。取 $\Delta\nu$ 足够宽且有足够多的吸收线，这些吸收线中心在 $\Delta\nu$ 内等概率分布，吸收线强度 $s$ 符合 Poison 分布，则 $\Delta\nu$ 内一条吸收线的透射比 $\tau_i$ 为

$$\tau_i = 1 - \frac{\sigma W}{nD}\sqrt{\frac{\pi\nu_L}{\pi\nu_L + \sigma W}} \tag{6-35}$$

式中，$\sigma$ 为 $\Delta\nu$ 内 $s$ 的平均值；$n$ 为吸收线数，$D = \Delta\nu/n$。$\Delta\nu$ 内 $n$ 条吸收线的平均透射比为

$$\tau = \tau_i^n = \left(1 - \frac{\sigma W}{nD}\sqrt{\frac{\pi\nu_L}{\pi\nu_L + \sigma W}}\right)^n \xrightarrow{n\to\infty} \exp\left[-\frac{\sigma W}{nD}\sqrt{\frac{\pi\nu_L}{\pi\nu_L + \sigma W}}\right] \tag{6-36}$$

强线近似时：$\tau \approx \exp\left(-\sqrt{\dfrac{LW}{2}}\right)$；

弱线近似时：$\tau \approx \exp\left(-\dfrac{\sigma W}{D}\right)$。

由上述模式可知，当 $W$ 或 $s$（或 $\sigma$）增加，或者 $\alpha_L/d$（或 $\alpha_L/D$）增加都将使 $\tau$ 减小。由于 $\alpha_L \propto P$，$\alpha_L \propto 1/\sqrt{T}$，$s$ 与 $T$ 有关，因此，对于特定波数范围 $\Delta\nu$，吸收与 $T$ 和 $P$ 有关，也与吸收体的质量有关。通过实验确定相应的参数及变化规律就可以推算实际情况下的大气吸收情况。

（3）随机模式

随机模式假设谱带中有几种爱尔撒司模式的谱带，这几种谱带具有不同的强度、宽度和光谱间隔，且它们是无规则地叠加在一起的，该模式比较接近于真实的光谱结构。它适用于 $2.7\mu m$ 处，既有比较规律的二氧化碳吸收带，又有无规律的水蒸气吸收带。在很多情况下，用随机的爱尔撒司模式可得出比较精确的结果。

设有 $N$ 个爱尔撒司带无规则叠加形成的随机爱尔撒司带，第 $i$ 个爱尔撒司带的线强度为 $S_i$，半宽度为 $a_i$，谱带间距为 $d_i$，吸收率为 $A_i$，显然间隔内的平均吸收率为

$$\overline{A} = 1 - \prod_{i=1}^{N}[1 - \overline{A}_i(\varphi_i\beta_i)] \tag{6-37}$$

式中，$\varphi_i = S_i u/2\pi a_i$；$\beta_i = 2\pi a_i/d_i$。

弱线近似时：$\varphi_0 \ll 1$ 时，式（6-37）可化简为

$$\overline{A} = 1 - \prod_{i=1}^{N} e^{-\beta\varphi_i} \tag{6-38}$$

强线近似时：$\varphi_0 \gg 1$ 时，式（6-37）可化简为

$$\overline{A} = 1 - \prod_{i=1}^{N}\left\{1 - \text{erf}[(\tfrac{1}{2}\beta_i^2\varphi_i)^{\frac{1}{2}}]\right\} \tag{6-39}$$

（4）准随机模式

准随机模式是一种比前 3 种还要精确的模式。实际上，谱线的排列既不像爱尔撒司模式那样规则，也不像统计模式那样任意。准随机模式的方法是先将需要计算的光谱间隔 $\Delta\nu$ 为若干个宽度为 $\delta$ 的小间隔，再取一个包括几个小间隔的区段 $\Delta$；然后计算 $\delta$ 间隔内的透过率，其计算方法可以按在该小间隔 $\delta$ 内有效的方法进行，求区段 $\Delta$ 的平均透过率；将该区段的位

置移动 $\delta/2$，重复上述计算，一直进行到将 $\Delta\nu$ 都包括在内，再求这些区段的透过率平均值，就可得到所研究光谱内的平均透过率。

该模型可以产生与实际较为接近的吸收，但计算量很大。由于篇幅限制，在此不对其计算方法进行讨论。

### 3. 大气吸收的工程计算方法

大气中对辐射能吸收起主要作用的成分是水蒸气、二氧化碳和臭氧。其中臭氧在高层空间含量较高；二氧化碳含量相对较稳定；水蒸气含量随气象条件变化较大。

（1）集合法

集合法是各种模式的综合方法，每种模式都应用于给出最高精度的光谱区。

① $H_2O$。水蒸气的吸收通常用可降水分 $\omega$ 来表示，即截面积为 $1cm^2$，长度等于 $1km$ 辐射路程（海平面水平路径）的空气柱中所含水蒸气凝结成液态水后的水柱长度（cm/km）。利用式（6-1）可得

$$\omega = 10^{-1}H_rH_a/d \tag{6-40}$$

式中，$d$ 为水密度，单位是 $g/cm^3$，$4°C$ 时，$d = 1g/cm^3$。

表 6-5 给出了部分海平面上不同温度下的可降水量，把 $\omega$ 代入 $H_2O$ 的不同吸收带模式，便可确定其吸收量。

表 6-5　函数 $H_r = 100\%$ 时，部分海平面上不同温度下，每公里大气中的可降水量

| $T(°C)$ | 0 | 2 | 4 | 6 | 8 |
|---|---|---|---|---|---|
| | cm/km | cm/km | cm/km | cm/km | cm/km |
| 0 | 0.486 | 0.493 | 0.500 | 0.507 | 0.514 |
| 1 | 0.521 | 0.528 | 0.535 | 0.543 | 0.550 |
| 2 | 0.557 | 0.565 | 0.573 | 0.580 | 0.588 |
| 3 | 0.596 | 0.604 | 0.612 | 0.621 | 0.629 |
| 4 | 0.637 | 0.646 | 0.655 | 0.663 | 0.672 |
| 5 | 0.681 | 0.690 | 0.700 | 0.709 | 0.719 |
| 6 | 0.728 | 0.738 | 0.748 | 0.758 | 0.768 |
| 7 | 0.778 | 0.788 | 0.798 | 0.808 | 0.818 |
| 8 | 0.828 | 0.839 | 0.851 | 0.862 | 0.874 |
| 9 | 0.885 | 0.896 | 0.907 | 0.919 | 0.930 |
| 10 | 0.941 | 0.953 | 0.965 | 0.978 | 0.990 |
| 20 | 1.732 | 1.753 | 1.773 | 1.794 | 1.814 |
| 30 | 3.038 | | | | |
| −30 | 0.046 | | | | |
| −20 | 0.108 | 0.106 | 0.104 | 0.103 | 0.101 |
| −10 | 0.237 | 0.233 | 0.230 | 0.226 | 0.223 |
| 0 | 0.486 | 0.479 | 0.473 | 0.466 | 0.460 |

对于 $8\sim12\mu m$ 之间水汽的连续吸收，Roberts 等人由实验结果整理出的吸收系数 $\alpha(\nu)$ 的解析表达式为

$$\alpha(v) = [4.18 + 5578\exp(-7.87 \times 10^{-3}v)] \times \frac{0.998e + 0.002P}{P_0}\exp\left[6.08\left(\frac{296}{T}-1\right)\right] \tag{6-41}$$

式中，$e$ 为水蒸气分压；$P_0$ 为标准大气压；$P$ 为实际大气压；$T$ 为实际温度。

② $CO_2$。$CO_2$ 的主要吸收带位于 2.7μm、4.3μm、10μm 和 14.7μm 处。由于 $CO_2$ 在大气中的浓度随时间和地点的变化很小，因此由 $CO_2$ 吸收造成的辐射衰减可以认为与气象条件无关。

③ 高度修正及斜程处理。由于影响吸收的分子密度、气压和温度等均随海拔变化，因此当路径为一定海拔或者斜程时需要进行修正。集合法的各种模式均可给出相应的修正。修正要用到吸收分子的垂直分布，在没有实际数据时，通常采用美国标准大气或 LOWTRAN 区域标准大气。

下面介绍一种简化的修正方法——等效海平面法。

① 高度修正：设高度 $h$ 上的水平路径长度为 $L$，大气压为 $P$，海平面上大气压为 $P_0$，则等效路程长度为

$$L_0 = L(P/P_0)^x \tag{6-42}$$

对 $H_2O$ 来说，$x = 0.5$；对 $CO_2$ 来说，$x = 1.5$。

式（6-42）表明，在高度 $h$ 的水平路径 $L$ 上，光谱透射比与长度为 $L_0$ 的海平面水平路径等效。表 6-6 给出了部分高度上的修正因子（美国标准大气）。

表 6-6　部分高度上 $H_2O$ 和 $CO_2$ 的修正因子

| 高度 $z(m)$ | $H_2O$ 的高度修正 $(P/P_0)^{1/2}$ | $CO_2$ 的高度修正 $(P/P_0)^{1.5}$ | 高度 $z(m)$ | $H_2O$ 的高度修正 $(P/P_0)^{1/2}$ | $CO_2$ 的高度修正 $(P/P_0)^{1.5}$ |
|---|---|---|---|---|---|
| 300 | 0.9823 | 0.9479 | 4500 | 0.7550 | 0.4303 |
| 600 | 0.9648 | 0.8981 | 6000 | 0.6826 | 0.3181 |
| 900 | 0.9475 | 0.8507 | 9000 | 0.5513 | 0.1676 |
| 1200 | 0.9304 | 0.8055 | 12000 | 0.4375 | 0.0838 |
| 1500 | 0.9135 | 0.7624 | 15000 | 0.3457 | 0.0413 |
| 1800 | 0.8968 | 0.7213 | 18000 | 0.2732 | 0.0204 |
| 2100 | 0.8803 | 0.6822 | 21000 | 0.2160 | 0.0101 |
| 2400 | 0.8640 | 0.6449 | 24000 | 0.1713 | 0.0050 |
| 2700 | 0.8478 | 0.6094 | 27000 | 0.1362 | 0.0025 |
| 3000 | 0.8319 | 0.5757 | 30000 | 0.1087 | 0.0013 |

实际上，对流层（<20km）的大气为多元模式，表 6-6 可表示为如下函数关系（$T_0 = 288.15K$）

$$\left(\frac{P}{P_0}\right)^x = \left(1 - \frac{\gamma}{T_0}z\right)^{xg/R\gamma} \approx \exp\left(-\frac{xg}{RT_0}z\right) \tag{6-43}$$

即

$$\left(\frac{P}{P_0}\right)^{0.5} \approx \exp(-0.05938z)$$
$$\left(\frac{P}{P_0}\right)^{1.5} \approx \exp(-0.178z) \tag{6-44}$$

式中，$z$ 为海拔高度。

② 斜程修正：在斜程问题中，通常是在知道传感器位置处的参数（如温度、海拔、相对湿度等）的情况下，求一定斜程上的大气透射比。此时沿途是变吸收体。

对于标准大气，湿度随高度的分布为

$$H(z) = H(0)\exp(-\beta z) \tag{6-45}$$

式中，$H(z)$ 为海拔 $z$ 处的绝对湿度；$\beta = 0.45 / \text{km}$。

如图 6-9 为斜程路径示意图，其中 $\theta$ 为天顶角并假设不考虑辐射的折射。于是在海拔 $z$ 处，$\text{d}s$（即 $\text{d}z / \cos\theta$）路径上的等效海平面量为

$$\text{d}\omega_e = H(0)\text{e}^{-\beta z}\text{e}^{-0.05938z} \times 10^{-1} \frac{\text{d}z}{\cos\theta} \tag{6-46}$$

图 6-9　辐射在斜路径上的传输

海拔 $z_1$ 至 $z_2$，天顶角为 $\theta$ 的倾斜路径上的水蒸气等效海平面量为

$$
\begin{aligned}
\omega_e &= \frac{H(0) \times 10^{-1}}{\cos\theta} \int_{z_1}^{z_2} \exp[-(\beta + 0.05938)z]\text{d}z \\
&= H(0) \times 10^{-1} \exp[-(\beta + 0.05938)z_1] \cdot \frac{1 - \exp[-(\beta + 0.05938)](z_2 - z_1)}{(\beta + 0.05938)\cos\theta} \\
&= H(z_1) \times 10^{-1} \exp(-0.05938z_1) \cdot \frac{1 - \exp[-(\beta + 0.5938)](z_2 - z_1)}{(\beta + 0.05938)\cos\theta} \\
&= \omega_e(z_1) \cdot \frac{1 - \exp[-(\beta + 0.05938)](z_2 - z_1)}{(\beta + 0.05938)(z_2 - z_1)}
\end{aligned}
\tag{6-47}
$$

式中，$\omega_e(z_1)$ 为海拔 $z_1$ 处与斜程同样长路径上水蒸气的等效海平面量。

对于 $CO_2$，由于对流层内充分混合的修正因素主要是高度修正，等效海平面路径为

$$L_e = L_e(z_1)\frac{1 - \text{e}^{-0.178(z_2 - z_1)}}{0.178(z_2 - z_1)} \tag{6-48}$$

式中，$L_e(z_1)$ 为 $z_1$ 处与斜程同样长路径的 $CO_2$ 等效海平面路径长度。

**例 6-1**　设 $z_1 = 2\text{km}$，$t = 2°\text{C}$，$H_r = 50\%$，分别按水平路径和天顶角 $\theta = 60°$ 的斜程计算 $\lambda = 2\mu\text{m}$，路径长度为 1.8km 的光谱透射比（吸收）。

**解：**① 对 $H_2O$ 来说：由 $t = 2°\text{C}$，查表得饱和水蒸气含量 $H_a = 5.55\text{g} / \text{m}^3$，则

$$\omega = H_a H_R \times 10^{-1} = 0.2775\text{cm}$$

水平路径：                $\omega_e(z_1) = \omega e^{-0.05938 \times 2} \times 1.8 \approx 0.4436\text{cm}$

斜程（ $z_2 = 2.9\text{km}$ ）：        $\omega_e = \omega_e(z_1) \times 0.8021 \approx 0.3558\text{cm}$

因此，当 $\lambda = 2\mu\text{m}$ 时的光谱透射比如下。

水平： $\tau_{H_2O}(z_1) = 0.9013$

斜程： $\tau_{H_2O} = 0.9127$

② 对 $CO_2$ 来说：

水平： $L_e(z_1) = 1.8e^{-0.178 \times 2} \approx 1.26\text{km}$ ， $\tau_{CO_2} \approx 0.9237$

斜程： $L_e = L_e(z_1) \times 0.924 \approx 1.17\text{km}$ ， $\tau_{CO_2} \approx 0.9264$

当 $\lambda = 2\mu\text{m}$ 时，总吸收的光谱透射比如下。

水平： $\tau = \tau_{H_2O} \cdot \tau_{CO_2} = 0.8325$

斜程： $\tau = \tau_{H_2O} \cdot \tau_{CO_2} = 0.8455$

值得注意的是，修正因子 $\cos\theta$ 只适合 $\theta < 80°$ 的情况，考虑地球表面为球面时，已导出适合 $\theta > 80°$ 的修正因子。

（2）LOWTRAN 法

描述吸收的几种计算模式得出的平均透射比 $\tau$ 是 $P$ 和 $W$ 的二元函数。在强线近似条件下， $\tau$ 是 $\sqrt{V_L W}$ 即 $\sqrt{PW}$ 的函数，气压增加与吸收物质的增加对气体吸收有相同的效果；在弱线近似条件下， $\tau$ 是 $W$ 的函数，与 $V_L$ 和 $P$ 无关。在一个波段内，吸收线中处在低能级的气体分子较多，能量跃迁产生的吸收线强度较强；而处于高能级的分子数少，产生的吸收线强度较弱，所以吸收线强度分布与上述几种模式设想不完全一致。

MODTRAN 中 LOWTRAN 模式是美国空军地球物理实验室（AFGL）提出的一种低分辨力大气模式。它有较强的经验性，算法比较简单，精度为 10%～15%，在多数光电成像系统分析中都采用 LOWTRAN 为大气模拟模块。

LOWTRAN 模式是一种单参量模式，它给出不同吸收气体在各波段的广义吸收系数 $L_v$ ，透射比 $\tau$ 是 $L_v$ 和修正的光学质量 $W'$ 乘积的函数，即

$$\tau = F(L_v W') \tag{6-49}$$

修正的光学质量 $W'$ 的定义是

$$W' = \int_0^W \left(\frac{P}{P_0}\right)^n dW' \tag{6-50}$$

被积分函数为气压修正。式中， $n$ 为修正系数，它即不是强线近似的 1，也不是弱线近似的 0，而是 $0 \leqslant n \leqslant 1$ ，最佳数值由实验确定，对于 $H_2O$ ， $n = 0.9$ ；对于 $CO_2$ ， $n = 0.75$ ；对于 $O_3$ ， $n = 0.4$ 。

### 6.3.2 大气的散射

辐射在大气中传输时，除因分子的选择性吸收导致辐射能衰减外，辐射还会在大气中遇到气体分子密度的起伏及微小颗粒，使辐射改变方向，从而使传播方向的辐射能减弱，这就

是散射。一般来说，散射比分子吸收弱，随着波长增加散射衰减所占的地位逐渐减少。若散射辐射的频率与入射辐射的相同则能量无损失称为弹性散射。本节将讨论这一情况。

散射可以用电磁波理论和物质的电子理论分析，当粒子是各向同性时，散射光的强度是粒子尺度、粒子相对折射比和入射光波长的函数。

由波盖尔定律可知经过路程 $R$ 的散射透射比为

$$\tau = \exp(-\beta R) \tag{6-51}$$

式中，$\beta$ 为散射系数，用来描述该点的散射总数。

设散射辐射与入射辐射方向的夹角（散射角）为 $\theta$，则单位立体角内的散射数称为角散射系数 $\beta(\theta)$，且满足

$$\beta = \int_0^{4\pi} \beta(\theta)\mathrm{d}\omega \tag{6-52}$$

式中，$\mathrm{d}\omega$ 为立体角元。

实验证明，散射系数 $\beta$ 与散射粒子浓度 $N$ 成正比，即 $\beta = \sigma N$，$\sigma(\lambda)$ 为单个粒子的散射系数，称为散射截面（$\mathrm{cm}^2$/粒子数）。当大气中含有 $m$ 种不同类型的粒子群时

$$\beta = \sum_{i=1}^{m} \sigma_i(\lambda) N_i \tag{6-53}$$

在辐射传输中还经常用到散射相函数 $F(\theta)$ 的概念，它描述 $\theta$ 方向上单位立体角内散射辐射的相对大小。用于确定散射系数的方法有 3 大类：

（1）瑞利散射

1871 年瑞利首先提出一种理论来描述散射元的线度比被散射的波长小得多的散射。这就是众所周知的瑞利散射。

当散射粒子半径 $r$ 远小于辐射波长（$r \ll \lambda$）时，散射服从瑞利散射规则

$$\beta(\theta,\lambda) = \frac{\pi^2(n^2-1)^2}{2N\lambda^4}(1+\cos^2\theta) = \frac{\beta(\lambda)}{4\pi}F(\theta) \tag{6-54}$$

式中，$n$ 为散射介质折射比。总散射系数 $\beta(\lambda)$ 为

$$\beta(\lambda) = \frac{8\pi^3}{3}\frac{(n^2-1)^2}{N\lambda^4} \tag{6-55}$$

相函数 $F(\theta)$ 为

$$F(\theta) = \frac{3}{4}(1+\cos^3\theta) \tag{6-56}$$

其分布如图 6-10 所示。

在实际应用中还常用到后向散射系数，体积后向散射系数可由式（6-54）确定。

图 6-10　瑞利散射的相函数

$$\beta(\pi,\lambda) = \frac{\pi^2(n^2-1)^2}{N\lambda^4} = \frac{\beta(\lambda)}{4\pi}F(\pi) \tag{6-57}$$

在标准大气下，海平面的体积散射系数和后向散射系数约为（$\lambda = 0.55\mu\mathrm{m}$）：

$$\beta(0.55) = 1.162\times10^{-2}\,\mathrm{km}^{-1}, \quad \beta(\pi,0.55) = 1.3296\times10^{-3}\,\mathrm{km}^{-1}$$

当温度、气压和高度改变时散射系数 $\beta$ 和 $\beta(\theta)$ 均需修正，且修正因子相同。

$$\beta(\theta,\lambda) = \beta_0(\theta,\lambda)\frac{P}{P_0}\frac{T_0}{T} \tag{6-58}$$

下标"0"表示标准大气压海平面值。

瑞利散射只适用于粒子尺寸较小的情况。而在大气中瑞利散射粒子主要为气体分子，故称为分子散射。分子散射与 $\lambda^4$ 成反比，即短波散射比长波散射强，故天空呈蓝色。对中远红外区域瑞利散射可以忽略。

（2）迈（Mie）散射

当粒子尺度 $a = \dfrac{2\pi r}{\lambda} > 0.1 \sim 0.3$ 时，瑞利公式不再适用，需要用迈散射理论来描述。迈散射主要用来描述球形气溶胶粒子的散射。

大气中粒子的折射比大于周围空气的折射比，当入射辐射通过时，由吸收和散射产生气溶胶的消光，通常用复折射比来描述，即

$$m(\lambda) = n_r(\lambda) - in_i(\lambda) \tag{6-59}$$

式中，$n_r(\lambda)$ 为散射的实部；$n_i(\lambda)$ 为吸收的虚部。表 6-7 给出了普通气溶胶的复折射比指数。

表 6-7 普通气溶胶的复折射比

| 气溶胶类型 | 波长（μm） | | | | | | |
|---|---|---|---|---|---|---|---|
| | 0.488 | 0.55 | 0.6328 | 1.06 | 1.66 | 5.0 | 10.59 |
| | $n_r$ $n_i$ | $n_r$ $n_i$ | $n_r$ $n_i$ | $n_r$ $n_i$ | $n_r$ $n_i$ | $n_r$ $n_i$ | $n_r$ $n_i$ |
| 水 | 1.336 1.0E-9 | 1.333 1.96E-8 | 1.332 1.5E-8 | 1.326 5.0E-6 | 1.316 9.4E-5 | 1.325 0.0124 | 1.179 0.6777 |
| 海上 | 1.418 0.002 | 1.418 0.002 | 1.451 0.002 | 1.405 0.004 | 1.376 0.004 | 1.372 0.010 | 1.380 0.057 |
| 海上/农村 | 1.475 0.005 | 1.474 0.004 | 1.473 0.004 | 1.463 0.009 | 1.408 0.010 | 1.381 0.012 | 1.550 0.071 |
| 农村 | 1.530 0.008 | 1.530 0.006 | 1.530 0.006 | 1.520 0.014 | 1.440 0.016 | 1.390 0.013 | 1.720 0.085 |
| 农村/城市 | 1.569 0.086 | 1.569 0.082 | 1.569 0.080 | 1.560 0.089 | 1.500 0.096 | 1.492 0.116 | 1.810 0.198 |
| 城市 | 1.607 0.163 | 1.607 0.158 | 1.607 0.154 | 1.600 0.163 | 1.559 0.175 | 1.593 0.218 | 1.895 0.310 |
| 水溶性 | 1.530 0.005 | 1.530 0.006 | 1.530 0.006 | 1.520 0.017 | 1.487 0.020 | 1.450 0.012 | 1.760 0.070 |
| 尘埃 | 1.530 0.008 | 1.530 0.008 | 1.530 0.008 | 1.520 0.008 | 1.367 0.008 | 1.250 0.016 | 1.620 0.120 |
| 煤烟 | 1.750 0.450 | 1.750 0.440 | 1.750 0.430 | 1.750 0.440 | 1.780 0.469 | 1.970 0.600 | 2.220 0.730 |
| 海盐 | 1.500 2.0E-8 | 1.500 1.0E-8 | 1.490 2.0E-4 | 1.470 2.0E-4 | 1.456 7.0E-4 | 1.470 0.0025 | 1.500 0.014 |
| 硫酸（70%） | 1.432 2.0E-8 | 1.431 2.0E-8 | 1.429 2.0E-8 | 1.420 1.5E-6 | 1.398 2.7E-4 | 1.359 0.0123 | 1.737 0.273 |
| 氧化铝 | 1.770 2.0E-7 | 1.770 2.0E-7 | 1.770 2.0E-7 | 1.760 6.0E-8 | 1.740 5.5E-8 | 1.620 3.1E-5 | 0.550 0.061 |
| 氯化钠 | 1.550 1.0E-7 | 1.550 1.0E-7 | 1.550 1.0E-7 | 1.530 1.0E-7 | 1.530 1.0E-7 | 1.515 1.0E-7 | 1.490 1.0E-7 |
| 硫酸氨 | 1.530 1.0E-7 | 1.530 1.0E-7 | 1.520 1.0E-7 | 1.510 2.4E-6 | 1.490 1.8E-4 | 1.466 0.006 | 1.980 0.060 |
| 撒哈拉沙尘 | | | | | | 1.560 0.015 | 1.740 0.400 |
| 火山尘埃 | | | | | | 1.560 0.009 | 1.950 0.400 |

迈散射的计算可归结为确定散射效率因子 $Q_s(a,m)$、吸收效率因子 $Q_a(a,m)$ 和衰减效率因子 $Q_e(a,m)$，相应的截面与效率因子的关系为

$$\sigma_i(r,\lambda,m) = \pi r^2 Q_i(a,m) \tag{6-60}$$

式中，$i = s, a, e$。

图 6-11 给出了小水滴的 $Q_s(a,m)$ 曲线。由图可见，在 $a = 6.2$ 处，$Q_s \rightarrow \max$，即当 $r \approx \lambda$ 时产生最大散射，在 $a > 25$ 以后，$Q_s \rightarrow 2$，即散射与波长几乎无关。

由上可知，各种气溶胶的尺度分布 $N(r)$ 有很大区别，此时的散射系数 $\beta$ 和吸收系数 $\alpha$ 由式（6-61）积分确定

图 6-11 小水滴散射的 $Q_s(a,m)$ 曲线

$$\begin{cases} \beta = \pi \int_0^\infty Q_s(a,m)n(r)r^2 \mathrm{d}r \\ \alpha = \pi \int_0^\infty Q_a(a,m)n(r)r^2 \mathrm{d}r \end{cases} \tag{6-61}$$

迈散射的散射相函数 $F(\theta,m,\lambda)$ 在前向和后向不对称，主要集中在前向。

（3）无选择性散射

当散射粒子半径远大于辐射波长时，粒子对入射辐射的反射和折射占主要地位，在宏观上形成散射。这种散射与波长无关，故称为无选择性散射。散射系数 $\beta$ 等于单位体积内所含半径 $r_i$ 的 $N$ 个粒子的截面积总和

$$\beta = \pi \sum_{i=1}^N r_i^2 \tag{6-62}$$

雾滴的半径为 $1 \sim 60\mu m$，比可见光波长大得多，雾对可见光各波长光散射相同，故雾呈白色。对于雨，在红外波段的散射系数为

$$\beta_{\text{雨}} = 0.248V^{0.67} \tag{6-63}$$

式中，$V$ 为降雨速率（mm/h）。

（4）单次散射与多次散射

通常情况下，散射的研究主要侧重于以下 3 个方面：

① 角散射，如自然光；

② 总散射，如太阳辐射的衰减（从光束中消失的总能量）；

③ 对角散射和总散射都关心的成像过程。

从成像角度来看，在大气消光因素中，吸收使辐射衰减，但不会造成图像细节的模糊；而散射除了使辐射衰减外，还会造成图像细节的损失，原因在于部分散射辐射进入辐射接收器，如图 6-12 所示。

图 6-12 多次散射

当散射粒子间距是粒子半径的数倍时，可认为每个粒子都是独立于其他粒子的散射。在大多数大气条件下，这种独立散射条件基本成立。这是建立波盖尔定律的前提条件。

该条件假定粒子只暴露在入射辐射下，即为一次散射，而未考虑散射体在投射之前可能发生的二次或多次散射。虽然多次散射对保留下来的辐射总能量影响不大，但会改变粒子散射强度的合成分布形式。从点扩散情况来看，相当于将点扩展函数变宽。在一些气象条件较差的情况下，如果把大气传输环节看做一个线性系统，则输出下降，图像细节信息将损失。

对于有一定接收口径的接收器，即使只考虑一次散射，也会有部分散射辐射进入系统，因此，实际接收到的辐射将比用总散射系统算出的多一些。

由于多次散射的计算模型和算法都很复杂，一般采用单次散射模型计算散射量。从实际计算的效果来看，在某些情况下多次散射的影响是比较明显的。

以上散射，要想计算其散射系数，必须知道大气中悬浮粒子的资料。而这些资料往往不易获得，且难以测量。因此，气象学中常采用一种工程方法——气象视程来处理散射问题，该方法用起来较方便，又比较可信。下面对其进行介绍。

（1）气象视程与视程方程式

气象视程是指目标与背景的对比度随距离的增加而减小到 2%时的距离，又称为视程或视距。

一般情况下，可以在可见光谱区的指定波长 $\lambda_0$ 处（通常取 $\lambda_0 = 0.6\mu m$ 或 $0.55\mu m$）测量目标和背景的对比度，因为在这些波长处，大气的吸收很少，因而引起辐射衰减的原因主要是散射。设光线路程是水平的，沿光线路径的散射颗粒分布是均匀的，因此该处产生的散射都是相同的。这种情况下，可以以背景亮度为标准来定义目标的对比度

$$C = \frac{L_t - L_b}{L_b} \tag{6-64}$$

式中，$L_t$ 为目标亮度；$L_b$ 为背景亮度。

当我们观察一系列目标时，会发现它与背景间的对比度随着观察者距离的增加而减少，直到对比度弱到使人眼再也不能分开两者为止。换句话说，人眼对两个目标亮度差异的区别能力是有限的，这种限制的临界点称为亮度对比度阈。亮度对比度阈用 $C_V$ 来表示，对于正常的人眼来说，其标准值为 0.02。

对于同一目标来说，当它距离观察者为 $x$ 时，观察者所看到的目标和背景的对比度为

$$C_x = \frac{L_{tx} - L_{bx}}{L_{bx}} \tag{6-65}$$

式中，$L_{tx}$ 为观察者所看到的目标亮度；$L_{bx}$ 为背景亮度。

辐射传输在考虑散射时的传输方程为

$$\frac{dL}{dx} = -k(v,x)\rho(x)[L(v,x) - J_v(v,x)] \tag{6-66}$$

式中，$J_v(v,x)$ 为附加源函数；$v$ 为波数；$k(v,x)$ 为消光系数；$x$ 为路径长度。

对于 $x = 0$ 处的目标 $L_{t0}$ 和背景 $L_{b0}$，可得 $x = V$ 处的表观亮度为

$$L_i(V) = L_i(0)e^{-\int_0^V k\rho dx} + \left[\int_0^V k\rho J_v e^{\int_0^V k\rho dx} dx\right]e^{-\int_0^V k\rho dx} \tag{6-67}$$

将式（6-67）代入式（6-65），得对比度

$$C_x = C_0 \frac{1}{1+L_v(V)/L_b(0)\tau} = CT_C \tag{6-68}$$

式中，$C_0$ 为目标和背景的固有对比度，$C_0 = \dfrac{L_{t0} - L_{b0}}{L_{b0}}$；$\tau$ 为大气透射比，$\tau = \exp\left(-\int_0^V k\rho dx\right)$；

$L_v(R)$ 为气柱亮度，$L_v(R) = \int_0^V k\rho J_v e^{\int_0^V k\rho dx} dx$；$T_C$ 为大气对比传递函数。

当 $x=V$ 处的亮度对比度 $C_V$ 与 $x=0$ 处的亮度对比度 $C_0$ 的比值为 2% 时，称距离 $V$ 为气象视程，即

$$\frac{C_V}{C_0} = \frac{(L_{tV} - L_{bV})/L_{bV}}{(L_{t0} - L_{b0})/L_{b0}} = 0.02 \tag{6-69}$$

但在实际的工程测量时，总是让目标的亮度远远大于背景的亮度，即 $L_t \gg L_b$，而 $L_{b0} = L_{bV}$。因此，式（6-69）可变为

$$\frac{C_V}{C_0} = \frac{L_{tV}}{L_{t0}} = 0.02 \tag{6-70}$$

该式表明，在实际的观测中，如果把一个很亮的目标从 $x=0$ 处移到距离观测点 $x=V$ 处时，对于波长 $\lambda_0$ 的亮度降到原亮度的 2%，此时 $V$ 就是气象视程。若满足上述的假设，那么以 $x=0$ 到 $x=V$ 之间的大气，在波长 $\lambda_0$ 处，对大气透过率的影响将会只由散射造成，其透过率为

$$\tau_s(\lambda_0, V) = \frac{L_{tV}}{L_{t0}} = e^{-\mu_s(\lambda_0)V} \tag{6-71}$$

由式（6-70）和式（6-71）可得

$$\ln \tau_s(\lambda_0, V) = -\mu_s(\lambda_0)V = \ln 0.02 = -3.91 \tag{6-72}$$

则在波长 $\lambda_0$ 处，散射系数和气象视程的关系为

$$V = \frac{3.91}{\mu_s(\lambda_0)} \tag{6-73}$$

该式即为视程方程式。式中，$V$ 是长度单位，与 $\mu_s(\lambda_0)$ 相适应即可。

在推导视程方程式时，假设目标的表面亮度是均匀的，地表附近大气背景是均匀的，光线是单色的，光所经过的路程是水平的，沿光线所经过的散射微粒的分布也是均匀的。对波长的选取也间接地说明了它是无吸收的，只有散射起作用。

但在式（6-73）的实际应用中，却不像在推导时那样严格遵守这些假设。在实际大气中，多数情况视程是很短的。$V$ 一般小于16km，甚至于小于5km。在大气透明度很低的情况下，微粒一般较大，如雾滴，它在散射光线时，对波长是无选择性的。因为此时的散射可以看做是直径大于5μm的悬浮微粒上的反射和衍射过程的综合效应，所以可以认为满足 $r \gg \lambda$ 的条

件，可按几何光学定律来处理。在这种情况下，散射系数 $\mu_s(\lambda_0)$ 将与波长无关。因此，不必强调是单色光。另外，此时的背景光线也多是均匀而弥漫的，所以不必担心利用式（6-73）会出现什么问题。所幸运的是，尽管在浓阴天或碧空的日子里，从天顶到地平线附近亮度将有 3 倍左右的变化，然而，只要物体的漫反射能力很弱，利用该方程就不会产生多大误差。而事实上，许多天然目标物都具有低的反射率，如森林为 4%～10%、绿色场地为 10%～15%、海湾及河流为 6%～10% 等。

视程及视程方程式是很重要的，一方面，人们要知道眼睛能看多远，也就是要知道视程多远，这在空运、海运和陆地上的观察都是十分重要的，在气象学中具有更重要的地位；另一方面，人们很想知道一个不熟悉的物体最远在什么距离上可以用眼睛观测到。因为这还包括有辨认的问题在内，所以它远比第一方面的问题复杂。

（2）测量 $\lambda_0$ 处视程的原理

按照视程方程式，可获得散射系数 $\mu_s$。由于我们选取的波长通常是 $\lambda_0 = 0.61\mu m$ 或 $0.55\mu m$，在这些波长处的吸收近似为 0。因此，衰减只是由散射造成的。这样可以由透射率和散射系数的关系，来求气象视程。具体来说，如果在已知的 $x$ 距离上，在波长 $\lambda_0$ 处，测得大气的透射率为 $\tau_s(\lambda_0, x)$，则有

$$\tau_s(\lambda_0, x) = e^{-\mu_s(\lambda_0)x} \tag{6-74}$$

$$\ln \tau_s(\lambda_0, x) = -\mu_s(\lambda_0)x \tag{6-75}$$

当 $x$ 在 $0 \sim V$ 之间时，由于整个视程内的 $\mu_s$ 都是一样的，因此，可将式（6-75）中的 $\mu_s(\lambda_0)$ 代入视程方程，得到视程与已知距离处的透射率间的关系

$$V = \frac{3.91x}{\ln \tau_s(\lambda_0, x)} \tag{6-76}$$

该式表明，只要测得已知距离 $x$ 及透射率 $\tau_s(\lambda_0, x)$，就可求得视程。

通过亮度对比度阈和透射率的关系，也可求得到与式（6-76）类似的关系式，只需将 $\tau_s(\lambda_0, x)$ 换成对比度之比即可，在此不再详细讨论。

式（6-76）不仅给出了测量视程的原理，同时也介绍了通过 $V$ 与透射比的关系来计算气象视程。

**例 6-2**　在距离 $x = 5.5km$，波长 $\lambda_0 = 0.55\mu m$ 处测得的透射比 $\tau_s(\lambda_0, x)$ 为 30%，求气象视程 $V$。

**解**：将 $x$ 和 $\tau_s(\lambda_0, x)$ 代入式（6-73）得

$$V = -\frac{3.91 \times 5.5}{\ln 0.3} = 17.9(km)$$

即在 $0.55\mu m$ 处的气象视程为 17.9km。

（3）利用 $\lambda_0$ 处的视程求任意波长处的光谱散射系数

大家知道，无论是瑞利散射，还是迈散射等，散射系数 $\mu_s(\lambda)$ 都是波长的函数，只是当粒子半径远大于波长之后，才与波长无关，而成为无选择性散射。一般可将散射系数表示为

$$\mu_s(\lambda) = A\lambda^{-q} + A_1\lambda^{-4} \tag{6-77}$$

式中，$A$、$A_1$、$q$ 都是待定的常数。

式（6-77）中，第二项表示瑞利散射。在红外光谱区内，瑞利散射并不重要，因此只需考虑式中的第一项，即

$$\mu_s(\lambda) = A\lambda^{-q} \tag{6-78}$$

取对数，得

$$\ln \mu_s(\lambda) = \ln A - q \ln \lambda \tag{6-79}$$

式中，$q$ 为经验常数。当大气能见度特别好（如气象视程 $V$ 大于 80km）时，$q = 1.6$；中等能见度，$q = 1.3$（这是最常见的数值）。如果大气中的霾很浓厚，以至于能见度很差（如气象视程小于 6km），可取 $q = 0.585V^{1/3}$，其中 $V$ 是以 km 为单位的气象视程。

式（6-79）同样应该满足波长 $\lambda_0$ 处的散射系数。可利用式（6-78）和式（6-73）得到

$$\mu_s(\lambda) = \frac{3.91}{V} = A\lambda_0^q \tag{6-80}$$

$$A = \frac{3.91}{V}\lambda_0^q \tag{6-81}$$

将式（6-81）代入式（6-78），就可得到任意波长 $\lambda$ 处的散射系数 $\mu_s(\lambda)$ 与气象视程及波长的关系式

$$\mu_s(\lambda) = \frac{3.91}{V}\left(\frac{\lambda_0}{\lambda}\right)^q \tag{6-82}$$

把式（6-82）代入由纯散射衰减导致的透射率公式，有

$$\tau_s(\lambda) = \exp\left[-\frac{3.91}{V}\left(\frac{\lambda_0}{\lambda}\right)^q x\right] \tag{6-83}$$

## 6.3.3　大气透过率

前面讨论了大气的吸收和散射对辐射的衰减作用，分别给出了纯吸收和纯散射所导致的衰减，并且给出了相应计算透射率公式。根据这些结果，原则上应该能够计算出给定气象条件下的大气透射率。

在实际的大气中，尤其是在地表附近几千米的大气中，吸收和散射同时存在，因此大气的吸收和散射所导致的衰减都遵循比尔-朗伯定律。由此可得大气的光谱透射率为

$$\tau(\lambda) = \tau_a(\lambda)\tau_s(\lambda) \tag{6-84}$$

式中，$\tau_a(\lambda)$、$\tau_s(\lambda)$ 分别是吸收和散射有关的透射率。由此可见，只要分别计算出 $\tau_a(\lambda)$ 和 $\tau_s(\lambda)$ 就可由式（6-84）来计算大气透射率。

然而，大气中并非有一种吸收组分。假设大气中有 $m$ 种吸收组分，因而与吸收有关的透射率应该是这几种吸收组分的透射率的乘积，即

$$\tau_a(\lambda) = \prod_{i=1}^{m}\tau_{ai}(\lambda) \tag{6-85}$$

式中，$\tau_{ai}(\lambda)$ 是与第 $i$ 种组分的吸收有关的透射率。

将式（6-85）代入式（6-84），可得大气透射率

$$\tau(\lambda) = \tau_s(\lambda)\prod_{i=1}^{m}\tau_{ai}(\lambda) \qquad (6\text{-}86)$$

可见，计算大气透射率的步骤可归纳如下。

（1）按实际的需要规定气象条件、距离和光谱范围。

（2）由气象视程的方法计算出在给定条件下的 $\tau_s(\lambda)$。

（3）按给定条件，依次计算出各个吸收组分的 $\tau_{ai}(\lambda)$，具体如下。

① 按照大气透射率表，计算水蒸气和二氧化碳的吸收所造成的透射率。

② 按照带模型，计算在给定条件下和指定光谱范围内的各吸收带的吸收率，从而求得透射率。这种方法虽然较为准确，但较复杂。

（4）利用所求的 $\tau_s(\lambda)$ 和 $\tau_{ai}(\lambda)$，根据式（6-86）可以算出大气的透射率。

**例 6-3** 气象条件：海平面水平路程长为 1.8km，气温为 22℃，相对温度 $R_h = 59\%$，气象视程 $V = 13.8km$（在 0.61μm 处）。求在 3.5～4.0μm 光谱带的平均大气透射率。

**解：** ① 求 $\tau_s(\lambda)$。

因为 $V = 13.8km$，故取 $q = 1.3$，$\lambda_0 = 0.61μm$。在 3.5～4.0μm 这样一个狭窄的范围内，由散射而导致的透射率随波长的变化较慢，可以取该光谱范围内的中心波长 $\lambda = 3.75μm$ 处的 $\tau_s(\lambda)$ 作为平均的 $\bar{\tau}_s$。

根据透射率公式可得

$$\bar{\tau}_s(3.75) = \exp\left[-\frac{3.91}{13.8}\left(\frac{0.61}{3.75}\right)^{1.3}\times 1.8\right] = 0.95$$

② 求 $\bar{\tau}_a$。

这里只取两个组元的吸收，即水蒸气和二氧化碳吸收的透射率，所以有 $\bar{\tau}_a = \tau_{H_2O}\tau_{CO_2}$。

a．先求水蒸气的透射率 $\tau_a = \tau_{H_2O}$。由表 6-8 查得 22℃ 的饱和水蒸气密度为 $\rho_s = 19.22\,g/m^3$，绝对湿度为 $\rho_w = \rho_s R_h = 19.22\times 0.59 = 11.34\,g/m^3$，所以，全路程的可凝结水的毫米数为

$$\omega = \rho_w x = 11.34\times 1.8 = 20.4mm$$

当 $\omega = 20mm$ 时，将各波长对应的透射率列于表 6-8 中。

b．求二氧化碳的透射率 $\tau_{CO_2}$。因为 $x = 1.8km$，可取近似值 $x = 2km$。将表 6-8 中的 $\tau_a(\lambda)$ 值对应波长 $\lambda$ 画图，如图 6-13 所示。

表 6-8　各波长对应的透射率

| 波长（μm） | $\tau_{H_2O}(\lambda)$ | $\tau_{CO_2}(\lambda)$ | $\tau_a(\lambda)$ | $\bar{\tau}_a$ | $\bar{\tau}_s$ | $\bar{\tau}$ |
|---|---|---|---|---|---|---|
| 3.5 | 0.832 | 1 | 0.832 | | | |
| 3.6 | 0.916 | 1 | 0.916 | | | |
| 3.7 | 0.944 | 1 | 0.944 | 0.94 | 0.95 | 0.89 |
| 3.8 | 0.972 | 1 | 0.972 | | | |
| 3.9 | 0.972 | 1 | 0.972 | | | |
| 4.0 | 0.960 | 0.991 | 0.951 | | | |

图 6-13　大气透射率的计算

很容易得到 $3.5\sim4.0\mu m$ 区的平均透射率 $\overline{\tau}_a$。此时，整个光谱区域的带宽为 $\Delta\lambda = 4.0 - 3.5 = 0.5\mu m$，而光谱间隔 $d\lambda = 0.1\mu m$，其边缘上的两个波长只有间隔的一半，即为 $d\lambda/2$，所以平均透射率为

$$\overline{\tau}_a = \frac{1}{\Delta\lambda}\left[\tau_a(\lambda_0)\times\frac{1}{2}d\lambda + \tau_a(\lambda_1)d\lambda + \cdots + \tau_a(\lambda_{m-1})d\lambda + \tau_a(\lambda_m)\times\frac{1}{2}d\lambda\right]$$

式中，$\lambda_0$ 和 $\lambda_m$ 是该光谱带边界上的两个波长，所以对于 $3.5\sim4.0\mu m$ 带有

$$\overline{\tau}_a = \frac{0.1}{0.5}\left[\frac{0.832 + 0.951}{2} + 0.961 + 0.944 + 0.972 + 0.972\right] = 0.94$$

所以，可求得

$$\overline{\tau} = \overline{\tau}_a\overline{\tau}_s = 0.94\times0.95 = 0.89$$

为清楚起见，把 $\tau_a(\lambda)$、$\overline{\tau}_a$、$\overline{\tau}_s$、$\overline{\tau}$ 都列于表 6-8 中。在图 6-13 中，实线表示在波长 $3.5\sim4.0\mu m$ 的光谱带由吸收所导致的光谱透射率 $\tau_a(\lambda)$，而虚线表示在这一段光谱范围内的平均值。对于边界波长上所取的光谱间隔为 $d\lambda/2$。

## 6.4　大气消光对成像系统性能的影响

大气消光可使目标与背景的对比度下降，下面分析对比度衰减对几种成像系统的影响。

（1）大气消光对人眼视觉系统的影响

人眼是一个比较理想的成像系统，对日间视觉来说，人眼的阈值对比度为 2%～5%，按式（6-68），大气的传递函数为

$$T_C = \left[1 + \frac{L_v(\infty)}{L_b(0)}\cdot\frac{1-\tau}{\tau}\right]^{-1} = \left[1 + K\cdot\frac{1-\tau}{\tau}\right]^{-1} \tag{6-87}$$

式中，$K$ 为地平天空亮度与背景亮度之比。

由此可见，$T_C$ 是 $K$ 和 $\tau$ 的函数，与目标亮度无关，即 $T_C$ 只与目标与探测器之间的大气状态有关。

（2）大气消光对微光成像系统性能的影响

微光成像系统通常在自然照度很低的条件下工作，其性能主要受入射光子随机涨落的光子噪声限制，该涨落可用泊松分布来表示。因此，大气消光对微光成像系统性能的影响应从信噪比的衰减来考虑。

设目标和背景像元的光子数分别为 $N_t$ 和 $N_b$，天空散射元的光子数为 $N_q$，则成像系统在 $V$ 距离处的表观信噪比为

$$(S/N)_R = \frac{[N_t\tau + N_q(1-\tau)] - [N_b\tau + N(1-\tau)]}{[2N_m\tau + 2N_q(1-\tau)]^{1/2}} = (S/N)_0 \frac{\tau}{[\tau + K(1-\tau)]^{1/2}} \qquad (6\text{-}88)$$

式中，$(S/N)_0$ 为固有信噪比，且 $(S/N)_0 = (N_0 - N_b)/(2N_m)^{1/2}$；$N_m$ 为平均光子数，$N_m = (N_t + N_b)/2$；$K$ 为天空散射光子数与平均光子数之比，$K = N_q/N_m$。

于是，对微光成像系统的大气信噪比传递函数为

$$T_{Ph} = (S/N)_V \Big/ (S/N)_0 = \sqrt{\tau} \Big/ \left(1 + K\frac{1-\tau}{\tau}\right)^{1/2} \qquad (6\text{-}89)$$

与大气传递函数 $T_C$ 不同，$T_{Ph}$ 除与 $\tau$、$N_b$ 和 $N_q$ 有关外，还与目标光子数 $N_t$ 有关。

（3）大气消光对被动红外成像系统的影响

被动红外成像系统的性能只取决于目标和背景的辐射之差（平均信号通常用交流耦合电路消除掉），固有信噪比可表示为

$$(S/N)_0 = A'(N_t - N_b) \qquad (6\text{-}90)$$

式中，$A'$ 为比例常数；$N_t$ 为目标的固有辐亮度；$N_b$ 为背景的固有辐亮度。

大气中红外辐射在传输过程中附加的辐射量由散射的红外辐射和大气本身的红外辐射组成，统称为路程辐射亮度 $N_a$。于是在 $V$ 处的表观信噪比为

$$(S/N)_R = A'[(N_t\tau_{IR} + N_a) - (N_b\tau_{IR} + N_a)] = A'\tau_{IR}(N_t - N_b) = (S/N)_0 \tau_{IR} \qquad (6\text{-}91)$$

式中，$\tau_{IR}$ 为红外光谱透射比。

用有效信噪比传递来表示被动红外成像系统受大气消光的影响，即

$$T_{ef} = \frac{(S/N)_R}{(S/N)_0} = \tau_{IR} \qquad (6\text{-}92)$$

因此，路程辐射亮度对被动红外成像系统不起作用。

由上可知，大气对各类成像系统的影响有很大的区别。人眼视觉系统受大气消光的影响远大于被动红外成像系统，而受光子噪声限制的微光成像系统所受的影响则介于上述两者之间。

# 6.5　大气传输计算软件 MODTRAN

随着近代物理和计算机技术的发展，大气辐射传输计算方法，由20世纪60年代的全参数或简化的谱带模式发展为目前的高分辨光谱透过率计算，由单纯只考虑吸收的大气模式发展到散射和吸收并存的大气模式，且大气状态也从只涉及水平均匀大气发展到水平非均匀大

气。同时发布的软件如 MODTRAN、LOWTRAN、FASCOD、MOSART、EOSAEL 和 SENTRAN 等在目标探测和遥感中得到了应用，其中 MODTRAN 目前应用更为广泛。

### 1．MODTRAN 简介

MODTRAN（MODerate resolution TRANsmission）是美国空军研究实验室开发的一种中分辨率的大气辐射传播软件，它是 LOWTRAN 的升级产品，主要是为了满足军事和遥感的工程需要。它首次发布于 1989 年，最新版本是 2002 年 3 月发布的 PcModWin 4.0。开发 MODTRAN 的目的在于提高 LOWTRAN 的光谱分辨率，它将光谱的半宽度由 LOWTRAN 的 $20cm^{-1}$ 减少到 $2cm^{-1}$。它的改进主要包括发展了一种 $2cm^{-1}$ 光谱分辨率的分子吸收算法和更新了对分子吸收的气压温度关系的处理，还同时包含了可供用户选用的 LOWTRAN 完整模型。MODTRAN 重点对水汽、二氧化碳、臭氧、一氧化二氮、一氧化碳、甲烷和氧气、一氧化氮、二氧化硫、二氧化氮、氨气和硝酸等分子进行了重新处理。新的带模式参数范围覆盖了 $0\sim17900cm^{-1}$。但在可见和紫外这些较短的波长上，仍使用 LOWTRAN7 的 $20cm^{-1}$ 的分辨率。在 MODTRAN 中，分子透过率的带参数在 $1cm^{-1}$ 的光谱间隔上计算，在该间隔上的分子透过比计算主要包括 3 个部分：

（1）在此间隔上积分"平均谱线"的 Voigt 线型；

（2）当该间隔包含了同种分子的多于一条谱线时，假定这些谱线是随机分布的；

（3）将相邻间隔中的谱线的贡献看做分子连续吸收来处理。

MODTRAN 中其他光谱结构变化大于 $1cm^{-1}$ 的成分，则仍用 LOWTRAN7 的 $5cm^{-1}$ 分辨率计算，并内插到 $1cm^{-1}$ 上求得总透过比。这些 $1cm^{-1}$ 的间隔互不重叠，并可用一个三角狭缝函数将其光谱分辨率降低到所需的分辨率。由于这些间隔是矩形的，且互不重叠，因此 MODTRAN 的标称光谱分辨率为 $2cm^{-1}$。

在程序处理上，MODTRAN 的构造保持了对 LOWTRAN 的改动最小，具体体现在三个方面：

① 附加了中分辨率光谱计算能力的选择项，但它可作为独立的程序运行，也可作为子程序或分立的模块运行，而不干扰原 LOWTRAN 的执行；

② 气溶胶模式、多次散射计算、用户定义的大气模式等都未改变；

③ 将 MODTRAN 使用的分子带模式参数作为外部文件读入。且对于使用者来说，MODTRAN 的输入卡仅对 LOWTRAN 输入卡做了三处改动：在卡片一的最前面加了一个逻辑变量 MODTRAN，供用户选择是否使用 MODTRAN；将卡片四的输入改为整型；加了一个输入参数 IFWHM 定义三角狭缝函数的宽度。

### 2．MODTRAN 的组成部分

在 MODTRAN 软件实际运行时，有 MODTRAN 和 LOWTRAN 两种选择。MODTRAN 主要由三大部分组成。

（1）大气模型

大气模型包括标准大气模型和用户自定义大气模型。标准大气模型与 LOWTRAN 定义的 6 种大气模型相同，分别为①1976 年美国标准大气：1976 年，由美国制定，用中纬度平均值表示；②赤道：北纬15°；③中纬度夏天：北纬45°，7 月；④中纬度冬天：北纬45°，1 月；⑤亚北极夏天：北纬60°，7 月；⑥亚北极冬天：北纬60°，1 月。

　　在 6 种标准大气模型中，只有 1976 年美国标准大气为一种标准的大气模型（其界面示意图如图 6-14 所示），其余 5 种模型都反映了季节、纬度对大气性质的影响。

　　MODTRAN 的大气模型将大气非等高地划分为 34 层，能给出上述 6 种大气模型的气压、温度及 $H_2O$、$CO_2$、$O_3$ 等 11 种气体含量随高度的分布情况。

　　用户自定义大气模型有两种，可根据需要自己输入气象数据。

图 6-14　大气模式为 1976 年美国标准大气的界面示意图

　　（2）大气路径类型及参数

　　MODTRAN 计算时，要求必须先输入路径类型，再输入路径参数。

　　输入路径主要包括水平路径、斜路径和斜路径至太空 3 种：

　　水平路径：需要确定观察点高度和路径长度两个参数。注意，这里的水平路径是指短路径，而不是长路径。

　　斜路径：共有 7 个设置参数，分别为初始高度 $H_1$（观察点高度）、最终高度 $H_2$（辐射源高度）、正切高度 $H_{min}$（路径至地球的最低高度，只适用于长程）、起点与终点的直线距离 $r$、天顶角 $\theta$、最终角 $\varphi$ 及地心与观察点或源点的张角 $\beta$。确定一个斜路径只需要输入 3 个参数，具体为 $H_1$，$\theta$，$H_2$；$H_1$，$\theta$，$r$；$H_1$，$H_2$，$r$；$H_2$，$H_1$，$\beta$；$H_2$，$H_1$，$\varphi$；$H_2$，$\varphi$，$r$ 等 6 种设置方法。

　　斜路径至太空：需要设置 2 个参数，主要有 $H_1$，$\theta$；$H_1$，$H_{min}$；$H_{min}$，$\theta'$ 等 3 种设置方法。其中 $H_1$，$H_{min}$ 设置主要用于临边探测。

　　（3）气溶胶模型

　　气溶胶是大气悬浮颗粒的总称，它包括地面灰尘、火山灰、工业燃烧产生的烟灰、海面喷沫、雾等。气溶胶颗粒大小变化很大，仅存在于局部区域。

　　气溶胶分布与海拔高度有关，MODTRAN 按高度将大气分为边界层（0～2km）、对流层顶部（2～10km）、同流层底部（10～30km）及同流层/中间层（30～100km）四部分，并分别建立气溶胶模型：边界层气溶胶模型与地理环境、天气有关，MODTRAN 给出的边界气溶胶模型主要有农村、都市、海洋、对流层、雾等。

　　农村的气溶胶模型由 70% 的可溶物质（氨、硫酸钙及有机化合物）和 30% 的灰尘气溶胶混合而成，图 6-15 为农村气溶胶模型下的界面示意图。海洋的气溶胶模型由盐颗粒和背景两部分组成，盐颗粒是海水飞沫蒸发后再凝聚成水汽而形成的较大颗粒，存在于离海面 10～20m 高处。海洋的背景气溶胶模型与陆地农村的气溶胶模型相似，唯一不同的是没有非常大的颗粒。都市气溶胶模型由 20% 的燃烧生成物（或工业源形成的类烟尘气溶胶）和 80% 的农村气溶胶两部分组成。对流层气溶胶模型代表了一种非常清澈的天气条件，能见度可达 50km。

对流层顶部的气溶胶比边界层均匀得多，大颗粒迅速减少。

同流层底部的气溶胶主要受季节的影响，因为对流层顶部的高度是随季节变化而变化的。该层呈全球均匀分布，不受地理环境的影响，主要颗粒是光化学反应产生的硫酸盐颗粒和火山喷发时的火山灰。高层大气的主要气溶胶为流星灰。

图 6-15　农村气溶胶模型下的界面示意图

### 3. MODTRAN 运行模式

MODTRAN 共包含 4 种运行模式，具体包括大气透过率、热辐射亮度、带散射的辐亮度及太阳直射照度运行模式。下面对其分别进行介绍。

（1）大气透过率运行模式

大气透过率的运行模式（mode=0）可计算路径的总透过率以及气体分子带吸收、连续吸收、气溶胶吸收等分量的路径透过率。路径的总透过率为各个分量的路径透过率之和。

在大气透过率运行模式下，可进行总路径透过率；$H_2O$、$CO_2$ 及 $O_3$ 等吸收气体的透过率；分子散射透过率；气溶胶透过率等的计算。

（2）热辐射亮度运行模式

热辐射亮度运行模式（mode=1）可计算路径大气辐射的辐亮度和路径的总透过率，由于大气辐射主要在热红外波段，故称为大气热辐射。

热辐射亮度运行模式下，可进行如下计算。

① 总路径透过率：与路径类型、路径大气吸收、散射的衰减系数有关。

② 路径热辐射：路径大气热辐射的光谱辐亮度。

③ 热散射：路径外大气热辐射经散射进入路径的光谱辐亮度，通常情况下可忽略。

④ 表面辐射：特定温度、比辐射率下边界层表面热辐射产生的光谱辐亮度。

⑤ 地面反射的总辐亮度：大气热辐射经地面反射产生的光谱辐亮度，通常情况下可忽略。

⑥ 总辐亮度：观察点在视线方向接收到辐射的总辐射亮度。总辐亮度是路径热辐射、

热散射、表面辐射和地面反射的总辐射亮度 4 项辐射亮度之和。由于热散射和地面反射的辐亮度可忽略，因此总辐亮度是路径热辐射和边界层热辐亮度之和。

⑦ 光学深度：单位是 $km^{-1}$，光学深度是衰减系数对路径的积分。

边界层可以是地球、云、飞机等，MODTRAN 假设边界层均为灰体，用户必须输入边界层温度和表面反射率来确定表面发射的辐亮度。边界层温度的缺省值为 0，此时边界层温度根据大气模型来确定。如果不用缺省值，用户可输入边界层的绝对温度和表面反射率。当表面反射率的缺省值为 0 时，比辐射率等于 1，即认为是黑体。

用户可根据需要直接输入反射率的数值，MODTRAN 也提供了几种典型的边界层，包括雪、森林、植被、草地、海洋、沙漠等，这些典型的边界层在红外波段的光谱反射率和光谱比辐射率都是确定的。

（3）带散射的辐亮度运行模式

热辐射亮度模式的路径辐亮度只考虑路径大气和地面的热辐射，带散射的辐亮度运行模式（mode = 2）的路径辐亮度不仅考虑了路径大气和地面的热辐射，还增加了路径外辐射源（如太阳、月、地球等）产生的大气散射辐亮度和地面反射辐亮度。

路径大气的散射包括分子散射和气溶胶散射，分子散射主要影响可见光波段的路径辐亮度，气溶胶散射对近红外、中波红外影响较大。路径外辐射源的辐射经大气散射进入路径将增加路径的辐亮度。MODTRAN 的单次散射仅计算太阳或月亮光散射后进入路径，不考虑进入路径散射光再次散射，离开路径。

在散射辐亮度和观察方向与太阳/月亮照射的相对位置遥感，计算时必须输入太阳/月亮几何位置的相关参数。

在带散射的辐亮度运行模式下，可进行如下计算。

① 总路径透过率：与路径类型、路径大气吸收、散射的衰减系数有关。

② 路径热辐射：路径大气热辐射的光谱辐亮度。

③ 热散射：路径外大气热辐射经散射进入路径的光谱辐亮度，通常情况下可忽略。

④ 表面辐射：特定温度、比辐射率下边界层表面热辐射产生的光谱辐亮度。

⑤ 太阳散射辐亮度：太阳辐射经散射进入路径并到达观察点的辐亮度。

⑥ 单次散射辐亮度：太阳辐射经单次散射进入路径的辐亮度，单次散射是指不考虑进入路径的散射辐射再次离开路径，如设置为单次散射模式，太阳散射辐亮度即为单次散射辐亮度。

⑦ 总地面反射：太阳光在地面反射产生的辐亮度，包括太阳直射光地面反射和散射光地面反射，能量主要集中在可见光和近红外波段，少量在短波波段，中波和长波波段可忽略。

⑧ 直接地面反射：太阳直射的地面反射的辐亮度。

⑨ 总辐亮度：观察点在视线方向接收到的辐亮度，是路径大气热辐射、地面热散射、地面反射产生的辐亮度之和。在中波和长波波段，地面反射辐亮度可忽略，总辐亮度是路径大气热辐射、地面热辐射辐亮度之和。在可见光、近红外、短波红外波段，路径大气热辐射可忽略，因此总辐亮度是路径、大气、太阳散射和地面反射辐亮度之和。

⑩ 太阳反射辐亮度：大气层外太阳光 100% 漫反射产生的辐亮度，可作为外层空间太阳辐射的基准。

⑪ 观察点太阳反射辐亮度：观察点处太阳光100%漫反射产生的辐亮度，可作为观察点处太阳辐射的基准。

⑫ 光学深度：单位是$km^{-1}$，光学深度是衰减系数对路径的积分。

（4）太阳直射照度运行模式

太阳直射照度运行模式（mode = 3）可进行大气层外太阳正入射的光谱辐照度、太阳透过大气到达观察点的光谱辐照度及路径透过率等的计算。注意，这里的大气层外太阳照度或观察点太阳照度约定为正入射照。

#### 4．仿真实例

设降雨强度为2mm/h，降雪强度为 0，空气温度为 25℃，相对湿度为80%，大气能见度为10km，利用 MODTRAN 软件计算大气透过率。图 6-16 为红外辐射在传播路径为10km、传播角度为 30℃时，0.3～13.9μm波段的大气透过率；图 6-17 为传输路程为10km时大气透过率随传播路径仰角变化的曲线。

图 6-16　大气透过率

图 6-17　0.96μm 大气透过率随倾斜路径仰角变化的曲线

# 小　　结

本章介绍了大气的组成及其对辐射传输的影响；分析了大气的吸收和散射效应，并给出了吸收和散射的计算方法；讨论了大气消光对成像系统的影响作用；介绍了大气传输的计算软件 MODTRAN 及其运行模式，为后续章节的红外热成像技术的研究和发展提供了的红外辐射大气传输理论的支持。

# 习　　题

6-1　名词解释：

标准大气、波盖尔定律、大气窗口、多次散射、大气传递函数

6-2　填空题：

（1）大气是由多种元素和化合物混合而成，大致可分为＿＿＿、＿＿＿、＿＿＿和＿＿＿。

（2）辐射在大气中的折射对光电成像系统的影响主要在_____和_____中较为明显，而在_____的探测上其影响可忽略。

（3）常用的吸收带模式主要包括_____、_____、_____和准随机模式 4 种。

（4）气象视程是指_____距离的增加而减小到 2%时的距离。

（5）MODTRAN 共包含_____、_____、_____和_____ 4 种运行模式。

6-3　简述大气层的结构特点和大气的组成。

6-4　气溶胶粒子垂直分布及尺度分布各指什么？

6-5　辐射在大气中传输主要有哪些光学现象？试简述其产生的物理原因。

6-6　简述 MODTRAN 软件中的大气模式有哪些？

6-7　在温度 12℃，相对湿度为 60%时，试计算在海拔 1km 处沿水平及天顶角的 2km 路径上，由吸收所引起的光谱透射比 $\tau(0.7m)$ 及 $\tau(4m)$。

6-8　大气传递函数中 $K$ 值可近似求得：晴天天空 $K=0.2/\rho$，阴暗天空 $K=1/\rho$，这里 $\rho$ 为背景的反射比。对于处于山林（$\rho=0.04$）中对比度为 30%的目标，试求在晴天 $R_V=15km$ 和阴天 $R_V=5km$ 的气象条件下，距离 3km 处的表观对比度。

6-9　计算波长为 10.6μm 和 1.06μm 时的大气光谱透射比，并比较所得结果。气象条件为：路程长度 $L=10km$，气象能见度 $R_V=5km$（薄雾），空气温度 5℃，相对湿度 $R_h=95\%$。

6-10　在热辐射亮度模式下，利用 MODTRAN 计算 HY1 海洋卫星以 45℃倾角观察海面的路径辐亮度和透过率。输入参数分别为：中纬度、夏天，23km 的能见度，海水温度为 300K，反射率为 0.03。

# 参 考 文 献

[1] 张敬贤，李玉丹，金伟其. 微光与红外成像技术[M]. 北京：北京理工大学出版社，1995.

[2] 张建奇，方小平. 红外物理[M]. 西安：西安电子科技大学出版社，2004.

[3] 白廷柱，金伟其. 光电成像原理与技术[M]. 北京：北京理工大学出版社，2006.

[4] 景生. 红外物理[M]. 北京：兵器工业出版社，1992.

[5] 陈衡. 红外物理学[M]. 北京：国防工业出版社，1985.

[6] MODTRAN4.0 使用要点手册.

# 第7章 红外热成像技术

## 引 言

本章的主要目的是介绍前面几章所述物体的红外辐射是如何被探测到并且以图像的方式呈现的，是红外物理与红外技术中承上启下的一章。（1）简述红外热成像技术的发展历程，包括红外热成像的基本过程和不同时期的一些关键技术；（2）介绍将红外辐照度转变为热像的典型装置——红外热成像系统，包括热成像系统的发展、类型、构成、典型结构、通用组件及其基本参数；（3）以红外热成像系统的通用组件为线索，重点讨论红外热成像系统及其工作原理，也介绍光学系统及扫描器，通过光学系统和扫描器完成了红外辐射量的接收；（4）重点介绍红外热成像系统的核心部件——红外探测器和探测器电路，包括制冷型探测器（光子探测器）和非制冷型探测器（热探测器）及其性能参数，正是通过探测器实现了红外辐射的光信号向电信号的转换；（5）简要介绍探测信号的数字化过程；（6）通过对数字信号的进一步处理，实现图像输出，包括增益/电平归一化、图像格式化、伽马校正与图像重建和显示。

## 7.1　红外热成像技术的发展

自然界中的一切温度高于绝对零度的物体都以红外辐射即热辐射的方式和环境进行能量交换，物体表面热辐射的强弱既与该点的温度有关，也与其表面状态有关，这种反映物体温度分布和表面特征的热辐射图像，被称为热图像，简称热像。这种热图像不同于人们日常所看到的可见光图像，不同颜色不具有色度学上的意义，它反映的是物体的温度分布，如图 7-1 是热成像仪下的鸵鸟。由于人眼对热辐射没有视觉反应，所以需要借助红外热成像技术才能观察热图像。

图 7-1　热成像仪下的鸵鸟

### 7.1.1 红外热成像的基本过程

红外热成像的过程包括获取景象的红外辐射、把红外辐射转变为电信号，再用处理后的电信号驱动显示器，产生可供人眼观察的图像。

典型的红外热成像基本过程如图 7-2 所示。

图 7-2　典型的热成像基本过程示意图

### 7.1.2 红外热成像技术的发展过程

红外热成像技术本质上是一种波长转换技术，是综合利用红外物理和技术、半导体、微电子、真空、低温制冷、精密光学机械、电子学、信号处理、计算机、系统工程等技术和工具获取景物热辐射图像，并将其转变为电信号，再用处理后的电信号驱动显示器，产生可供人眼观察热图像的一门高新技术。其中，红外探测器研制技术是最为复杂、投入最大、发展最快，所以，在讨论红外成像技术发展时，研究人员常常是以红外探测器的发展来划代的。常本康、蔡毅认为红外热成像技术可以分为四代。

第一代使用 HgCdTe 体材料，多元线列或小面阵探测器，复杂的光机扫描机构，中小规模集成电路构成的电子学，简单的信号处理，热图像的像素最多与黑白电视图像相当。

第二代使用体材料或薄膜材料，长线列或可以达到黑白电视图像像素相当的凝视型 FPA，有一定信号处理功能的大规模集成读出电路，简单的光机扫描机构或者无光机扫描机构，复杂的信号处理，其热图像也与黑白电视图像相当。但是，在与第一代热像仪相同条件下成像时，探测距离和分辨率与第一代相比明显提高。

第三代使用先进的薄膜材料，长线列或可达到与高清晰电视图像像素相当的凝视型 FPA，功能复杂的超大规模集成读出电路，简单的光机扫描机构或者无光机扫描机构，大规模或超大规模集成电路构成的电子学，很复杂的信号处理，热图像的像质可达到高清晰电视图像的水平。而且，在与第二代热像仪相同条件下成像时，探测距离和分辨率与第二代相比明显提高。

第四代使用先进的多层薄膜材料，长线列或可达到与高清晰电视图像像素相当的多光谱面阵 FPA，亚微米工艺集成的、信号处理功能强大的读出电路，简单的光机扫描机构或者无光机扫描机构，超大规模集成电路构成的电子学，采用很复杂的信号处理和图像融合技术，可以得到多光谱甚至全光谱的高清晰的"彩色"热图像。在与第三代热像仪相同条件下成像时，探测距离、分辨率、信息量和数据处理能力与第三代相比明显提高。

## 7.2　红外热成像系统的构成

能够摄取景物的红外辐射，实现景物在大气窗口的短波红外、中波红外波段和长波红外等红外波段的自身辐射成像并将其转换为人眼可见图像的装置是热成像系统（简称热像仪）。红外热成像探测具有穿透烟、雾、尘、雪及识别伪装的能力，不会因强光、眩光的干扰而致盲，具有全天候、远距离观察的能力，因而发展十分迅速，在军用、民用领域获得了广泛的应用。

## 7.2.1　红外热成像系统的诞生及发展

1952 年美国陆军首先研制出二维慢帧扫描非实时红外图像显示装置，使用的是单元辐射热探测器。20 世纪 50 年代后期，光子探测器出现，其快速响应的特点使红外热图像实时显示成为可能。于是，世界上第一台二维红外成像装置样机在 1965 年诞生于德州仪器公司（Texas Instrument，TI）。美国空军在第一次机载实验中发现当直升飞机在固定高度盘旋时，这种红外成像装置有助于在漆黑一片的区域寻找和定位目标，并能够帮助射手进行射击，初步显示了这种装置的特殊军事应用价值。

TI 公司成功研制第一台红外成像装置后，在 20 世纪 70 年代红外成像技术进入一个蓬勃发展期。至 1974 年，已研制出 60 多种红外热像仪，用于陆海空三军。目前世界上从事红外成像装置的生产、销售公司几乎都诞生在这个时期。如鼎鼎大名的 FLIR System 公司就成立于 1978 年，该公司曾于 1997 年并购了瑞典的 AGEMA 公司、1999 年并购了美国的 Inframetrics 公司、2004 年兼并了美国的 Indigo Systems 公司，目前已成为世界上集红外成像系统设计、制造和销售为一体的大型企业。为了降低成本、缩短研发周期以及便于维护和后勤保障，1976 年美国率先推出通用组件概念，开始了热像仪的批量生产。随后，20 世纪 80 年代，英国、法国、德国、以色列、意大利、前苏联等各自提出了热成像通用组件计划并批量生产热成像装置。这种热成像装置就是人们常说的红外热成像系统，或热像仪。红外热成像系统和热像仪这两个术语虽然各有语境，但通常不作严格区分。目前广泛应用的红外装置有红外观察仪、红外瞄准镜、潜望式红外热像仪、火控热像仪、红外跟踪系统、红外摄像机等。

按照红外成像系统的核心部件——红外探测器来划分，红外成像系统已发展到第三代，但分代的标准并不唯一。

（1）欧洲

第一代探测元数少于 200 元的热成像系统；

第二代探测器为扫描型 FPA（焦平面阵列）的热成像系统；

第三代探测器为凝视型 FPA 的热成像系统。

（2）美国

第一代探测元数少于 200 元的热成像系统；

第二代探测器元数少于 $10^6$ 的 FPA 的热成像系统；

第三代探测器元数大于 $10^6$ 的 FPA 的热成像系统。

## 7.2.2　红外热成像系统的类型及结构

（1）红外热成像系统的类型

红外热成像系统从不同的角度有不同的分类方法。根据不同工作原理来分，包括光子探测成像仪和热探测成像仪两种。前者主要是利用光子在半导体材料上产生的电效应进行成像，敏感度高，但探测器本身的温度会对其产生影响，因而需要降温（也称为制冷型），通常采用的冷却剂为斯特林（Stirling）或液氮。后者将光线引发的热量转换为电信号，敏感度不如前者，但其无须制冷（也称为非制冷型）。根据工作波段红外热成像系统可分为红外长波成像系统、红外中波成像系统和红外短波成像系统等。根据所使用的感光材料进行分类，则有硫化铅（PbS）、硒化铅（PbTe）、碲化铟（InTe）、碲锡铅（Pbl-xSnxTe）、碲镉汞（HgCdTe）、掺杂锗和掺杂硅等类型的成像系统。根据成像系统所探测的目标是点源还是扩展源目标，又可以分为点目标红外成像系统、成像探测系统和亚成像探测系统。按主动成像还是被动成像，热成像系统可分为主动热红外成像系统和被动热红外成系统，其中，利用目标反射月光、大气辉光、天光中的红外辐射实现的红外成像装置就称为被动热红外成像系统；利用人工红外光源通过对目标进行照明来实现红外成像的装置被称为主动热红外成像系统。

最常见的分类是根据感光元件数量和运动方式，分为光机扫描型和非扫描型（凝视型）两类。扫描型是借助光机扫描系统使单元探测器依次扫过景物的各部分，形成景物的图像。在光机扫描红外成像系统中，探测器将接收到的景物的红外辐射转换为电信号，可通过隔直流电路把背景辐射从目标信号中消除，所以，这类成像的对比度较好。因此，尽管光机扫描红外成像系统存在结构复杂、成本高等缺点，仍然受到重视和发展。与光机扫描型红外成像系统不同，凝视型红外成像系统采用的是多元探测器阵列，探测器中的每个单元与景物的一个微面元相对应，不需要光机扫描。随着硅化物肖特基势垒焦平面阵列技术的发展，利用硅超大规模集成电路技术可以获得高均匀响应度、高分辨率的探测器面阵，大大推动了非扫描型红外成像技术的发展和应用，但目前其性能还不及光机扫描型红外成像系统。

由于使用目的不同、所用技术差异等导致红外热像仪在外形上、性能指标上均有较大差异，图 7-3 是广州飒特红外股份有限公司生产的两款红外热像仪。

(a) YRH600 型矿用红外热像仪　　　　　　　　(b) SAT-95 红外热像仪

图 7-3　广州飒特红外股份有限公司生产的红外热像仪

（2）红外热成像系统的典型结构

红外热成像系统的典型结构可分为两大类。

光机扫描型红外成像系统采用单元或多元光电导或光伏红外探测器，用单元探测器时速度慢，主要是帧幅响应的时间不够快，多元阵列探测器可做成高速实时热成像系统。光机扫描型成像系统的常见结构如图 7-4 所示。

非扫描型的热成像系统，主要是采用凝视型焦平面阵列热成像技术，由于其在性能上大大优于光机扫描型热成像系统，因此有逐步取代光机扫描型热成像系统的趋势。凝视型焦平面阵列热成像技术的关键是探测器，该类型的探测器通常由单片集成电路组成，被测目标的整个视野都聚焦在探测器上。新一代的凝视型焦平面阵列成像仪不仅图像清晰，而且使用方便、仪器小巧轻便，同时还有自动调焦、图像冻结、连续放大、点温、线温、等温和语音注释图像等功能，还可以采用 PC 卡，其存储容量可达 500 幅图像以上。凝视型焦平面阵列红外热成像系统的典型结构如图 7-5 所示。

图 7-4　采用扫描方式的红外成像系统结构（以制冷型为例）

图 7-5　凝视型焦平面阵列红外热成像系统结构图

### 7.2.3　红外热成像系统的通用组件

通常红外成像系统包括 5 个主要的子系统：光学系统和扫描器，探测器和探测器电子线路，数字化子系统图像处理子系统和图像重建子系统，这五部分也常常简称红外传感器。如图 7-6 所示的组件主要出现在扫描型和凝视型系统中，并不是所有红外系统中都会出现这些组件，具体视设计情况而定，如使用 CRT 显示器时，有伽马校正电路；模拟成像时内部没有 A/D 转换器；显示器不一定是构成红外成像系统的必要组件。

图 7-6　通用组件模块图

## 7.2.4　红外热成像系统的基本参数

如何对一个红外热成像系统进行定量描述，或对不同成像系统进行比较，这就涉及了红外成像系统的基本参数。

（1）光学系统入瞳口径 $D_0$ 和焦距 $f'$

热像仪光学系统的入瞳口径 $D_0$ 和焦距 $f'$ 是决定成像仪性能、体积和重量的重要参数。

（2）瞬时视场

在光轴不动时，系统所能观察到的空间范围就是该系统的瞬时视场。瞬时视场取决于单元探测器的尺寸和红外物镜的焦距。瞬时视场是表征系统空间分辨力的物理量。

对于尺寸为 $a×b$ 的矩形探测器，其瞬时视场平面角分别为水平视场角和垂直视场角

$$\alpha = \frac{a}{f'} \tag{7-1}$$

$$\beta = \frac{b}{f'} \tag{7-2}$$

（3）总视场

总视场是指红外热像仪的最大观察范围，一般用水平和垂直两个方向的平面角来描述。

（4）帧周期 $T_f$ 与帧频 $f_p$

系统完成一幅画面所需要的时间称为帧周期或帧时，单位为秒；而一秒内所完成的画面数称为帧频或帧速。即

$$f_p = \frac{1}{T_f} \tag{7-3}$$

（5）扫描效率 $\eta$

有效扫描时间与帧周期之比，即为扫描效率。所谓有效扫描时间，是指帧周期与由于同步扫描、回扫、直流恢复等导致的空载时间 $T_f'$ 的差值。

$$\eta = \frac{T_f - T_f'}{T_f} \tag{7-4}$$

（6）驻留时间

系统光轴扫过一个探测器所经历的时间称为驻留时间 $\tau_d$ 。

① 单元探测器的驻留时间

$$\tau_{d1} = \frac{\eta T_f \alpha\beta}{AB} \tag{7-5}$$

式中，$A$ 和 $B$ 分别为热像仪在水平和垂直方向的视场角；$\alpha$ 和 $\beta$ 是瞬时视场角；$T_f$ 为帧周期；$\eta$ 为扫描效率。

② $n$ 个与行扫描方向正交的探测器线列的驻留时间 $\tau_{dn}$

$$\tau_{dn} = n\tau_{d1} \tag{7-6}$$

即在帧周期和扫描效率相同的情况下，把 $n$ 个相同的单元探测器沿着与行扫方向正交的方向排成线列，在单个探测器上的驻留时间延长至 $n$ 倍，这对于提高探测器的信噪比是有利的。

# 7.3　光学系统和扫描器

光学系统的作用是把物体辐射成像到探测器上。利用光学方法，扫描器通过移动探测单元对应的张角，就可以产生一个与局部场景光强成比例的输出电压，单个探测单元的输出代表的是一条扫描线上的场景强度。凝视阵列不需要扫描器，相邻探测单元的输出可以提供场景强度的变化量。

## 7.3.1　光学系统

### 1. 红外物镜系统的类型

（1）透射式光学系统。透射式红外物镜系统也称为折射式红外物镜系统。通常由几个透镜组成，如图 7-7 所示。其优点是无挡光、球面镜加工容易、通过光学设计各种像差容易消除，但该类系统的光量损失较大、装配和调整较困难。

（2）反射式光学系统。由于红外辐射的波长较长，能透过的材料较少，因此大多数红外物镜系统都采用反射式光学系统。反射镜面有球面、抛物面、椭球面等几种。

① 牛顿光学系统。牛顿光学系统的主镜是抛物面，次镜是平面，如图 7-8 所示。该系统结构简单，易加工，但挡光大，结构尺寸也较大。

图 7-7　透射式光学系统

图 7-8　牛顿光学系统

② 卡塞格林系统。卡塞格林系统的主镜是抛物面，次镜是双曲面，如图 7-9 所示。该系统较牛顿系统挡光小，结构尺寸小，但加工比较困难。

③ 格利高利系统。格利高利系统的主镜是抛物面，次镜是椭球面，如图 7-10 所示。 其加工难度介于牛顿系统和卡塞格林系统之间。

反射式系统对材料要求不高、重量轻、成本低、光量损失小、不存在色差；但中心有挡光、轴外像差大，难以满足大视场大孔径成像的需要。

（3）折反射组合式光学系统。将透射镜和反射镜组合可以综合以上两类系统的特点。用球面镜取代非球面镜，并用补偿透镜来校正球面反射镜的像差，可以获得好的像质。但是该类系统的体积较大、成本较高、加工难度也较大。典型的折反射系统有施密特系统和马克苏托夫光学系统。

① 施密特系统。施密特系统的主镜是球面反射镜，如图 7-11 所示。可根据校正板厚度的变化来校正球面镜的像差。该系统结构尺寸较大，校正板加工困难。

图 7-9　卡塞格林系统　　　　　　　　　　图 7-10　格利高利光学系统

② 马克苏托夫光学系统。马克苏托夫光学系统的主镜为球面镜，用负透镜（称为马克苏托夫校正板）矫正球面镜的像差，如图 7-12 所示。

图 7-11　施密特系统　　　　　　　　　　图 7-12　马克苏托夫光学系统

### 2．外物镜系统的几种光学现象

光学系统常常会存在以下几种现象。

（1）色差：宽光谱响应可能会产生相当大的色差，所以光学系统通常会进行"色彩校正"，即在一个特定的波长处，色差减小到最小，但在其他波长处色差还会较大，这对目标细节尤为重要。

（2）$\cos^N \theta$ 阴影效应：$\theta$ 是从透镜主平面处测量到的光轴与探测器之间的夹角，该夹角就导致了到达轴外探测元光强的减弱，这种现象就是 $\cos^N \theta$ 阴影效应。单元探测器一直在轴上，不存在 $\cos^N \theta$ 阴影效应。对于线阵探测器来说，在与扫描方向垂直的方向上 $\cos^N \theta$ 变化会在线阵方向上显示出来，如图 7-13(a)所示。对于凝视阵列来说，$\cos^N \theta$ 是从视场中心向外径向对称衰减的，如图 7-13(b)所示。

（3）冷反射：探测器发出的光从窗口或透镜反射回来（即探测器可以观察到自己）的现象就是"冷反射效应"。这种反射成像的聚焦越好，冷反射效应就越明显，对探测成像的影响越大，显示在探测图像上的暗斑越明显。探测器阵列成像出现的是和探测器阵列尺寸一致的长方形暗区域。通过增益/电平归一化运算可以消除冷反射信号。

(a) 480×1元扫描线阵的
$\cos^N\theta$ 阴影效应

(b) 480×480元凝视阵列的
$\cos^N\theta$ 阴影效应

图 7-13　$\cos^N\theta$ 阴影效应

### 7.3.2　扫描器

扫描器的功能是将图像按顺序、完整地分解。常见的有单向扫描系统和双向扫描系统，如图 7-14 所示。

(a) 采用单向（光栅）扫描的单元扫描方式

(b) 采用双向扫描和2:1往返方式的线列扫描方式

图 7-14　扫描示意图

## 7.4　探测器和探测器电路

红外探测器是整个成像系统的核心，因为正是红外探测器把红外辐射转换为了一个可测量的电信号，并且把目标的空间信息转变为电学上的时间信息。再经过放大器和信号处理就会产生电子图像，其中的不同电压/电流代表场景中的不同辐射光强度。一个红外探测器至少有一个对红外辐射产生敏感效应的物体，称为响应元。此外，还包括响应元的支架、密封外壳和透红外辐射的窗口。有时还包括致冷部件、光学部件和电子部件等。随着半导体材料、器件工艺的发展，结构新颖、灵敏度高、响应快、品种繁多的红外探测器不断被研发出来。本节首先介绍红外探测器的发展与分类，其次介绍红外探测器的性能参数和测量方法。

### 7.4.1　红外探测器的发展与分类

（1）红外探测器的发展

自从 1800 年赫谢尔发现了红外辐射以后，人类对红外探测器的研究就一刻也没有停止。具有里程碑意义的事件包括：1821 年 Seebeck 发现了热电效应并研制出第一支温差电偶；1829 年将热电偶连成一串的第一个热电堆被研制成功；1833 年 Mellpni 利用金属铋和锑设计了热电偶；1880 年 Langley 利用金属铂制成两个薄板条，并将二者连接在一起形成惠斯顿电桥的两个臂，制成了热辐射计。

进入 20 世纪，红外热探测器的研发日新月异，图 7-15 是有重大意义的红外探测器研究成果及时间。其中典型事件有：1947 年 Golya 发明了气动式红外探测器；20 世纪 50 年代用半导体替代金属得到灵敏度更高的温差红外探测器；20 世纪 60 年代利用铁电体的自发极化与温度关系研发成功热释电型红外探测器；20 世纪 90 年代研制成热释电和热辐射计红外焦平面探测器阵列器件。

20 世纪 50 年代中期，工作在 1～3 μm 的高性能硫化铅（PbS）红外探测器首先用于空—空红外导弹。同一时期，发达国家研制工作波长为 3～5 μm 的锑化铟（InSb）材料和探测器，以及工作波长为 8～14 μm 的锗掺杂探测器。到了 20 世纪 60 年代这两种器件都能用于机载红外武器系统了。至此，三个重要的大气窗口都有了性能可靠、运行良好的红外探测器。特别值得一提的是，硫化铅、锑化铟和碲镉汞三种光电探测器，从单元发展到多元线列、小面阵、长线列和大面阵，极大地促进了热成像系统的研制。

图 7-15　红外探测器发展历史

（2）红外探测器的分类

红外探测器品种繁多、性能各异，从不同角度有不同分类。如按照工作温度，可分为低温探测器、中温探测器和室温探测器。低温探测器需要用液态的 He、Ne、N 进行制冷；中温探测器通常的工作温度为 195～200 K。根据响应波长的范围，可分为近红外、中红外和远红外探测器。根据结构和用途，则可分为单元探测器、多元阵列探测器和成像探测器。也有以探测器制作材料分类的说法，如 HgCdTe 探测器。其中，在三个大气窗口常用的红外探测器包括：①在 1 μm 以下，包括可见光在内，主要使用的硅探测器；在 1～3 μm 波段，常用的 PbS 探测器、铟砷化镓（InGaAs）探测器和 HgCdTe 探测器。由于 PbS 探测器响应时间较长，且 InGaAs 探测器比 HgCdTe 探测器性能更好，所以 InGaAs 探测器是短波红外的主要探测器。②InSb 材料在 $3\sim5\,\mu m$ 性能优越，所以中波红外的主要探测器是 InSb 探测器。③尽管 HgCdTe 探测器的光谱响应范围为 $1\sim22\,\mu m$，但其最重要的探测波段为 $8\sim14\,\mu m$，所以红外长波的探测器主要是 HgCdTe 探测器。最常见的是按照是否需要制冷装置，分为制冷型红外探测器（主要是光子红外探测器）和非制冷型红外探测器（也称为热红外探测器）。

制冷型红外焦平面探测器的技术探索期为 1978—1986 年。起初人们主要研究的是 HgCdTe、InSb 单片式电荷注入器件，希望用一种材料同时完成红外辐射的光电转换和信号读出，但由于 HgCdTe、InSb 材料都是窄禁带的半导体，形成的势阱容量不足，探测到的红外辐射背景通量很大，不利于探测目标。所以，随后人们开始研究混合式结构了，即红外探测器列阵用 HgCdTe、InSb 材料，信号处理电路用硅集成电路，再将二者连接形成一个焦平面探测器芯片组件。1986 年之后，制冷型红外探测器的技术已经成型。随后的十年间，技术路线主要集中在混合式结构上，成功研制了各种规格的红外焦平面探测器，开始进入系统应用阶段。同时，也用其他材料研制探测器，如肖特基势垒红外焦平面探测器采用的是 Pt:Si 等薄膜材料。这一时期研制的红外焦平面探测器规格有：扫描型的 $288/240\times4$、$480\times4/6$、$576\times6$、$768\times8$ 等，凝视型的 $128\times128$、$256\times256$、$320\times240$、$384\times288$、$512\times512$、$640\times480$ 等。从 1997 年至今，形成红外焦平面探测器主流产品，并投入大规模生产。当然，由于成本过高，也有一些研制出的产品未能大规模生产，如 HgCdTe$640\times480$ 的焦平面探测器。

鉴于制冷型红外探测器在体积、功耗、价格和可靠性方面的不足，美国军队夜视实验室联合美国国防研究规划局，设立专项基金支持非制冷型红外成像技术的研究。在 1979—1992 年，主要是对两种材料——热释电材料和氧化钒材料，以及两种技术路线——混合式（金属凸点阵列/有机物—金属膜凸点阵列）和单片式（硅微桥阵列）进行了探索。标志性的产品有美国得克萨斯公司研制的 $328\times245$ 的钛酸锶钡非制冷红外焦平面探测器和霍尼韦尔光公司研制的 $336\times240$ 的氧化钒微测辐射热计的非制冷红外焦平面探测器。1992 年以后技术已经成熟，形成的主流产品是混合式、集成式的。并且一直在探索新的材料、新的工艺和新的技术，希望解决微测辐射热计的非制冷红外焦平面探测器的功耗问题、减小探测元的尺寸、进一步降低成本、研制更大规模的器件等。

## 7.4.2　光子红外探测器

光子红外探测器一般是由半导体材料制成的。由于光电效应是满足一定能量的光子直接激发光敏材料的束缚电子，使之成为导电电子，因此光敏材料的禁止带宽或杂质能级影响其响应波长，换句话说，光敏材料对波长的响应是有选择性的。光子探测器是利用响应元内的电子直接吸收红外辐射的光子能量而发生运动状态的改变所导致的电导改变或电动势产生等，度量入射辐射的强弱的，因此，光子探测器的相应波长是有选择性的。

（1）根据工作模式的不同，光子探测器可分为几下几类：

① 光电子发射探测器：当光照射在某些金属、金属氧化物或半导体材料表面时，如果光子的能量 $h\nu$ 足够大，就能使其表面发射电子，利用该效应制成的探测器就是光子发射探测器（常见的有可见光光子探测器和红外光子探测器）。

② 光电导探测器：半导体吸收能量足够大的光子后，半导体的一些载流子从束缚状态转变到自由状态，使得其导电率增大，利用半导体的光电效应制成的探测器就是光电

导探测器，又称为光敏探测器。应用最多的光电探测器有硫化铅、硒化铅、锑化铟和碲镉汞等。

③ 光伏红外探测器：光伏效应是指在光照射下，半导体内部产生的电子—空穴对，在静电场作用下发生分离，产生电动势的现象。利用光伏效应制成的探测器就称为光伏探测器。光伏探测器主要有锑化铟、碲镉汞、碲锡铅、铟镓砷和铟镓砷锑等。

④ 光磁电红外探测器：半导体表面吸收光子后，在表面产生的电子—空穴对，要向体内扩散。扩散过程中，如果受到强磁场的作用，电子和空穴各偏向一侧，就会产生电位差，这种现象称为光电磁效应。利用该效应制作的探测器就是光磁电探测器。光磁电探测器主要有锑化铟、碲镉汞等。

（2）根据红外辐射激发电子跃迁的不同，则可将光子探测器分为以下几类。

① 本征红外探测器：利用本征光吸收制成的探测器。

② 非本征红外探测器：利用非本征光吸收制成的探测器。掺有杂质的半导体在光照下，中性施主的束缚电子可吸收光子跃迁到导带，中性受主的空穴也可吸收光子跃迁到价带，这种吸收被称为非本征吸收。

非本征与本征红外探测器的主要区别是前者的吸收系数低，仅 $1\sim10\,\mathrm{cm}^{-1}$，而后者约有 $10^3\sim10^4\,\mathrm{cm}^{-1}$。非本征器件要想得到与本征器件相同的性能，要求有更低的工作温度。这类器件应用的主要材料有 Si:Ga，Si:As，Ge:Cu，Ge:Hg 等。

③ 自由载流子型探测器：该类探测器在吸收光子后并不引起载流子数目变化，而是引起载流子迁移变化。这类探测器需要的工作温度极低。自由载流子性的探测器主要有铂硅（PtSi）、Pt2Si、硅化铱（IrSi）等。

④ 量子阱红外探测器：就是将两种不同半导体材料用人工的方法进行薄层交替生长形成超晶格，在界面能带有突变，电子和空穴被限制在低势能阱内，能量量子化，称为量子阱。量子阱红外探测器就是利用量子阱导带中形成的子带间跃迁，并利用从基态激发到第一激发态的电子通过电场作用形成光电流的物理过程，实现对红外辐射的探测。

⑤ 量子点探测器：从结构和原理上都与量子阱探测器类似，只是具有更长的载流子俘获和驰豫时间，所以具有更低的暗电流和更高的光电响应。

## 7.4.3　热红外探测器

在红外探测器研制中，最早是利用红外辐射热效应的。这种探测器的响应元因吸收红外辐射而使温度升高，利用温度升高所导致的体积膨胀、电阻的改变、温差电动势的产生或自发电极化的改变等，度量入射辐射的强弱。热探测器可以工作在室温条件下。由于热红外探测器的响应仅依赖于吸收的辐射功率，与辐射的光谱分布无关，因此理论上讲，热红外探测器对一切波长的红外辐射都具有相同的响应。但是，由于热探测器的敏感面的吸收率在某一光谱区间比较低或高，使得热探测器对不同波长的红外响应往往不同。为了克服阳光闪烁和 $4.2\mu m$ 处的大气吸收问题，一般选择红外长波段的情况比较多。热探测器的光谱响应主要取决于材料表面的镀膜性质。测辐射热计和热释电设备使用的都是热探测器。尽管热探测器不需要制冷，具有体积小等优点，但是其灵敏度不如光子红外探测器，所以，热探测器不可能完全取代光子红外探测器。

常见的热探测器有电阻测辐射热计、热电探测器、铁电测辐射热计（场增强热电探测器）和辐射热电偶。焦平面阵列上每个像素有一个连接底衬的敏感区，当场景的红外辐射照到某个探测像素时，该敏感区就会因吸收热辐射而产生温度升高，其热量就会从该敏感区向四周扩散。图 7-16 是测辐射热计。

图 7-16　测辐射热计

（1）电阻测辐射热计

电阻测辐射热计是阻抗性装置，即敏感区吸收辐射后温度增加，引起电阻值的改变：

$$\Delta R = \alpha R \Delta T \tag{7-7}$$

式中，$\Delta R$ 是电阻变化，$\Delta T$ 是敏感区上像素温度的变化值，$\alpha$ 是电阻的温度系数，通常金属取 $\alpha = 0.002(℃)^{-1}$、半导体取 $\alpha = -0.02(℃)^{-1}$、超导体取 $\alpha = 2.0(℃)^{-1}$。

该红外探测器的响应率 $k$ 定义为输出信号（电压或电流）除以输入辐射能量。设输出信号为

$$V_S = i_b \Delta R = i_b \alpha R \Delta T = \frac{i_b \alpha R \eta P_0}{G(1+\omega^2 \tau^2)^{1/2}} \tag{7-8}$$

其中

$$\Delta T = \frac{\eta P_0 \exp(j\omega t)}{G + j\omega C} = \frac{\eta P_0}{G(1+\omega^2 \tau^2)^{1/2}} \tag{7-9}$$

这里

$$\tau = \frac{C}{G} \tag{7-10}$$

式中，$i_b$ 是探测像素的偏置电流；$G$ 是热传导；$\omega$ 为角频率；$\tau$ 为热响应时间；$\eta$ 是入射光的吸收率；$C$ 是热容；$P_0$ 是热辐射调制红外光功率的幅度。

$$k = \frac{V_S}{P_0} \tag{7-11}$$

（2）热电探测器和铁电测辐射热计

热电探测器是利用材料的铁电效应设计的。其中一些铁电晶体可以显示出自发的电极化性质，即显示出相反性质的电荷，在常温下被内部自由电子中和。极化现象定义为每单位容积内的偶极子力矩，与温度有关。在居里温度之下，温度 $\Delta T$ 变化引起的表面电荷变化使外部电路中产生了电流 $I_S$：

$$I_S = pA \frac{d(\Delta T)}{dt} \tag{7-12}$$

式中，$p$ 是热电系数，是工作温度区域内极化对温度曲线的斜率；$A$ 是像素探测的面积。

所谓居里温度，是磁石的一个物理特性，即当磁石加热到一定温度时，原来的磁性就会消失，这个温度就称为"居里温度"。

因为热电探测器是电容性的，其电容为 $C_e$、损失电阻为 $R$ 时，热电信号电压 $V_s$ 为

$$V_S = \frac{I_S R}{(1+\omega^2 R^2 C_e^2)^{1/2}} \tag{7-13}$$

热电探测器的响应率 $k$ 为

$$k = \frac{\eta \omega p A R}{G(1+\omega^2 \tau_e^2)^{1/2}(1+\omega^2 \tau^2)^{1/2}} \tag{7-14}$$

式中，$\tau_e = RC_e$。

铁电热辐射效应是指在不外加电压就发生热电效应，外加了电压，存在电场时，热电材料显示出极化特性并且延伸到超出正常居里温度以上的区域的情况。

（3）热电偶探测器或温差电探测器

如果热电效应发生的电路是由两个不同电导率的材料组成的，如图7-17所示。当接点的温度不同时就会产生热电电压，该电压的大小与材料的类型和接点之间温差相关。

图 7-17　辐射热电偶

为了获得热电效应，必须把热电偶或温差电池以薄膜的形式沉积在隔热的基底上，这时热信号电压 $V_S$ 等于

$$V_S = N(S_1 - S_2)\Delta T \tag{7-15}$$

式中，$S_1$ 和 $S_2$ 是热电系数，它们的差值是接点的热电功率。

其热电响应率为

$$k = \frac{\eta N(S_1 - S_2)}{G(1+\omega^2 \tau^2)^{1/2}} \tag{7-16}$$

不同的探测器各有优缺点，常见红外探测器特点比较如表7-1所示。

表 7-1　常见红外探测器特点比较

| 探测器类型 | 具 体 类 型 | | 优 点 | 缺 点 |
|---|---|---|---|---|
| 热红外探测器 | 热电堆、测辐射热计、热释电 | | 轻便、可靠、成本低、室温工作 | 响应频率低、响应速度慢（ms量级） |
| 光子红外探测器 | 本征红外探测器 | Ⅳ～Ⅵ (PbS,PbSe,PbSnTe) | 易于准备、材料稳定 | 热膨胀系数高、介电常数大 |
| | | Ⅱ～Ⅵ (HgCdTe) | 禁带宽度易控制、有成熟的理论和实验、多色器件 | 大面积材料均匀性较差、生长加工的成本高、表面不稳定 |
| | | Ⅲ～Ⅴ (InGaAs,InAs, InSb, InSb) | 好的材料和掺杂、先进的技术、可能实现单片集成 | 异质外延生长，具有大的晶格失配 |
| | 非本征红外探测器 (Si:Ga, Si:As,Ge:Cu,Ge:Hg) | | 工作波长非常长、相对简单的技术 | 产热量高、工作于极端低的温度 |
| | 自由载流子型探测器 (PtSi,Pt$_2$Si,IrSi) | | 成本低、高产量、大数目密集填充的二维阵列 | 低量子率、低温工作 |
| | 量子阱红外探测器 | Ⅰ 类 (GaAs/AlGaAs,InGaAs/ AlGaAs) | 成熟的材料生长、大面积材料均匀性好、多色器件 | 产热量高、复杂的设计和生长 |
| | | Ⅱ 类 (InAs/ InGaSb，InAs/ InAsSb) | 低俄歇复合率、易实现波长控制 | 设计和生长工艺复杂，对分界面敏感 |
| | 量子点探测器 (InAs/GaAs,InGaAs/InGaP,Ge/Si) | | 探测光垂直入射、产热量低 | 复杂的设计和生长 |

## 7.4.4　红外探测器的性能参数

在给出性能参数时，必须注明其工作条件。主要的工作条件有以下几方面。

（1）入射辐射的光谱分布

许多红外探测器对不同波长的红外辐射的响应能力不同，所以一般需要注明入射辐射的光谱分布。如果是单色光，则需要给出波长。对于黑体而言，还要给出黑体的温度。如果入射辐射经过调制，还需要给出调制的频率分布。

（2）电路频率范围

由于器件的噪声电压与电路的通频带宽度 $\Delta f$ 的平方根成正比，有些噪声还与频率有关，所以描述探测器的性能参数时，需要给出电路的频率范围。

（3）工作温度

探测器的输出信号、噪声、器件的阻值等与温度有极大关系，所以必须说明工作温度。

（4）光敏面的形状与尺寸

光电导器件的光敏面一般是方形的，从 $0.1\,\mathrm{mm} \times 0.1\,\mathrm{mm}$ 到 $1\,\mathrm{cm} \times 1\,\mathrm{cm}$ 左右。光磁电器件的光敏面，小的常为正方形；大的常为长方形。器件的信号和噪声都与光敏面的形状和大小有关，所以描述探测器的性能参数时，需要给出光敏面的形状与尺寸。

另外，器件的某些性质还与偏置情况有关；有些探测器与特殊的工作条件相关，都需要说明。

红外探测器的性能参数主要有以下几个。

（1）响应率或响应度

探测器的响应度 $R$ 是指探测器的输出信号 $S$ 与入射到探测器的辐射功率 $P$ 之比：

$$R = \frac{S}{P} \tag{7-17}$$

式中，$R$ 的单位是 $\mathrm{V \cdot W^{-1}}$ 或者 $\mathrm{A \cdot W^{-1}}$。

对于交流信号，可定义探测器响应度如下：

$$R_{0\mathrm{v}} = \frac{V_\mathrm{s}}{P} = \frac{V_\mathrm{s}}{EA} \tag{7-18}$$

或者

$$R_{0\mathrm{i}} = \frac{I_\mathrm{s}}{P} = \frac{I_\mathrm{s}}{EA} \tag{7-19}$$

式中，$E$ 是投射到探测器光敏面上的方均根辐照度，单位是 $\mathrm{W/cm^2}$；$A$ 是探测器的光敏面积，单位为 $\mathrm{cm^2}$。

（2）噪声等效功率

通常用探测器的噪声等效功率 NEP 来表征探测器可探测到的最小功率

$$\mathrm{NEP} = \frac{EA}{V_\mathrm{S} / V_\mathrm{N}} \tag{7-20}$$

式中，$E$ 是投射到探测器光敏面上的方均根辐照度，单位是 $\mathrm{W/cm^2}$；$A$ 是探测器的光敏面积，单位为 $\mathrm{cm^2}$；$V_\mathrm{s}$ 和 $V_\mathrm{N}$ 分别是该辐照度下探测器的输出信号的均方根电压和噪声的均方根电压。也可根据响应率的定义写成以下形式：

$$NEP = \frac{N}{R} \tag{7-21}$$

（3）探测率

探测率是噪声等效功率的倒数。

$$D = \frac{1}{NEP} \tag{7-22}$$

由于探测器的噪声等效功率与探测器的面积的平方根和噪声等效带宽 $\Delta f$ 的平方根成正比，因此，仅用噪声等效功率的数值很难比较两个面积不同、带宽不同的探测器的优劣。所以需要定义一个与面积、带宽无关的数值，这个数值的倒数称为星探测率或归一化探测率

$$D^* = \frac{(A \cdot \Delta f)^{1/2}}{P_N} = D(A \cdot \Delta f)^{1/2} = \frac{V_S / V_N}{P}(A \cdot \Delta f)^{1/2} \tag{7-23}$$

式中，$D^*$ 的单位是 $cm \cdot Hz^{1/2}/W$。一般使用探测率这个术语时，多指的是 $D^*$。

（4）光谱响应

探测器的光谱响应是指探测器受到不同波长的光照射时，响应率随入射辐射波长的变化而变化。光谱响应可以绘制成横坐标代表波长、纵坐标代表特性参数的曲线。

（5）响应时间

当一定功率的辐射突然照射到探测器上时，探测器的输出电压要经过一定时间才能上升到与这一辐射功率相对应的稳定值。当辐射突然除去后，输出电压也要经过一定时间才能下降到辐照之前的值，这种上升或下降所需的时间称为探测器的响应时间。

在某一时刻以恒定辐射去照射探测器，其输出信号 $U_t$ 按指数规律上升到一个稳定值 $U_0$，如图 7-18 所示。

$$U_t = U_0\left(1 - \exp\left(-\frac{t}{\tau}\right)\right) = U_0 63\% \tag{7-24}$$

式中的 $\tau$ 即为响应时间。$\tau$ 的物理意义是当探测器受到辐射照射时，输出信号上升到稳定值的 63% 所需的时间。它表征探测器对辐射响应的快慢，这个参数越小越好。

(a) 探测器入射辐射随时间的变化　　(b) 探测器输出信号随时间的变化

图 7-18　探测器响应时间曲线

（6）频率响应

探测器的响应速度有限，其响应度随调制频率的变化就称为探测器的频率响应。

$$R_{\mathrm{f}} = \frac{R_0}{(1 + 4\pi^2 f^2 \tau^2)^{1/2}} \qquad (7\text{-}25)$$

式中，$R_{\mathrm{f}}$ 是调制频率等于 $f$ 时的响应率；$R_0$ 是频率接近零或恒定辐射时的响应率；$\tau$ 为响应时间。

红外探测器研制是红外研究中发展最快的领域之一，目前已经研发出双波段探测器。这种探测器可以同时对同一场景在两个不同波段上成像，如长波-中波探测器等。图 7-19 是 DEFIR 的半平面结构的双色中波焦平面阵列探测器。图 7-20 是基于 InAs/GaSb 的超晶格探测器像素示意图。

图 7-19　半平面结构的双色中波焦平面阵列探测器

图 7-20　超晶格探测器像素示意图

## 7.4.5　探测器电路

每个探测单元都有自己的放大器，放大器的输出通过多路传输合并在一起（每个探测单元/放大器组合都有不同的增益和电压偏置），然后再数字化。多路传输通道的数量通常由设计决定，一个系统允许有几个多路开关和模/数转换器同时并行工作。图 7-21 是 LETI 的 NPN 双色探测器的连接示意图。大多数红外探测器的响应率和噪声均为温度的函数，所以探测器的温度受致冷器的制冷能力、制冷器设计、环境温度以及探测器周围的电子线路热负荷的影响。对恒温制冷器而言，探测器温度变化的范围一般不超过 1 K；对其他制冷器来说，探测器的温度变化范围通常为–5～5 K。探测器性能随着温度变化而变化，所以输入/输出的转换也在变化。

图 7-21　LETI 的 NPN 双色探测器连接示意图

# 7.5　数　字　化

红外系统的探测单元是离散的，需要对场景的空间进行采样。凝视系统中，探测单元的位置是对称的，在水平方向和垂直方向上的采样速率一般是相同的；而在扫描系统中，在扫描方向上可以以任意速率采样，但在与扫描垂直的方向上，探测单元的位置决定采样速率，所以，对扫描系统而言，在水平和垂直方向上采样速率并不一定相同。采样过程中有可能会存在欠采样或过采样。欠采样指的是输入频率大于奈奎斯特频率（即采样频率的一半）的情况；相反，过采样指的是输入频率小于奈奎斯特频率的情况。需要说明的是欠采样和过采样仅仅是与奈奎斯特频率标准相比采到的信号少或多而已，并不意味着在具体应用中都是采样速率不够或者是存在过度采样。但是，任何大于奈奎斯特频率的输入信号都会被混叠到一个较低的频率上，以两倍的奈奎斯特频率减去输入频率的频率出现（即为 $2f_N - f_0$）。这样频率混叠之后，原来的信号就无法再恢复了。能够精确重建的最高频率称为系统的截止频率。系统的截止频率是光学截止频率、探测器频率或奈奎斯特频率三者之中的最小值。光学截止频率为

$$f_{\text{optical-cutoff}} = \frac{D_0}{\lambda} \qquad (7\text{-}26)$$

式中，$D_0$ 的单位是 mm，$\lambda$ 的单位是 μm，$f_{\text{optical-cutoff}}$ 的单位是周/ mrad（周/毫弧度）。本式仅适用于单色光，如果要扩展到多色光，可用平均波长来计算。

探测器的截止频率为

$$f_{\text{DETECTER}} = \frac{1}{DAS} \qquad (7\text{-}27)$$

$$DAS = \frac{d}{fl} \qquad (7\text{-}28)$$

式中，$d$ 为探测单元的尺寸；$fl$ 为有效光学焦距，光学焦距与采样频率 $f_s$ 之间存在以下关系

$$f_s = \frac{fl}{d_{cc}} \qquad (7\text{-}29)$$

奈奎斯特频率是

$$f_N = fl / (2d_{cc}) \tag{7-30}$$

式中，$d_{cc}$ 是探测元之间的中心距离。

# 7.6　图 像 处 理

图像处理是通过算法来增强图像、抑制噪声，并且把图像数据转化为显示器所要求的格式，同时也包括对前面环节产生的不利影响的降低，如利用升压和插值等来改进像质。

## 7.6.1　增益/电平归一化

由于每个探测单元/放大器组合都会有不同的增益和偏置，这就导致了固定图形噪声或空间噪声的存在，如果其值很大的话，图像可能就无法识别。所以，需要进行增益/电平的归一化，或者是对不同的探测单元进行非均匀性校正等。归一化是利用若干离散的输入强度对各个像元输出进行处理使之在数量级上相等。归一化强度的过程也常常称为标定点、标定温度参考点，简称定点。图 7-22 是两点校正后的响应率曲线示意图。如果所有探测元的响应率全部是线性的，则所有曲线都会重合。实际上，各个探测元的响应都是偏离线性的，所以，响应率差异是很明显的。这种差异导致了增益/电平归一化后固定图形噪声的存在。通过单点校正，可以使标定点处的噪声变得最小，如图 7-23 所示。同理，如果是两点校正，则两个参考点的空间噪声可以同时最小，同时，输入/输出变换都是参考点温度和背景温度的函数。

图 7-22　两点校正后的响应率曲线

图 7-23　单点校正后的系统噪声

## 7.6.2　图像格式化

如果探测器阵列与要输出的模拟视频格式不相符，就需要进行图像格式化。如常见的单色视频格式有 485 线的美国 RS170 标准和 577 线的欧洲 CCIR 标准。如果探测系统输出的行信号不足的话，需要通过插值来补齐。插值的方法可以是复制视频线或者是利用算法现实。

## 7.6.3　伽马校正

用户的期望是"如果信号强度加倍，则显示器亮度也加倍"，也就是希望系统是线性的。但是，基于阴极射线管的显示器，输出亮度和输入电压之间是非线性的，它们之间在对数尺度上的关系的斜率即为显示器的伽马值。为了得到线性关系，需要在图像处理环节增加逆伽马处理（即伽马校正）。其过程表示如下：

系统的调制传递函数为

$$MTF = \frac{V_{MAX} - V_{MIN}}{V_{MAX} + V_{MIN}} = \frac{\frac{V_{MAX}}{V_{MIN}} - 1}{\frac{V_{MAX}}{V_{MIN}} + 1} \tag{7-31}$$

式中 $V_{MAX}$ 和 $V_{MIN}$ 是伽马校正之前的电压最大值和最小值。

伽马校正之后的模拟输出电压为

$$V_{OUT} = V_{IN}^{\left(\frac{1}{\gamma}\right)} \tag{7-32}$$

于是，伽马校正后的调制传递函数为

$$MTF_{OUT} = \frac{A^{\frac{1}{\gamma}} - 1}{A^{\frac{1}{\gamma}} + 1} \tag{7-33}$$

其中

$$A = \frac{1 + MTF_{IN}}{1 - MTF_{IN}} \tag{7-34}$$

显示器的亮度为

$$L = K(V_{OUT})^{\gamma} = K\left(V_{IN}^{\frac{1}{\gamma}}\right)^{\gamma} = KV_{IN} \tag{7-35}$$

通常商用电视的伽马值为 2.2，摄影机的伽马值为 0.45。

## 7.7　图像重建与图像显示

由于经过 D/A 转换的输出呈现阶梯形状，所以重建滤波器的作用就是使数据连线边的平滑（去除台阶），最终输出为模拟信号。图像重建子系统一般不会产生任何失真。

显示器并不是红外成像系统的必不可少的组件，换句话说，显示器既可以集成在红外成像系统中，也可以独立。但是，如果显示器与红外成像系统是分开的，红外成像系统要是有伽马校正，所选用的显示器就应该有相同的伽马值，否则像质会受到影响。

## 小　　结

本章内容将红外物理与红外技术应用联系了起来。对红外热成像技术发展和红外成像系统构成进行了介绍，目的是使读者对热成像有较全面的认识。在此基础上，基于红外热成像系统的通用组件按信号采集、变换、输出顺序分别对光学系统、扫描器、探测器、探测器电路、数字化方法、图像处理方法、图像显示进行介绍。本章内容是后续第 8 章红外热成像系统性能评价的基础，也是成像特性分析的基础。

# 习 题

7-1 简述热成像技术的基本过程。

7-2 红外成像仪通常由哪几部分组成？其结构是什么？

7-3 红外成像系统的基本参数如何计算？

7-4 红外物镜系统有哪些类型？各有什么优缺点？

7-5 常见红外探测的类型及其优缺点各是什么？

7-6 红外探测器有哪些性能参数？

7-7 简单画出一点校正、两点校正、三点校正、五点校正的探测器输出曲线。

7-8 试比较制冷型探测器和非制冷型探测器各有什么优缺点。

7-9 凝视阵列中包含 $512 \times 512$ 个探测元。如果有效焦距为 40cm，像元尺寸为 $50\mu m \times 50\mu m$，探测元的中心距为 $75\mu m$。（1）DAS 为多少？（2）系统的 FOV 是多少？（3）系统的奈奎斯特采样频率是多少？

7-10 MCT 探测器的光敏面为直径为 0.5mm 的圆，黑体辐射在光敏面的强度（功率密度）为 $13.5\mu W/cm^2$，选频放大器的通带宽度 $\Delta f = 4Hz$，信噪比 $(V_S+V_N)/V_N=100$，求 $D^*$。

# 参 考 文 献

[ 1 ] Gerald C. Holst.Testing and evaluation of infrared imaging systems(Third Edition). JCD Publishing,2008.

[ 2 ] 张建奇，方小平. 红外物理[M]. 西安：西安电子科技大学出版社，2004.

[ 3 ] 叶玉堂，刘爽. 红外与微光技术[M]. 北京：国防工业出版社，2010.

[ 4 ] http://zh.wikipedia.org/wiki/File:Wiki_ostrich.jpg.

[ 5 ] 常本康，蔡毅. 红外成像系统与阵列[M]. 北京：科学出版社，2009.

[ 6 ] 邸旭，杨进华. 伟光与红外成像技术[M]. 北京：机械工业出版社，2012.

[ 7 ] 孙继银，孙向东，王忠等. 前视红外景象匹配技术[M]. 北京：科学出版社，2011.

[ 8 ] http://www.cnki.com.cn/Article/.

[ 9 ] Yann Reibel,Fabien Chabuel,Cedric Vaz,et al. Infrared dual band detectors for next generation [C]. SPIE, 2011,8012: 381-383.

[10] Robert Rehm,Martin Walther,Frank Rutz,et al. Dual-color InAs/GaSb superlattice focal-plane array technology [J]. Journal of Electronic Materials,2011,40(8):1738-1743.

[11] G. Destefanis, J. Baylet, P. Ballet, et al. Status of HgCdTe bicolor and dual-band infrared focal arrays at LETI[J]. Journal of Electronic Materials, 2007,36(8):1031-1044.

[12] GC.Host,CCD Arrays, Cameras, and Displays, pp. 142-145, JCD Publishing, Winter Park, F1(1996).

# 第8章　红外热成像系统的性能评价

## 引　言

红外热成像系统的性能评价是指利用已建立的热成像系统性能评价模型对所设计系统的性能进行预测，这对于寻找设计的不足，改善和提高热成像系统性能具有重要意义。(1) 介绍常用的性能评价指标包括噪声等效温差、调制传递函数、最小可分辨温差、最小可探测温差的定义以及红外热成像系统的两个基本指标最小可分辨温差和最小可探测温差的测量方法；(2) 以扩展源目标为例介绍作用距离估算方法；(3) 介绍红外热像系统特性参数的测试平台及特性参数的测量方法。

## 8.1　红外热成像系统的主要性能指标及其测量

完整的热成像过程是：三维空间中景物的红外辐射通过红外光学系统投射到红外焦平面阵列上，由红外焦平面阵列转换成一维时间分布的电信号输出，经过后续的信号处理，最后再以二维空间分布的可见光信号再现景物的红外辐射场。在该过程中，景物辐射特性、大气、光学系统、焦平面阵列、电气部分、显示器、人眼等每一个环节都会影响到成像性能。

性能评价模型的历史可以追溯到 20 世纪 70 年代。美国夜视实验室建立了 NVL75 性能评价模型，适用于第一代红外成像系统，能够对中等空间频率的目标做出较好的预测，满足了美军当时的要求，伴随焦平面阵列器件的出现，出现了 FLIR92 模型。它引入了三维噪声模型，全面表征了所有的噪声源，使复杂的噪声因素与 MRTD 模型公式的融合变得简单，可对扫描或凝视红外成像系统的静态性能进行预测。近年来还出现了 NVThern 和 TRM3 模型。

热成像系统的性能主要包含静态性能和动态性能，静态性能描述系统对静态目标的成像能力，即景物的三维空间分布不随时间而变化；而动态性能描述系统对动态目标的成像能力，热成像系统性能参量通常指系统的实验室可测试参量，如噪声等效温差（NETD）、最小可分辨温差（MRTD）、调制传递函数（MTF）等，进一步可扩展为系统的作用距离。红外热成像系统的成像质量必然要有一种客观的评价方法，通常我们采用多种特性参数测试来实现对红外热成像系统的评价。这些特性参数包含噪声和响应特性、图像分辨率特性、图像几何特性、个人主观特性等多类参数，其详细内容如表 8-1 所示。其中常用的红外热成像系统特性参数有噪声等效温差（NETD）、调制传递函数（MTF）、最小可分辨温差（MRTD）、最小可探测温差（MDTD）等。

表 8-1　红外热成像系统特性参数

| No. | 噪声和响应特性 | 图像分辨率特性 | 图像几何特性 | 主 观 特 性 | 其 他 特 性 |
|-----|------------|------------|----------|----------|----------|
| 1 | 固定图案噪声 | 调制传递函数 | 图像变形 | 最小可分辨温差 | 光谱响应函数 |

| No. | 噪声和响应特性 | 图像分辨率特性 | 图像几何特性 | 主 观 特 性 | 其 他 特 性 |
|-----|----------------|----------------|--------------|-------------|-------------|
| 2 | 噪声等效温差 | 对比度传递函数 | 图像旋转 | 最小可探测温差 | 视距 |
| 3 | 非均匀性 | 空间分辨率 | 视场 | | 温度稳定性 |
| 4 | 动态范围 | 瞬间视场 | | | |
| 5 | 信号传递函数 | 有效瞬间视场 | | | |

## 8.1.1　噪声等效温差（NETD）

（1）噪声等效温差的定义

NETD 是红外成像系统不同于可见光成像系统的主要指标之一，由于热成像系统是通过物体辐射温度成像，系统本身与景象周围辐射环境将产生噪声，其对图像质量均有较大的影响。因此，对系统噪声的评价是红外成像系统性能评价的重要工作之一。

噪声等效温差定义为：温度为 $T_T$ 的均匀方形黑体目标，处在温度为 $T_B$ 的均匀黑体背景中，热像仪对此目标进行观察，当系统输出的信噪比为1时，黑体目标和黑体背景的温差称为噪声等效温差。噪声等效温差描述了红外成像系统温度灵敏度特性，在系统测试中，NETD 值被定义为模拟视频信号输出或显示器输出

$$\text{NETD} = \frac{V_{\text{RMS}}}{\dfrac{A_d}{4(f/\#)^2} \displaystyle\int_{\lambda_1}^{\lambda_2} \tau_{\text{SYS}}(\lambda) \frac{\partial M_e(\lambda, T_B)}{\partial T} R(\lambda) \mathrm{d}\lambda} \qquad (8\text{-}1)$$

式中，$f/\#$ 为光学系统的 $F$ 数；$A_d$ 为探测器的面积；$\tau_{\text{SYS}}$ 为大气的透过率；$V_{\text{RMS}}$ 是系统的输出电压的均方根；$M_e$ 为辐射出射度。

对于扫描型热成像系统，它的噪声分布在各个分系统中，由于扫描的作用，可以用时间性噪声来表示；应用噪声功率谱，把系统噪声等效为一个噪声源，插入探测器后，一般用测量 NETD 时的基准参考电子滤波器模拟一代热成像系统的探测器后续系统的滤波效果。最后可以使用 NETD 与系统噪声的带宽来求出系统噪声。

对凝视型热成像系统而言，二代 NETD 测量点往往被典型地设在视频信号输出口，系统显示之前，NETD 已不足扫描系统噪声。首先，NETD 的测量和计算都要求一个基准参考滤波器，以之来模拟后续的系统信号处理电路，而事实上，二代热成像系统的信号处理往往已出现在 NETD 的测量点之前；其次，从信号处理不均匀和焦平面不均匀性出来后的噪声对系统噪声有重大贡献，甚至占据主要地位，而 NETD 显然不能描述这些噪声。

事实上，输出二代焦平面的信号中已包含了时间空间随机的噪声、时间无关空间相关的噪声、空间相关时间无关的噪声。为此引进了三维噪声分析方法，三维是指空间的水平、垂直方向及时间方向。其中的时间空间随机的噪声项 $\sigma_{\text{tvh}}$ 转换为对应的温度时，类似于 NETD 的形式，事实上，对于凝视阵列，人们经常把 $\sigma_{\text{tvh}}$ 写成 NETD。由于 $\sigma_{\text{tvh}}$ 主要受涨落噪声影响，其噪声功率谱是白噪声功率谱；同时，虽然有文献认为其他噪声（称为固定噪声）应有其非空间的噪声功率谱，但目前考虑的模型中噪声的均方根，而且认为其空间噪声功率谱为白噪声功率谱，处理方法类似于 $\sigma_{\text{tvh}}$，当然这有一定的近似性，尤其会影响探测小目标的精度。虽然 NETD 已不足以描述二代热成像系统，但因为人们已习惯于使用它，因此对于二代热成像系统，模型中仍然使用 NETD，并由它推出 $\sigma_{\text{tvh}}$。

图 8-1 给出了某 320×240 红外焦平面阵列成像系统在环境温度为 20℃时的噪声等效温差的柱状图,可以看出不同行之间的噪声等效温差是不同的,取其平均值约为 0.10℃。

大家可以从像素、行(或列)、整个焦平面三种级别来考察系统的噪声等效温差。确定像素噪声等效温差通常用来评价红外焦平面阵列的性能;确定行或者整个焦平面的噪声等效温差测试通常用来评价一个红外热成像整机系统。对确定行或者整个焦平面的噪声等效温差测试必须在校正状态下完成。此外,噪声等效温差还是探测器环境工作温度的一个函数,因此对噪声等效温差进行测试必须标明环境温度。

NETD 也可以利用测得的信号传递函数 SiTF 获得

$$NETD = \frac{V_{RMS}}{SiTF} \qquad (8-2)$$

或利用测得的噪声和 SiTF 获得:

$$NETD = \frac{\sigma_{TVH}}{SiTF} \qquad (8-3)$$

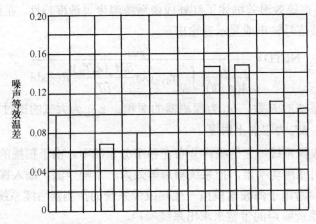

图 8-1　红外热成像系统的噪声等效温差

(2)噪声等效温差的测量

图 8-2 是测量所有噪声源的常规测试装置。

(a) 发射率为 1 的不透明外罩产生扩展元辐照度效果　　　(b) 大的黑体辐射源充满系统视场

图 8-2　典型的噪声成分测试系统

通过在红外系统上加一个不反射外罩可以实现对探测器的均匀辐照,或者是通过在系统视场内放置一个大面积黑体辐射源的方法也可以实现对探测器的均匀辐照。需要特别强调的是光源和外罩必须覆盖整个探测器的敏感区。另外,为了确定任何能观察到的非均匀性现象不是由于辐射源造成的，应当移动辐射源验证图像没有发生变化。如果图像发生变化，那就是由于辐射源的缺陷造成的。

利用帧间相减技术可以确定 $\sigma_{\text{TVH}}$。图 8-3 是确定 $\sigma_{\text{TVH}}$ 的试验装置。

图 8-3 用于确定 $\sigma_{\text{TVH}}$ 的试验装置

## 8.1.2 调制传递函数（MTF）

（1）调制传递函数定义

调制传递函数可以衡量热成像系统如实再现场景的程度，它是具有不同时空频率特性的各组成部分共同作用的结果。在 NVTHERM 等模型中，通常假设热成像系统是个线性系统，目标上的每个点通过点扩散函数在像面成像，像面所成图像是物面的无数点与点扩散函数卷积后累加的结果。图 8-4 示意了调制传递函数在成像过程中所起的作用。红外热成像系统的调制传递函数主要由光学系统、探测器、电路和显示器等 4 个组成部分决定。

图 8-4 调制传递函数图

热成像系统的波长范围较宽，而且接收的景物辐射是非相干的，其光学系统可以认为是衍射限制光学系统。衍射限制的光学系统的传递函数取决于其波长和孔径。对于常见的圆形孔径，衍射限制下的调制传递函数为

$$\text{MTF}_{\text{diff}}(f) = \frac{2}{\pi} \left[ \arccos\left(\frac{f}{f_{\text{c}}}\right) - \left(\frac{f}{f_{\text{c}}}\right)\left[1 - \left(\frac{f}{f_{\text{c}}}\right)^2\right]^{\frac{1}{2}} \right] \tag{8-4}$$

式中，$f_{\text{c}}$ 为截止频率，它由波长和 $F$ 数决定，$f_{\text{c}} = (\lambda F\#)^{-1} = (\lambda f)^{-1}$。除了衍射作用以外，成像过程还会受到光学系统像差的影响。由像差引起的弥散圆能量分布为高斯函数，具有圆对称形式，其标准偏差为 $\sigma_{\text{r}}$，其调制传递函数为

$$\text{MTF}_{\text{geo}}(f) = \exp(-2\pi^2 \sigma^2 f^2) \tag{8-5}$$

综合以上两个因素可得光学系统总的调制传递函数

$$\mathrm{MTF_o}(f) = \mathrm{MTF_{diff}}(f) \cdot \mathrm{MTF_{geo}}(f) \tag{8-6}$$

探测器对入射图像具有空间抽样和积分的作用，空间积分会产生高频混淆现象，其调制传递函数为

$$\mathrm{MTF_{pixel}}(f) = \frac{\sin(\pi Wf)}{\pi Wf} \tag{8-7}$$

式中，$W$ 为像素的有效探测长度。电子线路对信号的作用主要是低通滤波，通常把它描述为多极 RC 低通滤波器，其调制传递函数可表示为

$$\mathrm{MTF_{elp}}(f_t) = \left[ 1 + \left( \frac{f_t}{f_{elp}} \right)^{2n} \right]^{1/2} \tag{8-8}$$

式中，$f_{elp}$ 为电子线路的 3dB 衰减频率。电子线路的时间频率要通过 IRFPA 的扫描速度转化为空间频率。CRT 显示器的点扩散函数近似为高斯分布函数，假设 CRT 显示器的调制传递函数为

$$\mathrm{MTF_m} = \exp\left( -2\pi^2(0.25)^2 \left( \frac{f}{f_0} \right)^2 \right) \tag{8-9}$$

式中，$f_0$ 为空间特征频率。因此，整个系统的调制传递函数为

$$\mathrm{MTF}(f) = \mathrm{MTF_o}(f) \cdot \mathrm{MTF_p}(f) \cdot \mathrm{MTF_{elp}}(f) \cdot \mathrm{MTF_m}(f) \tag{8-10}$$

红外热成像系统可被看做一个线性系统。由线性理论可知，其输出函数与输入函数之间存在着确定的关系，这种关系称为光学传递函数 $O(f)$。

$$O(f) = \frac{L_{out}(f)}{L_{in}(f)} \tag{8-11}$$

式中，$L_{in}(f)$ 和 $L_{out}(f)$ 分别为输入和输出函数的傅里叶变换。记 $M(f) = |O(f)|$，称为系统的调制传递函数。因此调制传递函数可以反映红外热成像系统对不同空间频率图像信号的响应情况。

如果输入函数是阶跃函数，则其导数为 $\delta$ 函数，则 $L_{in}'(f) = 1$。由傅里叶变换理论可知

$$O(f) = L_{out}'(f) \tag{8-12}$$

如果输入图像满足阶跃函数要求，则可以利用式（8-12）计算出系统的调制传递函数。图 8-5 给出了用于测试水平调制传递函数的输出红外图像。测试输入图像由半月形靶标和其后的黑体构成，两者保持足够的温差，则半月形的直径部分满足阶跃函数要求，则输出图像即可计算调制传递函数。图 8-6 给出了对应的调制传递函数曲线。可以看出，随着空间频率的升高，MTF 曲线逐渐降低，这反映了红外热成像系统对不同空间频率响应的区别。

（2）调制传递函数测量

图 8-7 是通用 MTF 测试结构。图 8-8 是相应的数据分析方法。

狭缝靶是理想线在实际应用中的具体实现方式。通常狭缝的张角必须小于 DAS，一般取

0.1DAS。理想的情况下，狭缝的宽度还应该更窄，但是狭缝越窄，通过狭缝的辐射能量就越小，有可能会出现低于可利用的信噪比的情况。所以，测量中必须精确地知道狭缝的宽度，还应该在几个不同的位置进行测量，以确保测量结果的一致性。通常可以用一根加热的金属线来替代狭缝，但是金属受热会导致延长，所以加热时需要用弹簧拉紧它。

图 8-5　水平 MTF 测试图像

图 8-6　水平 MTF 曲线

MTF 也可以通过切口扩散函数获得。切口扩散函数也被称为边缘响应函数、刀口响应函数或者阶跃函数。不过需要先对切口响应作微分运算获得线扩散函数后，再进行傅里叶变换，才能得到 MTF。需要注意的是对于含噪声系统而言，微分运算会突出噪声影响，进而影响到 MTF 的结果。通过减小系统增益以减小噪声，同时利用增加目标的信号强度来增大信噪比有利于该问题的解决。

图 8-7　通用 MTF 测试结构　　　　　　　图 8-8　数据分析方法

### 8.1.3　最小可分辨温差（MRTD）

在热成像系统中，MRTD 是综合评价系统温度的分辨力和空间分辨力的主要参数，它不仅包括了系统特征，也包括了观察者的主观因素。其定义是：对具有某一空间频率的 4 个条带（高宽比为 7∶1）目标的标准黑体图案，由观察者在显示屏上作无限长时间的观察。当目标与背景之间的温差从零逐渐增大到观察者确认能分辨（50%的概率）出 4 个条带的目标图案为止，此时目标与背景之间的温差称为该空间的最小可分辨温差。MRTD 是空间频率 $f$ 的函数，当目标图案的空间频率变化时，相应的可分辨温差是不同的。

MRTD 不仅是设计红外成像系统的重要依据，还可以它为准来估计系统的作用距离。对于凝视型的热像仪，其中考虑了三维噪声，它的最小可分辨温差计算模型为

$$MRTD(f) = \left[\frac{\pi^2 SNR_{TH} \sigma_{tvh} K_z(f)}{8MTF_z(f)}\right](E_t E_h(f) E_v(f))^{\frac{1}{2}} \tag{8-13}$$

式中，$\sigma_{tvh}$ 为随机时空噪声；$K_z(f)$ 为噪声校正函数，下标 $z$ 代表 $h$ 或 $v$；$SNR_{TH}$ 为识别 4 条带目标的阈值信噪比，这里采用 FLR92 的推荐值 2.6；为人眼的时间积分函数，$E_h(f)$ 和 $E_v(f)$ 为人眼空间积分函数，其表达式分别为

$$\begin{cases} E_t = \dfrac{\alpha_t}{F_R \tau_E} \\[2mm] E_h(f) = \dfrac{1}{R_h}\left(\int MTF^2(\omega)\sin c^2\left(\dfrac{\omega}{f}\right)d\omega\right) \\[2mm] E_v(f) = \dfrac{1}{R_v}\left(\int MTF^2(\omega)\sin c^2\left(\dfrac{7\omega}{f}\right)d\omega\right) \end{cases} \tag{8-14}$$

式中，$\alpha_t$ 为采样相关程度；$F_R$ 为帧频；$\tau_E$ 为人眼积分时间；$R_h$ 为水平采样率；$R_v$ 为垂直采样率；$MTF(\omega)$ 为系统噪声滤波器。

最小可分辨温差的测试通常由不同人的观瞄大小不同、距离不同的红外靶标来完成的。靶标图案通常如图 8-9 所示。测试时，靶标后放置黑体，并与靶标保持固定温差，然后由人眼观察，如果人眼能够刚好分辨靶标图案，则此温差即为该距离该视角的最小可分辨温差。图 8-10 给出了不同空间频率下的最小可分辨温差曲线。

图 8-9 靶标图案

空间频率(cy/mrd)

图 8-10 最小可分辨温差曲线

## 8.1.4 最小可探测温差（MDTD）

MDTD 是综合评价热成像系统的重要参数之一。它既反映系统的热灵敏特性，也反映了系统的空间分辨能力。MDTD 是目标尺寸的函数，其定义为：当观察者的观察时间不受限制时，在系统显示屏上恰好能分辨出一定尺寸的方形或圆形目标及所处的位置时，目标与背景的温差称为对应目标尺寸的最小可探测温差 MDTD，其数学表达式为

$$MDTD(f) = 2.14 \cdot \frac{MTF(f)}{\bar{I}} \cdot MRTD(f) \tag{8-15}$$

要准确地求出方块目标经系统所成的像的相对平均值 $\bar{I}$ 是相当困难的，这也是 MDTD 在应用上的不便之处。在这里只讨论点目标，即目标尺寸比探测器的张角要小，所以近似计算 $\bar{I}$ 为

$$\bar{I} = \frac{W_T H_T}{\alpha\beta} \tag{8-16}$$

式中，$W_T$ 和 $H_T$ 分别为目标的水平尺寸和垂直尺寸，单位为 mrad；$\alpha$ 和 $\beta$ 分别为系统的水平和垂直瞬时视场角，单位为 mrad。

## 8.1.5　MRTD 和 MDTD 的测量

MRTD 曲线一般需要在 3 个位置进行测试，如图 8-11 所示。

(a) 模拟扫描系统　　　　　　　　(b) 凝视阵列

图 8-11　典型的 MRTD 响应

测试时，首先需要估计高空间频率的渐近线，利用该渐近线可以简单估计通过红外成像系统可分辨的最大空间频率。对凝视阵列和欠采样系统来说，能够如实重建的最高空间频率受奈奎斯特采样频率限制。

其次是确定 $f_0 = 1/(2\text{DAS})$。$f_0$ 处的 MRTD 是敏感度的平均值，常常用于不同系统之间的比较。对 100% 填充的凝视阵列，$f_0$ 是奈奎斯特采样频率。最后要测试低空间频率，该频率很大程度上是由观察距离决定的。如果允许观察者的头部轻微运动，则低空间频率渐近线是 NEDT 的 0.3～0.7 倍。当观察者头部可以自由移动时，在没有过低的低频空间噪声出现的区域，低频响应趋近于零。

MDTD 对头部移动没有限制，小目标只要有足够的强度就能被看见，如图 8-12 所示。MDTD 也称为热点探测，可以根据目标对应张角函数画出圆圈。相对于 MRTD 的圆圈，MDTD 可以认为是直径减小一半的圆圈，如图 8-13 所示。这时，MDTD 可以根据虚线的空间频率函数画图，如图 8-14 所示。在空间频率的低频和中频部分，眼睛的作用就是边缘探测器，同时 MDTD、MRTD 趋于达到相同的值。

图 8-12　典型的 MDTD 响应

图 8-13　虚线表示空间频率与 MDTD 目标的关系

图 8-14　根据空间频率函数画出的 MDTD 和 MRTD

# 8.2 红外热成像系统的作用距离估算

红外成像系统的重要指标之一是在规定的气象条件下对特定目标观察、识别和认清的作用距离，分别称为观察距离、识别距离和认清距离。作用距离是红外成像系统的主要战术指标，对系统的设计具有决定性的作用。作用距离包含两种计算模型：点目标模型和扩展源模型。当目标成像不足以充满一个像素时就可以把目标看成是点目标。理论上只要目标到达系统的辐射能量大于系统的探测阈值，系统就有响应，就可以探测出目标。而事实上，对目标探测的主要目的就是获取目标的确切信息，如目标的类型、型号等，因此点目标模型并没有实际的意义。此时要把目标看成是扩展源目标来研究。在研究红外成像系统对这类目标的作用距离时，不能仅仅考虑目标的辐射能量，而且还要考虑目标的大小和形状对视距估算的影响。

## 8.2.1 扩展源目标的视距估计模型

MRTD 被用来估算热成像系统的视距，其基本思想是：空间频率为 $f$ 的目标与背景的实际温差经过大气传输，到达热成像系统时仍大于 MRTD($f$)；同时目标对系统的张角应大于或等于观察水平所要求的最小张角。视距估算的传统表达式为

$$\begin{cases} \Delta T(R) \geqslant \Delta T_{\text{MRTD}}(f) \\ \theta \leqslant \dfrac{h}{N_{\text{e}} \cdot R} \end{cases} \tag{8-17}$$

式中，$f$ 为目标的特征空间频率；$R$ 为目标到系统的距离；$\Delta T$ 为到达热成像系统时目标与背景的温差，它是距离 $R$ 和空间频率 $f$ 的函数；$N_{\text{e}}$ 为按 Johnson 准则所要求的目标等效条带数；$h$ 为目标高度；$\theta$ 为目标对系统的所成张角。

## 8.2.2 视距估算的修正因素

热成像系统的静态性能参量是实验室参量，当系统用于实际目标的探测时，目标特性与环境条件并不满足实验室标准条件，同时各种观察等级和概率也将对观察效果产生影响，因而必须对 $\Delta T_{\text{MRTD}}$ 及其他一些参量进行修正。

（1）大气传输衰减

对于实际目标的探测，目标的红外图像信息总是要经过大气传输衰减的，不能忽略其影响，且实际中大气衰减是最主要的影响项之一。对小温差的目标图像的探测，热成像系统接受目标与背景辐射功率差所产生的信号与其间的温度差成正比。设黑体目标与背景之间的零视距（$R=0$）表观温差为 $\Delta T_{\text{e}}$，经过一段距离 $R$ 的大气传输到达热成像系统时，目标与背景之间的等效温差 $\Delta T(R)$ 可近似表示为

$$\Delta T(R) = \Delta T_{\text{e}} \text{e}^{-\sigma R} = \Delta T_{\text{e}} \tau_{\text{a}}(R) \tag{8-18}$$

式中，$\sigma$、$\tau_{\text{a}}$ 分别是热成像系统工作波段内，沿目标方向 $R$ 距离上大气传输的平均消光系数和平均大气透射比。

大气传输衰减影响着热成像系统的视距，不同大气条件所产生的衰减有很大的差别。因此，在热成像系统的技术指标中，应有明确的大气条件（如大气压、温度、相对湿度、能见距离、传输路径等）。

（2）观察水平的确定

观察水平是将系统性能与人眼视觉相结合的一种视觉划分方法，需通过视觉心理实验来完成。目前公认的划分方法是 Johnson 准则，即根据实验把目标的观察问题与等效条带图案的观察问题联系起来，把视觉观察水平分为发现、识别和认清，如表 8-2 所示。

表 8-2　视觉观察水平的 Johnson 准则

| 观察水平 | 定义 | 所需条带数 $N_0$ |
|---|---|---|
| 发现 | 在视场内发现一个目标 | $2.0^{+1.0}_{-0.5}$ |
| 识别 | 可将目标分类 | $8.0^{+1.6}_{-1.4}$ |
| 认清 | 可区分目标型号及其他特征 | $12.0^{+3.2}_{-2.8}$ |

通常，随机噪声限制发现性能，系统放大率限制分类性能，调制传递函数限制识别性能，扫描光栅限制认清性能。不同观察水平所需的条带数有较大的差别，对视距的影响也很大，以不同立场（系统设计、方案论证或技术指标的提出等）分析热成像系统视距，应统一观察水平。另一方面，由于上述各观察水平所需要的条带数 $N_0$ 是在 50% 的概率下得到的。因此，其他概率对应的条带数将有一些变化。利用概率积分拟合，可将条带数 $N_e$ 与概率 $P$ 的关系表示为

$$P = \frac{1}{\sqrt{2\pi}} \int_{-\infty}^{\frac{N_e - N_0}{\sigma}} \exp\left(-\frac{z^2}{2}\right) dz \tag{8-19}$$

式中，发现、识别和认清三种观察水平对应的 $\sigma$ 值分别为 0.625、1.882 和 3.529。在视距估算时，可根据要求的观察水平和概率迭代求解，确定所需的条带数目。

（3）目标形状的影响

实验室性能参量 $\Delta T_{\text{MRTD}}$ 的测试图案是长宽比为 7∶1 的 4 条带目标，而实际目标的等效条带图案的长宽比一般不满足上述条件，因此，在视距估算时，应根据实际目标所对应的长宽比做出修正。设目标高度为 $h$，目标方向因子（高宽比）为 $\alpha_{\text{m}}$，观察水平所需的等效条带数为 $N_e$，则目标的等效条带图案的长宽比变为

$$\varepsilon = \begin{cases} N_e \alpha_{\text{m}} & \text{in} \quad x \\ N_e / \alpha_{\text{m}} & \text{in} \quad y \end{cases} \tag{8-20}$$

条带长宽比和人眼的空间积累性能有关，条带越长则积累越大，可觉察的信噪比也越高。由 $\Delta T_{\text{MRTD}}$ 表达式可知，考虑长宽比的实际目标，$\Delta T_{\text{MRTD},\alpha}$ 应修正为

$$\Delta T_{\text{MRTD},\alpha}(f) = \sqrt{\frac{7}{\varepsilon}} \Delta T_{\text{MRTD}}(f) \tag{8-21}$$

式中，$\Delta T_{\text{MRTD}}(f)$ 为实验室得到的最小可分辨温差。

# 8.3　热成像系统的特性参数测试平台

## 8.3.1　红外热成像系统的特性参数测试平台

　　红外热成像系统的特性参数测试平台由黑体系统、红外辐射准直反射系统、被测试的红外热成像系统、监视器和 PC 构成，其结构如图 8-15 所示。红外辐射准直反射系统由两片红外辐射反射镜构成，其中一片为平面镜，另一片为离轴抛物面镜。黑体辐射源在离轴抛物面镜的焦点上，因此，黑体发出的红外辐射经两次反射后平行出射，并垂直投射到红外焦平面上。由于反射镜的红外辐射略有吸收，因此，测试数据要经过反射系数修正。

图 8-15　红外热成像系统的特性参数测试平台

　　黑体系统由温度可控平面黑体辐射源和黑体靶标组成。黑体靶标位于黑体辐射源的前端，并且两者紧紧相贴。黑体靶标被固定在一个可以旋转的圆盘上，圆盘可以固定 6 个靶标，通过旋转圆盘到不同的角度可以测试不同的靶标图案。如果移走位于平面黑体辐射源前面的圆盘，则可以让温度均匀的黑体辐射平面充满红外热成像系统的视场，此时可以测试红外焦平面的响应的非均匀性和温度响应曲线。黑体辐射经红外辐射准直反射系统的反射，垂直入射到红外焦平面上。

　　平面黑体辐射源可以工作于两种模式：一种是静态模式，即平面黑体辐射源可以精确稳定在一个固定的温度；另一种是跟踪模式，即借助于圆盘上的温度传感器，平面黑体辐射源可以准确监视和跟踪其前面靶标的温度，并与之保持稳定的温差。平面黑体辐射源的工作模式和温度控制可以通过其面板进行设定，也可以通过其通信接口由 PC 控制。

　　黑体靶标配备有多种图案以满足不同的测试要求，如图 8-16 所示。其中图 8-16(a)用于测试最小可分辨温差（MRTD），图 8-16(b)和图 8-16(c)用于测试噪声等效温差（NETD）和调制传递函数（MTF），图 8-16(d)用于测试视频图像的几何特性。

图 8-16　黑体靶标测试图案

### 8.3.2　红外热成像系统的特性参数测试

（1）噪声等效温差和最小可分辨温差的测试

噪声等效温差测试采用如图 8-16(b)或(c)所示的靶标，信号处理板工作于校正状态。假设靶标的温度为 $T$，平面黑体的温度为 $T+\Delta$。在温度为 $T$ 的区域选择 $N_1$ 个像素，其响应的均值为 $m_1$，方差为 $\sigma_1^2$；温度为 $T+\Delta$ 的区域选择 $N_2$ 个像素，其响应的均值为 $m_2$，方差为 $\sigma_2^2$。可以得到红外焦平面阵列在温度 $T$ 的响应为 $R_T=(m_2-m_1)/\Delta$，因此红外焦平面阵列在温度 $T$ 的等效噪声温差为 $\text{NETD}=\sigma_1/R_T$。表 8-3 给出了利用该平台某型号热成像系统 NETD 测试结果。

**表 8-3　噪声等效温差（$F$ 数：1.4）**

| 编号 | NETD(K) | | | | | |
|---|---|---|---|---|---|---|
| | 组 1 | 组 2 | 组 3 | 组 4 | 组 5 | 平均值 |
| 结果 | 0.112 | 0.110 | 0.114 | 0.108 | 0.106 | 0.110 |

最小可分辨温差是一个主观指标，它反映了观察者对特定测试图案的主观分辨能力，因此在相同的条件下不同的人得到的结果会有所区别。表 8-4 给出了一个实验人员对不同的空间频率测试图案的最小可分辨温差。

**表 8-4　最小可分辨温差（MRTD）（$F$ 数：1.4）**

| 空间分辨率（cyc/mrad） | 0.15 | 0.16 | 0.33 | 0.50 | 0.81 | 0.99 |
|---|---|---|---|---|---|---|
| MRTD(℃) | 0.092 | 0.099 | 0.141 | 0.194 | 0.255 | 0.382 |

（2）MTF 的测试

MTF 测试采用如图 8-16(b)或(c)所示的靶标。由于靶标和黑体温度是均匀的，且存在截然不同的温差，则行像素对目标图案的响应就构成了边界扩散函数（ESF）。采用图 8-5 给出的 MTF 测试图像。我们知道，边界扩散函数的微分就是线扩散函数（LSF）。对 LSF 做离散傅里叶变换就可以获得成像系统的 MTF。考虑到离散数据已经包含随机噪声、采样噪声，而数字微分将会增大这些噪声，这将导致 MTF 的失真，特别是在高频部分。为了避免噪声产生的影响，可以采用函数拟合法来拟合边界扩散函数。拟合函数是以多个费米函数累加和的形式，它的表达式为

$$F(x)=D+\sum_{i=1}^{N}\frac{a_i}{e^{(x-b_i)/c_i}+1} \qquad (8\text{-}22)$$

选择费米函数是因为它与 ESF 有类似的形状，产生的拟合误差较小。Tzannes 的研究表明，当 $N$ 取 3 时，$F(x)$ 已具有很好的拟合度。对 $F(x)$ 微分可以得到 LSF 的表达式

$$\text{LSF}=\frac{\mathrm{d}F(x)}{\mathrm{d}x}=\sum_{i=1}^{N}\frac{a_i e^{(x-b_i)/c_i}}{c_i(e^{(x-b_i)/c_i}+1)^2} \qquad (8\text{-}23)$$

依照最小均方误差准则，可以计算出式（8-22）的未知参数，代入式（8-23）即可获得 LSF。这不仅避免了数字微分引入更大噪声，而且可以对数据重采样，以获得更高的分辨率。已知 LSF，可以通过离散傅里叶变换获得红外成像系统的 MTF。利用该方法，我们对实验室

设计的红外成像系统进行了测试，图 8-17 给出了它的边界扩散函数数据及其费米拟合曲线，拟合函数计算采用了 10 行数据，图 8-18 给出了红外成像系统的水平 MTF，其中曲线 1 由 10 行数据的平均值获得，曲线 2 来自于费米拟合曲线。可以看出，与曲线 2 相比，曲线 1 的高频部分受到了随机噪声、微分噪声的影响。

图 8-17　边界扩散函数及费米拟合函数曲线　　　　图 8-18　两种方法得到的调制传递函数曲线

# 小　结

在第 7 章热成像系统的基础上，本章内容着重回答了如何评价一个热成像系统。这方面的知识既用于系统设计时对所设计系统性能的预估，也用于对所设计系统性能的测试。噪声等效温差和调制传递函数是红外热成像系统像质评价的两个重要参数，最小可分辨温差和最小可探测温差，分别是评价系统温度分辨力、空间分辨力和热灵敏特性的重要参数，对这 4 个参数的测量是热成像系统评价测试必不可少的工作。引入热成像系统在特定条件下对特定目标观察、识别、认清时的作用距离，是热成像系统的主要技术指标，对扩展源视距的估算涉及目标的辐射能量、大小和形状等因素以及大气的衰减等前导知识。最后概括介绍了系统特性参数的测试平台与测试方法。

# 习　题

8-1　名词解释

噪声等效温差、调制传递函数、最小可分辨温差、最小可探测温差、视距

8-2　热成像系统的性能主要包括什么？并分别说出它们的含义。

8-3　对于不同的热成像系统而言，噪声等效温差（NETD）与系统噪声有什么样的关系。

8-4　红外热成像系统的调制传递函数由哪些部分组成？

8-5　估算热成像系统的视距的基本思想是什么？

8-6　视距估算的修正因素有哪些，并做出简要描述。

8-7　红外热成像特性参数测试平台由哪些部分构成？

8-8　平面黑体辐射源可以工作的模式是什么？并简要说明各种模式。

8-9　调制传递函数的测试过程是什么？

8-10　推导光学系统总的调制传递函数过程。

8-11　作用距离的计算模型有哪些？并做简要说明。

# 参 考 文 献

[1]　常本康，蔡毅．红外成像阵列与系统[M]．北京：科学出版社，2009．

[2]　姜贵彬，蓝天，倪国强．红外热成像系统评价的重要参数及测试方法[J]．红外与激光工程，2008，37：470-473．

[3]　Gerald C. Holst.Testing and evaluation of infrared imaging systems(Third Edition). JCD Publishing,2008.

[4]　张建奇，王晓蕊．光电成像系统建模及性能评估理论[M]．西安：西安电子科技大学出版社，2010．

[5]　白廷柱，金伟其．光电成像原理与技术[M]．北京：北京理工大学出版社，2006．

# 第9章 红外偏振成像的原理与技术

## 引　言

　　红外偏振成像是红外探测成像科学中的一个新领域。它将可见光中的偏振成像技术引入到红外领域，为红外探测和红外图像处理提供了新的思路和方法。它可以弥补热成像红外辐射需准确校准的不足，并取得高对比度的探测图像，在民用和军工领域均有相关应用，尤其在军工领域应用广泛。

　　本章目的：（1）使读者深入理解光的偏振基本概念，熟悉不同偏振光的基本特点，了解它们之间的区别；（2）掌握红外偏振的成像原理、成像方式，掌握不同类型目标的红外偏振特性；（3）通过所列举的红外偏振成像与光强成像的图像分析结果更深刻地理解红外偏振成像特点。

## 9.1　光　的　偏　振

　　对于纵波，通过波的传播方向所作的所有平面内，波的运动情况都是相同的，其中没有一个平面显示出比其他任何平面特殊，即纵波具有对称性。对于横波来说，通过波的传播方向且包含振动矢量的那个平面显然和不包含振动矢量的任何平面都有区别，这说明波的振动方向对传播方向没有对称性。振动方向对于传播方向的不对称性称为偏振。根据麦克斯韦方程可知，电磁波是横波。电磁波在一定的平面内边振动边向前传播，这种波一般称为偏振波，在光的情况下称为"偏振光"。

　　实验证明，在光与物质的相互作用中起主要作用的是电场矢量，因此一般情况下主要研究光波的电场矢量。在空间任一点电场矢量的大小和方向随时间变化的方式称为光的偏振，通常用电场矢量端点随时间变化的轨迹来描述，因此偏振光可以分为椭圆偏振光、圆偏振光和线偏振光。此外光的宏观偏振态还有自然光，部分偏振光。

　　（1）线偏振光

　　在光波的电偶极子辐射模型中，偶极子振荡产生的电磁波，因为电场波在包含偶极子的平面内振动，所以每个偶极子发出的光都是偏振光。设单个偶极子在 $x$-$y$ 平面内振动，光波沿 $z$ 轴传播，则电场波在某一点处为

$$\begin{cases} E_x = A_x \cos(\tau + \delta) \\ E_y = A_y \cos(\tau + \delta) \\ E_z = 0 \end{cases} \tag{9-1}$$

式中，$\tau = \omega t - kz$；$A_x$，$A_y$ 分别电矢量在 $x$ 轴和 $y$ 轴上的振幅分量；$\omega$ 为振动角频率；$\delta$ 为振动初相位；$\theta$ 为与 $x$ 轴的夹角。

$$\tan\theta = \frac{E_y}{E_x} = \frac{A_y}{A_x} \tag{9-2}$$

这种光矢量的方向不变，其大小随相位变换的光称为线偏振光。

（2）椭圆偏振光

平面电磁波是横波，其电场和磁场彼此正交。因此当光沿 $z$ 方向传输时，电场只有 $x$ 和 $y$ 方向的分量。分量表示形式为

$$\begin{cases} E_x = A_x \cos(\tau - \delta_x) \\ E_y = A_y \cos(\tau - \delta_y) \\ E_z = 0 \end{cases} \tag{9-3}$$

如果把合成波的振幅用一端固定在原点的矢量 $E$ 来表示，则 $(E_x, E_y)$ 是该矢量另一端的坐标。为了求得电场矢量的端点所描绘的曲线，从式（9-3）中消去 $\tau$，可得

$$\begin{cases} \dfrac{E_x}{A_x} = \cos\tau\cos\delta_x + \sin\tau\sin\delta_x \\ \dfrac{E_y}{A_y} = \cos\tau\cos\delta_y + \sin\tau\sin\delta_y \end{cases} \tag{9-4}$$

由此求得 $\cos\tau$、$\sin\tau$，然后取它们的平方和可得

$$\left(\frac{E_x}{A_x}\right)^2 + \left(\frac{E_y}{A_y}\right)^2 - 2\frac{E_x}{A_x}\frac{E_y}{A_y}\cos\delta = \sin^2\delta \tag{9-5}$$

式中，$\delta = \delta_y - \delta_x$。根据式（9-5）可知，$E_x$、$E_y$ 小于 $A_x$、$A_y$，矢量的端点和方向都在做有规律的变化，光矢量的末端沿着一个椭圆转动的光称为椭圆偏振光。椭圆的形状、转动方向与两直线偏振光的位相差 $\delta$ 及振幅比 $\dfrac{A_x}{A_y}$ 有关。特殊情况，当 $\delta = 0$ 或 $\pm 2\pi$ 的整数倍时

$$E_y = \frac{A_x}{A_y} E_x \tag{9-6}$$

合成的电矢量是直线振动。当为 $\pm\pi$ 的奇数倍时

$$E_y = -\frac{A_y}{A_x} E_x \tag{9-7}$$

合成的电矢量也是直线振动，由二次表达式可知，当 $\sin\delta > 0$ 时，为右旋椭圆偏振光；当 $\sin\delta < 0$ 时，为左旋椭圆偏振光。

（3）圆偏振光

在椭圆偏振光中，令 $A_x = A_y$ 且 $\delta = \dfrac{m\pi}{2}(m = \pm 1, \pm 2, ...)$ 偏振光就成为圆偏振光。因此圆偏振光的表达式为

$$\begin{cases} E_x = A_x \cos(\tau + \delta) \\ E_y = A_y \cos\left(\tau + \delta + \dfrac{\pi}{2}\right) \end{cases} \tag{9-8}$$

当 $\delta = \dfrac{\pi}{2} + 2m\pi(m = 0, \pm 1, \pm 2, \cdots)$，$E_x = E_y$ 时为右旋圆偏振光。

当 $\delta = -\dfrac{\pi}{2} + 2m\pi(m = 0, \pm 1, \pm 2, \cdots)$，$E_x = E_y$ 时为左旋圆偏振光。

（4）自然光

由于光波的传播方向具有对称且均匀分布的特性，所以在光波传播的垂直方向平面上又同时具有时间和空间分布的均匀性，若任一方向的电矢量 $E$ 均可分为平行与垂直两个方向的分量，而且电矢量的时间平均值相等，这种光就是自然光，也称为非偏振光。自然光可以用强度相等，振动方向互相垂直的两个平面偏振光来表示。由于自然光中的各矢量没有固定的位相关系，因此方向不同的两个电矢量无法合成一个单独的矢量，但在数学上可以用两个振幅相等的非相干的波表示，通常用两个正交的线偏振光来表示自然光。

（5）部分偏振光

在普遍情况中，电矢量变化的方式既不是完全规则的，也不是完全无规则的，这种光称为部分偏振光。描述这种性质的波，一个最有效的方法是把它看成一定比例的自然光和偏振光叠加的结果，常用偏振度 $P$ 来表示。

$$P = \frac{I_p}{I_{总}} = \frac{I_p}{I_p + I_u} \tag{9-9}$$

式中，$I_p$ 是完全偏振光的强度；$I_u$ 是自然光的强度；$I_p + I_u$ 是部分偏振光的总强度。

# 9.2　红外偏振成像的原理

## 9.2.1　偏振光的产生

一般的光源如太阳、电灯、蜡烛，所发出的光通常是自然光，既不是完全的偏振光，也不是完全的非偏振光。自然界大部分物质都具有类似起偏器的作用，因此，世间万物与自然光在相互作用过程中，例如在发生反射、折射等情况时就会产生部分偏振光或线偏振光，这样光的偏振特性就携带了物体的相关信息。

（1）反射及折射产生的偏振光

如图 9-1 所示，若入射光为一平面谐波，那么其反射波和折射波也是平面波。设入射光、反射光和折射光的电场强度分别为 $E_i$、$E_r$、$E_t$，其平面波表达式分别为

入射光：　　　　　$E_i = E_0^i \mathrm{e}^{i(\omega_i t - k_i l_{k_i} \cdot r)}$　　　（9-10）

反射光：　　　　　$E_r = E_0^r \mathrm{e}^{i(\omega_i t - k_i l_{k_r} \cdot r)}$　　　（9-11）

折射光：　　　　　$E_t = E_0^t \mathrm{e}^{i(\omega_i t - k_i l_{k_t} \cdot r)}$　　　（9-12）

图 9-1　电磁波的反射与折射

式中，$l_k = l_x \cos\alpha + l_y \cos\beta + l_z \cos\gamma$ 是波面的法向单位向量。

$r = l_x x + l_y y + l_z z$ 是波传播空间任一点的矢径，设原点取在分界面内，则 $k_i = \dfrac{2\pi}{\lambda_1} = \dfrac{\omega_i}{\upsilon_1}$、

$k_\mathrm{r} = \dfrac{2\pi}{\lambda_1} = \dfrac{\omega_\mathrm{r}}{\upsilon_1}$、$k_\mathrm{t} = \dfrac{2\pi}{\lambda_2} = \dfrac{\omega_\mathrm{t}}{\upsilon_2}$，其中，$\upsilon_1$ 是介质 1 中的速度，$\upsilon_2$ 介质 2 中的速度，$\omega_\mathrm{i}$、$\omega_\mathrm{r}$、$\omega_\mathrm{t}$ 则分别为入射光、反射光、折射光的圆频率。由边界条件，在介质的分界面上的电场强度 $E$ 切向分量应该连续，即有

$$E_{0\mathrm{t}}^i \mathrm{e}^{i(\omega_\mathrm{i} t - k_\mathrm{i} l_{k_\mathrm{i}} \cdot r)} + E_{0\mathrm{t}}^r \mathrm{e}^{i(\omega_\mathrm{t} t - k_\mathrm{t} l_{k_\mathrm{t}} \cdot r)} = E_{0\mathrm{t}}^t \mathrm{e}^{i(\omega_\mathrm{t} t - k_\mathrm{t} l_{k_\mathrm{t}} \cdot r)} \tag{9-13}$$

对于某一固定点 $r$ 为常数，$t$ 是变量，要使式（9-13）成立，就只有 $\omega_\mathrm{i} = \omega_\mathrm{r} = \omega_\mathrm{t} = \omega$，这说明，由场边界条件直接得出：光波在反射和折射时其频率保持不变。式（9-13）可化简为

$$E_{0\mathrm{t}}^i \mathrm{e}^{-i k_\mathrm{i} l_{k_\mathrm{i}} \cdot r} + E_{0\mathrm{t}}^r \mathrm{e}^{-i k_\mathrm{t} l_{k_\mathrm{t}} \cdot r} = E_{0\mathrm{t}}^t \mathrm{e}^{-i k_\mathrm{t} l_{k_\mathrm{t}} \cdot r} \tag{9-14}$$

同理，由于 $E_{0\mathrm{t}}^i$、$E_{0\mathrm{t}}^r$、$E_{0\mathrm{t}}^t$ 均为常数，而 $r$ 为变量，所以式（9-14）成立的必要条件是 $k_\mathrm{i} l_{k_\mathrm{i}} \cdot r = k_\mathrm{r} l_{k_\mathrm{r}} \cdot r = k_\mathrm{t} l_{k_\mathrm{t}} \cdot r$，由此可以导出反射定律和折射定律

$$k_\mathrm{i} l_{k_\mathrm{i}} \cdot r = k_\mathrm{r} l_{k_\mathrm{r}} \cdot r \tag{9-15}$$

故有

$$r \cdot (k_\mathrm{i} l_{k_\mathrm{i}} - k_\mathrm{r} l_{k_\mathrm{r}}) = 0 \tag{9-16}$$

由于 $r$ 是在分界面上的矢量，且可以任意方向。因此式（9-16）说明，$k_\mathrm{i} l_{k_\mathrm{i}} - k_\mathrm{r} l_{k_\mathrm{r}}$ 与分界面垂直，且由矢量性质可知，这时 $l_{k_\mathrm{i}}$、$l_{k_\mathrm{r}}$ 与分界法线共面。同理，$l_{k_\mathrm{i}}$、$l_{k_\mathrm{t}}$ 与分界面法线也共面，即

$$r \cdot (k_i l_{k_\mathrm{i}} - k_\mathrm{t} l_{k_\mathrm{t}}) = 0 \tag{9-17}$$

由于任一偏振态的光均可分解为两个相互垂直的分量，一般是把它分解成在入射面内的分量（平行分量或称为 $P$ 分量）和垂直于入射面的分量（垂直分量或称 $S$ 分量）。而平面电磁波在反射和折射时这两个分量是相互对立的（平行分量在反射、折射时只产生平行分量，垂直分量在反射、折射时产生垂直分量）。对于两个透明介质的分界面，电场强度 $E$ 和磁场强度有以下边界关系

$$\begin{cases} E_{i\perp}^i + E_{\mathrm{r}\perp}^r = E_{\mathrm{t}\perp}^t \\ (H_{i/\!/} - H_{\mathrm{r}/\!/}) \cos\theta_1 = H_{\mathrm{t}/\!/} \end{cases} \tag{9-18}$$

利用 $\sqrt{\mu} H = \sqrt{\varepsilon} E$ 进行变量代换，把变量 $H$ 均换为 $E$，而对于均匀、透明的介质有：$\mu = 1$，$\varepsilon_r = n^2$，再利用折射定律 $n_1 \sin\theta_1 = n_2 \sin\theta_2$，把式中的 $n$ 消去。最后得到方程组

$$\begin{cases} (E_\perp^i - E_\perp^r) \sin\theta_2 \cos\theta_1 = E_\perp^t \sin\theta_1 \cos\theta_2 \\ E_\perp^i + E_\perp^r = E_\perp^t \end{cases} \tag{9-19}$$

联立等式（9-16）和式（9-17），则式（9-19）变为

$$\begin{cases} (E_{0\perp}^i - E_{0\perp}^r) \sin\theta_2 \cos\theta_1 = E_{0\perp}^t \sin\theta_1 \cos\theta_2 \\ E_{0\perp}^i + E_{0\perp}^r = E_{0\perp}^t \end{cases} \tag{9-20}$$

求解得

$$\begin{cases} E_{0\perp}^r = \dfrac{\sin(\theta_1 - \theta_2)}{\sin(\theta_1 + \theta_2)} E_{0\perp}^i \\[3mm] E_{0\perp}^t = \dfrac{2\sin\theta_2 \cos\theta_1}{\sin(\theta_1 + \theta_2)} E_{0\perp}^i \end{cases} \tag{9-21}$$

式（9-21）表示了反射光、折射光的垂直分量和入射光垂直分量之间的关系。当电场强度 $E$ 平行入射面时，同样可以得出反射光与折射光的平行分量与入射光的平行分量间有以下的关系

$$
\begin{cases}
E_{0//}^t = \dfrac{2\sin\theta_2\cos\theta_1}{\sin(\theta_1+\theta_2)\cos(\theta_1-\theta_2)}E_{0//}^i \\[3mm]
E_{0//}^r = \dfrac{\tan(\theta_1-\theta_2)}{\tan(\theta_1+\theta_2)}E_{0\perp}^i
\end{cases}
\tag{9-22}
$$

将式（9-21）和式（9-22）结果写成如下的方程式，便是菲涅尔公式。利用它可以得出反射光和折射光的强度及相位变化等。

$$
\begin{cases}
\dfrac{E_{0\perp}^r}{E_{0\perp}^i} = r_\perp = -\dfrac{\sin(\theta_1-\theta_2)}{\sin(\theta_1+\theta_2)} = \dfrac{n_1\cos\theta_1 - n_2\cos\theta_2}{n_1\cos\theta_1 + n_2\cos\theta_2} \\[3mm]
\dfrac{E_{0//}^r}{E_{0//}^i} = r_{//} = \dfrac{\tan(\theta_1-\theta_2)}{\tan(\theta_1+\theta_2)} = \dfrac{n_2\cos\theta_1 - n_1\cos\theta_2}{n_2\cos\theta_1 + n_1\cos\theta_2} \\[3mm]
\dfrac{E_{0\perp}^t}{E_{0\perp}^i} = t_\perp = \dfrac{2\cos\theta_1\sin\theta_2}{\sin(\theta_1+\theta_2)} = \dfrac{2n_1\cos\theta_1}{n_1\cos\theta_1 + n_2\cos\theta_2} \\[3mm]
\dfrac{E_{0//}^t}{E_{0//}^i} = t_{//} = \dfrac{2\cos\theta_1\sin\theta_2}{\sin(\theta_1+\theta_2)\cos(\theta_1-\theta_2)} = \dfrac{2n_1\cos\theta_1}{n_2\cos\theta_1 + n_1\cos\theta_2}
\end{cases}
\tag{9-23}
$$

由式（9-23）可知，一般情况下，由于 $r_\perp \neq r_{//}$，$t_\perp \neq t_{//}$，因此反射和折射的偏振态与入射光不同。若入射为线偏振光，则反射光与折射光仍为线偏振光，但其振动方向要变。设 $\alpha$ 为振动面与入射面的夹角，称为振动方位角，当振动面绕光的传播方向顺时针转动时，方位角为正。入射光、反射光和折射光的振动方位角 $\alpha_i$、$\alpha_r$、$\alpha_t$ 分别定义为

$$
\tan\alpha_i = \frac{E_{0\perp}^i}{E_{0//}^i}
\tag{9-24}
$$

$$
\tan\alpha_r = \frac{E_{0\perp}^r}{E_{0//}^r}
\tag{9-25}
$$

$$
\tan\alpha_t = \frac{E_{0\perp}^t}{E_{0//}^t}
\tag{9-26}
$$

由菲涅尔公式可直接得出

$$
\tan\alpha_r = \frac{\cos(\theta_1-\theta_2)}{\cos(\theta_1+\theta_2)}\tan\alpha_i
\tag{9-27}
$$

$$
\tan\alpha_t = \cos(\theta_1-\theta_2)\tan\alpha_i
\tag{9-28}
$$

由于 $\theta_1$ 和 $\theta_2$ 均在 $\left(0,\dfrac{\pi}{2}\right)$ 范围内，所以有

$$
|\tan\alpha_r| \geq |\tan\alpha_i|
\tag{9-29}
$$

$$|\tan\alpha_1| \leqslant |\tan\alpha_i| \tag{9-30}$$

式中等号只有在正入射或掠入射（$\theta_1 = 0$ 或 $\theta_1 = \dfrac{\pi}{2}$）的情况下成立。由此可见，反射光的振动面是偏离入射面，而透射光的振动面则转向入射面，此时不发生偏振现象。另外，当 $\theta_1 + \theta_2 = \dfrac{\pi}{2}$，即反射光与折射光相互垂直时，由折射定律 $\dfrac{\sin\theta_1}{\sin\theta_2} = n$ 可得

$$\tan\theta_1 = n \tag{9-31}$$

式（9-31）就是布儒斯特定律，此时角度 $\theta_1$ 称为这种物质对于真空或空气的偏振角或布儒斯特角。当自然光以布儒斯特角入射时，反射光发生全偏振。可见，反射光和折射光的偏振态有以下三种情况：

①在正入射和掠入射时，反射光和折射光都仍是自然光。

②一般情况入射时，反射和折射均为部分偏振光。

③以布儒斯特角入射时，反射光是线偏振光（偏振度 $p = 1$），振动方向与入射面垂直，折射光则为部分偏振光，但这时偏振度最高。

（2）热辐射产生的偏振光

根据菲涅尔反射定律可知，当一束非偏振光入射到介质表面发生反射时会产生部分偏振光。另外由基尔霍夫理论可知，物体的红外辐射也可以产生偏振效应。当目标的红外辐射入射到一个表面时，将会发生三种不同的变化，其中一部分能量被物体吸收，一部分能量从物体表面反射，还有一部分能量透射过物体。从前面可知菲涅尔公式是在麦克斯韦方程的基础上推导得出的，而麦克斯韦方程是适用于一切电磁波的，所以菲涅尔公式也可用于一切的电磁波中，因此红外热辐射同样适用菲涅尔反射定律。其中红外热辐射的菲涅尔公式如下。

$$\begin{cases} r_s = \dfrac{A'_{1s}}{A_{1s}} = \dfrac{n_1\cos\theta_1 - n_2\cos\theta_2}{n_1\cos\theta_1 + n_2\cos\theta_2} \\[3mm] r_p = \dfrac{A'_{1p}}{A_{1p}} = \dfrac{n_1\cos\theta_1 - n_2\cos\theta_2}{n_1\cos\theta_1 + n_2\cos\theta_2} \end{cases} \tag{9-32}$$

热辐射的两个正交的偏振分量在两个不同介质表面发生反射时，由于其反射率不同，造成了反射辐射中两个偏振量的比例分布不平衡，从而引起了反射辐射的部分偏振性。根据基尔霍夫定律，物体的辐射率与其反射率有密切的关系，反射率不同可以引起反射辐射中偏振量的不平衡，从而红外热辐射产生了偏振效应。

## 9.2.2　偏振光的描述

（1）斯托克司表示法

人眼无法直接观察到偏振光，需要将偏振光以某种信息的形式显示出来，以便人眼观察或计算机识别与处理。光波的偏振态有多种表示方法，斯托克司（Stokes）表示法是目前常用的光波强度和偏振态的描述方法，被描述的光可以是完全偏振光、部分偏振光和完全非偏振光。斯托克司指出，一束光的偏振状态可由 4 个参数 $I$、$Q$、$U$、$V$ 完全表示，这组参数称为斯托克司参数，都是光强的时间平均值，因此可以直接测量。斯托克司参数定义如下：

设准单色偏振光沿正 $z$ 方向传播，其平均频率为 $\upsilon$，设电矢量 $E$ 的 $x$、$y$ 分量分别为

$$
\begin{cases}
E_x(t) = E_{0x}(t)\cos[\varphi_1(t) - 2\pi\upsilon t] \\
E_y(t) = E_{0y}(t)\cos[\varphi_2(t) - 2\pi\upsilon t]
\end{cases}
\tag{9-33}
$$

消去 $-2\pi\upsilon t$，可得到

$$
\frac{E_x^2(t)}{E_{0x}^2(t)} + \frac{E_y^2(t)}{E_{0y}^2(t)} - 2\frac{E_x(t)}{E_{0x}(t)}\frac{E_y(t)}{E_{0y}(t)}\cos\delta(t) = \sin^2\delta(t)
\tag{9-34}
$$

式中，$\delta(t) = \varphi_2(t) - \varphi_1(t)$，是 $E_x$、$E_y$ 之间的相位差。

对于单色光，振幅和相位差与时间无关，式（9-34）可以简化为

$$
\frac{E_x^2(t)}{E_{0x}^2} + \frac{E_y^2(t)}{E_{0y}^2} - 2\frac{E_x(t)}{E_{0x}}\frac{E_y(t)}{E_{0y}}\cos\delta = \sin^2\delta
\tag{9-35}
$$

用 $\langle\ \rangle$ 符号表示对时间取平均值，对式（9-35）取平均值可以改写为

$$
\frac{\langle E_x^2(t)\rangle}{E_{0x}^2} + \frac{\langle E_y^2(t)\rangle}{E_{0y}^2} - 2\frac{\langle E_x(t)\rangle}{E_{0x}}\frac{\langle E_y(t)\rangle}{E_{0y}}\cos\delta = \sin^2\delta
\tag{9-36}
$$

将式（9-36）两边乘以 $4E_{0x}E_{0y}$，并整理为

$$
\left(E_{0x}^2 + E_{0y}^2\right)^2 = \left(E_{0x}^2 - E_{0y}^2\right)^2 + \left(2E_{0x}E_{0y}\cos\delta\right)^2 + \left(2E_{0x}E_{0y}\sin\delta\right)^2
\tag{9-37}
$$

将括号内的各式分别用下面 4 个量表示

$$
\begin{cases}
S_0 = E_{0x}^2 + E_{0y}^2 \\
S_1 = E_{0x}^2 - E_{0y}^2 \\
S_2 = 2E_{0x}E_{0y}\cos\delta \\
S_3 = 2E_{0x}E_{0y}\sin\delta
\end{cases}
\tag{9-38}
$$

对于准单色光，振幅和相位差与时间相关，可将式（9-38）推广为

$$
\begin{cases}
S_0 = I = \langle E_x^2(t)\rangle + \langle E_y^2(t)\rangle \\
S_1 = Q = \langle E_x^2(t)\rangle - \langle E_y^2(t)\rangle \\
S_2 = U = 2\langle E_x(t)E_y(t)\cos\delta(t)\rangle \\
S_3 = V = 2\langle E_x(t)E_y(t)\sin\delta(t)\rangle
\end{cases}
\tag{9-39}
$$

式中，$I$ 表示总的光强度；$Q$ 表示 $0°$ 与 $90°$ 方向线偏振光分量之差；$U$ 表示 $45°$ 与 $135°$ 方向线偏振光分量之差；$V$ 代表右旋与左旋圆偏振光分量之差，在实际应用中由于自然界中目标与大气背景的圆偏振的分量在仪器可以检测的范围内的探测量很小，相对于仪器误差可忽略不计，在一般工程探测和计算中认为 $V = 0$。因而，可以利用 $I$、$Q$、$U$ 三个独立的斯托克司参数来准确确定一束光线的偏振态，当一束光源与水平 $x$ 轴夹角为 $\alpha$ 的方向上，观测的光强度为

$$
I(\alpha) = \frac{1}{2}(I + Q\cos 2\alpha + U\sin 2\alpha)
\tag{9-40}
$$

因此，在实际探测时，如果可以测出三个不同角度的光强分量就可以计算出斯托克司参数。若确定 $0°$ 参考方向为初始位置，则需要将偏振片以逐步旋转到 $45°$、$90°$、$135°$ 三个不

同位置，将 4 个不同偏振方向的光强分量代入式（9-40）化简可得

$$
\begin{cases}
I = I_0 + I_{90} = I_{+45} + I_{-45} = I_1 + I_r \\
Q = I_0 - I_{90} \\
U = I_{+45} - I_{-45} \\
V = I_r - I_1
\end{cases}
\tag{9-41}
$$

式中，$I_0$、$I_{90}$、$I_{+45}$、$I_{-45}$、$I_r$、$I_1$ 分别表示置放在光波传播路径上的理想偏振片在 $0°$、$90°$、$+45°$、$-45°$ 方向上的线偏振光以及左旋 $l$ 和右旋 $r$ 圆偏振光。此外，还可以用 $0°$、$60°$、$120°$ 方向上线偏振光表示

$$
\begin{cases}
I = \dfrac{2}{3}\left[ I(0°) + I(60°) + I(120°) \right] \\
Q = \dfrac{4}{3}\left[ I(0°) - \dfrac{1}{2}(60°) - \dfrac{1}{2}(120°) \right] \\
U = \dfrac{2}{\sqrt{3}}\left[ I(60°) - I(120°) \right]
\end{cases}
\tag{9-42}
$$

$$
\begin{cases}
P = \dfrac{\sqrt{Q^2 + U^2}}{I} \\
\theta = \dfrac{1}{2}\arctan\left( \dfrac{U}{Q} \right)
\end{cases}
\tag{9-43}
$$

由以上两种方法计算出斯托克司参数及线偏振度 $P$ 和偏振角 $\theta$。

（2）密勒矩阵表示法

当光束与物质相互作用时，出射光束的 4 个斯托克司参数与入射光束的 4 个斯托克司参数成线性关系，为了表示斯托克司矢量通过偏振元件时的变化，把密勒（Mueller）提出的 $4×4$ 矩阵称为密勒矩阵。设入射偏振光的斯托克司矢量为 $E_1$，偏振元件的密勒矩阵为 $M$，则出射的偏振光 $E_2$ 为：$E_2 = M \cdot E_1$。

在密勒矩阵中，多个元件的作用可以用各个元件的密勒矩阵的积来表示。由于斯托克司矢量可以用于完全偏振光，也可以用于部分偏振光，所以密勒矩阵也具有这一性质。对于线偏振器，当起偏器的透光轴与 $x$ 轴成 $\theta$ 角时，起偏器的密勒矩阵为

$$
M_{(\theta)} = \frac{1}{2}
\begin{bmatrix}
1 & \cos 2\theta & \sin 2\theta & 0 \\
\cos 2\theta & \cos^2 2\theta & \sin 2\theta \cos 2\theta & 0 \\
\sin 2\theta & \cos 2\theta \sin 2\theta & \sin^2 2\theta & 0 \\
0 & 0 & 0 & 0
\end{bmatrix}
\tag{9-44}
$$

因此，当起偏器的透光轴沿 $x$ 轴时，有

$$
M_{(0°)} = \frac{1}{2}
\begin{bmatrix}
1 & 1 & 0 & 0 \\
1 & 1 & 0 & 0 \\
0 & 0 & 0 & 0 \\
0 & 0 & 0 & 0
\end{bmatrix}
\tag{9-45}
$$

$$M_{(90°)} = \frac{1}{2} \begin{bmatrix} 1 & -1 & 0 & 0 \\ -1 & 1 & 0 & 0 \\ 0 & 0 & 0 & 0 \\ 0 & 0 & 0 & 0 \end{bmatrix} \tag{9-46}$$

一个自然光通过起偏器 $M_{(0°)}$，其出射光为

$$\frac{1}{2} \begin{bmatrix} 1 & 1 & 0 & 0 \\ 1 & 1 & 0 & 0 \\ 0 & 0 & 0 & 0 \\ 0 & 0 & 0 & 0 \end{bmatrix} \begin{bmatrix} 1 \\ 0 \\ 0 \\ 0 \end{bmatrix} = \frac{1}{2} \begin{bmatrix} 1 \\ 1 \\ 0 \\ 0 \end{bmatrix} \tag{9-47}$$

表示得到的是能量减少一半的光矢量沿 $x$ 轴方向的线偏振光。对于波片，若波片的快轴与 $x$ 轴成 $\theta$ 角，其位相延迟为 $\delta$，则相应的密勒矩阵为

$$M_{(\theta,\delta)} = \begin{bmatrix} 1 & 0 & 0 & 0 \\ 0 & \cos^2 2\theta + \sin^2\theta\cos\delta & \sin 2\theta\cos 2\theta(1-\cos\delta) & -\sin 2\theta\sin\delta \\ 0 & \sin 2\theta\cos 2\theta(1-\cos\delta) & \sin^2 2\theta + \cos^2 2\theta\cos\delta & \cos 2\theta\sin\delta \\ 0 & \sin 2\theta\sin\delta & -\cos 2\theta\sin\delta & \cos\delta \end{bmatrix} \tag{9-48}$$

如果快轴取在 $x$ 轴，波片快慢轴之间的位相延迟为 $\dfrac{\pi}{2}$，则其密勒矩阵为

$$M_{\left(0,\frac{\pi}{2}\right)} = \begin{bmatrix} 1 & 0 & 0 & 0 \\ 0 & 1 & 0 & 0 \\ 0 & 0 & 0 & 1 \\ 0 & 0 & -1 & 0 \end{bmatrix} \tag{9-49}$$

如果快轴取在 $y$ 轴，位相延迟为 $\dfrac{\pi}{2}$ 的波片，则其相应的密勒矩阵为

$$M_{\left(\frac{\pi}{2},\frac{\pi}{2}\right)} = \begin{bmatrix} 1 & 0 & 0 & 0 \\ 0 & 1 & 0 & 0 \\ 0 & 0 & 0 & -1 \\ 0 & 0 & 1 & 0 \end{bmatrix} \tag{9-50}$$

若一个线偏振光矢量与 $x$ 轴夹角为 $45°$，通过快轴位于 $x$ 轴的 1/4 波片 $M_{\left(0,\frac{\pi}{2}\right)}$，则可求出出射光的偏振态为

$$E_2 = ME_1 = \begin{bmatrix} 1 & 0 & 0 & 0 \\ 0 & 1 & 0 & 0 \\ 0 & 0 & 0 & 1 \\ 0 & 0 & -1 & 0 \end{bmatrix} \begin{bmatrix} 1 \\ 0 \\ 1 \\ 0 \end{bmatrix} = \begin{bmatrix} 1 \\ 0 \\ 0 \\ -1 \end{bmatrix} \tag{9-51}$$

即为左旋圆偏振光。

### 9.2.3　红外偏振成像方式

与可见光波段不同表面特性的物体具有不同的偏振特性类似，红外波段的目标反射及自身辐射电磁波的过程中也会产生由自身特性所决定的偏振特性。红外偏振成像就是利用目标的红外偏振特性进行目标探测与识别。对于任意目标，只要从一个光滑表面反射或者辐射时，从一定的观测角度来看，红外辐射就会产生线偏振光。利用这一原理，可以对目标进行红外偏振成像。

红外偏振图像可以通过对传统红外成像仪中的辐射强度信息进行不同方向的偏振滤波，通过解算而得到。具体过程包括：采用偏振片对目标的强度信息进行偏振滤波分解、扫描、角度编码，从光强响应中解算出景物光波的偏振信息；将目标的偏振信息以图像的形式进行可视化显示；提取所需的目标特征。常用的几种红外偏振成像获取方案，按照偏振量获取数量的不同，可以将红外偏振成像的方案分为获取两个、三个、四个和凝视的红外偏振成像方法。这里主要介绍前三种方法。

（1）两个偏振量的成像方式

图 9-2 中所示的光学系统是由一个无焦透镜、一个偏振分束镜和两个聚焦透镜组成的。

无焦透镜可以压缩光束，偏振分束镜可以将两个相互垂直的的偏振态分开，分为水平分量和垂直分量，最后利用两个聚焦透镜将两束偏振光聚焦到各自的红外焦平面探测器上。可以对红外焦平面上相应像素 $(x,y)$ 的两个正交偏振的强度 $I_{//}(x,y)$ 和 $I_{\perp}(x,y)$ 进行差分计算 $_{PD}I(x,y)=I_{//}(x,y)-I_{\perp}(x,y)$ 和 $_{PS}I(x,y)=I_{//}(x,y)+I_{\perp}(x,y)$，然后以步进的方式旋转偏振片还可获取 $45°$ 和 $135°$ 偏振状态光强的差与和，最后将不同方向的偏振信息进行可视化显示。这种偏振成像技术方案中，偏振片固定不动时就可获取两个偏振量。

图 9-2　两个偏振量的成像方式原理图

（2）三个偏振量的成像方式

三个偏振量的成像方式是在传统红外探测器中使用了偏振片，随着偏振片的步进或连续旋转，可以从红外探测器中获取目标光波的三个不同的偏振量，然后通过解算得到目标的红外偏振信息，但是此方法的实时性较差。如图 9-3 所示，目标的辐射量经过透镜到达偏振片时，当偏振片以步进的方式旋转到 4 个不同的位置时与偏振片的密勒矩阵作用再通过聚焦透镜将目标的光波信息会聚到探测器上，可以获得四个不同的光强响应，然后解算出目标的偏振信息。其中偏振片的密勒矩阵为

$$\overrightarrow{M_p} = \frac{1}{2}\begin{bmatrix} 1 & \cos 2\theta & \sin 2\theta & 0 \\ \cos 2\theta & \cos^2 2\theta & \sin 2\theta \cos 2\theta & 0 \\ \sin 2\theta & \cos 2\theta \sin 2\theta & \sin^2 2\theta & 0 \\ 0 & 0 & 0 & 0 \end{bmatrix} \quad (9-52)$$

式中，$\theta$ 是表示偏振片的透光轴与水平面的夹角，得到的斯托克司矢量为

$$\begin{bmatrix} I' \\ Q' \\ U' \\ V' \end{bmatrix} = M_p \begin{bmatrix} I \\ Q \\ U \\ V \end{bmatrix} = \frac{1}{2}\begin{bmatrix} 1 & \cos 2\theta & \sin 2\theta & 0 \\ \cos 2\theta & \cos^2 2\theta & \sin 2\theta \cos 2\theta & 0 \\ \sin 2\theta & \cos 2\theta \sin 2\theta & \sin^2 2\theta & 0 \\ 0 & 0 & 0 & 0 \end{bmatrix}\begin{bmatrix} I \\ Q \\ U \\ V \end{bmatrix} \quad (9-53)$$

图 9-3  三个偏振量的成像方式原理图

从探测器中得到的光强输出响应为

$$I' = \frac{(I + Q\cos 2\theta + U\sin 2\theta)}{2} \quad (9-54)$$

将偏振片以连续的方式分别旋转到 0°、45°、90° 和 135°，红外探测器可以输出 4 个不同的光强图像，通过解算可以得到 3 个斯托克司矢量和偏振度、偏振角等参数。图 9-4 为一种基于斯托克司原理的短波红外偏振实验装置。

（3）四个偏振量的成像方式

如图 9-5 所示，入射目标光波的斯托克斯矢量经过透镜到达波片、偏振片，当波片以步进的方式旋转到 4 个不同的位置时，就和波片、偏振片的密勒矩阵作用，再经过聚焦透镜就把入射景物光波会聚到探测器上，从而就获得了探测器的 4 个光强响应，从这 4 个光强响应中就能解算出景物光波的偏振态信息。

图 9-4  一种短波红外偏振成像装置          图 9-5  获取 4 个偏振量的光学系统原理图

波片的密勒矩阵为

$$M_R(\delta) = \begin{bmatrix} 1 & 0 & 0 & 0 \\ 0 & 1 & 0 & 0 \\ 0 & 0 & \cos\delta & \sin\delta \\ 0 & 0 & -\sin\delta & \cos\delta \end{bmatrix} \tag{9-55}$$

这里 $\delta$ 是波片的透光轴相对水平的夹角，输出的斯托克司矢量为

$$\begin{bmatrix} I' \\ Q' \\ U' \\ V' \end{bmatrix} = M_p \cdot M_R \cdot \begin{bmatrix} I \\ Q \\ U \\ V \end{bmatrix} = \frac{1}{2} \begin{bmatrix} 1 & \cos 2\theta & \sin 2\theta & 0 \\ \cos 2\theta & \cos^2 2\theta & \cos 2\theta \sin 2\theta & 0 \\ \sin 2\theta & \sin 2\theta \cos 2\theta & \sin^2 2\theta & 0 \\ 0 & 0 & 0 & 0 \end{bmatrix} \cdot$$

$$\begin{bmatrix} 1 & 0 & 0 & 0 \\ 0 & 1 & 0 & 0 \\ 0 & 0 & \cos\delta & \sin\delta \\ 0 & 0 & -\sin\delta & \cos\delta \end{bmatrix} \cdot \begin{bmatrix} I \\ Q \\ U \\ V \end{bmatrix} \tag{9-56}$$

从探测器的输出中得到光强响应为

$$I'(\theta,\delta) = \frac{1}{2} \left[ I + Q\cos 2\theta + U\sin 2\theta \cos\delta + V\sin 2\theta \sin\delta \right] \tag{9-57}$$

固定偏振片，旋转波片到不同位置，红外探测器则可以获取不同的光强信息，然后计算出目标的 4 个偏振量，同时也可以计算出目标的偏振度、偏振角等参数。在本方案中，偏振片是固定不动的，波片以步进的方式分别旋转到不同的位置时可以获取目标的 4 个偏振量。

## 9.3　目标与背景的红外偏振特性

目标与背景往往没有很清楚的界线，对于同一幅图像，按照不同的划分标准目标区域和背景区域完全可以互换。通常，对于图像中目标与背景区域的区分，大多是由观察者根据以往的经验或者持有的态度等对其进行主观判断。除此之外，图像部分的明暗差别、面积比例以及形状等因素，也都会对人的主观判断产生一定的影响。人们通过遵循某种组织性原则而将图像的各个部分有机地联系起来。

在进行红外探测时，往往将所需要的物体称为目标，其他作为背景。其中在偏振成像时，按照偏振特性不同分为人工目标、自然目标。常见的人工目标的表面材料一般是混凝土、金属或类似材料（如建筑物、道路、桥梁和机场等）。常见的自然景物有海面、地面、沙石、岩地、草地等。

### 9.3.1　自然目标的偏振特性

自然物体表面相对粗糙，其反射以漫反射为主，它由大量的微面元组成，这些微面元的倾角和尺寸是无序和无规则的，因此，微面元的反射光的偏振方向比较杂乱。亮表面的反射

光表现出较小的线偏振度，暗表面的反射光则表现出较大的线偏振度，这是因为暗表面以单次反射为主，而亮表面以多次反射为主。

植物的偏振特性与其所在的地理位置、天气、太阳高度角、观测角、种类、生长阶段等息息相关，为了详细地了解植物的偏振特性，必须对更多的植物做实验，而且要研究更多的入射角和反射角，包括入射平面以外的散射角。因此，对物体的偏振特性的决定因素进行理论上的研究，在偏振探测及结果分析中都具有事半功倍的意义。以光线的入射角、探测角、方位角以及不同的偏振角、植物单叶为主要因子进行分析研究测量结果。

自然界中的植物千差万别，而它们的叶子形状、厚薄、光滑程度、水分含量等也各不一样。但是它们的反射比是否也不一样呢？下面以旱金莲、海桐和橡皮树单叶为例比较它们的反射比。

被测样品旱金莲单叶近似圆形，半径约 5cm，叶面光滑、中间凹下，灰绿色，叶脉清楚；海桐单叶为流线形，长 14cm，最宽处约 7.5cm，叶面光滑、明亮、绿色，沿主叶脉凹下；橡皮树单叶形状为长椭圆形，长轴为 14cm，短轴为 7.5cm，叶面深亮绿色，与海桐一样沿主叶脉凹下，横剖面呈钝角 "V" 形。

图 9-6　B 波段不同植物单叶的偏振反射

从图 9-6 中不难看出不同的植物单叶的偏振反射比值是不一样的。图 9-6 是在光线入射角为 50°，探测角为 50°，方位角为 10°～350°，偏振角为 0°，在 B 波段时旱金莲、海桐、橡皮树单叶的反射比曲线。从图中不难看出不同的植物单叶的偏振反射比值是不一样的。其共性为方位角150°～220°之间曲线变化明显，在方位角180°处有峰值出现，而在其他方位角处，曲线变化均很平稳。因此，我们把目标方位角在140°～220°范围内的偏振反射特性作为重点研究对象（A 波段为 630~690 nm，B 波段为 760～100 nm）。

图 9-7 和图 9-8 分别是旱金莲单叶在 A 波段和 B 波段光线入射天顶角分别为 30°、40°、50°、60°，探测角为 60°时，偏振为 0°和 90°以及没有偏振状态下的反射比曲线。从图中可以看出，在探测角相同、光线入射天顶角不同的条件下，随着入射天顶角的增大，偏振反射也随之增大，并且偏振角为 0°、方位角为180°处（迎光方向）其比值为最大；而在 90°偏振时虽然也存在峰值，但比值明显变小。二向性反射比的峰值基本上是 0°与 90°偏振反射比峰值的算术平均值。

图 9-9 和图 9-10 分别是旱金莲单叶在 A 波段和 B 波段光线入射天顶角为 60° 探测角分别为 30°、40°、50°、60°时，偏振角为 0°和 90°以及不偏振状态下的反射比曲线。

图 9-7　A 波段不同光线入射天顶角对旱金莲单叶反射的影响

图 9-8　B 波段不同光线入射天顶角对旱金莲单叶反射的影响

图 9-9　A 波段不同探测角入射天顶角对旱金莲单叶反射的影响

从图中可知，在光线入射角一定的条件下，旱金莲单叶的偏振反射比随着探测天顶角的增大而增大，最大值在方位角180°处，同样0°偏振为最大值，而90°偏振则峰值明显锐减。二向性反射比的峰值变化规律同上。

图 9-10　B 波段不同探测角入射天顶角对旱金莲单叶反射的影响

　　反射比与方位角的关系从图 9-5 和图 9-6 中可以看出旱金莲的单叶偏振反射比值，无论是探测角固定、光线入射角天顶角变化，还是光线入射天顶角固定、探测角变化，均在140°～220°之间反射比变化明显，其峰值均在方位角 180°处出现，其他方位角处的偏振反射比值较小，且变化不明显，曲线趋于平稳，并且这两种曲线相同。

　　综上分析，不同的植物具有不同的偏振反射特征。植物单叶的反射比值随光线入射角与探测角的增大而增大。不同的植物的单叶在不同的波段、不同光线入射天顶角、不同探测角的条件下，它们的偏振反射比存在共性，即在 0°偏振时反射比出现最大峰值。而在 90°偏振时反射比出现最小峰值，其位置均为方位角 180°处。当光线入射天顶角固定，而探测天顶角的变化分别为 30°、40°、50°、60°时，或者探测天顶角固定，而光线入射天顶角的变化分别为 30°、40°、50°、60°时，它们的偏振反射比曲线是一样的。以上结论虽然是以旱金莲与海桐单叶等为例归纳整理出来的植物单叶偏振反射特性，但对其他植物来说均具有共性规律和普遍意义。

### 9.3.2　人工目标的偏振特性

　　人工目标所具有的偏振信息与其构成、形态和状态有关，水泥路面与柏油路面、钢铁与橡胶、真实环境与模拟环境等均可以应用偏振识别信息。

　　人造物体表面相对较光滑，以镜面反射为主，反射光表现出较大的线偏振度。例如，平滑的路面、冰面、水面或玻璃面，其反射光的主要成分是 S 光。偏振特性与目标的性质、测量波长、观测角度均有很大关系，具有非常重要的应用价值。物体的偏振特性与其材料、表面粗糙度、几何形状及内部机理等密切相关的物理量。

　　为了研究不同材料在线偏振光作用下反射光的偏振特性，我们进行了主动成像实验。红外辐射光通过偏振片后，变成线偏振光，经扩束后照射目标。目标反射光被望远镜接收，经偏振分束器后，其水平偏振分量和竖直偏振分量发生分离并分别并用两个 CCD 成像。由式（9-58）计算出偏振度

$$P = \frac{I_x - I_y}{I_x + I_y} \qquad (9\text{-}58)$$

式中，$I_x$ 为采集到的水平偏振图像的平均灰度值；$I_y$ 为采集到的竖直偏振图像的平均灰度值。

实验目标分别采用铁片、铜片、铝片、树叶、塑料和白纸，每一次实验时保证光斑小于目标表面积，且目标位置不变，发射系统与接收系统的光路也不变。

不同目标反射光的偏振度如图 9-11 和表 9-1 所示。

图 9-11　线偏振光照射下不同材料目标反射光的偏振度

表 9-1　不同目标的偏振度

| 目标 | 水平图像直方图灰度平均值 $I_x$ | 竖直图像直方图灰度平均值 $I_y$ | 偏振度 $P$ |
|---|---|---|---|
| 铁片 | 117.27 | 88.32 | 0.1408 |
| 铝片 | 127.32 | 100.18 | 0.1193 |
| 铜片 | 131.72 | 99.73 | 0.13822 |
| 树叶 | 53.30 | 48.16 | 0.05066 |
| 塑料 | 90.77 | 78.26 | 0.07401 |
| 白纸 | 193.34 | 200.68 | 0.01863 |

从图 9-11 可以分析得出，人工目标的偏振度普遍要高于自然目标的偏振度，金属目标可以明显地从自然目标中识别出来，其主要原因是自然目标表面起伏较大，其散射光基本已没有散射特性。在这里我们还发现，白纸的偏振度是最小的，这跟物体表面的粗糙度有关，表面粗糙的物体在线偏振光作用下反射光的偏振度往往比光滑物体更大。

## 9.3.3　背景的偏振特性

对于自然表面，反射辐射的偏振特性取决于其表面的固有属性，如其介质特性、结构特征、粗糙度、水分含量、观察角、辐照度等条件。自然背景局部光滑，但由于它们的表面取向各异，整体无规则，光在传播过程中经历了多次无规则的反射或散射，导致偏振度的离散性较大，偏振图像比较杂乱，平均线偏振度较小。

（1）植被：自然界中的植物千差万别，而它们的叶子形状、厚薄、光滑程度、水分含量等也各不一样由于自然景物的表面相对粗糙，粗糙表面的反射以漫反射为主，有研究者在 8～12 μm 波段，观察角为 70° 条件下研究了植物（草、树等）的偏振特性。实验表明，在红外波段自然地物的红外偏振度非常小（<1.5%）。

（2）沙和土壤：土壤反射辐射的偏振与其结构、化学及矿物组成有关，土壤水分的含量也严重地影响到偏振度的大小。沙和土壤的反射偏振度与照明条件、观测条件有关，偏振的分布也是较为明显的，如在观测方位 90°～110° 范围内可以观测到最大偏振效果。

（3）岩石：岩石偏振辐射的变化与其金属含量以及所受碳氢污染程度有关。岩石的偏振图像有助于它的识别和标记，因而这些特征已经被广泛地应用于行星探测方面。

（4）水表面：自然水体表面的镜反射遵从菲涅尔法则。在偏振探测中，一是可以利用水体表面的偏振分布特征有效减弱太阳闪耀对目标探测的影响；二是可以利用这些太阳闪耀的耀斑来获取水面状态信息，如波向、波高等，特别是对油膜的分布区域判断相当有效。另外，偏振对水体中的悬浮粒子的特性、尺度及浓度等的探测均是有效的。

根据海上石油运输的溢油问题，模拟水面溢油的红外偏振特征，水面油膜的偏振度（DOP）与温度变化关系如图9-12所示。

由图9-12可知，油膜的偏振度随着温度的升高而降低。25℃时其偏振度存在极小值，在25～40℃之间，偏振度减小的缓慢。在15～25℃、40～50℃，两个范围内偏振度减小的较快。通过上述分析，15℃时偏振度最大，50℃偏振度最小，两点处的偏振度差异较大。在此温度条件下比较油膜水面与清水偏振态，分别计算温度在15℃与50℃情况下清水与溢油水面的偏振度、偏振角（AOP）、强度值，选取相同区域中的10个采样点数据绘制成曲线图如图9-13～图9-15所示。

图9-12 水面油膜偏振度与温度关系

图9-13 不同温度下油膜与清水的偏振度对比曲线

图9-13中A表示50℃清水，B表示50℃溢油水面，C表示15℃清水，D表示15℃溢油水面。比较分析可知，油膜与水面的偏振特性差异较大，而红外辐射强度差异较小。由图9-13可以发现，在50℃时清水的偏振度高于溢油水面的偏振度，在油膜作用下水面偏振度降低约40%。而在15℃时，二者情况恰好相反，水面的偏振度低于溢油水面的偏振度，在油膜作用下水面偏振度增加约20%。这是由于油与水的化学成分不同，各自不同的退偏系数引起了偏振度的差异。此外，温度对油膜改变水面偏振度的能力也有很大影响。从图9-14中可知，温度相同的情况下，溢油水面的偏振角明显低于清水的偏振角，同时偏振角的值随着温度的升高而增加。

图9-14 不同温度下油膜与清水的偏振角对比曲线

图9-15 不同温度下油膜与清水的强度对比曲线

由分析知，温度在15～25℃之间，溢油水面的偏振度随着温度的升高而下降。在低温时，溢油水面的偏振度高于清水偏振度。而在高温时，溢油水面的偏振度则低于清水偏振度。温度在15～50℃之间，溢油水面的偏振度明显低于清水的偏振度。

# 9.4　红外偏振成像与光强成像的对比

## 9.4.1　大气传输差异特性分析

大气的基本成分是氮和氧以及少量的稀有气体，此外大气中还含有水蒸气、二氧化碳、臭氧等气体以及灰尘、水滴等固态、液态悬浮物。对于大气对成像的影响，国内外学者都做了不少研究，根据大气的光传播方程建立单色图像复原模型，认为大气对光的散射以及大气自身成像是影响成像效果的主要因素。当目标反射和自身辐射偏振光经过大气分子和气溶胶的散射将会衰减，这给目标检测和边缘标定带来较大的困难。不同的天气条件、光照条件偏振成像的效果都有所差别，晴天太阳光的偏振度最强，阴天太阳光几乎为无偏光。因此，在阴天条件下利用偏振探测进行目标检测是比较容易实现的。由于颗粒的各向异性和多次散射会减小光的线偏振度，烟雾的退偏作用主要与烟雾浓度，颗粒的运动状态等因素有关。烟雾的浓度较小时，散射的退偏作用较弱，微粒的各向异性是产生退偏的主要原因；烟雾浓度较大时，多次散射显著，退偏现象较强，多次散射作用是产生退偏的主要原因。单次瑞利散射的侧向光（与入射光正交方向）为线偏振光，但随烟雾浓度的增大将变为部分偏振光，烟雾浓度增加到一定程度后完全退偏为自然光。但是，大气辐射背景具有一定的偏振度，而且偏振方向一般与目标的偏振方向不同，大气偏振角是大气辐射特性最强的一个方向，反之，与大气偏振方向垂直的方向就是大气辐射特性最弱的方向，因此，利用偏振技术可以抑制大气辐射背景，提高物体的识别效果，有效地克服了大气对红外成像的影响。

由于大气中的水蒸气及悬浮在大气中的微粒对辐射具有吸收和散射作用，红外辐射在大气传输的过程中会发生衰减。大气中的散射元主要包括大气的分子（主要是氮、氧及少量稀有气体）的密度涨落、大气中悬浮的微小水滴（形成雾、雨及云）以及悬浮的固体微粒[尘埃、碳粒（烟）、盐粒子和微小的生物体]。散射的强弱与大气中散射元的浓度及散射元的大小有密切关系。大气中悬浮的一些固体微粒（如尘埃、烟、盐粒子等）通常称为霾，霾是由半径为 0.03～0.2μm 的粒子组成的。在湿度比较大的地方，湿气凝聚在上述粒子周围，可以使它们变大，形成细小的水滴，这就形成了雾和云。形成雾和云的水滴半径为 0.5～80μm，其中半径在 5～15μm 之间的水滴数目较多。由此看到雾和云中的粒子半径多数同我们所应用的红外辐射的波长差不多，而霾中所含粒子的半径要小得多。根据散射理论可知，当辐射的波长比粒子半径大得多时，这时所产生的散射称为瑞利散射。其散射系数为

$$\sigma = \frac{K}{\lambda^4} \tag{9-59}$$

式中，$K$ 为与散射元浓度、散射元尺寸有关的常数；$\lambda$ 为辐射的波长。

大气分子及霾的散射都属于瑞利散射。由式（9-59）看出，瑞利散射的散射系数与波长的四次方成反比，因此大气分子及霾对于波长较长的红外线来说散射作用很小。当粒子的大

小和辐射波长差不多时，这时所产生的散射称为 $M_{ie}$ 散射，其散射强度除了与波长有关外，还与粒子的半径有关，$M_{ie}$ 散射的散射系数为

$$\sigma = kr^2 \qquad\qquad (9\text{-}60)$$

式中，$k$ 为与粒子数目及波长有关的系数；$r$ 为散射粒子的半径。

雾和云的散射是 $M_{ie}$ 散射。由式（9-60）可见，$M_{ie}$ 散射系数与粒子半径的平方成正比，因此在薄雾中（雾粒较小）红外线有较好的透过性。而在浓雾中（雾粒较大）红外线和可见光一样透过性都很差。因此红外装置的使用不是全天候的，在浓雾中几乎不能使用。由于水汽的浓度和大气中所含灰尘、烟等微粒数目随高度的增加剧烈减少，所以雾和烟在低空常见，高空雾和烟的影响较小。因此对于 2μm 以上的红外线在 3000m 以上的高空，大气分子散射及悬浮物的散射都不是影响大气衰减的主要因素。

从前面的分析已经知道，对于红外辐射，大气的衰减作用主要是大气中分子（水蒸气、二氧化碳、臭氧）的吸收所造成的，这三种物质对红外线的吸收都呈选择性吸收，即在某些波段内对红外线的吸收很强烈（常常称为强吸收带），某些波段内吸收很弱。这样一来，大气透过率曲线就被强吸收带分割成许多区域。红外辐射在大气中传输时，每一处都有它特有的气象因素，包括气压、温度、湿度以及每一种吸收体的浓度等，每一种因素都对红外辐射有衰减作用。因此大气衰减影响到红外成像的效果。

### 9.4.2  成像响应差异特性分析

热红外成像仪的基本工作原理是目标红外辐射通过红外物镜照射到探测器敏感材料上，引起其敏感材料的某些可测物理量的变化，从而将可测物理量的变化读出后通过 A/D 转化为电信号，通过电信号图像处理，再进行 D/A 转换，最后把信号传送到监视器，实现对热辐射的探测。红外热成像系统可以在普通红外成像系统探测器前增加偏振片装置。

红外偏振成像系统首先需要转动偏振片在不同的角度下进行多次光强成像，然后从探测器的光强响应中解算出景物的光波的偏振信息。与光强成像相比：①加入偏振片，景物的红外辐射通过偏振片时发生二次衰减，造成偏振图像亮度较低。②成像过程复杂，实时性较差。③偏振片同步旋转的过程中，会在一定的程度上影响到目标的温度场，容易造成误差。但是，因为偏振度是辐射值之比，偏振测量无须准确的校准就可以达高的精度，而传统的红外偏振测量中，需要对红外系统的测量进行严格的定标；红外偏振测量不仅能够提供红外光强图像，还能提供偏振度、偏振角、偏振参数图像，为场景的描述提供了多样的选择，对红外图像是有益的补充。

图 9-16 中给出了偏振片在不同位置时的红外光强图像，观察可知不同位置下的图像的特征有较明显的差异，通过斯托克司公式对图 9-16 中的光强图像进行计算，可以得出斯托克司参量图像 $I$、$Q$、$U$ 和偏振度、偏振角图像如图 9-17 所示，从图中可以看出，不同的特征的图像描述的场景特征都不同，说明了偏振成像可以提供关于场景的多种描述方法，提供更丰富的图像信息，而光强成像只能得到一幅图像。

综上所述，红外偏振成像技术最显著的特点就是可以将一些传统热像仪无法辨别的目标与背景区别开来。因为传统热像仪测量的是物体辐射的强度，而偏振测量的是物体辐射在不同偏振方向上的对比度，所以它能够将辐射强度相同而偏振性不同的物体区别开来。红外偏振成像的另一个显著的特点是它可以很好地区别人造物与自然物。因为自然物在长波红外波

段一般不表现出偏振性（水除外），而对于人工制造的物体由于其材料及表面的光滑性，所以大都有不同程度的部分偏振。可以通过目标（人造物）与背景（自然物）偏振性的不同很容易将其区分开来。因此，红外偏振成像在军事上的应用前景相当广阔，它可以弥补传统热成像在许多方面的不足，与传统热像仪相比具有如下优势。

(a) 偏振片在 0° 位置

(b) 偏振片在 45° 位置

(c) 偏振片在 90° 位置

(d) 偏振片在 135° 位置

图 9-16　偏振片在不同位置的光强图像

(a) $I$ 参数图像

(b) $Q$ 参数图像

(c) $U$ 参数图像

(d) 偏振度图像

(e) 偏振角图像

图 9-17　斯托克司参数及偏振度、偏振角图像

（1）偏振测量无须准确的辐射量校准就可以达到相当高的精度，这是由于偏振度是辐射值之比。而在传统的红外辐射量测量中，红外测量系统的定标对于红外系统的测量准确度至关重要。红外器件的老化、光电转换设备的老化、电子线路的噪声甚至环境温度、湿度的变

化都会影响到红外系统。如果红外系统的状态已经改变，但是系统又没有及时定标，那么所测得的红外辐射温度和亮度必然不能反映被测物的真实辐射温度和亮度。

（2）根据调研国外公开发表的文献的数据说明，目标和背景偏振度差别较大，其中自然环境中地物背景的红外偏振度非常小（<1.5%），只有水体体现出较强的偏振特性，其偏振度一般在 8%～10%。而金属材料目标的红外偏振度相对较大，达到了 2%～7%，因此以金属材料为主体的军用车辆的偏振度和地物背景的偏振度差别也较大。实际上，两物体偏振度值差别达到 1%，成偏振图像后就能够很好地分辨出两物体之间的差异。所以利用红外偏振成像技术识别地物背景中的车辆目标具有明显的优势。

（3）军事上的红外防护的主要方法是制造复杂背景，在背景中杂乱无序地放置各种红外点热源和面热源，使背景不均匀，红外系统无法从背景中区别目标，但是这种杂乱的热源和目标的偏振特性通常也存在不同，因此这种形式的防护对红外偏振成像侦察就有它的局限性。

（4）红外偏振成像系统在取得偏振测量结果的同时，还能够提供辐射量的数据。

（5）对于辐射强度相同的目标和背景，传统成像无法区别，而偏振成像通常可以比较容易地区别它。

# 小　结

本章介绍了光的偏振的基本概念，我们首先应了解何为偏振，它是如何产生的。偏振光可以分为椭圆偏振光、圆偏振光和线偏振光等，另外自然光和部分偏振光也是光的宏观偏振态。本章详细阐述了红外偏振成像原理、偏振光的产生、偏振光的描述方式以及红外偏振的不同成像方式，这些内容紧密围绕主题进行展开。对于同一幅图像，目标与背景往往没有清楚的界线，自然目标和人工目标存在不同的偏振特性，它们又有不同于背景的偏振特性，只有了解了它们之间的区别，才能更好地区分目标和背景。最后，本章通过对具体的红外偏振成像与光强成像对比分析描述了大气传输差异特性和成像响应特性。

# 习　题

9-1　简单描述光的偏振的形成过程。

9-2　光的偏振的几种形式？

9-3　偏振光的产生方式？

9-4　红外偏振与红外光强成像响应有什么不同？

9-5　请给出斯托克司公式的推导过程。

9-6　简述红外偏振成像的基本原理。

9-7　检索关于红外偏振的电子资源，了解它们所处理的问题并简单概括。

# 参 考 文 献

[1] 张之翔. 光的偏振[M]. 高等教育出版社，1985，7(56).

[2] 龙槐生，张仲先，谈恒英. 光的偏振及其应用[M]. 机械工业出版社，1989.

[3]　廖延彪. 偏振光学[M]. 北京：科学出版社，2003.

[4]　金伦，张洪波，赵云升. 地物偏振反射数据的获取与数据库的建立[J]. 东北师大学报（自然科学版），2000，32(4).

[5]　Shaw J A. A Survey of infrared polarization in theoutdoors[C]. SPIE，2007，6660.

[6]　Hongwen Cao，Chunmin Zhang，Baochang Zhao. A polarization interfizatio interferenve imaging spectrometer and its calibration[J]. 2011，122(23).

[7]　徐参军，赵劲松，蔡毅. 红外偏振成像的几种技术方案[J].红外技术，2009，31(5).

[8]　唐坤，邹继伟，姜涛. 目标与背景的红外偏振特性研究[J]. 红外与激光工程，2007，36(5).

[9]　杨之文. 偏振光谱的测量及研究进展[J]. 光谱实验室，2003，20(6).

[10]　汪震，乔延利，洪津等. 利用热红外偏振成像技术识别伪装目标[J]. 红外与激光工程，2007，36(12).

[11]　郭泽成，王峰，张骏. 基于红外偏振特性的水面溢油检测实验研究[J].红外技术，2010，32(2).

[12]　马丽珍，刘爽，张闻钊. 偏振光大气传输的前向散射新模型[J]. 应用光学，2010，31(3).

[13]　Cremer F，Schwering P B W，De Jong W，et al. Infrared polarization measurements of tagets and background in a marine enviroments[C]. SPIE，2001，4370.

[14]　张亮，赵锋，王雪松. 视线方向上飞机红外特性及大气衰减模型研究[J]. 红外技术 2011，33(6).

[15]　路远，凌永顺. 红外辐射大气透射比的简易计算[J]. 红外技术，2003，25(5).

[16]　韩玉阁，宣益民. 大气传输特性对目标与背景红外辐射特性的影响[J]. 应用光学，2002，23(6).

[17]　周国辉，刘湘伟，徐记伟. 一种计算红外辐射大气透过率的数学模型[J]. 红外技术，2008，30(6).

[18]　叶玉堂，刘爽. 红外与微光技术[M]. 国防工业出版社，2010.

[19]　徐参军，苏兰，杨根远等. 中波红外偏振成像图像处理及评价[J]. 红外技术，2009，31(6).

[20]　杨风暴，李伟伟，蔺素珍等. 红外偏振与红外光强图像的融合研究[J]. 红外技术，2011，33(5).

# 第10章 红外仿真技术

# 引　言

研究目标和背景的红外辐射特征有两种方法：一种是外场实验法，这种方法直观真实，获得的数据准确可靠，但是需要耗费大量的人力物力，另一种是理论的方法，即从理论入手，建立目标和背景的红外辐射理论模型，再辅之以少量外场数据进行校模，然后利用经过校验的模型，计算目标和背景的红外辐射特征。这种方法省时省力，可以提供较为精确的特征比较分析。红外仿真技术就是利用理论的方法，结合计算机技术等对红外场景进行研究。

本章目的：（1）介绍仿真的基本概念；（2）简要介绍数学仿真和半实物仿真的基本方法；（3）以红外地表仿真为例，具体介绍红外数学仿真的方法和过程；（4）介绍一款集成化的红外仿真软件——北京未尔锐创的 JRM 红外仿真软件。

# 10.1　仿真技术的基本概念

20 世纪初仿真技术已得到应用。例如，在实验室中建立水利模型，进行水利学方面的研究。20 世纪 40~50 年代航空、航天和原子能技术的发展推动了仿真技术的进步。20 世纪 50 年代初，连续系统的仿真研究绝大多数是在模拟计算机上进行的。20 世纪 50 年代中期，人们开始利用数字计算机实现数字仿真。20 世纪 60 年代计算机技术的突飞猛进，为仿真技术提供了先进的工具，加速了仿真技术的发展。利用计算机实现对于系统的仿真研究不仅方便、灵活，而且也是经济的。因此计算机仿真在仿真技术中占有重要地位。计算机仿真技术于是向模拟计算机仿真和数字计算机仿真两个方向发展。模拟计算机仿真中，在增加逻辑控制和模拟存储功能之后，又出现了混合模拟计算机仿真，以及把混合模拟计算机和数字计算机联合在一起的混合计算机仿真。在发展仿真技术的过程中已研制出大量仿真程序包和仿真语言。20 世纪 70 年代后期，还研制成功专用的全数字并行仿真计算机（见全数字仿真计算机）。红外仿真是仿真技术应用的重要领域之一，如红外制导、仿真训练、红外武器研制等。目前红外仿真在军事、民用、安全等领域都有广泛的应用，如国土资源监测、设备故障诊断等。

## 10.1.1　仿真与仿真技术

仿真（Simulation）是指使用项目模型将特定于某一具体层次的不确定性转化为它们对目标的影响，该影响是在项目整体的层次上表示的。仿真可以按不同原则分类。

（1）按所用模型的类型（物理模型、数学模型、物理-数学模型）分为物理仿真、计算机仿真（数学仿真）、半实物仿真。

（2）按所用计算机的类型（模拟计算机、数字计算机、混合计算机）分为模拟仿真、数字仿真和混合仿真。

（3）按仿真对象中的信号流（连续的、离散的）分为连续系统仿真和离散系统仿真。

（4）按仿真时间与实际时间的比例关系分为实时仿真（仿真时间标尺等于自然时间标尺）、超实时仿真（仿真时间标尺小于自然时间标尺）和亚实时仿真（仿真时间标尺大于自然时间标尺）。

（5）按对象的性质分为宇宙飞船仿真、化工系统仿真、经济系统仿真等。仿真技术是一门多学科的综合性技术，它以控制论、系统论、相似原理和信息技术为基础，以计算机和专用设备为工具，利用系统模型对实际的或设想的系统进行动态试验。例如，汽车或飞机的驾驶训练模拟器，就是应用仿真技术的成果。

## 10.1.2　仿真模型与仿真实验

仿真模型是被仿真对象的相似物或其结构形式。它可以是物理模型或数学模型。但并不是所有对象都能建立物理模型。例如，为了研究飞行器的动力学特性，在地面上只能用计算机来仿真。为此首先要建立对象的数学模型，然后将它转换成适合计算机处理的形式，即仿真模型。具体来说，对于模拟计算机应将数学模型转换成模拟排题图；对于数字计算机应转换成源程序。

仿真实验是指通过实验可观察系统模型各变量变化的全过程。为了寻求系统的最优结构和参数，常常要在仿真模型上进行多次实验。在系统的设计阶段，人们大多利用计算机进行数学仿真实验，因为修改、变换模型比较方便和经济。在部件研制阶段，可用已研制的实际部件或子系统去代替部分计算机仿真模型进行半实物仿真实验，以提高仿真实验的可信度。在系统研制阶段，大多进行半实物仿真实验，以修改各部件或子系统的结构和参数。在个别情况下，可进行全物理的仿真实验，这时计算机仿真模型全部被物理模型或实物所代替。全物理仿真具有更高的可信度，但价格昂贵。

## 10.1.3　仿真工具与仿真方法

仿真工具主要指的是仿真硬件和仿真软件。仿真硬件中最主要的是计算机。还包括一些专用的物理仿真器，如运动仿真器、目标仿真器、负载仿真器、环境仿真器等。模拟计算机主要用于连续系统的仿真，称为模拟仿真。在进行模拟仿真时，依据仿真模型将各运算放大器按要求连接起来，并调整有关的系数。改变运算放大器的连接形式和各系数的调定值，就可修改模型。仿真结果可连续输出。因此，模拟计算机的人机交互性好，适合于实时仿真。改变时间比例尺还可实现超实时的仿真。数字计算机具有很高的速度，某些专用的数字计算机的速度更高，能满足大部分系统的实时仿真的要求，且由于软件、接口和终端技术的发展，人机交互性的提高已成为现代仿真的主要工具。混合计算机把模拟计算机和数字计算机联合在一起工作，充分发挥模拟计算机的高速度和数字计算机的高精度、逻辑运算和存储能力强的优点。但这种系统造价较高，只宜在一些要求严格的系统仿真中使用。

仿真软件包括为仿真服务的仿真程序、仿真程序包、仿真语言和以数据库为核心的仿真软件系统。仿真软件的种类很多，在工程领域，用于系统性能评估，如机构动力学分析、控制力学分析、结构分析、热分析、加工仿真等的仿真软件系统。其中，MSC Software 在航空航天等高科技领域已有 45 年的应用历史。

仿真方法主要是指建立仿真模型和进行仿真实验的方法，可分为两大类：连续系统的仿真方法和离散事件系统的仿真方法。也就是说，仿真方法不是一种单项技术，而是一种求解问题的方法。它可以运用各种模型和技术，对实际问题进行建模，通过模型采用人工试验的手段，来理解需要解决的实际问题。通过仿真，可以评价各种替代方案，证实哪些措施对解决实际问题有效。人们有时将建立数学模型的方法也列入仿真方法，这是因为对于连续系统虽已有一套理论建模和实验建模的方法，但在进行系统仿真时，常常先用经过假设获得的近似模型来检验假设是否正确，必要时修改模型，使它更接近于真实系统。对于离散事件系统建立它的数学模型就是仿真的一部分。

## 10.2　红外仿真的基本方法

红外仿真通常包括数学仿真和半实物仿真。数学仿真是将系统和工作环境等物理对象按照实际运行状态进行模型化描述。半实物仿真是将上述数学模型的一部分用实物替代，再由实物参与的情况对整个系统运行过程进行仿真模拟。如上所述，数学仿真主要用于系统设计，而半实物仿真主要用于在设计基础上的系统研制。

### 10.2.1　数学仿真

在红外仿真中数学仿真的内容主要包括目标红外辐射特征模型、背景红外辐射特征模型、目标与背景合成模型以及大气传输特性模型等。如图 10-1 是目标与背景红外辐射特征数学仿真的基本框图。数学仿真的关键是模型建立的方法和求解方法。

图 10-1　红外仿真数学建模流程图

（1）目标数学仿真的方法

根据不同目标的几何结构和工作原理以及是否有内部热源等特点，考虑其与周围背景的能量交换关系（导热、对流换热、太阳辐射、大气辐射等），建立描述目标温度分布的数学模型，求解目标的温度场，并根据目标表面材料的红外辐射特征参数，计算其红外辐射特征，如图 10-2 所示。

（2）背景数学仿真的方法

目标和背景是一个相对概念。根据背景的类型，如自然地表、水面、雪地、丛林等，考虑其与周围环境的能量交换关系，建立背景的温度分布计算模型，利用背景表面的红外辐射特征数据，建立背景的红外辐射特性理论模型，如图 10-3 所示为地面背景的数学建模过程。对于建筑物等人工背景可参照目标的仿真建模方法。

图 10-2　目标的数学建模过程

图 10-3　地面背景的数学建模过程

## 10.2.2　半实物仿真

半实物仿真填补了全数字/混合仿真与实际外场试验之间的空档。数字仿真虽然效率比较高，在实际硬件制造之前可以模拟武器系统的性能，但其置信度不高，因为许多数学模型是理想化的（如导引头的数学模型），且诸多子系统之间的相互作用难以预测和建模。而半实物仿真，把导弹的导引头等主要部件置于回路中对系统进行仿真，避开了数学建模的复杂性和不准确性，提高了仿真的精度和结果的可靠性。另一方面，在半实物仿真中，可重复的仿真条件还可以验证数据的可靠性、可用性和可维护性。因此，1986 年美国陆军已建立了制导武器半实物仿真试验设施，进行了多种导弹的试验仿真。如图 10-4 是典型的半实物仿真装置图。通常场景发生器是由计算机程序产生图像，场景投影仪再将这个数字图像转换为红外图像。采用合适的反馈方法，距离限制、跟踪、飞行变化都可以模拟。半实物仿真需要每帧都变化的图像。仿真处理器实际上是一套大型的软件。如图 10-5 是常用的双模半实物仿真的原理图。

图 10-4　典型的半实物仿真装置图

图 10-5　双模半实物仿真原理图

# 10.3　红外地表仿真

## 10.3.1　地表红外辐射建模

在场景中，除了天空背景以外，地表是最主要的背景，它可以是光裸地表（沙漠、水泥地等），也可以是植被、草地等，按照红外辐射特性研究的一般办法，研究地表的红外辐射特性，首先要建立地表温度模型，研究地表温度场，然后结合大气传输特性研究地表红外辐射特性，也可以结合场景仿真技术生成地表红外场景。针对背景红外辐射特性研究的特点，当地表不作为主要研究对象，而是作为对比场景时，往往简化地表温度场模型，而突出地表红外场景的可视化。

（1）地表与外界环境的热量交换

建立地表温度模型，首先要分析环境辐射对地表的影响，即地表与外界环境的热量交换。地表与外界环境的热量交换通常是通过辐射、对流和传导三种形式进行的。因为传导主要是在地表和其内部之间进行，而对计算红外辐射有意义的表面大都裸露在空气中，所以地表与外界环境的热量交换主要以辐射和对流两种方式进行。图 10-6 为地表与外界环境的热量交换示意图。

图 10-6　地表与外界环境的热量交换示意图

如图 10-6 所示，地表与外界环境的热量交换主要有太阳短波辐射、大气长波辐射、低空大气和地表的对流换热、地表向地下的热传导、潜热作用以及地表自身向外界的辐射。太阳辐射和大气辐射在前面章节中已经介绍过，在此不再赘述。下面分别介绍其他几种热量交换。

自身辐射是指地表向外部空间辐射的热量，可由斯蒂芬-玻尔兹曼定律得到

$$Q\text{conv} = \varepsilon \delta T^4 \tag{10-1}$$

式中，$\varepsilon$ 为表面发射率；$T$ 为地表温度。

对流换热是指地表与空气因相对流动而产生的热量转换

$$Q\text{conv} = H(T_{\text{air}} - T) \tag{10-2}$$

式中，$T_{\text{air}}$ 为空气温度；$H$ 为对流换热系数。

对于静态物体，$H = 3.5 + 5.6V$，$H$（m/s）为近墙面的实效风速，设风速为 $v$（m/s），则对于迎面风，当 $v > 2$m/s 时，$V = 0.25v$；对于背风面，$V = 0.3 + 0.05v$。另外，风速 $v$（m/s）随高度而变化，若在参考高度 $z_0$ 处的风速为 $V_{z_0}$，则在高度 $z$ 处的风速可表示为

$$V_z = \left(\frac{z}{z_0}\right)^a V_{z_0} \tag{10-3}$$

式中，$a$ 为常指数，对于城市的区域，可取 $a = 1/3$。

对于动态物体，在强迫对流情况下，$H = 0.7331|T - T_{\text{air}}| + 1.9v + 1.8$，其中，$v$ 为物体速度与风速的矢量和；$T_{\text{air}}(K)$ 为空气温度。

在植被、草地、湿润土地等地表，以及物体的顶部，潜热交换是不容忽视的热量交换。潜热所起的作用是调节表面温度。在含水及水蒸气的表面，当表面吸收来自空气中的热量时，水分就蒸发变为水蒸气，从而延缓了表面温度的升高；当气温下降时，围绕在表面附近的水蒸气就放出热量，凝固变为水滴，从而延缓了表面温度的下降。因潜热作用产生的热量交换为

$$Q_{\text{LE}} = \frac{\rho C_p}{\gamma} \frac{e_a(T) - e_s(T)}{R} \tag{10-4}$$

式中，$\rho$ 为材料密度，单位 kg/m³；$C_p$ 为空气定压比热，单位 KJ/(kg·K)；$\gamma$ 为比湿（干湿表）常数，$\gamma = 66$ Pa/K；$e_a(T)$ 和 $e_s(T)$ 分别为气温为 $T$ 时的实际气压和饱和气压，单位 Pa；$R$ 为空气动力学总阻抗，根据不同的物体有不同的表达。

对于建筑物顶面、路面，$R = R_h + R_s$。其中，$R_h = \ln(6.1/z_0) \cdot \ln(30/z_0)/(0.16U)$，$z_0$ 为表面粗糙度，$U$ 为在参考高度（30m）处的风速；且

$$R_s = \begin{cases} 0 & \text{预报有雨或表面潮湿} \\ \infty & \text{预报无雨或表面干燥} \end{cases} \tag{10-5}$$

对于草地和土壤，$R = R_{ac} + R_0$。其中，$R_{ac}$ 为空气动力学阻抗，$R_0$ 为表面蒸发阻抗。

$$R_{ac} = \frac{\ln^2\left(\frac{z_z - d}{z_0}\right) + 1.5\ln\left(\frac{z_z - d}{z_0}\right)}{k_0^2 v_a} \tag{10-6}$$

式中，$d$ 和 $z_0$ 分别为草地的零平面位移和粗糙度系数，若植株高度为 $H$，则 $d = 0.56H$，$z_0 = 0.13H$；$k_0$ 为卡尔曼常量，$k_0 = 0.4$；$v_a$ 为在参考线高度 $z_a$ 处的风速。

$$R_0 = \frac{1000 \times \left[1 + \left(-\dfrac{\varphi_1}{230.8}\right)^{5.51}\right]}{0.986LAI + 0.025R_{net}} \tag{10-7}$$

式中，$R_{net}$ 为净辐射，$R_{net} = \alpha_{sun}Q_{sun} + \alpha_{sky}Q_{sky} - Q_{rado}$，$R_{sun}$ 和 $R_{sky}$ 分别为表面对太阳辐射和天空大气辐射的吸收率；$LAI$ 为叶面积指数，是指垂直投影面积内所有草（或树木）的叶子单面面积之和与垂直投影面积之比，对草地，$LAI = \overline{A}ab$，$\overline{A}$ 为叶面平均面积，$a$ 为叶面密度，$b$ 为植被高度，对植被（小麦），$LAI = 1.73$；$\varphi_1$ 为叶子水势。

（2）地表温度场建模

由于已知温度的垂直梯度对地表温度的影响最大，而水平方向的热流通量相对较小，可近似忽略不计，因此，对于大规模场景来说，在计算机地表向下热传递时，可采用地表的一维瞬态导热数学模型，在考虑地表的上边界条件时充分考虑地表与周围环境的复杂的热量交换，建立地表的热平衡方程。

假定发生在地表及其内部的热量交换垂直于地表表面，因此可以建立地表热平衡方程如下

$$\rho c \frac{\partial T}{\partial \tau} = \frac{\partial}{\partial z}\left(k \frac{\partial T}{\partial z}\right) \tag{10-8}$$

式中，$\rho$ 为密度；$c$ 为比热容；$T$ 为温度；$\tau$ 为时间；$k$ 为导热系数；$z$ 为深度坐标。

边界条件是指导热物体在其边界面上与外部环境之间的热交换方面的联系或相互作用。在靠近地表处，温度的变化较大，影响因素主要是各种复杂的热量交换，而在地表内部到了一定深度后，温度的变化已经很缓慢，可以认为已达到恒温。因此，边界条件可设定为

地底 $$T\big|_g = const \tag{10-9}$$

地表 $$k \frac{\partial T}{\partial z}\bigg|_{gf} = Q_{sun} + Q_{sky} + Q_{conv} - Q_{LE} - Q_{rado} \tag{10-10}$$

式中，$Q_{sun}$、$Q_{sky}$、$Q_{conv}$、$Q_{LE}$ 和 $Q_{rado}$ 为地表与外界环境的各种热量交换。

采用一维有限差分法，将式（10-8）离散化，结合边界条件迭代计算，便可求出地表一天24 h 的温度变化。由于采用一维瞬态导热数学模型求解地表温度场，因此，只能得到地表某时刻的平均温度（平均灰度）值，为达到场景的可视化，还需要采用计算机红外纹理生成技术实现地表温度（灰度）的分布特性。

## 10.3.2 地表红外场景可视化

在得到地表温度后，也可以模拟热像仪生成自然地表红外场景，通过红外温度—辐射模型、红外辐射灰度映射模型以及大气衰减模型，得到地表红外场景图像中灰度值与地表温度值的对应关系，生成红外场景仿真图像。

因为地表等场景是大范围的，在温度场建模时，为了解决复杂建模耗时耗力的问题，对模型进行了简化，得到了地表红外辐射的平均值，而忽略了地表红外辐射的空间分布信息，即红

外纹理信息，这样大大降低了红外场景的可视化效果。如果要获得红外纹理信息，一种方法是采用纹理实拍纹理数据，但存在代价高昂、耗时耗力、受实验环境影响等问题，另一种方法是通过复杂建模来获得，但对于大规模背景场景纹理生成来说，建模的复杂度可想而知。

为了解决这一矛盾，考虑到可见光纹理数据相对红外纹理来说比较容易获得和生成，因此，结合图像处理的相关知识，可以利用可见光纹理图像，结合统计方法提取灰度空间分布，进而生成红外纹理。

纹理可以被定义为"一种反映一个区域中像素灰度级空间分布的属性"，而红外纹理反映的是一个区域中各种物体红外辐射的空间分布。具体来说，红外纹理图像中的平均灰度值由物体红外辐射的平均值决定，灰度的空间分布由红外辐射的方差决定，而红外纹理的空间结构则由相关长度决定。

在图像统计分析中，均值和方差是两个常用的参数。图像的灰度值可用式（10-11）表示

$$\mu = \frac{1}{MN} \sum_{i=1}^{M} \sum_{j=1}^{N} f(i,j) \tag{10-11}$$

式中，$f(i,j)$ 为图像第 $i$ 行第 $j$ 列的灰度值。图像的灰度均值描述了图像的平均亮度，均值越大，平均亮度越高；反之平均亮度就越低。

图像的灰度方差可用式（10-12）表示

$$\sigma^2 = \frac{1}{MN} \sum_{i=1}^{M} \sum_{j=1}^{N} [f(i,j) - \mu]^2 \tag{10-12}$$

图像中的灰度方差描述了图像灰度 $f$ 与其灰度均值的偏离程度，若 $f$ 的取值比较集中，则 $\sigma^2$ 较小；反之，若 $f$ 的取值比较分散，则 $\sigma^2$ 较大。方差描述了图像灰度值的分布区间，是一个衡量图像灰度分散程度的量。

图像的直方图反映图像的统计特性，它表达了图像中取不同灰度值的面积或像素数在整幅图像中所占的比例，通过直方图还可以求出一幅图像中所含的信息量。直方图是一种图像的全局表示方法，其缺点是不包含任何有关图像灰度的空间分布信息，因此，外观不同的图像可能具有相同的直方图。但由于采用的图像对均是同一地区的前视图像，因此，只要直方图的相似程度很高，即意味着两幅图像的相似程度也很高。

图 10-7 为同一场景前视可见光和红外图像对，选取图像中公路、植被两处地表，得到纹理图像对（1）和图像对（2）。

设 $f(i,j)$ 为可见光图像灰度值函数，$g(i,j)$ 为红外实拍图像灰度值函数，$t(i,j)$ 为生成的红外图像灰度值函数。要使生成的红外图像与红外实拍图像具有较高的逼真程度，即它们的灰度分布特性相似，两者应具有相同的灰度均值和灰度方差（标准差），即 $\mu_{\mathrm{LIR}} = \mu_{\mathrm{IR}}$、$\sigma_{\mathrm{LIR}} = \sigma_{\mathrm{IR}}$。

为此，构造如下关系式

$$t(i,j) = \mu_{\mathrm{IR}} + r[f(i,j) - \mu_{\mathrm{L}}] \tag{10-13}$$

式中，$\mu_{\mathrm{L}}$ 为可见光图像的灰度均值。此时，红外图像 $t(i,j)$ 的灰度均值和标准差

$$\mu_{\mathrm{LIR}} = \mu_{\mathrm{IR}}$$

$$\sigma_{\mathrm{LIR}} = r\sigma_{\mathrm{L}}$$

前视红外
图像对

(1) 公路

(2) 植被

可见光　　　　　　　　　　红外

图 10-7　地表可见光与红外图像对

因此，只要令 $r = \sigma_{IR}/\sigma_L$，便有 $\sigma_{LIR} = \sigma_{IR}$，即生成的红外图像与红外实拍图像具有相同的灰度均值和灰度方差。

图 10-8 和图 10-9 为由式（10-13）生成的红外仿真图像以及直方图对比，第一行分别为原始可见光图像、红外实拍图像和生成的红外仿真图像，第二行分别为第一行图像对应的直方图。从图中可以看出，仿真生成的红外图像与红外实拍图像具有较好的逼真度，直方图中灰度分布要密，即红外仿真图像比红外实拍图像要清晰，这是因为红外探测器接收到的红外辐射要经过大气衰减和环境散射的影响，还要经过红外成像系统的作用，使红外图像表现出空间分辨率低、高频信息不足和图像模糊等特点。因此，为了更加逼真地模拟红外图像，这里需要从可见光图像中得到的灰度分布信息应用到求地表温度场中，得到已知均值和方差的地表温度场分布特性，再用红外温度—辐射模型和红外辐射灰度映射模型生成加入大气衰减和环境干扰的红外图像，具体算法如下：

步骤一，利用地表红外辐射模型计算得到 24 h 地表温度均值曲线 $\mu_{TG}(t)$，假设 24 h 地表温度标准差曲线为 $\sigma_{TG}(t)$；

(a) 可见光图像　　　　　　　(b) 红外实拍图像　　　　　　　(c) 红外仿真图像

图 10-8　纹理图像对（1）的直方图对比

图 10-9　纹理图像对（2）的直方图对比

步骤二，由可见光图像 $f(i,j)$ 求出图像的灰度均值 $\mu_{L}$ 和标准差 $\sigma_{L}$；

步骤三，令 $r(t)=\sigma_{TG}(t)/\sigma_{L}$；

步骤四，地表 24 h 温度场 $T(i,j,t)=\mu_{TG}(t)+r(t)\left[f(i,j)-\mu_{L}\right]$；

步骤五，由温度场 $T(i,j,t)$ 得到红外仿真图像 $g(i,j,t)$。

图 10-10 为采用改进后的算法生成的红外仿真图像直方图对比，从直方图中可以看出，改进后的仿真图像灰度分布特性与实拍图像更加接近，说明逼真度进一步提高了。

图 10-10　改进后的纹理图像对（2）的直方图对比

　　虽然上述红外线纹理生成算法参考了可见光的灰度信息，牺牲了一定的红外辐射信息，但对于大规模的背景场景来说，这种方法可以有效地解决场景规模大、计算耗时的问题，可以生成具有红外辐射信息又不缺乏灰度空间变化的红外场景仿真图像。

## 10.3.3　实验结果及分析

　　利用上述红外场景纹理图像的生成方法，以西安地区某场景为例进行红外场景生成验证对比，其中，红外成像模型中的计算参数如表 10-1 所示。

　　图 10-11 为通过 DEM/DSM、卫片等信息生成的场景；将场景分为天空、地表和建筑物三类，建立红外成像模型生成 24 h 红外图像如图 10-12 所示；结合图 10-11 和图 10-12 生成场景红外仿真图像如图 10-13 所示。

图 10-11　三维场景模型图

表 10-1　红外场景生成计算参数

| 时间 | 10 月 18 日 | 最高/最低气温 | 23℃/11℃ |
|---|---|---|---|
| 地点 | 西安 | 相对湿度 | 30% |
| 计算波长 | 3～5 μm | 风力 | 2 级 |
| 天气情况 | 晴 | 地面类型 | 湿灰色地面 |

图 10-12　红外图像（24h）

图 10-13　红外仿真图像（24h）

　　从实验结果可以看出，两组序列图像均能反映出真实场景的红外辐射特性，其灰度（温度）变化由夜晚到白天逐渐升高，至午后达到最高点，而后逐渐降低，至凌晨达最低点，变化规律与实际情况一致；添加背景纹理信息后，场景的可视化效果大大增强，达到了模拟仿真的效果。

　　与纯物理建模生成红外纹理的方法相比，虽然本方法对模型进行了简化，但简化的方法是完全具备理论依据、符合实际情况的，而利用可见光纹理图像得到红外辐射的空间分布，又可以弥补模型简化造成的误差，与复杂模型解算产生的误差相比，本方法的计算误差较低。相同的计算平台下（P4 平台、Windows XP 操作系统、VC6.0 环境）生成大规模场景的红外纹理图像，纯物理建模所需时间近 2min，而采用本方法生成同样的红外纹理图像，所需时间约 30 s，在红外纹理合成速度上也有所提高。

## 10.4　基于 JRM 软件系统的红外场景仿真

鉴于红外仿真的广泛应用，发达国家已研制开发多款专用的红外仿真软件系统，下面以 JRM 为例进行介绍。

### 10.4.1　JRM 介绍

JRM 是一套基于物理计算的红外场景特性合成仿真工具，可以模拟各种传感器，适合应用波段范围在 0.3～16.0 μm，能够生成复杂场景（包含复杂地形，目标，大气条件，传感器和目标运动轨迹等因素）的高分辨率可见光、红外及 SAR 图像。JRM 已经成功应用于美国空军、海军、陆军以及国防高级研究规划局（DARPA）、国防建模仿真办公室等政府军工部门，是美国市场最权威和最广泛使用的传感器和场景建模和仿真工具。图 10-14 是该软件的示意图。

图 10-14　光电传感器和场景仿真产品示意图

JRM 主要包括 5 大模块，分别如下。

1．JRM 材质库

JRM 材质库来自于 JRM 材质属性实验室，材质数据来源于实测数据。材质属性包括属性、导热系数、比热、潜热、镜面反射 BRDF、漫反射 BRDF、透射 BRDF。材质种类包括植被、土壤、岩石、水体、金属、道路、建筑模型、树木、涂料、颜料等。

2．场景建模和材质分类工具（GenesisMC）

GenesisMC 可以进行环境和目标的几何结构特性建模、物理材质特性建模、纹理建模等。

（1）环境建模。GenesisMC 可以对输入的图像素材进行分类，生成带有材质信息的纹理数据，用于建立仿真场景的物理特征。输入的图像种类包括卫星影像图片、航拍图片、普通的 RGB 图片。

不同波长材质反射参数曲线如图 10-15 所示。

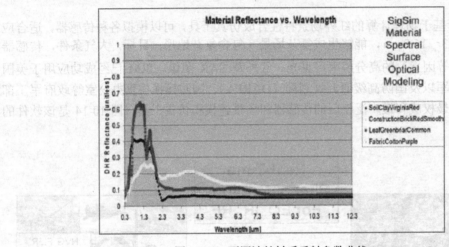

图 10-15　不同波长材质反射参数曲线

GenesisMC 提供具体和精细的分类准则和方法，可以通过特征识别建立环境模型。如图 10-16 对一块地形环境区域进行分类有水体、植被、建筑材料三类材质。

图 10-16　材质分类（水体、植被、建筑材料）

（2）目标建模。GenesisMC 对目标建模，主要分为实体模型映射和特效模型建模两部分。以飞行器建模为例，飞行器的红外仿真建模主要有蒙皮、尾喷管、尾焰三部分组成。其中对于蒙皮和尾喷管，采用实体模型映射方式将实体模型和材质库进行关联。对于尾焰的红外辐射计算，结合了场景特效库来建模飞机尾焰、火焰、烟雾弹这类特殊效果。对目标的建模与应用如图 10-17 所示。

GenesisMC 对于目标物体的热模型的建模，可以导入 OpenFlight 、3DS 等模型格式。创建的材质结果文件以 Emat 格式纹理保存，纹理截图和实体模型效果如图 10-18 所示。

3．场景红外线特性建模工具（SigSim）

可以进行场景红外热特性建模、大气环境特性建模、天空/太空场景建模，同时还包含特效建模库，对各种特效进行建模。

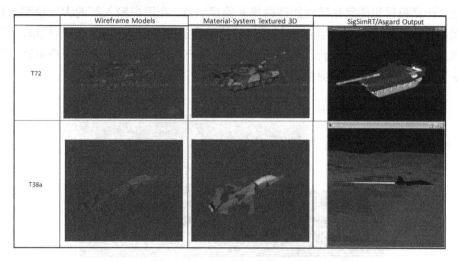

图 10-17　对目标的建模与应用

图 10-18　纹理截图

    SigSim 提供基于物理特性的场景特性，可以进行场景红外热特性、大气环境特性、天空/星空建模和特性合成。同时提供特效建模库，对各种特效进行仿真。波段范围覆盖 0.2～25.0 μm，涵盖紫外线、可见光、近红外、远红外等，并能够在此区间内任意指定需要仿真的波段，SAR 成像仿真可以支持 L/S/C/X/Ku/Ka/W 波段。

    SigSim 的高效算法和材质特性库可以提供多个频段的仿真并且在仿真过程中进行参数修改；输出结果图像的辐照度位宽不低于 32 位浮点数，输出灰度图像的像素位宽不低于 16 位。图 10-19 为 SigSim 在不同时间内可见光和长波红外模拟的场景情况。

    （1）大气效应建模。Modtran 4.0 实现了三维的大气建模，在投影平面将大气分成毗邻的椎体。这里采用了 SigSim 软件，在源代码级别上优化了 Modtran 4.0 模型，支持任何 Modtran 4.0 的各个大气参数。因为采用了实时计算技术，SigSim 能够以不低于 15kHz 的频率在 200 个波长上，计算和预测任何光谱视距透射率和路径照度。在用户输入新的大气模型之后，30 s 之内场景特性合成即可以获得新的大气模型计算得到的参数。大气参数包括气压、气温、气体分子浓度、云层、雨量、波长、时间等。同时给客户提供图形界面方便用户调整大气参数。图 10-20 为大气效应计算模型界面。

图 10-19　可见光与长波红外的仿真结果

图 10-20　大气效应计算模型界面

（2）环境背景红外热特性建模。SigSim 可以根据当前的时间和天气情况，提供精确的光照、反射率、热负荷，包括太阳、月亮等星体的光谱特性，天空与云层的光谱特性。另外，SigSim 还可以模拟很多人造光源，如钨丝、钠、水银等灯光特性。图 10-21 为模拟的散射效果。

（3）特效建模库。SigSim 提供对红外仿真中特殊效果的支持，例如火焰、烟雾、尾焰、弹道轨迹、照明弹等效果的建模。使用基于物理特性的粒子系统进行仿真，构建了场景特性库。图 10-22 与图 10-23 分别是烟雾、火焰、弹道的特效。

图 10-21　模拟的散射效果

图 10-22　烟雾特效

图 10-23　不同姿态和不同距离的飞机尾焰特效

4．传感器建模工具（SenSim）

SenSim 是一个先进的光学传感器建模和实时传感器效应仿真工具，提供工程级建筑的光学仿真系统、探测器、电子元件、模拟相应的调制传递函数（MTFs）、探测器采样、噪声、非均匀性、探测器溢出、填充因子、$1/f$ 和白噪声、前后放大器等物理特性。SenSim 可以输入实际传感器设备的规格参数，进行真实的传感器模拟，涉及的设备模型参数如图 10-24 所示。

（1）光学类（Optics）参数

① motion MTF：运动效应的调制传递函数，指物体与成像传感器之间的运动造成成像信息的调制特性。

图 10-24　传感器设备模型

② aero-optical effects：气动光学效应。当光波在飞行器周围流场中传输时，气体介质密度的变化会导致光波前发生畸变，从而对机载或其他运动载体的光学系统成像性能产生不利影响，这种作用称为气动光学效应。

③ transmittance/emittance：透射率/发射率。透射率是指光穿过透光介质之后其出射光功率与入射光功率之比。发射率物体通过表面向外辐射的电磁能与同温度的黑体在相同条件下所辐射的电磁能的比值。

④ STF：信号传递函数。描述场景辐射量值到成像系统输出信息的能量传递和转换过程的一个函数。

⑤ diffraction MTF：衍射调制传递函数，指光学系统衍射造成的成像信号的调制特性。

⑥ design blur MTF：图样模糊的调制传递函数。

⑦ vibration MTF：振动的调制传递函数用来描述振动造成的成像信号的调制特性。

（2）探测器类（Detector）参数（如图 10-25 所示）

① detector IFOV sampling：探测器瞬时视场采样。每一个探测单元都对应着一个瞬时视场，探测器通过每一个这样的视场对空间进行划分并采样。

② detector MTF：　探测器调制传递函数，通常用来描述探测器的信号调制特性。

③ detector pitch：探测器像元间距。

④ spectral response/efficiency：光谱响应度/光谱响应效率，指光阴极量子效率与入射波长之间的关系

⑤ scanning effects：扫描效率。在扫描成像中，有效的扫描时间与帧周期之比称为系统的扫描效率。

⑥ NET-calibrated$(1/f)^n$ & while noise：噪声等效温度与白噪声。噪声等效温度一般指信号处理电路中把噪声等效到一个温度 $T$ 的电阻热噪声，这时把该温度称为噪声等效温度。白噪声是指功率谱密度在整个频域内均匀分布的噪声。

⑦ back-end filtering：后置滤波器。

⑧ detector non-uniformity：探测器非均匀性。探测器非均匀性是指在相同光照度的情况下，不同探测器单元的响应电压不同，通常需要非均匀性校正。

图 10-25　传感器效应、瞬时视场和光学参数建模

⑨ NUC：非均匀性校正，指通过一定的算法使得对于相同的光照度所有的像元输出趋于一致。

⑩ dead-pixels：盲元，通常是指探测器当中一些自生产出来就不能使用的单元。

（3）电子光学系统（Electronics）参数（如图 10-26 所示）。

① pre-amplifier：前置放大，通常用于对信号初步处理。

② AC-coupling：交流耦合，就是通过隔直电容耦合，去掉了直流分量。

③ boost elex OTF：提举电路的调制传递函数，表征提举电路的调制特性。

④ display MTF：显示设备的调制传递函数，表征显示设备的信号调制特性。

⑤ AGC/Gain-Level：自动增益/自动增益水平。一般指自动调解放大器的增益倍数。

⑥ real-time display：实时显示。采集来的图像信息立刻进行显示。

图 10-26　传感器的探测器、电子光学参数建模

### 5. 三维渲染和显示引擎 OSV

继承了 OpenSceneGraph 三维渲染引擎，支持 Openflight、3DS、Terrapage 等地形和模型

格式，支持 GLSL 着色语言、细节层次技术、顶点数组、FBO 等高级图形学特性。结合 SenSimRT、SenSimRT 在 GPU 中进行场景特性的合成、更新和渲染，高效的利用 GPU 硬件加速功能，支持的帧频率可以达到 400 Hz，像素分辨率达到 256×256 以上，像素位宽 16 位。OSV 是一个基于 GPU 的完整的红外场景仿真器，集成了 SigSim 场景红外特性生成、SenSim 传感器效果仿真和 OSG 渲染引擎三个部分。图 10-27 是 OSV 加载的一个夜视场景，其中可以看到 T72 坦克目标、地形背景、卡车的灯光效果。

图 10-28 是 OSV 中单纯使用 SigSim 功能的红外成像效果和通过 SenSim 传感器效果仿真之后的红外成像效果。

图 10-27　OSV 的夜视场景

图 10-28　SigSim 与 SenSim 的图像对比

JRM 的这 5 个模块之间的耦合关系如图 10-29 所示。

图 10-29　JRM 模块耦合关系

### 10.4.2　仿真案例

本节是用 JRM 进行一个完整的红外仿真，该案例的主要内容是：仿真目标模型为 T72 坦克，仿真场景为马来群岛的区域地形；模拟多个波段传感器，包括夜视、短波红外、中波红外传感器等。

（1）几何建模

对 T72 坦克的几何模型采用 Multigen Creator 进行建模，对地形使用 TerraVista 对采集的高程和影像数据进行处理，建立目标和背景的几何模型，具体模型如图 10-30 所示。

图 10-30　T72 坦克几何模型及场景地形

（2）目标与背景的红外辐射

目标与背景的红外辐射仿真主要利用 GenesisMC 和 JRM 材质库，对目标和背景红外辐射特征进行映射。以 T72 红外特征为例，T72 坦克主要热源是发动机、履带等。首先导入 T72 坦克的纹理，然后使用 GenesisMC 进行热源标记和热边界识别。通过热源赋予材质，最终把材质和热特性信息存储为 MCM 编码的纹理图片。建立好模型后，可以预览建立的模型，并根据需要调整。整体流程如图 10-31 所示。

图 10-31　T72 目标和背景红外辐射特征映射流程

（3）大气建模

大气建模使用 Modtran 的 GUI 设定大气的气压、气温、气体分子浓度、云雨、波长、时间等参数。其中仿真的时间、日期、大气模型、当天的最高、最低温度等参数，根据需要设定，如图 10-32 所示。

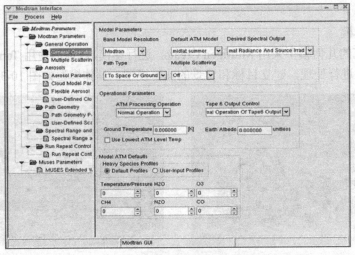

图 10-32 大气建模 GUI

（4）传感器建模

传感器建模主要是设置 JRM 传感器类型。以设置夜视传感器为例，其基本参数包括光学元件、探测器参数等多个参数。

（5）组织场景

场景组织使用可编辑的 XML 文件进行组织，XML 的基本结构与内容可读性很强，将传感器、实体、地形、环境和物体运动轨迹等文件进行了建模与组织。

图 10-33 传感器建模

（6）实时渲染仿真

实时渲染采用 OSV 渲染框架进行实时渲染仿真。利用 SigSim 和 SenSim 接口，可以很方便地进行 OSG 渲染引擎渲染以及场景信息动态更新。夜视传感器仿真效果如图 10-34(a)所示。切换到 Long Wave Infrared 波段传感器，并将环境时间修改为 7:15 的仿真效果，如图10-34(b)所示。

(a)　　　　　　　　　　(b)

图 10-34　T72 夜视传感器的效果模拟图

通过本例可以看出，利用 JRM 仿真可以得到一个较为真实的模拟传感器效果。仿真中能够综合考虑大气传输、目标特性建模以及探测器响应，并且可以根据需要实时修改调整参数，最终得到热成像、仿真分析和实时仿真的综合结果。

小　　结

本章内容是对目标红外辐射特性、传输特性及红外热成像技术的综合应用，红外仿真是目前各类红外探测系统设计的重要手段。本章首先介绍仿真技术的基本概念；然后介绍了红外仿真的基本方法和过程；再次详细介绍了地表的红外仿真过程，目的是深入探讨红外仿真的建模过程、模型可视化过程；最后介绍了使用集成软件进行红外仿真的方法和过程。

习　　题

10-1　名词解释

仿真模型、数学仿真、半实物仿真

10-2　简述目标的数学仿真过程。

10-3　简述背景的数学仿真过程。

10-4　什么是半实物仿真？

10-5　如何进行地表仿真？

10-6　如何利用 JRM 软件对地表背景的红外辐射特性进行仿真？

10-7　　红外建模涉及的光学参数有哪些？

10-8　　红外建模涉及的探测器参数有哪些？

10-9　　红外建模涉及的电子光学系统参数有哪些？

10-10　　数学仿真的基本流程是什么？

# 参 考 文 献

[1] 孙继银，孙向东，王忠等. 前视红外景象匹配技术[M]. 北京：科学出版社，2011.

[2] 陶文铨. 传热学基础[M]. 北京：电力工业出版社，1981.

[3] 王章野. 地面目标的红外成像仿真及多光谱成像真实感融合研究[D]. 杭州:浙江大学博士学位论文，2002.

[4] 宣益民，韩玉阁. 地面目标与背景的红外特征[M]. 北京：国防工业出版社，2004.

[5] 张俊华，沈国士，杨宝成等. 真实自然地表的红外辐射特性研究[J]，红外与激光工程，2007，36(4)：485-487.

[6] 林两魁，谢恺，徐晖等. 中段弹道目标群的红外成像仿真研究[J]. 红外与毫米波学报，2009，28(3)：218-223.

[7] Balfour L S，Bushin Y. Semi-empirical model based approach for IR scene simulation[J].Proceedings of the SPIE，1997，3061:545-550.

[8] Repasi E，Greif H J.Generation of dynamic IR-scenes for ground-based systems and missile application[J]. Proceedings of the SPIE，1998，3436:460-461.

[9] 邵晓鹏，张建奇，徐军. 一种自然红外纹理的生成方法[J]. 西安电子科技大学学报，2003，30(5)：612-616.

[10] Bennett J，Khotanzad A，Modeling textured images using generalized long correlation models[J]. IEEE Transactions on Pattern Analysis and Machine Intelligence，1998，20(12): 1365-1370.

[11] Gonzalez R C，Woods R E，Eddins S L，et al. 数字图像处理（Matlab 版）[M]. 阮秋奇等译. 北京：电子工业出版社，2006.

[12] 马梅真，赵春晖. 一种基于改进直方图的声呐图像识别方法[J]. 声学与电子工程，2007，85：18-21.

[13] 张金文. 基于 JRM 的红外场景仿真[J]. 第三届红外成像系统仿真、测试与评价技术研讨会论文集，2011，370-373.

# 第11章 红外图像处理技术

## 引　言

红外图像反映景物的温度分布，它的质量往往受红外焦平面阵列的响应非均匀性、响应漂移性、盲元、目标辐射对比度等因素的影响。响应非均匀性导致红外图像存在固定图像噪声，响应漂移性导致图像信号的缓慢变化，盲元导致红外图像存在亮点或暗点，目标的辐射对比度系数小，导致红外图像对比度低。因此，红外图像需要进一步处理，才能便于人眼观察。

本章目的：（1）介绍红外图像的特点；（2）着重分析红外图像的非均匀性产生的机理和校正方法；（3）介绍红外图像的盲元检测与补偿方法；（4）重点讨论和分析红外图像增强和降噪的理论和方法，给出实验分析结果。

## 11.1　红外图像的特点

红外图像反映了目标和背景红外辐射的空间分布，其辐射亮度分布主要由被观测景物的温度和发射率决定，因此红外图像近似反映了景物温度差或辐射差。但是，目标和背景的红外辐射需经过大气传输、光学系统、光电转换和信号处理等过程，才能被转换成为红外图像。

红外图像具有以下特点：

（1）红外热图像表征景物的温度分布是灰度图像，没有立体感，对人眼而言，分辨率低；

（2）由于受景物热平衡、波长、传输距离、大气衰减等因素的影响，红外图像空间相关性强、对比度低、视觉效果模糊；

（3）热成像系统的探测能力和空间分辨率低于可见光 CCD 阵列，使得红外图像的清晰度低于可见光图像；

（4）外界环境的随机干扰和热成像系统的不完善，给红外图像带来多种多样的噪声，如热噪声、散粒噪声、$1/f$ 噪声、光子电子涨落噪声等；

（5）由于红外探测器中各像素的响应特性不一致、光机扫描系统缺陷等原因，造成红外图像的非均匀性，体现为图像的固定空间噪声、串扰、畸变等。

由以上特点可知，红外图像必须经过信号处理才能适于人眼观察。

## 11.2　红外图像的非均匀性校正

### 11.2.1　红外图像的非均匀性产生机理

导致红外图像非均匀性的因素十分复杂，目前人们对于它的认识已经比较清楚，但对其数学描述却大部分局限于经验公式，还不能完整地建立红外热成像非均匀性产生的数学模型和理论计算公式。从信号传递的过程来看，首先是探测器像素响应率的不一致性，红外焦平面阵列由成千上万个像素组成，由于各个像素的响应参数不尽相同，造成即使在均匀输入的情况下，各个像素的响应也不一致，这是导致红外焦平面阵列非均匀性的主要因素；其次是读出电路自身以及读出电路和探测器的耦合因素等。在这些非均匀因素中，有些仅与探测器自身性能相关，其中线性的因素比较容易测定和校正，而对于其中与目标红外辐射、器件工作条件等相关的非均匀性因素，则很难进行控制。下面就非均匀性的产生进行分析。

（1）器件自身的非均匀性

探测器自身的非均匀性与材料质量、工艺过程等有关，如掺杂浓度、表面态密度的不均匀、栅极氧化物厚度的变化而引起的阈值电压的变化等，这些非均匀性的来源一般难以避免。不同的阈值电压在相同光栅偏压下的响应是不同的。像素的尺寸差异所引起的有效面积的不一致也是非均匀性产生的因素。这与工艺过程有很大的关系，除了受制版、光刻精度等因素影响像素的面积外，往往腐蚀工艺的控制好坏也直接影响像素的面积。另外，材料的不均匀性对响应变化的影响也十分明显，除了受材料和工艺过程的不均匀性的影响外，器件转移效率的不一致也有影响，其特点是随像素位置的变化，这种不均匀性变化比较缓慢，也称为低频响应的不均匀性，通常要求控制在 5% 的范围内。

（2）器件工作状态引入的非均匀性

在红外热成像系统的性能中，与红外焦平面器件的工作状态相关的主要参数有焦平面器件的环境温度和工作温度、红外探测器及读出电路的驱动信号。焦平面探测器的辐射响应性能与它所处的实际温度相关，焦平面器件的温度均匀性影响整个焦平面阵列的响应均匀性。同样，红外探测单元及其读出电路单元驱动信号的变化也会影响整个焦平面阵列的均匀性。这类非均匀性主要由焦平面器件的工作状态所决定。同一个焦平面在不同的成像系统中，或在不同的工作环境中都会表现出不同的非均匀性特征。同时，器件工作时，半导体内部电荷的流动引入了 $1/f$ 噪声。虽然目前对 $1/f$ 的形成尚未完全清楚，但通常认为它是由半导体的表面电流所引起的，故又称为电流噪声。这种噪声主要由加性噪声构成，对探测器件的非均匀性也有较大影响。

（3）外界输入的相关非均匀性

在红外成像系统中，目标和背景的红外辐射强度变化范围、红外热像仪光学系统的背景辐射等外界特征均会对焦平面器件的非均匀性产生影响。景物的红外辐射变化主要为辐射总量和辐射光谱两种形式，由于红外探测器的光谱响应比较复杂，辐射总量的响应均匀性并不能代表其辐射光谱变化后仍然具有相同的均匀性。红外光学系统背景辐射条件的变化将直接影响红外探测器所处的工作环境、工作参数和工作性能。这类非均匀性与实际外界条件密切相关，在焦平面器件的研制和红外热成像系统的设计中很难预测和检验。

（4）光学系统的影响

光学系统如红外光学镜头的加工精度、摄像头对光轴的偏转角度等因素也会导致红外图像的非均匀性。

文献报道的红外图像的非均匀性一般为 20% 左右，对红外图像质量有着严重的影响，如果不进行校正，目标图像很难从背景中分辨出来。因此，必须对其进行非均匀性校正。

## 11.2.2　红外图像的非均匀性校正方法

非均匀性校正的方法有很多，基本可以分为两类：基于参照源和基于场景的校正技术。基于参照源的校正技术要求在特定温度的黑体均匀辐射下，对红外焦平面阵列定标，通常使用两点定标技术或多定点定标技术，基于场景的方法不需要黑体标定，而是根据场景的运动，在每个像素上产生场景温度的变化。这些温度每变化一次统计一个参考点，依照这些参考点，探测器的非均匀性影响就可以被校正了。

基于场景的非均匀性校正技术，一些学者也开展了大量的研究工作，并提出了多种基于场景的非均匀性校正方法。Scribner DA 等提出的时域高通滤波算法，以时空遍历性为前提，即红外焦平面的每个探测元经过若干时间，能够观测到场景中任何位置的辐射量。在此假设下，成像系统和场景间应存在充分的相对运动，或者需要大量的图像帧（一般 1000 帧以上），以保证算法的收敛。在实际中，时域高通滤波算法不适于静止场景，易导致图像处理的拖尾现象，并且耗费大量时间，难以满足实时性要求。同时，他提出基于神经网络的非均匀校正算法（NN），但算法中待处理像素的期望值求解存在固有缺陷，导致算法处理结果不理想。Torres 等人提出的卡尔曼（Kalman）滤波非均匀校正算法，Hayat 等人提出的恒定统计非均匀校正算法（Statistical Algorithm），都是基于红外焦平面接收场景辐射量在时域上服从均匀分布的假设，但这在背景缓慢移动的图像序列中很难满足。Hardie 等提出的图像配准的非均匀校正算法只适用于场景整体移动的场合，不能对包含相对运动目标的序列图像进行非均匀性校正。

因此，目前比较实用非均匀性校正法的还是两点法和扩展两点法。

（1）两点温度定标算法

假设红外探测元的响应为线性响应，如图 11-1(a)所示。从图中可以看出各探测元在相同输入条件下，具有不同的输出特性。输入输出曲线截距的不同反映了探测器的噪声电流的不均匀性，曲线斜率的不同反映了响应率的不均匀性。非均匀性校正就是使相同辐射条件下的探测器的响应曲线重合于一条曲线，为此设定一条标准曲线，将各探测元的响应曲线分别做旋转和平移变换，可得到图 11-1(b)和图 11-1(c)所示的曲线，最终使探测元的响应曲线完全重合。

两点非均匀性校正算法根据系统的动态范围，使黑体分别工作在两个不同的温度下，分别测出各探测元在不同温度下的响应值，然后归一化，得到各像素校正增益和偏移量分别为

$$G_{ij} = \frac{V_H - V_L}{x_{ij}(\varphi_H) - x_{ij}(\varphi_L)} \tag{11-1}$$

$$O_{ij} = \frac{V_H x_{ij}(\varphi_L) - V_L x_{ij}(\varphi_H)}{\overline{x_{ij}(\varphi_L)} - \overline{x_{ij}(\varphi_H)}} \tag{11-2}$$

式中，$G_{ij}$ 和 $O_{ij}$ 分别为两点校正法的校正增益和校正偏移量；$\overline{y_{ij}(\varphi_H)}$ 和 $\overline{y_{ij}(\varphi_L)}$ 分别为高温和低温下所有探测元的响应平均值。

经过两点校正后的输出表示为

$$y_{ij}(n) = G_{ij}(n)x_{ij}(n) + O_{ij}(n) \tag{11-3}$$

式中，$x_{ij}(n)$ 为 $n$ 时刻像素 $(i,j)$ 两点非均匀性校正前的输出；$y_{ij}(n)$ 为 $n$ 时刻像素 $(i,j)$ 两点非均匀性校正后的输出。

图 11-1　红外像素响应示意图

两点非均匀性校正过程如下：

① 使焦平面通过光学系统与平面黑体源对准，黑体辐射均匀照射在红外焦平面阵列上，并充满焦平面的整个视场；

② 控制黑体辐射源的温度在 $T_L$；

③ 测量焦平面每个探测元的响应值，该测量值在一个预先设定的曝光时间内完成，响应值储存在第一存储单元；

④ 重复步骤③，在大量设定的时间内完成大量的测试数据，重复次数为 8 次到 10 次；

⑤ 对每个探测元在 $T_L$ 下的响应值求平均；

⑥ 对所有探测元的响应值求平均；

⑦ 设置黑体辐射源的温度在 $T_H$，且 $T_L$ 小于 $T_H$；

⑧ 重复步骤③、④、⑤、⑥，计算每一探测元在温度 $T_L$ 下的响应平均值及所有探测元的响应平均值；

⑨ 根据式（11-1）和式（11-2），计算每一探测元的响应增益和偏移量，分别存储在查找表 LUT 内，以供校正时取用。

⑩ 根据查找表 LUT 内的增益和偏移量系数，按式（11-3）对红外图像进行校正。该算法是假设探测元的响应是线性的，是一种较成熟的 NUC 算法。该算法的最大优点就是实现简单，易于在实时系统中实现。

两点非均匀性校正算法是建立在线性假设的基础上，校正精度随像素响应的非线性增加而降低。实际探测元的响应为非线性的，因此两点温度定标的原理误差必然存在。响应非线性造成的空间噪声与定标点数的位置有很大关系，远离定标点的部分空间噪声大。为了降低非线性引起的残留空间噪声，可以采用"多点法"或"曲线拟合"法校正。定标的点数越多，残留空间噪声越小。但定标点越多，数据量越多，校正算法越复杂。另外，探测器单元的响应特性随时间或应用环境条件的不同而发生变化时，将会引起较大的校正误差，因此，两点非均匀性校正算法在每次使用前必须对焦平面定标，更新校正增益和偏移量系数，在系统中增加均匀辐射的高、低温黑体，也增加了系统额外使用的负担。

（2）高通滤波算法

高通滤波算法是由 Scribner DA 等人提出的。认为环境温度对探测器而言属于慢变化量，图像本身包括目标、背景噪声属于快变化量，因而图像可以看作高频部分。而非均匀性是探测器的固有的噪声，分布在低频（变化较慢）的部分，因而可以利用增益补偿和高通滤波算法来完成红外焦平面阵列的非均匀校正，如图 11-2 所示。

图 11-2　基于增益补偿的高通滤波校正法

假设探测器的响应输出为 $x(k)$，增益补偿后变为 $x'(k) = Gx(k)$，低通滤波输出为 $f(k)$，则校正后的输出为

$$y(k) = Gx(k) - f(k) \qquad (11\text{-}4)$$

这里，

$$f(k) = \frac{1}{M}Gx(k) + \left[1 - \frac{1}{M}\right]f(k-1)$$

式中，$M$ 为积累帧数；$G$ 为增益补偿系数。

求出式（11-4）的 $Z$ 变换为

$$Y(Z) = \frac{(M-1)(Z-1)}{MZ-(M-1)}GX(Z) \qquad (11\text{-}5)$$

从而得到高通滤波器的系统函数为

$$H(Z) = \frac{(M-1)(Z-1)}{MZ-(M-1)} \qquad (11\text{-}6)$$

令 $\mu = a + \sqrt{\pi b / 4}$，$\sigma^2 = \dfrac{b(4-\pi)}{4}$ 为采样时间，系统的频率响应为

$$A(\omega\tau) = \mid H(\mathrm{e}^{\mathrm{j}\omega\tau}) = \left[\frac{(2M^2 - 4M + 2)\cos(\omega\tau) - 2M^2 + 4M - 2}{(2M^2 - 2M)\cos(\omega\tau) - 2M^2 + 2M - 1}\right]^{\frac{1}{2}} \qquad (11\text{-}7)$$

求出截止频率为

$$\cos(\omega\tau) = \frac{M^2 - 3M + \dfrac{3}{2}}{M^2 - 3M + 2} \qquad (11\text{-}8)$$

从式（11-8）中可以看出，积累帧数越大，截止频率 $\omega\tau$ 越小，在实际应用中可以根据具体要求选取合适的值。

高通滤波算法优点是克服了周期性定标问题，计算量适中，但收敛周期长，另外还可以减少 $1/f$ 噪声对非均匀性的影响。

（3）LMS 自适应非均匀性校正方法

1967 年，Widrow B 等提出了自适应滤波理论，它可以使自适应滤波系统的参数自动调整而达到最佳状态。在设计时，只需很少甚至根本不需要信号和噪声的先验统计知识，这种滤波器设计简单，近年来，自适应滤波理论和方法得到了迅速发展。

图 11-3 为自适应横向滤波器的结构框图，$\omega_1(n)$，$\omega_2(n)$，$\omega_3(n)$，$\cdots$，$\omega_M(n)$ 表示在 $n$ 时刻

的权系数值。令 $\omega(n)$ 为权系数矢量，即

$$\omega(n) = [\omega_1(n),\ \omega_2(n),\ \omega_3(n),\cdots,\ \omega_M(n)]^{\mathrm{T}}$$

输入信号矢量为

$$x(n) = [x_1(n),\ x_2(n-1),\ x_3(n-2),\cdots,\ x_M(n-M)]^{\mathrm{T}}$$

输出信号矢量为

$$y(n) = \sum_{i=1}^{M} \omega_i(n)x(n-i+1) = W^{\mathrm{T}}(n)X(n) \tag{11-9}$$

式中，上标"T"表示转置，利用图 11-3 中输出信号与理想输出信号 $d(n)$ 的关系，误差序列可以写成

$$\varepsilon(n) = d(n) - y(n) \tag{11-10}$$

最小均方（Least Mean Square，LMS）自适应算法，就是利用误差系列按照最小均方误差准则对系数 $\{W_i(n)\}$ $(i=1,2,\cdots,\ M)$ 进行调节，最终使滤波输出信号的均方误差 $\varepsilon = E\{e^2(n)\}$ 最小，达到最佳滤波状态。

理想输出通常通过邻域均值估算，得

$$d_{ij} = (x_{i,\ j-1} + x_{i,\ j+1} + x_{i-1,\ j} + x_{i+1,\ j}) / 4 \tag{11-11}$$

图 11-3　自适应横向滤波器结构框图

实际中，由于图像的随机性以及噪声的变化，同一探测元在不同时刻，即使在相同的输入下，其邻域均值也是不相同的。但在一段时间内，根据相邻像素间的相关性，LMS 算法迭代去噪的效果趋于各个像素灰度值的四邻域平均去噪效果，即 LMS 非均匀性校正后的剩余非均匀性，近似等于四邻域平均后的非均匀性。当噪声较大时，由于四邻域去噪能力有限，LMS 算法的非均匀性校正能力也受到限制。

权系数 $W(n)$ 的简单递归关系为

$$W(n+1) = W(n) + \frac{1}{2}\mu[-\nabla(n)] \tag{11-12}$$

式中，$\nabla(n)$ 代表 $n$ 时刻的 $M \times 1$ 维梯度矢量；$\mu$ 为自适应收敛系数或步长，为正实常数。

LMS 算法采用瞬时值估计梯度矢量，即

$$\nabla(n) = \frac{\partial[\varepsilon^2(n)]}{\partial W(n)} = -2\varepsilon(n)X(n) \tag{11-13}$$

因此，LMS 算法的权系数迭代关系为

$$W(n+1) = W(n) + \mu\varepsilon(n)X(n) \tag{11-14}$$

假设探测元的响应为线性，探测元的输出为

$$y = Gx + O \tag{11-15}$$

在两点校正算法中，$G$ 和 $O$ 都是固定的值。将 LMS 算法应用于红外图像的非均匀性校正，假设探测器的响应为线性，则 $W(n) = \begin{Bmatrix} G(n) \\ O(n) \end{Bmatrix}$，$X(n) = \begin{Bmatrix} x(n) \\ 1 \end{Bmatrix}$，$W(n)$ 表示探测元的响应输出系数，其迭代关系为

$$G_{ij}(n+1) - G_{ij}(n) + \mu[d_{ij}(n) - y_{ij}(n)]x_{ij}(n) \tag{11-16}$$

$$O_{ij}(n+1) = O_{ij}(n) + \mu[d_{ij}(n) - y_{ij}(n)] \tag{11-17}$$

这时 $G$ 和 $O$ 变成随时间变化的量。对应的输出为

$$y(n) = G(n)x(n) + O(n) \tag{11-18}$$

假设 $n=0$ 时刻的权系数取任意值 $W(0)$，然后利用 LMS 算法进行非均匀性校正，其步骤如下：

① 由在时刻 $n$ 的权系数矢量 $\omega(n)$，输入信号 $x(n)$ 和期望信号 $d(n)$，根据式（11-10）计算误差信号；

② 利用式（11-16）和式（11-17）计算权系数矢量的更新估值；

③ 利用新估值计算下一时刻的校正输出；

④ 时间指数 $n$ 加 1，返回步骤①，重复上述计算步骤，直到达到稳定状态。

由此可见，自适应 LMS 算法简单，因而得到广泛的应用。

（4）LMS 自适应与两点温度定标非均匀性校正综合方法

根据红外热成像系统的需要，非均匀性校正首先要满足实时性的要求，其次要求非均匀性校正具有很好的校正效果。然而完全满足要求的算法很难找到。因此人们在寻求一种比较折中的算法，既可以满足实时性，又可以实现非均匀性校正较为理想的算法。

焦平面阵列响应率随时间的漂移问题对非均匀性校正效果的影响是不可忽略的。红外焦平面阵列的校正系数如果不更新，非均匀性会增加 3～4 倍。这种漂移使得红外探测器在每次启动后的响应特性与黑体标定时相比有所偏离，而且随着工作时间的不断变化，最初的校正系数会在当前导致较大的误差，即每次黑体标定的校正系数存在时效性，这是标定类校正方法的最大障碍，也是自适应类校正方法产生和发展的主要原因。为了综合两点温度校正算法和 LMS 自适应校正算法的优缺点，提出了 LMS 自适应和两点温度定标相结合的非均匀性校正综合算法。

LMS 自适应和两点温度定标的非均匀性校正综合算法是以实验室两点温度定标的校正

增益和偏移量作为 LMS 自适应校正算法中权系数的初始值，根据 LMS 算法对校正增益和偏移量逐次迭代更新，然后根据更新的校正增益和偏移量对下一帧数据进行校正，直到校正效果满意。

两点温度定标法和 LMS 校正算法综合后，LMS 权系数初始值采用了两点温度定标的值，LMS 算法的收敛速度加快。与其他 LMS 改进算法不同的是，它不会增加 LMS 算法实现的复杂性。相对两点温度定标算法，它可以省去复杂的定标设备（高、低温黑体），克服随时间漂移引起的非均匀性。同时，通过 LMS 算法逐次迭代校正系数，可以使校正输出均方误差达到最小。

在 LMS 算法中，初始误差信号计算采用的输出信号为原始信号，如果输出信号采用两点校正后的值，则图像更接近真实图像。同理，对理想输出信号，初始校正后的图像采用邻域平均值，最终会使校正结果有所提高。因此，根据探测元的响应关系，式（11-11）可改写为

$$d_{i,j} = (y_{i,j-1} + y_{i,j+1} + y_{i-1,j} + y_{i+1,j}) / 4 \qquad (11\text{-}19)$$

式中，$y$ 为经过两点温度校正后的输出。

采用邻域平均的方法获取理想输出，实际是对图像噪声进行了平滑滤波。经邻域平均后，噪声的均值不变，但方差变小了，即噪声的强度减弱了，抑制了噪声。但邻域平均法也平滑了图像信号，特别是可能使图像目标区域的边界变得模糊。改进的方法就是把中间像素的影响考虑进去，并且分配较大的权值，这样既可以平滑噪声，又强化了该点的图像信息。改进后的理想输出表示为

$$d_{i,j} = y_{i,j} / 3 + (y_{i,j-1} + y_{i,j+1} + y_{i-1,j} + y_{i+1,j}) / 6 \qquad (11\text{-}20)$$

因此，综合改进后的权系数更新关系可以改写为

$$G_{ij}(n+1) = G_{ij}(n) + \mu[d_{ij}(n) - \hat{y}_{ij}(n)] y_{ij}(n) \qquad (11\text{-}21)$$

$$O_{ij}(n+1) = O_{ij}(n) + \mu[d_{ij}(n) - \hat{y}_{ij}(n)] \qquad (11\text{-}22)$$

式中，

$$y_{ij}(n) = G_{ij}(n) \cdot x_{ij}(n) + O_{ij}(n) \qquad (11\text{-}23)$$

$$\hat{y}_{ij}(n) = G_{ij}(n) \cdot y_{ij}(n) + O_{ij}(n) \qquad (11\text{-}24)$$

$d_{ij}(n)$ 采用式（11-20）。因此，误差信号改写为

$$\varepsilon_{ij}(n) = d_{ij}(n) - \hat{y}_{ij}(n) \qquad (11\text{-}25)$$

两点温度定标法实现图像的实时非均匀性校正是毋庸置疑的，综合了 LMS 算法之后，如果两点温度校正算法在 FPGA 内由硬件完成，权系数的迭代计算在 DSP 内通过软件实现，则权系数的迭代计算需要一定的时间，如果每校正一帧图像，更新一次权系数，则系统的实时性可能得不到满足。对于 LMS 算法，由于当前时刻的权系数矢量的计算与当前输入信号独立无关，为了满足实时性的要求，可以采用隔帧更新权系数矢量的方法，即校正增益和偏移量每隔两帧数据更新一次。这样，权系数矢量在两帧数据时间内足以完成更新过程。

LMS 自适应和两点温度定标的非均匀性校正综合算法的实施步骤如下：

① 根据 $n$ 时刻的权系数矢量 $\omega(n)$，计算 $n$ 时刻的输出 $y(n)$；

② 由现在 $n$ 时刻的权系数矢量 $\omega(n)$，输入信号 $x(n)$，根据式（11-20）计算期望信号 $d(n)$；

③ 根据式（11-25）计算误差信号；

④ 利用式（11-23）和式（11-24）计算权系数矢量的更新估值；

⑤ 利用新估值计算下一时刻的校正输出；

⑥ 时间指数 $n$ 加 1，返回步骤①，重复上述计算步骤，直到达到稳定状态。

因此，LMS 自适应和两点温度定标的非均匀性校正综合算法具有以下特点：

① 可以解决两点温度非均匀性校正中因时间漂移而重复定标的问题，简化系统结构，降低了系统成本；

② 在开始阶段可能会出现图像的抖动现象，并且有模糊不清的现象，但稳定后，图像会变得清晰；

③ 解决了 LMS 算法收敛速度慢的问题，缩短了达到最佳校正效果的周期；

④ 由于两点温度定标法对静止场景和运动场景都适用，LMS 算法中增益和偏移量的迭代计算也是对当前帧的估计，而与过去时刻的信息无关，因此图像不会出现所谓的"鬼影"问题；

⑤ LMS 自适应算法本身实现简单，和两点温度定标法综合后，算法运算量则增加很少。

# 11.3　盲元检测与补偿

盲元是指红外焦平面阵列（IRFPA）中的响应过高或过低的像素。盲元的数量及其分布对器件性能的影响很大，如果盲元过多，红外输出图像中将出现大量的亮点或暗点，严重影响图像的性能。因此，在成像阶段对 IRFPA 中的盲元进行检测和补偿，对提高红外图像的质量具有重要意义。

## 11.3.1　盲元检测

盲元包括死像素和过热像素。死像素是指响应率的 1/10 的像素；而过热像素就是响应率大于平均响应率 10 倍的像素。

IRFPA 中的盲元与正常像素在响应特性上有很大差异，在一定的动态范围内，正常像素的温度响应特性曲线是线性的，而盲元的动态范围远离正常的像素动态范围，盲元的温度响应特性曲线多为非线性的，并且变化斜率偏高或偏低，对两个不同温度的响应，其两点差值偏离正常的像素的两点的差值。最直接的盲元测试技术就是根据盲元的定义进行测试。盲元的定义是按 IRFPA 器件对黑体辐射的影响程度作为量化指标，它是基于实验测量结果给出的关系式。采用均匀辐射的黑体源照射 IRFPA，得到一组相应数据，由于死像素和过热像素是随机的，其统计平均响应值应接近为零，总的响应平均值与剔除盲元后的响应平均值基本相同。因此，可以采用总的响应平均值与各个像素的响应值相比较，来确定盲元的位置。

## 11.3.2　盲元补偿

盲元补偿技术是根据相邻像素或前后帧图像的响应相关性对盲元位置的信息进行预测和替代过程。红外成像系统主要是对景物的实时动态成像，根据图像信息理论，其相邻两点或两帧之间的图像数据具有极高的相关性。根据差值理论，对于连续变化的函数，可以采用一点的前后两点或多点对该点数值进行插值预测。这里采用了相邻像素间的线性插值补偿算法。像素间的线性插值可以采用行间、列间或行列间 2 点、4 点、8 点等线性插值，行间或列间线性插值采用同一行的像素或同一列的像素的线性关系进行插值，行列间线性插值采用前后、左右的 4 像素或 8 像素等进行插值，行列间的线性插值在理论上效果最好。增加了数据的存储与读取时间，比较适用于数据处理方式。对于点对点的数据处理方式，采用行间或列间 2 点或 4 点线性插值为不错的选择。若 $I(i, j)$ 像素为盲元，用行间 4 点线性插值，则盲元补偿后的输出为

$$I(i, j) = \frac{I(i-2, j) + I(i-1, j) + I(i+1, j) + I(i+2, j)}{4} \tag{11-26}$$

这种方法带来的缺陷是可能在途中出现条纹。

　　另一种盲元补偿法是采用相邻前一个非盲元像素响应值替代的方法。该方法的具体实现如下：通过实验室检测，在有盲元的地方做标记，作为查找表存放在 SRAM 中，每次图像处理时可以省去盲元检测的时间。如果为盲元，则用上一像素的灰度值替代，然后输出。如果有大面积的盲元存在，则所有盲元的响应值被最近一个非盲元的响应值替换。该方法在算法实现上与两点校正算法很相似，可以使用查找表的方法，实现简单，实时性强。

# 11.4　红外图像的增强

　　图像增强是图像处理的重要组成部分，它通过增强图像中的有用信息，抑制无用信息，来突出观察者感兴趣的区域。

　　图像增强的方法可以分为时间域、空间域和变换域增强三大类。时间域增强包括时间延迟积分、帧间比较等方法；空间域增强分为点处理和邻域处理，前者包括对比度拉伸、直方图处理等方法，后者常用的有中值滤波、均值滤波等方法；变换域增强是在离散傅里叶变换、小波变换等图像变换的基础上进行各种滤波，最终达到增强的目的。

　　一种图像增强算法的优劣不是绝对的。由于具体应用的目的和要求不同，所需要的增强技术也大不相同。因此从根本上讲，并没有图像增强的通用标准，观察者才是某种增强方法优劣的最终判断者。增强算法处理的效果，除与算法本身有一定关系外，还与图像的数据特征直接相关。实际应用中，应当根据图像数据特征和处理要求来选择合适的方法。

## 11.4.1　红外图像直方图

　　灰度直方图是用于表示图像像素灰度值分布的统计图表，有一维直方图和二维直方图之分。其中，最常用的是一维直方图。

　　对于数字图像 $f(i, j)$，设图像灰度值为 $a_0, a_1, \cdots, a_{k-1}$，则灰度值为 $g(x, y)$ 的概率密度函数为

$$P(a_i) = \frac{N_{a_i}}{N} \quad (i = 0, 1, 2, \cdots, k-1) \tag{11-27}$$

且有

$$\sum_{i=0}^{k-1} P(a_i) = 1 \qquad (11\text{-}28)$$

式中，$N_{a_i}$ 为灰度级 $a_i$ 的像素数；$N$ 为图像上总的像素数。

一幅图像的直方图可以反映出图像的特点。当图像的对比度较小时，它的灰度直方图在灰度轴上表现为较小的一段区间上非零，较暗的图像在直方图主体出现在低灰度值区间，在高灰度区间上的幅度很小或为零，较亮的图像恰好相反。看起来清晰柔和的图像，它的直方图分布比较均匀。

图 11-4 为一幅红外图像的直方图，图 11-5 为一幅可见光图像的直方图。通过比较可以看出红外图像直方图具有以下特点：

（1）像素灰度值动态范围很小，很少充满整个灰度级空间。可见光图像的像素则分布于几乎整个灰度级空间。

(a) 红外图像　　　　　　　　(b) 直方图

图 11-4　红外图像及其直方图

(a) 可见光图像　　　　　　　　(b) 直方图

图 11-5　可见光图像及其直方图

（2）绝大部分像素集中于某些相邻的灰度级范围，这些范围以外的灰度级上则没有或只有很少的像素。可见光图像的像素分布则比较均匀。

（3）直方图中有明显的峰存在，多数情况下为单峰或双峰。若为双峰，则一般主峰为信号，次峰为噪声。可见光图像直方图的峰不如红外图像明显，一般多个峰同时存在。

因此，线性灰度拉伸有利于红外图像对比度的增强。

### 11.4.2 直方图均衡化

直方图均衡化的作用是改变图像中灰度概率分布，使其均匀化。其实质是使图像中灰度概率密度较大的像素向附近灰度级扩展，压缩了概率密度较小的像素的灰度级，拉开了灰度的层次。这样的处理使图像充分有效地利用各个灰度级，因而增强了图像对比度。由于红外图像的灰度值大多集中在灰度级较高或较低的部分，致使图像的灰度级很少，层次感很差，因此，直方图均衡化方法对红外图像增强效果较为明显。

设原始图像在 $(x, y)$ 处的灰度为 $f$，而改变后的图像为 $g$，则对图像增强的方法可表述为将在 $(x, y)$ 处的灰度 $f$ 映射为 $g$。在灰度直方图均衡化处理中，对图像的映射函数可定义为

$$g = T(f) \tag{11-29}$$

这个映射函数 $T(f)$ 必须满足两个条件（其中，$L$ 为图像的灰度级数）：

（1）$T(f)$ 在 $0 \leqslant f \leqslant L-1$ 范围内是一个单值单增函数。这是为了保证增强处理没有打乱原始图像的灰度排列顺序，原图各灰度级在变换后仍保持从黑到白（或从白到黑）的排列。

（2）对于 $0 \leqslant f \leqslant L-1$ 有 $0 \leqslant g \leqslant L-1$，这个条件保证了变换前后灰度值动态范围的一致性。

累计分布函数（Cumulative Distribution Function，CDF）即可以满足上述两个条件，并且通过该函数可以完成将原图像 $f$ 的分布转换成 $g$ 的均匀分布。此时的直方图均衡化映射函数为

$$c(g) = \sum_{f=0}^{g} p(x_f) \quad (f = 0,1,2,\cdots, L-1) \tag{11-30}$$

式中，求和区间为 0 到 $g$，根据该方程可以由原图像的各像素灰度值直接得到直方图均衡化后各像素的灰度值。在实际处理变换时，一般先对原始图像的灰度情况进行统计分析，并计算出原始直方图分布，然后根据计算出的累计直方图分布求出 $f$ 到 $g$ 的灰度映射关系。在重复上述步骤得到原图像所有灰度级到目标图像灰度级的映射关系后，按照这个映射关系对源图像各点像素进行灰度转换，即可完成对源图像的直方图均衡化。

直方图均衡化的处理过程中出现相邻灰度级合并的现象，即原来直方图上频数较小的灰度级被归入很少几个或一个灰度级内，并且可能不在原来的灰度级上。因此，它有如下特点：

① 直方图均衡化克服了线性拉伸过程中存在的较少像素占用较大灰度区间这样的问题。

② 当被合并掉的灰度级构成的是重要细节，则均衡后细节信息损失较大。此时可采用局部直方图均衡法来处理。

③ 均衡后的直方图并非完全平坦，这是因为在离散灰度下，直方图只是近似的概率密度。

④ 直方图均衡将直方图峰值区域的灰度级拉开，像素将占有尽可能多的灰度级且趋于等间隔分布。因此，均衡后的图像具有较高的对比度和较大的动态范围。

⑤ 在对比度增强处理中，直方图均衡化比灰度线性变换、指对数变换的运算速度慢，但比空间域处理和变换域处理的速度快。因此，在实时处理中，直方图均衡是一种常用的方法。

⑥ 直方图均衡化虽然增大了图像的对比度，但往往处理后的图像视觉效果生硬、不够

柔和，有时甚至会造成图像质量的恶化。另外，均衡后的噪声比处理前明显，这是因为均衡没有区分有用信号和噪声，当原图像中噪声较多时，噪声被增强。

### 11.4.3　自适应分段线性变换

在实际应用中，许多图像增强算法由于复杂度、运算量或缺乏硬件支持而难以实现实时处理。人们期望能够找到简便有效、运算速度快、通用性强、能够明显改善图像质量的方法。根据红外图像直方图的特点，灰度分段线性变换很好地满足了以上要求。

红外图像的目标灰度往往集中在整个动态范围内较窄的区间，分段线性变换通过把较窄的目标分布区间展宽，以增强目标与背景的灰度对比度，进而从红外热图像中识别出所感兴趣的目标。同时，由于图像对比度的加大，图像中的线与边缘特征也得到了加强。分段线性变换后，被压缩区间灰度层次的减少换来了被展宽区间（增强区间）灰度层次的丰富。

根据图 11-6 所示，灰度分段变换（以三段为例）的数学表达式为

$$g(x,y) = \begin{cases} k_1 f(x,y) & (0 < f(x,y) < f_1) \\ k_2[f(x,y) - f_1] + g_1 & (f_1 \leqslant f(x,y) < f_2) \\ k_3[f(x,y) - f_2] + g_2 & (f_2 \leqslant f(x,y) < f_M) \end{cases} \quad (11\text{-}31)$$

式中，$k_1 = g_1/f_1$，$k_2 = (g_2 - g_1)/(f_2 - f_1)$，$k_3 = (g_M - g_2)/(f_M - f_2)$。

以上是典型的分三段线性变换的方法。在实际应用中，可根据需要划分为任意个变换区间。

在一般情况下，变换前后灰度变化范围是不变的，即 $g_M = f_M$。此时，感兴趣区间的展宽是以其他区间的压缩为代价的。也就是说，增强灰度空间的层次丰富了，对比度增强了，同时，增强区间以外的对比度降低了。但是，因为图像增强并不以保真原则为前提，只要能更好地从背景中识别出感兴趣的目标，那么，这种方法就是切实可行的。

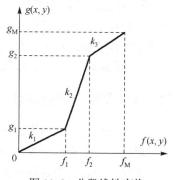

图 11-6　分段线性变换

分段线性变换的关键在于灰度分段区间的选择，分段区间的选择直接决定了图像增强和削弱的区域。最简单的方法就是采用固定的区间，对所有的图像进行相同的变换。但实际图像的内容大相径庭，其直方图分布也各具特点，所以，要找到一个对所有图像都适用的变换区间是不可能的。一种好的算法必须结合图像的具体特征，对于绝大多数图像有效，这就要求算法具有自适应性。这里介绍一种自适应的灰度分段线性变换算法，这种算法对大多数图像都比较适用。

灰度最频值是直方图中具有最大像素数的灰度级；频数是灰度值重复次数，即图像中具有某灰度值的像素总数；$\{a_i, n_i\}$ 表示灰度级 $a_i$ 对应的频数 $n_i$。

如果存在 $\{a_0, n_0\}$，其中 $a_0$ 为灰度最频值。$n_0$ 为最频值对应的频数，令 $n_T = n_0 \times 10\%$。那么在 $[0, a_0]$ 的灰度空间，必然存在 $\{a_L, n_L\}$ 使得 $[0, a_L]$ 区间所有的 $n_i < n_T$；同样，对于 $[a_0, 255]$ 的灰度区间，必然存在 $\{a_R, n_R\}$ 使得 $[a_R, 255]$ 区间所有的 $n_i < n_T$，令

$$g(x, y) = \begin{cases} 0 & (f(x, y) < a_{\mathrm{L}}) \\ \dfrac{1}{a_{\mathrm{R}} - a_{\mathrm{L}}} \cdot [f(x, y) - f_1] & (a_{\mathrm{L}} \leqslant f(x, y) \leqslant a_{\mathrm{R}}) \\ 1 & (f(x, y) > a_{\mathrm{R}}) \end{cases} \tag{11-32}$$

式中，$f(x, y)$ 是原始图像像素的灰度值；$g(x, y)$ 是增强后的灰度值。

自适应分段线性变换算法的实现过程如下：

① 统计灰度直方图，找到灰度最频值 $a_0$ 和对应的频数 $n_0$。

② 令 $n_{\mathrm{T}} = n_0 \cdot p$；

③ 从直方图的 0 灰度级开始向右搜寻，直到找到 $a_{\mathrm{L}}$，满足其对应的 $n_{\mathrm{L}} > n_{\mathrm{T}}$，且 $n_{\mathrm{L}-1} < n_{\mathrm{T}}$，记为 $a_{\mathrm{L}}$；

④ 从直方图的 255 灰度级开始向左搜寻，直到找到 $a_{\mathrm{R}}$ 满足其对应的 $n_{\mathrm{R}} > n_{\mathrm{T}}$，且 $n_{\mathrm{R}+1} < n_{\mathrm{T}}$，记为 $a_{\mathrm{R}}$；

⑤ 根据式（11-32）建立查找表；

⑥ 根据⑤中建立的查找表，对原始图像中的像素逐点进行灰度变换，达到图像增强的目的。

该算法具有以下特点：

① 在基本线性变换的基础上，自适应线性变换增加了搜寻目标线性灰度变换的范围，基本线性变换本身具有运算量小的特点，因此，该算法可以保证实时性。

② 自适应性线性变换通过搜寻目标灰度范围，保证了信号的大部分能量，并通过对信号部分的拉伸，增加了信号部分的对比度；同时，去除图像的大部分噪声，一定程度上克服了基本线性变换增加噪声对比度的问题。

③ 阈值 $n_{\mathrm{T}} = n_0 \cdot p$ 中，采用了可调比例因子 $p$，增加了算法的灵活性。

## 11.4.4  离散小波变换红外图像增强方法

小波分析是当前应用数学和工程数学学科中的一个迅速发展的新领域，它不仅在数学上已经形成了一个新的分支，而且在应用上如信号处理、模式识别、量子物理以及众多非线性科学领域，都被认为是近年来在分析工具及方法上的重大突破。原则上，凡使用传统傅里叶分析的方法，都可以用小波分析代替。

小波变换技术在图像增强领域的应用，是利用了小波变换的多分辨率特性。该方法大致分为小波分解、图像增强、小波重构三个步骤。

二维图像的小波分解通常采用离散的小波变换。假设二维尺度函数可以分解为低通和高通滤波器两部分，分别用 $H$（低通）和 $G$（高通）表示，则按照 Mallat 快速算法，对二维图像在尺度 $j-1$ 上的小波分解公式如下

$$\begin{cases} A_j = H_m H_n A_{j-1} \\ D_j^H = G_m H_n A_{j-1} \\ D_j^V = H_m G_n A_{j-1} \\ D_j^D = G_m G_n A_{j-1} \end{cases} \tag{11-33}$$

式中，$A_j$，$D_j^H$，$D_j^V$，$D_j^D$ 分别对应于图像 $A_{j-1}$ 的低频成分、水平细节（高频的水平边缘分量）、

垂直细节（垂直边缘分量）、对角细节（对焦边缘分量）。

图像的进一步分解仅对低频分量进行，图像经 $N$ 次分解后。可以得到 $3N+1$ 个子图像，其中一个低频分量，$3N$ 个高频分量。子图像矩阵大小随分解级数的增加而呈现递减趋势。下一个分解的子图像矩阵仅为上一级分解子图像的 $1/2$。

与之对应的小波重构公式为

$$C_{j-1} = H_m^* H_n^* C_j + H_m^* G_n^* D_j^H + G_m^* H_n^* D_j^H + G_m^* G_n^* D_j^H \tag{11-34}$$

式中，$H^*$、$G^*$ 分别为 $H$、$G$ 的共轭转置矩阵。

则按照 Mallat 快速算法，图像的小波分解算法如图 11-7 所示。小波变换的重构算法如图 11-8 所示。

分解后的图像，其主要信息（即轮廓）由低频部分来表征，而其细节部分则有高频部分表征。因此，通过对低频分解系数进行增强处理，对高频分解系数进行衰减处理，即可起到图像增强的效果。

图 11-7　图像的小波分解过程示意图　　　　图 11-8　图像的小波重构过程示意图

## 11.4.5　图像增强实验

实验包括直方图均衡化、分段线性变换、自适应分段线性变换和小波变换的图像增强。图 11-9 为直方图均衡化后的红外图像及其直方图。图 11-10 为分段线性变换后的红外图像及其直方图。图 11-11 为自适应线性变换后的红外图像及其直方图。图 11-12 为采用小波变换增强后的红外图像及其直方图。

(a) 直方图均衡后图像　　　　　　　　(b) 直方图

图 11-9　直方图增强后的红外图像及其直方图

(a) 分段线性变换后图像                          (b) 直方图

图 11-10    分段线性变换后的红外图像及其直方图

(a) 自适应线性变换后图像                          (b) 直方图

图 11-11    自适应线性变换后的红外图像及其直方图

通过比较可以看出，无论是直方图均衡化、分段线性变换还是自适应分段线性变换，在目标得到增强的同时，图像的噪声也被增强，即目标和噪声同时被增强。而在小波图像增强中，目标得到增强的同时，可以有效抑制噪声，视觉效果更好。

(b) 小波变换增强后图像                          (b) 直方图

图 11-12    小波变换增强后的红外图像及其直方图

# 11.5　红外图像的降噪

由于外界环境的随机干扰和热成像系统的不完善，红外图像常常会受到多种噪声影响，如热噪声、散粒噪声、$1/f$噪声、光子电子涨落噪声等。这些分布复杂的噪声使得红外图像的信噪比比普通电视图像要低。因此，红外图像的噪声问题受到广泛关注。本节首先介绍红外图像的常见噪声模型及常用的红外图像噪声去除方法，在此基础上介绍一种有效的降噪新方法——基于阈上随机共振的红外图像降噪方法。

## 11.5.1　红外图像的常见噪声模型

（1）高斯噪声模型

高斯噪声模型又称为正态噪声模型，经常被用于实践中。高斯随机变量 $z$ 的概率密度函数 PDF 由式（11-35）给出

$$p(z)=\frac{1}{\sqrt{2\pi}\sigma}e^{-(z-\mu)^2/2\sigma^2} \tag{11-35}$$

式中，$z$ 表示灰度值；$\mu$ 表示 $z$ 的平均值或期望值；$\sigma$ 表示 $z$ 的标准差；标准差的平方 $\sigma^2$，称为 $z$ 的方差。高斯函数的曲线如图 11-13(a)所示。当 $z$ 服从式（11-35）的分布时，其值有 70%落在 $[(\mu-\sigma),(\mu+\sigma)]$ 范围内，且有 95%落在 $[(\mu-2\sigma),(\mu+2\sigma)]$ 范围内。

（2）瑞利噪声模型

瑞利噪声的概率密度函数 PDF 由式（11-36）给出

$$p(z)=\begin{cases}\dfrac{2}{b}(z-a)e^{-(z-a)^2/b} & z\geqslant a \\ 0 & z<a\end{cases} \tag{11-36}$$

概率密度的均值和方差分别为式（11-37）和式（11-38）

$$\mu=a+\sqrt{\pi b/4} \tag{11-37}$$

$$\sigma^2=\frac{b(4-\pi)}{4} \tag{11-38}$$

图 11-13(b)显示了瑞利密度的曲线。可以看出，距原点的位移和其密度图形的基本形状是向右变形。

（3）伽马（爱尔兰）噪声模型

伽马噪声的 PDF 由式（11-39）给出

$$p(z)=\begin{cases}\dfrac{a^b z^{b-1}}{(b-1)!}e^{-az} & z\geqslant 0 \\ 0 & z<0\end{cases} \tag{11-39}$$

式中，$a>0$，$b$ 为正整数且"!"表示阶乘。其密度的均值和方差如下

$$\mu=\frac{b}{a} \tag{11-40}$$

$$\sigma^2 = \frac{b}{a^2} \qquad (11\text{-}41)$$

图 11-13(c)显示了伽马密度的曲线，尽管式（11-39）经常被用来表示伽马密度，严格来说，只有当分母为伽马函数 $\Gamma(b)$ 时才是正确的。当分母如表达式所示时，该密度近似称为爱尔兰密度。

图 11-13　某些重要的概率密度函数

（4）指数分布噪声模型

指数噪声的 PDF 可由式（11-42）给出

$$p(z) = \begin{cases} ae^{-az} & z \geq 0 \\ 0 & z < 0 \end{cases} \tag{11-42}$$

式中，$a > 0$。概率密度函数的期望值和方差是

$$\mu = \frac{1}{a} \tag{11-43}$$

$$\sigma^2 = \frac{1}{a^2} \tag{11-44}$$

注意，指数分布的概率密度函数是当 $b=1$ 时爱尔兰概率分布的特殊情况。图 11-13（d）显示了该密度函数的曲线。

（5）均匀分布噪声模型

均匀分布噪声的概率密度，可由式（11-45）给出

$$p(z) = \begin{cases} \dfrac{1}{b-a} & a \leq z \leq b \\ 0 & \text{其他} \end{cases} \tag{11-45}$$

概率密度函数的期望值和方差为

$$\mu = \frac{a+b}{2} \tag{11-46}$$

$$\sigma^2 = \frac{(b-a)^2}{12} \tag{11-47}$$

图 11-13(e)显示了均匀密度的曲线。

（6）脉冲噪声（椒盐噪声）模型

（双极）脉冲噪声的PDF可由式（11-48）给出

$$p(z) = \begin{cases} p_a & z = a \\ p_b & z = b \\ 0 & \text{其他} \end{cases} \tag{11-48}$$

如果 $b > a$，灰度值 $b$ 在图像中将显示为一个亮点，相反，$a$ 的值将显示为一个暗点。若 $p_a$ 或 $p_b$ 为零，则脉冲噪声称为单极脉冲。如果 $p_a$ 和 $p_b$ 均不为零，尤其是它们近似相等时，脉冲噪声值将类似于随机分布在图像上的胡椒和盐粉微粒。由于这个原因，双极脉冲噪声也称为椒盐噪声。同时，它们有时也称为散粒和尖峰噪声。

## 11.5.2　红外图像降噪的基本方法

图像降噪的目的是得到复原图像，如图 11-14 所示。如果处理一幅输入图像 $f(x,y)$ 产生一幅退化图像 $g(x,y)$。给定 $g(x,y)$ 和关于退化函数 $H$ 的一些知识以及外加噪声项 $\eta(x,y)$，图像复原的目的是获得关于原始图像的近似估计 $\hat{f}(x,y)$。通常我们希望这一估计尽可能接近原始输入图像，并且 $H$ 和 $\eta$ 的信息知道得越多，所得到的 $\hat{f}(x,y)$ 就会越接近 $f(x,y)$。

设系统 H 是一个线性移不变系统，那么在空间域中给出的退化图像可由式（11-49）给出

$$g(x,y) = h(x,y) * f(x,y) + \eta(x,y) \tag{11-49}$$

其中，$h(x,y)$ 是退化函数的空间描述；"$*$"表示空间卷积。空间域上的卷积等同于频域上的乘积，因此，可以把式（11-49）的模型写成等价的频域下的描述

$$G(u,v) = H(u,v)F(u,v) + N(u,v) \tag{11-50}$$

图 11-14　图像退化/复原过程的模型

（1）均值滤波

当在一幅图像中唯一存在的退化是噪声时，式（11-49）和式（11-50）变成

$$g(x,y) = f(x,y) + \eta(x,y) \tag{11-51}$$

和

$$G(u,v) = F(u,v) + N(u,v) \tag{11-52}$$

① 算术均值滤波器。这是最简单的均值滤波器。令 $S_{xy}$ 表示中心在 $(x,y)$ 点，尺寸为 $m \times n$ 的矩形子图像窗口的坐标组。算术均值滤波过程就是计算由 $S_{xy}$ 定义的区域中被干扰图像 $g(x,y)$ 的平均值。在任意点 $(x,y)$ 处复原图像 $\hat{f}$ 的值就是用 $S_{xy}$ 定义的区域中的像素计算出的算术均值，即

$$\hat{f}(x,y) = \frac{1}{mn}\sum_{(s,t)\in S_{xy}} g(s,t) \tag{11-53}$$

该操作可以用其系数为 $1/mn$ 的卷积模板来实现。算术均值滤波器简单地平滑了一幅图像的局部变化，减少了图像噪声，但也模糊了图像。

②几何均值滤波器。使用几何均值滤波器复原的一幅图像由如下表达式给出

$$\hat{f}(x,y) = \prod_{(s,t)\in S_{xy}} g(s,t) \tag{11-54}$$

其中，每个被复原像素由子图像窗口中像素点的乘积并自乘到 $1/mn$ 次幂给出。几何均值滤波器所达到的平滑度大致与算术均值滤波器相同，但在滤波过程中会更少丢失图像细节。

③谐波均值滤波器。使用谐波均值滤波器的操作由如下表达式给出

$$\hat{f}(x,y) = \frac{mn}{\displaystyle\sum_{(s,t)\in S_{xy}} \frac{1}{g(s,t)}} \tag{11-55}$$

谐波均值滤波器对于"盐"噪声效果更好，但是不适用于"胡椒"噪声。它善于处理像高斯噪声那样的其他噪声。

④逆谐波均值滤波器。使用逆谐波均值滤波器对一幅图像的复原基于如下表达式

$$\hat{f}(x,y)=\frac{\sum_{(s,t)\in S_{xy}} g(s,t)^{Q+1}}{\sum_{(s,t)\in S_{xy}} g(s,t)^{Q}} \tag{11-56}$$

其中 $Q$ 称为滤波器的阶数。这种滤波器适合减少或在实际中消除椒盐噪声的影响。当 $Q$ 值为正数时，滤波器用于消除"胡椒"噪声；当 $Q$ 值为负数时，滤波器用于消除"盐"噪声。但它不能同时消除这两种噪声。注意，当 $Q=0$ 时，逆谐波均值滤波器退化为算术均值滤波器；当 $Q=-1$ 时，逆谐波均值滤波器退化为谐波均值滤波器。

（2）中值滤波

中值滤波是最著名的统计排序滤波，其基本方法是用某像素的相邻像素的灰度中值来替代该像素的值

$$\hat{f}(x,y)=\underset{(s,t)\in S_{xy}}{\mathrm{median}}\{g(s,t)\} \tag{11-57}$$

像素的原始值包含在中值的计算结果中。中值滤波器的应用非常普遍，因为对于很多种随机噪声，它都有良好的去噪能力，且在相同尺寸下比线性平滑滤波器引起的模糊更少。中值滤波器尤其对单极或双极脉冲噪声非常有效。

同样的道理，根据统计排序还可以有最大值滤波、最小值滤波、中点（最大值和最小值之间的中点）滤波。常用的滤波方法还有带通滤波、带阻滤波、维纳滤波等。

### 11.5.3　基于阈上随机共振的红外图像降噪方法

在以上介绍的方法当中，其主要观点是认为噪声是"有害"的，所以需要消除或降低。其实噪声也有其有利的一面。下面介绍的基于阈上随机共振的红外图像噪声去除方法就是利用了噪声有益的一面。

（1）基于阈上随机共振技术

随机共振是指非线性系统、弱的周期信号和适量的噪声三者在一定条件下协作时，噪声通过非线性系统对信号起积极作用的现象。目前已经证实：随机共振现象不仅存在于周期信号中，在非周期信号中也会发生；而且，传统认为随机共振现象主要是针对阈下信号的观念已被打破，已有研究表明阈上信号情况下的随机共振可能是人类听觉和视觉感知的潜在机制。还有学者基于神经元模型探讨了非周期阈上信号随机共振及其在语音信息处理和图像信息处理中的应用，有学者分别通过添加高斯白噪声进行灰度图像复原和语音增强，均取得了较好的效果。Stocks 基于神经网络提出了一种阈上非周期随机共振模型，如图 11-15 所示，图中的并列阵列可以看做半连续化信道，每个节点可以看做 heaviside 函数。

图 11-15 中的各个量如下

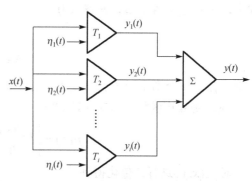

图 11-15　阈值单元并行加模型图

$$y_i(t) = \begin{cases} 1 & x(t) + \eta_i(t) > T_i \\ 0 & x(t) + \eta_i(t) \le T_i \end{cases} \tag{11-58}$$

$$y(t) = \frac{1}{N} \sum_{i=1}^{N} y_i(t) \tag{11-59}$$

式中，$x(t)$ 是符合一定概率分布的输入信号，$\eta_i(t)$ 是相互独立的噪声，$T_i$ 是阈值，$y(t)$ 是输出信号。$\eta_i(t) = 0$ 时，输出是 0 或 $N$，增加 $\eta_i(t)$ 时，输出多样化，说明噪声能增强信息。

（2）基于阈上随机共振的红外图像降噪算法

本方法的关键在于通过多次随机共振从被背景噪声淹没的红外图像中"拣"出有用的弱信号，而发生随机共振需要有合适的噪声。所以，面临的问题是添加何种类型的噪声、如何获得合适的噪声强度。

下面以双色中波红外图像为例进行介绍。研究表明：双色中波红外图像主要受均匀、椒盐等类型噪声影响，其中均匀噪声干扰更为严重。因此这里选用了均匀噪声函数。

第（$n+1$）次添加的噪声强度 $\sigma_{n+1}$ 通过式（11-60）计算

$$\sigma_{n+1} = \sigma_n + h\,\mathrm{sign}(\mathrm{d}P/\mathrm{d}\sigma) \tag{11-60}$$

式中，$h$ 为步长，梯度算子 $\mathrm{d}P/\mathrm{d}\sigma$ 使用式（11-61）近似计算

$$\mathrm{d}P/\mathrm{d}\sigma \approx (P_n - P_{n-1})/(\sigma_n - \sigma_{n-1}) \tag{11-61}$$

式中，$P_n$ 是第 $n$ 次添加噪声后图像的峰值信噪比，使用式（11-62）、式（11-63）和式（11-64）计算

$$P_n = -10\lg(M^2/m) \tag{11-62}$$

$$M = \max\left(\max\left(f_n(x,y)\right)\right) \tag{11-63}$$

$$m = \frac{1}{(L-1)^2} \sum_{x=0}^{s-1} \sum_{y=0}^{r-1} (f_n(x,y) - f_0(x,y))^2 \tag{11-64}$$

式中，$s$ 和 $r$ 分别是图像的行和列，$L$ 是图像的灰度级数，$f_0(x,y)$ 是原图像，$f_n(x,y)$ 就是经过第 $n$ 次处理后的随机共振图像。

第 $n$ 次噪声添加用式（11-65）进行

$$f_n'(x,y) = f_{n-1}(x,y) + a + (b-a)p(z) \tag{11-65}$$

式中，$n = 1, 2, \cdots, N$，$a$，$b$ 表示为

$$a = \mu - \sqrt{3}\sigma \tag{11-66}$$

$$b = \mu + \sqrt{3}\sigma \tag{11-67}$$

式中，$\mu$、$\sigma$ 分别是图像 $f_{n-1}(x,y)$ 的均值和方差。

$p(z)$ 是噪声函数，如式（11-68）所示

$$p(z) = \begin{cases} 1/(b-a) & a \le z \le b \\ 0 & \text{其他} \end{cases} \tag{11-68}$$

对 $f_n'(x,y)$ 进行二值化得到

$$f_n'(x,y) = \begin{cases} 1 & f_n'(x,y) \ge T_n \\ 0 & f_n'(x,y) < T_n \end{cases} \tag{11-69}$$

其中，

$$T_n = \frac{1}{s \times r} \sum_{x=1}^{s} \sum_{y=1}^{r} f'_n(x, y) \tag{11-70}$$

利用式（11-65）、式（11-69）经过 $N$ 次计算后，再求出最后的随机共振结果：

$$f_N(x, y) = \frac{1}{N} \sum_{n=1}^{N} f_n(x, y) \tag{11-71}$$

（3）仿真实验结果

虽然添加噪声次数和迭代次数越多效果越好，但考虑到随机共振主要与噪声强度关系密切和实验运行速度等方面的原因，本文取噪声计算步长 $h$ 为 2、噪声强度的初值为 20、添加次数 $N$ 为 50、迭代次数为 5 进行仿真，其结果如图 11-16 与图 11-17 所示。

(a) MWIR1 图像

(b) MWIR2 图像

图 11-16　被噪声淹没的弱信号双色中波红外图像

(a) MWIR1 图像

(b) MWIR2 图像

图 11-17　阈上随机共振图像

## 小　结

本章内容从红外图像的特点出发，系统地阐述和分析了红外图像的非均匀性校正、红外图像的增强和去噪的原理和方法。结合最新的科研成果，重点讨论了基于阈上随机共振的红外图像降噪方法，有兴趣的读者可以参考相关文献。

## 习　题

11-1　名词解释：

盲元、随机共振

11-2　红外图像具有哪些特点？

11-3　红外图像的非均匀性产生的原因有哪些？

11-4　红外图像的非均匀性校正方法有哪些？原理是什么？

11-5　红外图像的常见噪声模型有哪些？

11-6　基于阈上随机共振的红外图像降噪处理步骤是什么？

11-7　用 Matlab 编写程序，实现红外图像的直方图均衡、自适应分段线性变换、小波变换等增强算法。

# 参 考 文 献

[1]　邢素霞. 红外热成像与信号处理[M]. 北京：国防工业出版社，2011.

[2]　Scribner D A，Sarkady K A，Caldfield J T，et al. Nonumiformity correction for staring focal plane arrays using scene-based techniques.SPIE，1990，1308:224-233.

[3]　Scribner D A，Sarkady K A，Kruer M R，et al. Adaptive Nonuniformity Correction for IR Focal Plane Arrays using Neural Networks [C]// Proceedings of the SPIE: Infrared Sensors: Detectors，Electronics，and Signal Processing，1991，1541:100-109.

[4]　Torres S N，Hayat M M. Kalman Filtering for Adaptive Nonuniformity Correction in Infrared Focal Plane Arrays [J]. Journal of the Optical Society of America A (S1084-7529)，2003，20(3):470-480.

[5]　Rafael C. Gonzalez，Richard E. Woods.阮秋琦，阮宇智译.数字图像处理（第二版）[M]. 北京：电子工业出版社，2004.

[6]　蔺素珍，杨风暴，吉琳娜等. 基于阈上随机共振的弱信号双色中波红外图像融合[J]. 红外与毫米波学报，2011，30(6):546～550.

[7]　Benzi R，Sutera A，Vulpiani A. The mechanism of stochastic resonance[J]. Journal of Physics A: Mathematical and General，1981，14(11):453-457.

[8]　Das A，Stock N G，Hins E L. Enhanced coding for exponentially distributed signals using supra-threshold stochastic resonance[J].Communications in Nonlinear Science and Numerical Simulation，2009，14(1):223-232.

[9]　Sasaki H，Sakane S，Ishida T，et al. Supra threshold stochastic resonance in visual signal detection [J]. Behavioral Brain Research，2008，193(1):152-155.

[10]　Sasaki H，Todorokihara M，Ishida T，et al. Effect of noise on the contrast detection threshold in visual perception [J]. Neuroscience Letters，2006，408(2):94-97.

[11]　薛凌云. 神经元随机共振机制及其在语音与图像处理中的应用研究[D]. 杭州：浙江大学，2008，67-83.

[12]　向学勤，范影乐，庞全等.基于神经元阈上非周期随机共振机制的灰度图像复原研究[J].中国图像图形学报，2009，14(1):77-81.

[13]　郭浙伟，庞全，范影乐.随机共振在强噪声环境中语音增强应用[J].计算机仿真，2009，26(7): 351-353.

[14]　Stocks N G. Supra-threshold stochastic resonance: an exact result for uniformly distributed signal and noise [J]. Physics Letters A，2001，279(1):308-312.

# 第12章 红外图像融合技术

## 引　言

图像融合（Image Fusion）是将多源信道所采集到的关于同一目标的图像数据经过图像处理和计算机技术等，最大限度地提取各自信道中的有利信息，最后综合成高质量的图像，以提高图像信息的利用率、改善计算机解译精度和可靠性、提升原始图像的空间分辨率和光谱分辨率，利于监测。

本章目的：（1）理解图像融合的基本概念和层次，掌握融合效果的评价指标；（2）在对前述内容做全面详细理解的基础上，针对性地掌握图像融合方法。正如我们将要提到的可见光与红外图像的融合、红外多波段图像的融合以及红外偏振与红外光强图像的融合。

## 12.1　图像融合的基本概念

### 12.1.1　图像融合的概念与层次

（1）图像融合的概念

信息融合（Information Fusion）又称为数据融合（Data Fusion），这一概念在 20 世纪70 年代末提出来时并未引起人们的重视，随着科学技术的迅猛发展，面对不同源数据的急聚增加和信息超载问题，对大量的不同源、同源不同时的信息进行消化、解释和评估的技术需求更为迫切，使人们越来越认识到信息融合的重要性，尤其在军事指挥自动化和机器人领域中的目标跟踪与识别、态势评估等方面的广泛应用中，信息融合技术得到了长足的发展。

在多传感器系统中，各个传感器的信息可能具有不同的特征：实时的或非实时的、快变的或缓变的、模糊的或确定的、相互支持或互补、也可能相互矛盾或竞争。多传感器信息的特点有冗余性、补偿性、关联性等，这些是信息融合产生效果的基础。

信息融合的基本原理就是模仿人脑综合处理信息的过程，充分利用多个传感器资源，通过对这些传感器及其观测信息的合理支配和使用，把多个传感器在空间或时间上的冗余或互补信息依据某种准则进行组合，以获得被测对象的一致性解释或描述，通过数据组合，达到最佳的协同作用，提高系统的有效性。

由于信息融合的范围很广，不同的文献有不同的定义，Klein 的定义为"数据融合是一种多水平的、多方面的处理过程，它对多源数据自动检测、关联、相关、估计和复合，以达到精确的状态估计和身份估计，以及完整、及时的态势评估和威胁估计"。Li 等认为"融合是一系列传感器数据的合成以产生比单一信号更准确、更可靠的结果"。

综合各种论述，一般认为信息融合就是对来自多个传感器的数据进行检测、关联、相关、估计和综合等多级、多方面的处理，以获得对被测对象的精确估计和评价，通过传感器之间的协调和互补，克服单传感器的不确定性和局限性，提高系统的整体识别性能。

图像融合是信息融合的一个分支，它是将来自不同源、不同时间、不同媒质、不同表示方式的图像数据按一定的准则综合成对被感知对象比较精确的描述，其可以从多幅图像中抽取出比任何单一图像更为准确、可靠的信息。图像融合在遥感观测、智能控制、无损检测、指挥自动化等领域具有广泛的应用，是研究的热门信息处理技术之一。图像融合的优点主要有改善图像质量、提高几何配准精度或信噪比、生成三维立体效果、实现实时或准实时动态观测、克服目标提取与识别中图像数据的不完整性、扩大传感的时空范围等。

（2）图像融合的层次

信息融合分为三个层次，即像素级融合、特征级融合和决策级融合。

① 像素级融合也称为数据级融合，是直接在采集到的原始数据层上进行的融合，是最低层次的融合，其直接利用原始数据或经过必要预处理的数据进行融合处理，如图 12-1 所示。像素级融合的优点是能保持尽可能多的原始信息，提供其他融合层次所不能提供的细微信息，其缺点是处理的传感器数据量大、处理时间长、实时性差；由于传感器原始数据的不确定性、不完全性和不稳定性较大，因此要求融合过程中具有较高的降噪和纠错能力；要求各传感器信息之间有精确到一个像素的配准精度，故要求传感器信息来自同质传感器；融合系统中的数据传输量大，抗干扰能力较差。

图 12-1　像素级信息融合

② 特征级融合。特征级融合属于中间层次的融合，先对来自传感器的原始信息进行特征提取。然后再对特征信息进行综合分析和处理。一般提取的特征信息应是像素信息的充分表示量和充分统计量，然后按特征信息对多传感器数据进行分类、汇聚和综合，如图 12-2 所示。特征级数据融合又分为目标状态数据融合和目标特性数据融合。目标状态数据融合主要应用于目标跟踪领域，它首先对传感器数据进行预处理。

图 12-2　特征级信息融合

特征级融合的优点是压缩了大量的融合数据，便于实时处理，减少了数据的不确定性；由于所提取的特征直接与决策分析有关，因而融合结果能最大限度地给出决策分析所需要的特征。

③ 决策级融合。决策级融合是一种高层次的融合，首先对每个传感器本身的数据进行初步决策处理，包括预处理、特征提取、识别或判决，以得出检测目标的初步结论，然后进行关联处理、决策层融合判决，最后获得联合推断结果，如图 12-3 所示。决策级融合是直接针对具体决策目标的，其处理除具有实时性好的优点外，还可以在少数传感器失效时仍能给出最终决策，且这种联合决策比任何单传感器决策更精确、更明确，融合系统具有很高的灵活性，对信息传输的带宽要求低。

图 12-3　决策级信息融合

对一般的融合过程，随着融合层次的提高，要求数据的抽象性越高，对传感器的同质性要求越低，对数据表示形式的统一性越高，数据转换量越大，同时系统的容错性增强；随着融合层次的降低，融合所保持的细节信息越多，但融合处理的数据量越大，对融合使用的各个数据间的配准精度要求越高，并且融合方法对数据源及其特点的依赖性越大，容错性越低。表 12-1 是各层次融合性能的比较。

表 12-1　信息融合各层次性能比较

| 特性　＼　融合层次 | 像 素 级 | 特 征 级 | 决 策 级 |
|---|---|---|---|
| 信息量 | 大 | 中 | 小 |
| 信息损失 | 小 | 中 | 大 |
| 预处理工作量 | 小 | 中 | 大 |
| 容错性 | 差 | 中 | 好 |
| 对传感器的依赖性 | 大 | 中 | 小 |
| 抗干扰性 | 差 | 中 | 好 |
| 分类性能 | 好 | 中 | 差 |
| 融合方法的难易 | 难 | 中 | 易 |
| 系统开放性 | 差 | 中 | 好 |

图像融合遵循信息融合的规律，由低到高也分为三个层次：像素级融合、特征级融合、决策级融合。像素级融合直接对图像传感器采集的数据进行处理而获得融合图像。特征级融合属于中间层次，它是利用从图像中提取的特征信息进行综合分析和处理的，提取的特征往往是像素信息的充分表示量或充分统计量，然后按特征信息对图像数据进行分类、聚集和综合。决策级融合是高层次的融合，它是在对各个图像分别进行预处理、特征提取、初步识别和判决的基础上，对各图像的决策进行相关处理的，融合的结果为指挥控制决策提供依据。

其中，像素级图像融合是其他高层次图像融合的基础，是目前研究的重点，也是获取信息最多、检测性能好、适用范围最广的融合方法。未加特殊说明，后面所指的图像融合方法均是基于像素级的融合。

## 12.1.2 图像融合效果的评价

图像融合效果的评价是一项比较困难的工作，原因是：同一融合算法，对不同类型的图像，其融合效果不同；同一融合算法，对同一图像，观察者感兴趣的部分不同，则认为效果不同；不同的应用方面，对图像各项参数的要求不同，导致选取的评价方法不同。

因而，需要寻找一些比较客观评价融合图像效果的方法，使计算机能够自动选取适合当前图像的、效果最佳的算法。从而为不同场合下选择不同较优算法提供依据，也为一些融合算法的研究提供理论基础。下面对图像融合效果的评价方法进行系统分析。

（1）基于信息量的评价

① 熵。图像的熵是衡量图像信息丰富程度的一个重要指标。如果融合图像的熵越大，说明融合图像的信息量越多。对于一幅单独的图像 $p$，可以认为其各元素的灰度值是相互独立的样本，则这幅图像的灰度分布为 $p = \{p_1, p_2, \cdots, p_i, \cdots, p_n\}$，$p_i$ 为灰度值等于 $i$ 的像素数与图像总像素数之比，$n$ 为灰度级总数。公式为

$$H(p) = -\sum_{i=1}^{n} p_i \log_2 p_i \tag{12-1}$$

② 交叉熵。交叉熵直接反映了两幅图像对应像素的差异，是对两幅图像所含信息的相对衡量，公式为

单一交叉熵 
$$H(p,r) = \sum_{i=1}^{n} p_i \log_2 \frac{p_i}{r_i} \tag{12-2}$$

总体均方根交叉熵 
$$H_\alpha(p,q,r) = \sqrt{\frac{H^2(p,r) + H^2(q,r)}{2}} \tag{12-3}$$

总体算术平均交叉熵 
$$H_\beta(p,q,r) = \frac{H(p,r) + H(q,r)}{2} \tag{12-4}$$

总体几何平均交叉熵 
$$H_\chi(p,q,r) = \sqrt{H(p,r) \times H(q,r)} \tag{12-5}$$

总体调和平均交叉熵 
$$H_\delta(p,q,r) = \frac{2}{\dfrac{1}{H(p,r)} + \dfrac{1}{H(q,r)}} \tag{12-6}$$

式中，$p_i, q_i$ 为原始图像的灰度分布；$r_i$ 为融合图像的灰度分布；$H(p,r)$、$H(q,r)$ 分别为原始图像与融合图像的交叉熵。这里利用了平方平均、算术平均、几何平均、调和平均，使多副图像与标准图像熵的比较有一个统一表示的量。

③ 相关熵。相关熵（互信息）是信息论中的一个重要基本概念，它可作为两个变量之间相关性的量度，或一个变量包含另一个变量的信息量的量度，因此，融合图像与原始图像的相关熵

（互信息）越大越好，公式为

$$MI(p,q,r) = \sum_{i=1}^{n}\sum_{j=1}^{n}\sum_{k=1}^{n} p_{pqr}(i,j,k)\log_2 \frac{p_{pqr}(i,j,k)}{p_{pq}(i.j)r(k)} \tag{12-7}$$

式中，$p_{pqr}(i,j,k)$、$p_{pq}(i,j)$ 分别为融合图像与源图像之间、两幅源图像之间的联合灰度分布，$r(k)$ 为融合图像的灰度分布。

④ 偏差熵。交叉熵、相关熵计算中，当处于分布的概率分布值为 0 时将不能计算，所以这里给出了偏差熵的概念，可以避免此问题。偏差熵反映了两幅图像像素偏差的程度，同时也反映了两幅图像信息量的偏差度，公式为

单一偏差熵　　　　　$$H_c(p,r) = -\sum_{i=1}^{n} p_i \log_2[1-(p_i-r_i)^2] \tag{12-8}$$

总体方均根偏差熵　　　$$H_{c\alpha} = \sqrt{\frac{H_c^{\ 2}(p,r)+H_c^{\ 2}(q,r)}{2}} \tag{12-9}$$

总体算术平均偏差熵　　$$H_{c\beta} = \frac{H_c(p,r)+H_c(q,r)}{2} \tag{12-10}$$

总体几何平均偏差熵　　$$H_{c\chi} = \sqrt{H_c(p,r)\times H_c(q,r)} \tag{12-11}$$

总体调和平均偏差熵　　$$H_{c\delta} = \frac{2}{\dfrac{1}{H_c(p,r)}+\dfrac{1}{H_c(q,r)}} \tag{12-12}$$

式中，$H_c(p,r)$、$H_c(q,r)$ 为融合图像分别与两幅源图像的偏差熵。偏差熵越小，说明融合图像和标准参考图像之间的熵差越小，效果越好。

⑤ 联合熵。联合熵也是信息论中的一个重要基本概念，它可作为三幅图像之间相关性的量度，同时也反映了三幅图像之间的联合信息，因此，融合图像与原始图像的联合熵越大越好，公式为

$$H(p,q,r) = -\sum_{i=1}^{n} \log_2(p_i\times q_i\times r_i) \tag{12-13}$$

（2）基于统计特性的评价

① 均值。均值为像素的灰度平均值，对人眼反映为平均亮度。公式为

$$\mu = \frac{1}{M\times N}\sum_{i=1}^{M}\sum_{j=1}^{N} P(i,j) \tag{12-14}$$

式中，$M$、$N$ 分别为图像 $P$ 的长、宽。

② 标准偏差。标准偏差反映了灰度相对于灰度均值的离散情况，标准偏差越大，则灰度级分布越分散。公式为

标准偏差　　　　　　$$\sigma = \sqrt{\frac{\sum_{i=1}^{M}\sum_{j=1}^{N}(P(i,j)-\mu)^2}{M\times N}} \tag{12-15}$$

对数标准偏差　　　　　$\sigma_1 = -\lg\sqrt{\dfrac{\displaystyle\sum_{i=1}^{M}\sum_{j=1}^{N}(P(i,j)-\mu)^2}{M \times N}}$　　　　　（12-16）

一般如果标准偏差小于 2 时可采用对数标准偏差放大。

③ 偏差度。偏差度用来反映融合图像与原始图像在光谱信息上的匹配程度，如果偏差度较小，则说明融合后的图像较好地保留了原始图像的光谱信息，其公式为

绝对偏差度　　　　　$D_A = \dfrac{1}{MN}\sum_{i=1}^{M}\sum_{j=1}^{N}|R(i,j)-P(i,,j)|$　　　　　（12-17）

相对偏差度　　　　　$D_C = \dfrac{1}{MN}\sum_{i=1}^{M}\sum_{j=1}^{N}\dfrac{|R(i,j)-P(i,,j)|}{P(i,j)}$　　　　　（12-18）

④ 均方差。均方差越小说明融合图像与理想图像越接近，融合图像 $R$ 与原始图像 $P$ 的均方差为

$$MSE = \dfrac{\displaystyle\sum_{i=1}^{M}\sum_{j=1}^{N}(R(i,j)-P(i,j))^2}{\displaystyle\sum_{i=1}^{M}\sum_{j=1}^{N}(R(i,j))^2} \qquad （12\text{-}19）$$

⑤ 平均等效视数。平均等效视数可以用来衡量噪声的抑制效果、边缘的清晰度和图像的保持性，公式为

$$ENL = \dfrac{\mu}{MSE} \qquad （12\text{-}20）$$

式中，$\mu$、$MSE$ 见式（12-14）和式（12-19）。

⑥ 协方差。融合图像 $R$ 和标准参考图像 $P$ 的协方差越大，说明两幅图像越相近，融合效果越好。公式为

$$Cov(R,P) = \dfrac{1}{MN}\sum_{i=1}^{M}\sum_{j=1}^{N}(R(i,j)-\mu_R)(P(i,j)-\mu_P) \qquad （12\text{-}21）$$

式中，$\mu_R$、$\mu_P$ 分别为融合图像和标准参考图像的均值。

⑦ 相关系数。融合图像 $R$ 和标准参考图像 $P$ 的相关系数越大，说明两幅图像越相近，融合效果越好。公式为

$$\rho(R,P) = \dfrac{\displaystyle\sum_{i=1}^{M}\sum_{j=1}^{N}(R(i,j)-\mu_R)(P(i,j)-\mu_P)}{\sqrt{\displaystyle\sum_{i=1}^{M}\sum_{j=1}^{N}(R(i,j)-\mu_R)^2\sum_{i=1}^{M}\sum_{j=1}^{N}(P(i,j)-\mu_P)^2}} \qquad （12\text{-}22）$$

式中，$\mu_R$、$\mu_P$ 分别为融合图像和标准参考图像的均值。

（3）基于信噪比的评价

图像融合后去噪的效果取决于信息量是否提高、噪声是否得到抑制、均匀区域噪声的抑制是否得到加强、边缘信息是否得到保留等。因此可以从下面几个方面评价融合效果。

① 信噪比

$$SNR = 10\lg \frac{\sum_{i=1}^{M}\sum_{j=1}^{N}(P(i,j))^2}{\sum_{i=1}^{M}\sum_{j=1}^{N}(R(i,j)-P(i,j))^2} \tag{12-23}$$

这里把融合图像与标准参考图像的差异作为噪声。

② 峰值信噪比

$$PSNR = 10\lg\left(\frac{M \times N \times (\max(P))^2}{\sum_{i=1}^{M}\sum_{j=1}^{N}(R(i,j)-P(i,j))^2}\right) \tag{12-24}$$

当图像的灰度级为 255 时，$\max(P) = 255$。信噪比和峰值信噪比越高，说明融合效果和质量越好。

③ 斑点噪声抑制衡量参数

$$\alpha = \left(\frac{\mu}{\sigma}\right)^2 \tag{12-25}$$

式中，$\mu$、$\sigma$ 见式（12-14）和式（12-15）。

④ 边缘保持衡量参数

$$ESI = \frac{\sum_{i=1}^{m}\left|DN_{R_1} - DN_{R_2}\right|}{\sum_{i=1}^{m}\left|DN_{P_1} - DN_{P_2}\right|} \tag{12-26}$$

式中，$m$ 为检验样本的个数；$DN_{R_1}$、$DN_{R_2}$、$DN_{P_1}$ 和 $DN_{P_2}$ 分别融合前和融合后的边缘交界处附近（上下或左右）相邻像素的值。

（4）基于梯度值的评价

① 清晰度（平均梯度）。清晰度反映图像质量的改进，同时还反映出图像中微小细节反差和纹理变换特征。其公式为：

$$\nabla \bar{G} = \frac{1}{MN}\sum_{i=1}^{M}\sum_{j=1}^{N}\sqrt{[\Delta P_x(i,j)]^2 + [\Delta P_y(i,j)]^2} \tag{12-27}$$

式中，$\Delta[P_x(i,j)]$，$\Delta[P_y(i,j)]$ 分别为 $P(i,j)$ 沿 $x$ 和 $y$ 方向的差分。

② 空间频率。空间频率反映了一幅图像空间域的总体活跃程度，其公式如下

空间行频率 $$RF = \sqrt{\frac{1}{MN}\sum_{i=1}^{M}\sum_{j=2}^{N}(P(i,j+1)-P(i,j))^2} \tag{12-28}$$

空间列频率 $$CF = \sqrt{\frac{1}{MN}\sum_{j=1}^{N}\sum_{i=2}^{M}(P(i+1,j)-P(i,j))^2} \tag{12-29}$$

空间频率

$$SF = \sqrt{RF^2 + CF^2}$$

(12-30)

（5）基于光谱信息的评价

前面的指标都是对图像的空间分辨率的分析，所谓光谱信息的评价，是指基于图像光谱分辨率而言的分析方法，光谱信息评价是对小波分解后的图像在水平、垂直、对角三个方向的空间分辨率的综合评价，公式为

$$I_s = \frac{\rho(P^h, Q^h) + \rho(P^v, Q^v) + \rho(P^d, Q^d)}{3}$$

(12-31)

式中，$\rho(x, y)$ 表示 $x$、$y$ 的相关系数，上标 $h$、$v$、$d$ 分别表示水平、垂直、对角三个方向，$P^h$、$P^v$、$P^d$、$Q^h$、$Q^v$、$Q^d$ 分别为源图像经小波分解后的系数矩阵。

（6）基于模糊积分的评价

模糊积分定义如下。

$x$ 为论域，$h$ 是从 $x$ 到[0,1]的可测函数，$A \in P(X)$，则 $h$ 关于模糊测度 $g$ 在集 $A$ 上的模糊积分 $S$ 为

$$S = \int_A h(x) \circ g(\cdot) = \sup_{a \in [0,1]} \min[a, g(A \bigcap H_a)]$$

(12-32)

式中，$H_a = \{x | h(x) \geq a\}$，$p(X)$ 为 $X$ 的幂集，$g(\cdot)$ 是模糊测度。模糊积分是基于模糊数学理论对融合效果的综合评价，关键点在于对模糊测度 $g(x)$ 的确定和 $a$ 值的确定。具体的确定方法参考有关文献。

（7）基于小波能量的评价

对图像进行小波分解后，对小波系数处理，然后重构得到融合图像，这种方法融合图像的效果评价可以采用小波系数平均能量的办法。有时它比平均梯度更能反映图像的分辨率及清晰度。公式为

$$E = \frac{\sum\limits_{i=1}^{M} \sum\limits_{j=1}^{N} W(i, j)^2}{M \times N}$$

(12-33)

式中，$M$、$N$ 为图像的大小；$W(i, j)$ 为该图像的小波分解高频系数。

（8）定性描述

定性描述就是主观评价法，也就是目测法。这种方法主观性比较强，但对一些明显的图像信息进行评价直观、快捷、方便；对一些暂无较好客观评价指标的现象可以进行定性的说明。其主要用于判断融合图像是否配准，如果配准不好，那么图像就会出现重影，反过来通过图像融合也可以检查配准精度；判断色彩是否一致；判断融合图像整体亮度、色彩反差是否合适，是否有蒙雾或马赛克现象；判断融合图像的清晰度是否降低，图像边缘是否清楚；判断融合图像纹理及色彩信息是否丰富，光谱与空间信息是否丢失等。

主观评价受不同的观察者、图像的类型、应用场合和环境条件的影响较大。主观评价的尺度往往根据应用场合等因素来选择制定，国际上规定了五级质量尺度和妨碍尺度。对一般人多采用质量尺度，对专业人员来讲多采用妨碍尺度，如表 12-2 所示。一般来说，主观评价时需要较多的评价者，以保证评价结果在统计上有意义。

表 12-2　图像主观评价尺度评分表

| 分　数 | 质　量　尺　度 | 妨　碍　尺　度 |
|---|---|---|
| 5 | 非常好 | 丝毫看不出图像质量变坏 |
| 4 | 好 | 能看出图像质量变坏，不妨碍观看 |
| 3 | 一般 | 清楚地看出图像质量变坏，对观看稍有妨碍 |
| 2 | 差 | 对观看有妨碍 |
| 1 | 非常差 | 非常严重地妨碍尺度 |

（9）图像融合效果评价方法的选取

评价方法的选取与图像融合的目的紧密相关，根据图像融合的目的不同，评价方法也不一样，主要有以下几个方面。

① 降噪处理：一般而言，从传感器得到的图像都是有噪图像，而后续的图像处理一般要求噪声在一定范围内，因此，可以采用融合的方法来降低噪声，提高信噪比。对于这种情况一般采用基于信噪比的评价。

② 提高分辨率：提高分辨率也是图像融合的一个重要目的，有时从卫星得到的红外图像的分辨率不高，这就要求用其他传感器得到图像（如光学图像、合成孔径图像等）与红外图像进行融合来提高分辨率。对于这种方法的融合效果评价结合主观评价，可采用基于统计特性及光谱信息的评价方法。

③ 提高信息熵：在图像传输、图像特征提取等方面需要提高图像的信息熵。图像融合是提高信息熵的一个重要手段。对于融合图像的信息熵是否提高，可采用基于信息量的评价方法。还有为了评价融合图像与标准参考图像之间的熵差异，可以用偏差熵、交叉熵等评价参量。

④ 提高清晰度：在图像处理中，往往需要在保持原有信息不丢失的情况下，提高图像的质量、增强图像的细节信息和纹理特征、保持边缘细节及能量，这用一般的图像增强方法很难办到，因此需要采用图像融合的办法，这时，对融合效果的评价可采用基于梯度的方法及模糊积分的办法和小波能量的评价方法。

⑤ 研究数据的统计分布变化：基于统计特性的评价方法是研究数据统计分布变化的首选方法，在许多数据处理中都有应用。其中的评价参量的变化常被作为数据处理方法的出发点和目标。

⑥ 特殊要求：在有些方面融合的目的既不是提高信息量，也不是提高分辨率和降低噪声。这就需要根据特殊的要求来加以衡量。

需要说明的是，交叉熵、互信息、信噪比、均方偏差等评价参量在有标准参考图像的情况下非常说明问题，然而实际应用场合得到标准参考图像比较困难。所以，一方面尽可能取得相对标准的参考图像，能说明研究方法的效果即可；另一方面，尽可能采用较多的其他评价参量。因此，图像融合效果的评价是一个比较复杂的问题，要根据具体融合的目的来确定相应的方法。

## 12.1.3　常用图像融合方法分析

总的来说，像素级图像融合方法可以概括为以下几类。

简单的图像融合方法：包括多幅叠加法、加权平均法、选择最大值/最小值法、比值融合法、高通滤波法等。

分量替换融合方法：如色彩变换融合法（HIS）、主分量分析融合法（PCA 法）、线性回归融合法等。

多分辨率融合方法：如多分辨率金字塔融合算法、小波变换法等。

其他融合方法：如人工神经网络法、马尔科夫随机场法等。

下面对常用的几种方法进行分析。

（1）HIS 变换方法

在色度学中，把彩色图像的红（R）、绿（G）、蓝（B）变换成色调（H）、亮度（I）、饱和度（S）的过程称为 HIS 正变换；反之，为 HIS 逆变换。HIS 变换有球体变换、圆柱体变换、三角形变换、单六角锥变换等方法。这种方法多用在遥感图像的融合处理，其融合过程主要是将一幅卫星图像经 HIS 变换后的 I 分量用另一幅 SPOT 全色波段图像进行线性拉伸后替换，再进行逆HIS 变换。HIS 变换融合方法可以产生有利于目视判读的彩色图像，从而大大提高图像的可判读性，更易提取所需要的信息。但是这种方法只能同时对 3 个波段进行融合，由于不同波段数据的光谱曲线不同，融合后的图像会产生光谱退化现象。

（2）PCA 融合方法

PCA（主分量分析）变换融合方法是将较低空间分辨率的图像进行 PCA 变换，然后再将高分辨率图像进行对比拉伸，使之与低分辨率图像的第一主分量具有相同的均值和方差；最后用拉伸后的图像替换第一主分量，再通过 PCA 反变换回到 RGB 空间，即得到最终融合结果图像。这种方法是基于通过引进高空间分辨率图像以提高多光谱图像的空间分辨率，并假设第一主分量图像拥有输入到 PCA 中所有波段的共同信息，而任一个波段中的独特信息则被映射到其他成分图像中。主分量融合法有时会使图像失去原有的物理特性，产生光谱退化现象。

（3）代数法

这是图像融合的最为直接的方法，平均运算提高了融合图像的信噪比，同时也削弱了图像的对比度，尤其对于只出现在一幅图像上的有用信号。在加权平均中，最优加权系数的确定需要考虑信息互补和冗余。平均法和加权平均法中参与运算的图像数量越多，信噪比提高越大。

（4）小波变换

小波变换被认为是傅里叶分析发展的新阶段，具有许多其他方法所不具备的优良特性，如正交方向选择性、时空分辨率可变性、可调整的局部支持、分析数据量小等。这些优良特性使小波变换成为图像融合的一种强有力的工具和手段。而且，小波变换的多尺度分解特性更符合人类的视觉机制，与计算机视觉中由粗及细的认识过程十分相似，更加适合于图像融合。小波变换是本章在多分辨率图像融合中的重点研究算法。

（5）马尔可夫随机场

基于马尔可夫随机场的图像融合方法是把融合任务表示成适当的代价或能量函数，该函数反映了融合的目标，然后利用随机松弛法、平均场法、模拟退火算法被用来搜索全局最优解。目前该融合方法还在进一步探索中。

（6）人工神经网络

受生物界多传感器融合的启发，人工神经网络也被应用于多传感器图像融合中来，目前用于图像融合主要有双模态神经元网络、多层前向神经网络、径向基网络三种网络。运用神经网络充当信息融合的数学模型不必具体知道传感器系统内部运行机制，只需要知道一些输入/输出的信息作为训练样本，通过网络本身的自组织、自学习能力来调整权值，以完成融合模型的建立。用人工神经网络来求解多传感器图像融合问题是一个很有前途的方向。

（7）图像金字塔算法

图像金字塔算法又称为塔式算法，是图像多分辨率分析的重要工具，一个图像的金字塔由一系列低通和带通结果伴随着抽样形成的。基于金字塔的融合方法是采用某种规则从源图像的金字塔表达中形成新的金字塔表达，再对其进行重构以形成融合的图像，常用的金字塔算法主要有拉普拉斯金字塔、比率金字塔、对比度金字塔、数学形态学金字塔等。图像金字塔算法也是本章在多分辨率图像融合中的重点研究方法。

### 12.1.4 图像融合的应用

（1）多聚焦图像的处理

光学传感器（如数码相机）在某一场景成像时，由于场景中不同目标与传感器的距离可能不同甚至差异很大，这时不可能所有目标成像均清晰，而采用图像融合技术就能够达到。针对不同目标，得到多幅成像，经过融合处理，提取各自的清晰信息综合成一幅新的图像，便于人眼观察或计算机处理。多聚焦图像融合技术能够有效地提高图像信息的利用率、系统对目标探测识别的可靠性。图 12-4 是分别聚焦于前景、背景的图像的融合，从融合图像来看，经融合处理的图像前景和背景都清楚了。

(a) 前景聚焦图像　　　　　　　　(b) 背景聚焦图像　　　　　　　　(c) 融合图像

图 12-4　多聚焦图像融合

（2）医疗诊断

在放射外科手术计划中，CT 图像具有很高的分辨率，骨骼成像非常清晰，对病灶的定位提供了良好的参照，但对病灶本身的显示较差。而核磁共振成像（Magnetic Resonance Imaging，MRI）虽然空间分辨率比不上 CT 图像，但是它对软组织成像清晰，有利于病灶的确定，可是又缺乏刚性的骨组织作为定位参照。可见，不同模态的医学图像具有各自的优点，若将它们之间的互补信息综合在一起，把它们作为一个整体来表达，那么就能为医学诊断、人体的功能和结构的研究提供更充分的信息。在临床上，CT 图像和 MRI 图像的融合已经应用于颅脑放射治疗、颅脑手术的可视化中。

（3）军事应用

多传感器图像融合在军事领域有大量的应用。有文献者提出了一个安装在 NASA F/A-18 上的非实时彩色传感器融合系统，用来融合电荷耦合器件图像和长波红外图像。实际结果表明该彩色融合系统能够提高目标的检测能力。美国 Lawrence Livermore 国家实验室的研究人员开发了基于多传感器图像融合的地雷检测系统。

（4）隐匿武器检查

隐匿武器检查在司法和海关等部门是很重要的问题，多传感器图像技术为这一问题提供了很好的解决办法。目前使用的检查手段包括热红外成像、毫米波成像、X 射线成像和可见光成像等。例如，热红外图像中能够清晰地看见隐匿的枪支等，可见光图像中可以看出人物的轮廓和相貌，融合这两种图像可以容易地看出枪支隐匿在哪个人身体的哪个部位。

应该指出的是，上面列举的例子只是多图像融合的一部分应用，其他应用还有许多，如产品质量和缺陷的检测、智能机器人和复杂工业过程的检测与控制等。随着图像融合技术的发展，其在各个领域的应用将更加广泛。

## 12.2　可见光与红外图像的融合

由于可见光图像和红外图像具有较强的互补性，因而二者的融合研究是红外图像融合领域的主要研究内容。

可见光成像器只敏感于场景的亮度变化，与场景的热对比度无关，它在恶劣的气候条件下，对大气的穿透能力较差，且夜间的成像能力也较差；红外成像器只敏感于场景的红外辐射，而对场景的亮度不敏感，它在有云雾存在的气象条件下，穿透能力相当强，在夜间，由于不同景物之间存在着温度差，因此其所成的像仍能显示景物的轮廓。可见光图像反映的多是场景中景物在可见光波段的反射特性，所形成的图像符合人类的视觉特性，容易被人接受；红外图像反映的是景物的红外辐射特性，所形成的图像是景物之间的温度、辐射性能等差异信息。可见光图像可提供更多的场景细节和表面信息及颜色特征，但对景物表面（伪装）下面的高温目标无法显示；红外图像可以将场景内的高温目标显示出来，但景物边缘模糊、表面细节不清楚。因此若将同一场景经过配准的可见光图像和红外图像融合，可以利用二者的互补性，得到对景物更全面、清晰的描述。

可见光图像和红外图像融合的方法很多，相应的文献报道也很容易见到，这里仅说明简单的、常用的方法——加权平均法。加权平均法主要是运用代数运算和线性运算来处理图像，它是早期的图像融合方法。它的基本原理是不对源图像进行任何的图像变换或分解，而是直接对各源图像中的对应像素进行选择（选取最大值或最小值）、平均或加权平均等简单处理后输出融合图像。具备多帧累加功能的 CCD 其实运用的就是代数法图像融合，以提高信噪比。加权平均法的数学表示式为

$$G_F = \sum_{k=1}^{K} A_k G_k \tag{12-34}$$

$$\sum_{k=1}^{K} A_k = 1 \tag{12-35}$$

式中，$A_k$ 是加权系数；$K$ 代表输入图像数。

　　权值的选择是加权平均法的关键问题。可以利用主成分分析法（PCA）分解计算加权系数，也可以基于局部区域对比度选择权值。后一种方法利用人眼对对比度非常敏感的事实，从两幅源图像中选择对比度最大的像素点作为合成图像的像素点，即对比度大的像素点权值为 1，否则为 0。基于对比度的权值选择技术对噪声非常敏感，这是因为图像中的噪声有很高的对比度，这样合成的图像将包含较强的噪声。于是有人提出了平均和选择相结合的方法，即利用 1 个匹配矩阵来表示两幅图像的相似程度。当两幅图像很相似时，合成图像就采用两幅图像的加权平均值；当两幅图像差异较大时，就选择最显著的那一幅图像，此时权值为 0 和 1，这样做可抑制噪声。

　　加权平均法的优点是简单直观，适合实时处理，但多幅图像简单的叠加会使合成图像的信噪比降低。当融合图像的灰度差异较大时，就会出现明显的拼接痕迹，不利于人眼识别和后续的目标识别过程。

　　图 12-5 和图 12-6 是两组可见光与红外图像融合的例子。在图 12-5 中，可见光图像中汽车右部的物体虽有表面信息，但不很清楚，背景信息比较丰富，下部的物体几乎和背景混在一起，很难识辨；红外图像中，汽车由于温度很低，表面细节不清，几乎是背景信息，但右部和下部的高温物体很清楚地显示出来了，甚至由于温度差异大，高温物体周围的树木等细微的形状也很清晰。通过均值加权平均融合就可以得到汽车、高温物体、背景等景物都比较清楚的结果。

　　　　(a) 可见光图像　　　　　　　　　(b) 红外图像　　　　　　　　　(c) 融合图像

图 12-5　可见光与红外车辆图像融合结果

　　在图 12-6 中，可见光图像中树林、地面草地的细节很清楚，但树林中飞机只露出前部，整个飞机的形状不得而知；但在红外图像中，飞机的整个形状就很清楚了，虽然树林和地面的表面细节很模糊。通过加权平均融合就可以得到树林、地面和飞机形状都比较清楚的结果。

　　　　(a) 可见光图像　　　　　　　　　(b) 红外图像　　　　　　　　　(c) 融合图像

图 12-6　可见光与红外树林飞机图像融合结果

# 12.3　红外多波段图像的融合

## 12.3.1　红外多波段图像的融合

### 1. 红外中、长波段图像的目标特征比较分析

按照大气窗口划分和成像仪的常用工作波段，常见的红外中波段和长波段分别是 $3\sim5\mu m$ 和 $8\sim12/14\mu m$，双色成像仪也主要考虑的是这两个波段。

根据维恩位移定律，黑体辐射的峰值波长和黑体温度成反比，即

$$\lambda_{\max}T = 2897.8(\mu m\ K) \tag{12-36}$$

这样可以计算出不同温度下的峰值波长。反过来，可以计算不同峰值波长对应的黑体温度。中波段处于峰值时所对应的黑体温度的范围为 $852.3\sim546.8\ K$ （579.3~273.8℃），最高最低温度相差 305.5 K ；长波段处于峰值时所对应的黑体温度的范围为 $362.2\sim241.5/207.0\ K$ （89.2~−32.5/−66.0℃），最高最低温度相差102.7 / 155.2K 。从此可以看出，中波段红外成像对应的目标温度的值一般比较高、温度范围比较宽，长波段红外成像对应的目标温度的值一般比较低、温度范围比较窄（当然，如果成像仪拍摄时专门设定了温度动态范围，就另当别论了）。

在许多情况下，参与融合处理的各个波段图像的量化位数（即每个像素取值的二进制位数）是相同的，例如 8、10、12、14 位等，双色热成像仪的 AD 量化的位数也是相同的。在这种条件下，对于相同场景、具有相同量化位数的中波段和长波段图像比较时，前者对应的辐射亮度的量化误差相对大一些，后者相对小一些。这表现在图像上主要有下面几点。

（1）中波段图像中温度较高的目标和温度较低的背景的灰度值相差比较大，目标比较明显；在长波段中的高温目标辐射相对较小，目标和温度较低的背景的灰度值相差比较小，目标不一定明显。

如前所述，红外目标与背景的辐射对比度由式（12-37）表示。

$$C = \frac{M_t - M_b}{M_b} \tag{12-37}$$

式中，$C$ 为目标与背景的对比度；$M_t$ 为目标的辐射亮度；$M_b$ 为背景的辐射亮度。图 12-7 是目标温度分别为 400K、323K、300K 时与同一背景 270K 计算的辐射对比度。

从图 12-7 中比较可以得出：

① 同一目标温度的情况下，目标与背景的辐射对比度在中波段（$3\sim5\mu m$）要大于长波段（$8\sim12\mu m$）。这是因为一般背景的温度比较低，在长波段的辐射度比较大，而在中波段的辐射度比较小。

② 随着目标温度的升高，辐射对比度在增大，中波段辐射对比度增加的幅度最大。这是因为温度越高，在中波段的辐射越强。

（2）在成像时，若两个波段图像采用的量化位数相同，中波段由于目标对比度量化范围大，因而量化误差较大。由于量化误差大一些，中波段图像的场景细节相对少一些；而长波段图像中，量化误差小一些，一些低温场景的细节要相对丰富一些。

图 12-7　不同目标温度的目标与背景辐射对比度

（3）中波段图像的灰度分布比较分散，场景中的高温区域越少，图像整体越偏暗；而长波段图像的灰度分布比较均匀，图像整体一般比较偏亮。

需要说明的是，成像仪接收到的是场景中目标和背景红外的辐射亮度，拍摄的图像与场景的温度分布、材料的发射率、成像角度、距离、环境、大气衰减、成像仪的光谱响应、成像参数等紧密联系的，上面只是一些简单的分析。对于一般情况下的同一场景、同一量化位数的两个波段的图像，且没有专门缩小成像温度范围，上述分析可以作为参考。

### 2. 基于粗糙集的中、长波段图像的融合

对于地面场景的红外中、长波段图像，其对比特点主要是：① 目标背景对比度，中波段图像中的目标背景对比度比较高，长波段图像的比较低；② 背景细节，长波段图像中的背景细节信息比较丰富，但中波段的比较少。为此需要融合的图像既包含较高的目标背景对比度，又包含丰富的细节信息。图像融合需要充分利用中波段图像目标背景对比度较高的特点和长波段图像的背景细节信息。

对于中波段图像的目标对比度特征信息，这里提出滤波相减分割的方法：通过对中波段图像空间滤波，得到没有目标的中波背景图像，然后与原图像相减，再进行图像阈值分割，提取目标信息。由于粗糙集滤波方法便于尽可能多地保留低频信息和边缘特征，利于目标特征的提取，所以这里采用粗糙集滤波和最大熵选取阈值的方法。对于长波段图像的背景，在有效保留提取背景细节信息的同时，要降低一些干扰目标识别的噪声。最后对提取的目标特征信息和背景细节信息进行叠加融合。

（1）粗糙集滤波

粗糙集是 1982 年波兰科学家 Z.Pawlak 等提出的处理不完整性和不精确性问题的一个分析数学的分支，经过几十年的发展，已被应用于人工智能、模式识别、语言识别、医疗数据分析、自动控制等信息处理领域。

粗糙集理论基本思路是在一系列数据中寻找规律或规则，以预测问题的方向，是在研究信息系统逻辑基础上提出的。该理论把各种等价关系的等价类集合为粗糙集，是某一对象集合的上近似和下近似。在粗糙集理论中，基于集合论学习的基本思想，即根据用户多个属性作为分类标准，形成决策属性的子集，然后根据条件属性子集和决策属性子集，进行一系列上近似和下近似计算，从而得到各个类别的分类规则。

① 粗糙集的等价类。粗糙集中的不可分辨关系称为等价关系，它的等价概念和传统的集合论的基本概念有本质的区别。在传统集合论中，当两个集合有完全相同的元素时，它们是等价的；而粗糙集等价理论中，只是在某一个属性之下，集合的取值相等。它是集合间的结构关系，不是构成集合元素间的比较。

假定给定知识库 $K=(U,R)$，$U$ 为一个非空集合，表示数据库的所有记录；$R$ 表示数据库中全部的属性，$R=U \bigcup D$，$C$ 和 $D$ 为条件属性和决策属性，均为非空集合。若 $P \subset R$ 且 $P \neq \Phi$，$R$ 其他的子集与 $P$ 的交集记为 $\bigcap P$，则 $\bigcap P$ 称为 $P$ 上不可分辨关系，记为 $\text{ind}(P)$。对于两个知识库 $K=(U,P)$ 和 $K'=(U,Q)$，当 $\text{ind}(P)=\text{ind}(Q)$，称为 $P$ 和 $Q$ 等价。对于具体确定记录 $e$ 的属性 $a$ 取值，$\forall a \in R$，$e_i \in U$，$e_j \in U$，有一个 $a$ 和 $e$ 的函数 $f(e,a)$，当 $f(e_i,a)=f(e_j,a)$ 成立，那么 $e_i$ 和 $e_j$ 基于属性 $a$ 等价。

在数据库记录集合 $X$ 中（$X \subseteq U$），基于属性集合 $R$ 所有等价类的记录集合，称为基于属性 $R$ 的等价类；基于属性集合 $R$ 的所有等价类，称为集合 $X$ 的属性集合 $R$ 的划分。

② 粗糙集的上近似和下近似。假定给定知识库 $K=(U,R)$，$X$ 是 $U$ 的子集，$X \subseteq U$，$U$ 基于 $R$ 的划分是 $Y$。$Y$ 和 $X$ 之间的关系可以用两个子集形式表示，即上近似和下近似。

$X$ 的下近似记为 $R\_(X)$，是 $Y$ 中包含的等价类中的记录并集，是对于知识 $U$、$R$ 中所有一定能归于 $X$ 的元素的集合，即 $R\_(X)=\bigcup\{Y \in U \mid R:Y \subseteq X\}$。

$X$ 的上近似记为 $R^-(X)$，是 $Y$ 中与 $X$ 的交集为非空集的等价类中的记录并集，是对于知识 $U$、$R$ 中可能归于 $X$ 的元素的集合，即 $R^-(X)=\bigcup\{Y \in U \mid R:Y \bigcap X \neq \Phi\}$。

集合 $b_R(X)=R^-(X)-R\_(X)$ 的记录根据 $R$ 的属性不能确定它们是否属于等价类 $Y$，即知识既不能判断肯定归入 $X$，也不能判断归入 $X$ 补集（即 $U-X$）的元素组成的集合，称为 $X$ 的 $R$ 边界域。

③ 粗糙集的非确定性的精确度和粗糙度。集合的不确定性是由于边界域的存在而引起来的。集合的边界域越大，其精确度越低。为了准确地表达这一点，常用精确度 $\alpha_R(X)$ 和粗糙度 $\rho_R(X)$ 来表示，即

$$\alpha_R(X)=\frac{|U|-|R^-(X)-R\_(X)|}{|U|} \tag{12-38}$$

式中，$|U|$ 和 $|R^-(X)-R\_(X)|$ 分别为集合 $U$、$\left[R^-(X)-R\_(X)\right]$ 中记录总数；精确度 $\alpha_R(X)$ 用来反映关于 $X$ 的知识的完整程度，$0 \leqslant \alpha_R(X) \leqslant 1$。当 $\alpha_R(X)=1$ 时，表示 $U$ 中的记录数据，根据 $R$ 的属性不能确定全部属于 $X$；当 $\alpha_R(X)=0$ 时，表示 $U$ 中的全部记录都不能根据 $R$ 的属性，确定属于 $X$。

也可以用 $R$ 的粗糙度 $\rho_R(X)$ 来定义集合 $X$ 的不确定程度，即

$$\rho_R(X)=1-\alpha_R(X) \tag{12-39}$$

与概率论或模糊集合不同，不精确的数不是事先假定的，而是通过表达知识不精确性的概念近似计算得到的，这样不精确性的数值表示有限知识的结果。

④ 分类规则。应用粗糙集理论，对数据进行学习，从中寻找隐含的模式和关系，对数据进行约简，评价数据的重要性，从数据中产生分类规则。通过分析 $U$ 中两个划分 $Y$ 和 $X$ 之间的关系，把 $Y$ 作为分类条件，把 $X$ 作为分类结论，可得到下面的分类规则。

当 $Y \bigcap X \neq \Phi$ 时：

如果 $Y \bigcap X = Y$，那么建立的规则是确定的，规则的置信水平 $cf = 1$；

如果 $Y \bigcap X \neq Y$，那么建立的规则是不确定的，规则的置信水平 $cf = |Y \bigcap X| / |Y|$。

当 $Y \bigcap X = \Phi$ 时，$Y$ 和 $X$ 不能建立规则。

⑤ 知识约简。知识约简是在保持知识库中初等范畴的情况下，消除知识库中冗余基本范畴。这一过程可以消去知识库中非必要的知识，仅仅保留有用的部分，即知识的"核"（core）。

假设给定 $F = \{X_1, X_2, \cdots, X_n\}$ 为集合族，$X_i \subseteq U$，且一子集 $Y \subseteq U$，使得 $\bigcap F \subseteq Y$。当 $\bigcap(F - \{X_i\}) \subseteq Y$，称 $X_i$ 为 $F$ 中 $Y$ 可省略的。对于族 $G \subseteq F$，当 $G$ 中含有分量都为 $Y$ 不可省略时，则 $G$ 为 $Y$ 的独立，反之 $G$ 是 $Y$ 的依赖。当 $H \subseteq F$ 是 $Y$ 的独立，且 $\bigcap F \subseteq Y$ 时，并有 $H$ 时 $F$ 的 $Y$ 的简化。$F$ 中所有 $Y$ 不可省略集合的族称为 $F$ 的 $Y$ 核，也可称 $Y$ 核是关于 $Y$ 的相对简化。核和简约的关系为：$\mathrm{core}(F) = \bigcap \mathrm{red}(Y)$，其中 $\mathrm{red}(Y)$ 表示 $Y$ 的所有约简。

对于知识库可用知识表达系统形式化，知识库中任一等价关系在表中表示一个属性和用属性表示的关系的等价类。表中的列可以看做某些范畴的名称，而整个表包含了相应知识库中所有范畴的描述，能从表中数据导出所有的规律，这就形成了一个决策表。通过这种表达，很容易用数据表的性质来表示知识库的基本性质，用符号代替语义定义，从而对知识的约简就变成对决策表的简化。

（2）滤波算法

利用粗糙集中的近似空间概念和不可分辨关系，假设待处理的图像 $F$ 为一个近似空间，在该空间中存在一个等价关系 $R$，图像 $F$ 中的一个粗近似集合为 $X$。设对于图像 $F$ 存在一个移动窗口 $W$，其大小为 $N \times N$，中心像素坐标为 $(i, j)$，$N$ 一般为 3、5、7 等。例如，当 $n = 3$ 时，其 8 个相邻像素与中心像素组成的移动窗口。假设移动窗口中存在的等价关系 $R$ 为

$$R:\ |f(k, l) - f(i, j)| \geqslant D,\ \ (k, l) \in W \tag{12-40}$$

式中，$f(i, j)$ 为中心像素点的灰度值；$D$ 是待处理图像可移动窗口中一个预定的等价类误差。这样可以用下近似 $R_-(X)$ 表示移动窗口中一定存在灰度突变，用上近似 $R^-(X)$ 表示移动窗口中可能含有灰度突变。如果在窗口 $W$ 中，满足等价关系 $R$ 的像素数量为 $M$，则每个移动窗口的近似精度可定义为

$$\alpha_R(X) = \frac{M}{N^2} \tag{12-41}$$

对于具有少数点（小）目标和地面背景图像的一个给定的窗口中出现多个目标亮点的可能性很小。随着窗口中灰度突变点数目的增加，该窗口中灰度突变点变为目标亮点的可能性增加，即为边缘细节的可能性减少；反之，随着窗口突变点数目的减少，灰度突变点变为目标亮点的可能性减少，即为背景细节的可能性增加。所以 $\alpha_R(X)$ 可以作为判断灰度突变点是目标亮点还是背景细节的测度。

设待处理图像的可移动窗 $W$ 的均值为

$$\mu(i, j) = \frac{1}{N^2} \sum_{k = i - \frac{N}{2}}^{i + \frac{M}{2}} \sum_{l = j - \frac{M}{2}}^{j + \frac{M}{2}} f(k, l) \tag{12-42}$$

将窗口中的像素分为两个子集，分别代表窗口中灰度值均大于、均小于 $\mu(i, j)$ 的所有像

素的集合，分别记为 $W_1$、$W_2$，再分别计算这两个子集的灰度中值 $M_1(i,j)$、$M_2(i,j)$ 和灰度均值 $\mu_1(i,j)$、$\mu_2(i,j)$。

根据粗糙集近似精度 $\alpha_R(X)$ 的大小，对移动窗口中心像素做不同的处理：

当 $f(i,j) \leqslant \mu(i,j)$ 时：

$$f(i,j) = \begin{cases} \mu_1(i,j), & \alpha_R(X) < T \\ M_1(i,j), & \alpha_R(X) \geqslant T \end{cases} \tag{12-43}$$

当 $f(i,j) > \mu(i,j)$ 时：

$$f(i,j) = \begin{cases} \mu_2(i,j), & \alpha_R(X) < T \\ M_2(i,j), & \alpha_R(X) \geqslant T \end{cases} \tag{12-44}$$

式中，$T$ 为定义阈值。

利用这种方法进行中波段图像滤波，可以得到背景图像 $F_b$。然后对图像 $F'_m = F_m - F_{mb}$ 进行阈值分割处理。

（3）最大熵阈值分割

图像阈值分割的关键问题之一是阈值的选取。图像阈值自动选取方法的研究长期以来吸引着众多学者，寻找简单实用、自适应强的阈值自动选取方法是这些研究的共同目标。

Otsu 在 1979 年提出的最大类间方差法（大津法）一直被认为是阈值自动选取方法的最优方法。该方法计算简单，在一定条件下不受图像对比度与亮度变化的影响，因而在一些实时图像处理系统中得到了很广泛的应用。但是此类方法是基于灰度直方图的，自动阈值选取依据的只是各灰度的像素统计，没有利用图像的其他方面的知识，且一般的直方图的"双峰一谷"特性不是很明显，所以需要引入其他的阈值选取算法。可以将熵的概念引入图像分割中，即研究图像灰度图的熵测量，并由此自动找出最佳门限。从不同的角度出发，可以定义不同的熵测量以及选择最佳阈值的方法，KSW 熵方法就是其中一种有效的方法。

假设分割阈值为 $\tau$，$p_i$ 为灰度 $i$ 出现的概率，$i = 0,1,2,\cdots,L-1$，$\sum_{i=0}^{L-1} p_i = 1$。这里定义目标物体 $O$ 用来描述 $\{0,1,2,\cdots,\tau\}$ 的灰度分布，背景 $B$ 用来描述 $\{\tau+1,\tau+2,\cdots,L-1\}$ 的灰度分布，则它们的概率分布为

$$O: \frac{p_0}{p}, \frac{p_1}{p}, \frac{p_2}{p}, \dots, \frac{p_\tau}{p}$$

$$B: \frac{p_{\tau+1}}{1-p_\tau}, \frac{p_{\tau+2}}{1-p_\tau}, \dots, \frac{p_{L-1}}{1-p_\tau}$$

式中，$p_\tau = \sum_{i=0}^{\tau} p_i$，定义与这两个概率分布相关的熵为

$$H(O) = -\sum_{i=0}^{\tau} \frac{p_i}{p_\tau} \ln \frac{p_i}{p_\tau} = \ln p_\tau + \frac{H_\tau}{p_\tau} \tag{12-45}$$

$$H(B) = -\sum_{i=0}^{\tau} \frac{p_i}{1-p_\tau} \ln \frac{p_i}{1-p_\tau} = \ln(1-P)_\tau + \frac{H_{L-1} - H_\tau}{1-p_\tau} \tag{12-46}$$

式中，$H_\tau = -\sum_{i=0}^{\tau}(p_i \ln p_i)$，$H_{L-1} = -\sum_{i=0}^{L-1}(p_i \ln p_i)$。

假设准则函数 $\psi(\tau)$ 为 $H(O)$ 与 $H(B)$ 之和，即

$$\psi(\tau) = H(O) + H(B) = \ln p_\tau (1-p)_\tau + \frac{H_\tau}{p_\tau} + \frac{H_{L-1} - H_\tau}{1-p_\tau} \tag{12-47}$$

使准则函数 $\psi(\tau)$ 取最大值的灰度级 $\tau$，即为所求出的最优阈值。利用最优阈值对图像 $F_m'$ 进行分割，即得到了具有目标特征信息图像 $F_{mg}$。

（4）融合

设原中波图像为 $F_m$，原长波图像为 $F_l$，其各自的均值、方差分别是 $\mu_m$、$\sigma_m$ 和 $\mu_l$、$\sigma_l$，则

$$F = F_m \times F_{mg} + F_l' \times \tilde{F}_{mg} \tag{12-48}$$

式中，$\tilde{F}_{mg}$ 是 $F_{mg}$ 的反图像，是对每个像素值取反得到的。$F_l$ 和 $F_l'$ 对应的像素值分别是 $f_l(i,j)$ 和 $f_l'(i,j)$，则两者有如下关系

$$f_l'(i,j) = \frac{f(i,j) - \mu_l}{\sigma_l}\sigma' + \mu' \tag{12-49}$$

式中，$\sigma' = a\sigma$，$\mu' = \beta\mu$，$\alpha$、$\beta$ 为调整因子，$a \in \left[\dfrac{\sigma_m}{\sigma_l}, 1\right]$、$\beta \in \left[\dfrac{\mu_m}{\mu_l}, 1\right]$，一般 $\alpha$ 越小，长波图像的降噪效果越好，但图像细节会模糊；$\beta$ 越小，处理后的图像背景越亮，但会影响目标背景对比度。

（5）融合结果

图 12-8 为实验结果。比较、观察图像可知，融合图像既有较亮的目标信息，又具有丰富的细节背景。

图像的信息熵能够反映图像信息的多少，其值越大，说明细节信息越丰富。但由于其基于对整幅图像的统计，所以有时无法准确反映两幅图像细节信息的差别。在比较中波、长波红外图像的背景细节信息时，人眼往往是采用局部对照的办法，这样对比性才比较强，鉴于此，这里采用图像的局部熵，来反映图像的细节信息。

局部熵是指将图像分成若干小的区域，每个区域单独求熵，然后再把各个区域的熵累加起来。设图像 $f$ 的长宽分别是 $M$、$N$，分成的每个小块 $g$ 的长宽分别是 $m$、$n$，其中

$$P = \frac{M}{m} \tag{12-50}$$

$$Q = \frac{N}{n} \tag{12-51}$$

　　(a) 原中波图像　　　　　　　　　　(b) 原长波图像　　　　　　　　　　(c) 融合图像

图 12-8　实验结果

又设 $p=1,2,3,\cdots,P$，$q=1,2,3,\cdots,Q$，则图像块 $g(p,q)$ 的熵为 $E(p,q)$，整幅图像的局部熵为

$$E_L = \frac{1}{PQ}\sum_{p=1}^{P}\sum_{q=1}^{Q}E(p,g) \qquad (12\text{-}52)$$

图像的熵和局部熵都反映了图像的细节信息，但侧重点不同，前者侧重于整体，后者侧重于局部。为全面反映图像细节，综合考虑而者，这里提出图像的调和熵来描述图像细节信息的多少。图像调和熵的定义式如下

$$E_C = \frac{2}{\dfrac{1}{E_N}+\dfrac{1}{E_L}} \qquad (12\text{-}53)$$

式中，$E_N$ 表示整幅图像的信息熵。

为此进一步提出与人的视觉感受相关的细节特征表示量——多向粗糙度来衡量细节信息的多少。其计算过程如下：

① 计算图像中大小为 $2^k \times 2^k$ 的活动窗口中像素的平均值

$$A_k(x,y) = \frac{1}{2^{2k}}\sum_{i=x-2^{k-1}}^{x+2^{k-1}}\sum_{j=y-2^{k-1}}^{y+2^{k-1}}f(i,j) \qquad (12\text{-}54)$$

式中，$k=0,1,2,\cdots 5$，$f(i,j)$ 是位于 $(i,j)$ 的像素值。

② 对于每个像素分别计算它在垂直、水平、对角线方向上互不重叠的窗口之间的平均值差

$$E_{k,h}(x,y) = \left| A_k(x+2^{k-1},y) - A_k(x-2^{k-1},y) \right| \qquad (12\text{-}55)$$

$$E_{k,v}(x,y) = \left| A_k(x,y+2^{k-1}) - A_k(x,y-2^{k-1}) \right| \qquad (12\text{-}56)$$

$$E_{k,d}(x,y) = \left| A_k(x+2^{k-1},y+2^{k-1}) - A_k(x-2^{k-1},y-2^{k-1}) \right| \qquad (12\text{-}57)$$

③ 对于每个像素，选择能使 $E_{k,h}(x,y)$、$E_{k,v}(x,y)$、$E_{k,d}(x,y)$ 值最大的（无论在哪个方向上）$k$ 值，其对应的粗糙尺寸为

$$S_c(x,y) = 2^k \qquad (12\text{-}58)$$

④ 整幅图像的多向粗糙度为

$$C = \frac{1}{MN}\sum_{i=1}^{M}\sum_{j=1}^{N}S_c(i,j) \qquad (12\text{-}59)$$

图像的多向粗糙度的值越大，说明图像的细节信息越多，反之亦然。

表 12-3 是融合前后调和熵、粗糙度、平均目标背景对比度的比较，3 个量的计算公式参见式（12-53）、式（12-59）和式（12-37）。其中融合图像的调和熵与粗糙度均比中波图像增加了，平均目标背景对比度比长波图像增加了，实验数据上说明了该方法的有效性，即把较高的目标背景对比度和较多细节集中到融合图像上。表中的参数变换率公式为

$$\eta = \frac{c_{\mathrm{F}} - \dfrac{c_{\mathrm{M}} + c_{\mathrm{L}}}{2}}{\dfrac{c_{\mathrm{M}} + c_{\mathrm{L}}}{2}} \times 100\% \qquad (12\text{-}60)$$

式中，$c_{\mathrm{F}}$、$c_{\mathrm{M}}$、$c_{\mathrm{L}}$ 分别为融合图像、中波图像、长波图像相应的评价参数。当然，融合后的目标背景对比度要比原中波图像的低一些，不可能超过；同样调和熵与粗糙度的值也比原长波图像的低一些。在长波图像中，一些点目标的亮度由于和周围的景物的亮度比较接近，不利于识别，同时也有一些噪声点与实际目标很类似，易造成大的虚警率。通过融合，便于更准确地识别与定位目标。

表 12-3　基于粗糙集的融合数据分析

|  | 调 和 熵 | 粗 糙 度 | 平均目标背景对比度 |
| --- | --- | --- | --- |
| 中波图像 | 5.580 | 10.123 | 4.052 |
| 长波图像 | 6.124 | 13.834 | 1.801 |
| 融合图像 | 5.976 | 13.255 | 3.896 |
| 参数变化率 | 2.12% | 10.66% | 33.13% |

### 3. 基于极大值的中、长波段图像的融合

对于图 12-9 所示的夜空背景飞机的中、长波红外图像，其融合方法比较简单，采用基于像素的灰度值选最大图像融合方法即可，融合规则为

$$F(m,n) = \max\{A(m,n), B(m,n)\} \qquad (12\text{-}61)$$

(a) 中波红外图像　　　　　　(b) 长波红外图像　　　　　　(c) 融合图像

图 12-9　夜空飞机的中、长波红外图像与融合图像

即在融合处理时，比较源图像 A、B 中对应位置的灰度值的大小，以其中灰度值大的像素作为融合后图像 F 在该位置的像素。当图像中噪声灰度值偏小时，效果明显，但适用场合非常有限。融合的结果如图 12-9(c)所示，观察即可看出融合效果。

## 12.3.2　红外中波细分波段图像的融合

### 1. 红外中波细分波段图像特征比较分析

按照大气窗口划分的红外中波段一般为 $3 \sim 5\mu\mathrm{m}$，因为在这一波段红外辐射的透过率比较高。通过观察分析大气的光谱透过率曲线，会发现这一窗口只是一个粗略的说法，在 $4.3\,\mu\mathrm{m}$ 左右的大气透过率是非常低的，所以说在中波段成像是 $4.3\,\mu\mathrm{m}$ 左右的辐射贡献很小，如

图 12-10 所示。为了更加精确，有时候把中波段进一步划分成两个细分波段，如3.4~4.1μm、4.5~5.3μm，为论述方便，前者称为"中波第一细分波段"，后者称为"中波第二细分波段"。

两个中波细分波段成像比较而言各有特点：

（1）光谱透过率不同。从图 12-10 中可知，第一细分波段平均透过率较大，且光谱透过率变化较小；第二细分波段平均透过率较小，光谱透过率变化较大，在某些更窄的波段透过率较小。这样来说，在第一细分波段成像受大气影响较小，成像效果更好一些。

图 12-10　中波段光谱透过率图

（2）对应的峰值温度范围不同。根据维恩位移定律，可以计算不同峰值波长对应的黑体温度。两个中波细分波段处于峰值时所对应的黑体温度的范围分别为852.3~706.6K、644.0~546.8K，最高最低温度相差 145.7K 和 97.2 K，第一细分波段的对应测温范围宽，第二细分波段的对应测温范围窄。

（3）受太阳辐射的影响不同。由于太阳辐射到达地面的波段范围一般为0.24~4.0μm，在白天，波长小于 4.0 μm 的地物的红外辐射与太阳和构成地物的物质反射率有关，超过 4.0μm 时，地物的红外辐射主要来源于自身的热辐射。所以在第一个中波细分波段的图像中具有太阳的较多辐射和反射，在第二细分波段中受太阳辐射的影响就较少了，更多的是自身的辐射和对其他辐射的反射。

从两个中波细分波段的特点可以得出，将中波段划分为更细的波段，不仅可以使成像波段更加精细，而且可以利用各个细分波段的特点获得更好的成像效果。例如，在第一细分波段，利用太阳的照射，可以使一些自身中波辐射不太强的物体通过反射太阳辐射使其表面图像更清晰一些；在第二细分波段，透过率低，可以通过调整成像仪的工作动态范围，将这一波段的信号单独放大，更利于探测自身辐射物体的图像，如此之后，再通过图像融合技术获取比没有细分的中波段成像效果更好的图像。

### 2. 基于小波包变换的中波细分图像的融合

小波变换只是对低频成分进行进一步的分解，而对高频成分则不再分解；虽然各层具有不同的分辨力，但组合成滤波器族时，每一层所取的子带都是固定的。这样，在小波分解得到的高频部分的频率分辨力比较差，在低频部分时间分辨力比较差，因而有必要改进。

小波包变换提供了一种比小波分解更精细的分析方法，其对小波分析没有细分的高频部分做进一步细分，即每层信号分解时低频、高频部分同时进行小波分解，将宽的信号频谱窗进而分割更细。在滤波器组的构造上，小波包变换提供了层间多种组合选择的可能，小波包分解为多少层以及各层选择哪些子带使用比较灵活，对不同特性的信号可以构成相应的滤波器组，便于更好地分析信号。

由于两个中波细分波段的波长相差不大，且每个细分波段范围不大，要更好地提取两个细分波段图像的细节信息，就需要更为精细的时-频分析手段。因此采用小波包变换来研究中波细分图像的融合。

（1）图像的二维小波包分解与重构

① 小波包基本原理。在小波的多分辨分析中，$L = \underset{j \in \mathbf{Z}}{\oplus} W_j$ 表明多分辨分析是按照不同的尺度因子 $j$ 把 Hilbert 空间 $L^2(\mathbf{R})$ 分解为所有子空间 $W_j$（$j \in \mathbf{Z}$）的正交和（这里 $\mathbf{R}$ 表示实数，$\mathbf{Z}$ 表示整数集）。其中，$W_j$ 为小波函数 $\psi(t)$ 所生成的闭包空间。进一步对小波子空间 $W_j$ 按照二进制分式进行频率的细分，以提高信号处理的频率分辨力。

设 $U_j^0 = V_j$、$U_j^1 = W_j$，则 Hilbert 空间的正交分解 $V_{j+1} = V_j \oplus W_j$，即可用 $U_j^n$ 的分解统一为 $U_{j+1}^0 = U_j^0 \oplus U_j^1 (j \in \mathbf{Z})$。定义子空间 $U_j^n$ 是函数 $u_n(t)$ 生成的闭包空间，而 $U_j^{2n}$ 是函数 $u_{2n}(t)$ 生成的闭包空间，并设 $u_n(t)$ 满足下面的双尺度方程

$$\begin{cases} u_{2n}(t) = \sqrt{2} \sum_{k \in Z} h(k) u_n(2t-k) \\ u_{2n+1}(t) = \sqrt{2} \sum_{k \in Z} g(k) u_n(2t-k) \end{cases} \tag{12-62}$$

式中，$g(k) = (-1)^k h(1-k)$，即两系数也具有正交关系。其中 $n = 0$ 时，则有

$$\begin{cases} u_0(t) = \sqrt{2} \sum_{k \in Z} h(k) u_0(2t-k) \\ u_{2n+1}(t) = \sqrt{2} \sum_{k \in Z} g(k) u_0(2t-k) \end{cases} \tag{12-63}$$

而多分辨分析中的双尺度方程为

$$\begin{cases} \varphi(t) = \sqrt{2} \sum_{k \in Z} h(k) \varphi(2t-k) \\ \psi(t) = \sqrt{2} \sum_{k \in Z} g(k) \varphi(2t-k) \end{cases} \tag{12-64}$$

两式比较，$u_0(t)$ 和 $u_1(t)$ 分别退化为尺度函数 $\varphi(t)$ 和小波波基函数 $\psi(t)$。式（12-62）的空间分解等价形式为

$$U_{j+1}^n = U_j^{2n} \oplus U_j^{2n+1} (j \in \mathbf{Z}, n \in \mathbf{Z}_+) \tag{12-65}$$

式中，$\mathbf{Z}_+$ 表示非负整数集合。

综上所述，小波包的定义为：由式（12-62）构造的序列 $\{u_n(t)\}(n \in \mathbf{Z}_+)$ 称为由基函数 $u_0(t) = \varphi(t)$ 确定的正交小波。由于尺度函数 $\varphi(t)$ 由低通滤波器 $\{h(t)\}$ 唯一确定，所以又称 $\{u_n(t)\}(n \in \mathbf{Z}_+)$ 为关于 $\{h(t)\}$ 的正交小波包。

设

$$g_j^n(t) \in U_j^n$$

$$g_j^n(t) = \sum_i d_i^{j,2n} u_n(2^j t - l)$$

小波包的分解算法是由 $\{d_l^{j+1,n}\}$，求 $\{d_l^{j,2n}\}$ 和 $\{d_l^{j,2n+1}\}$：

$$\begin{cases} d_l^{j,2n} = \sum_k a_{k-2l} d_k^{j+1,n} \\ d_l^{j,2n+1} = \sum_k b_{k-2l} d_k^{j+1,n} \end{cases} \tag{12-66}$$

小波包重构算法是由 $\{d_l^{j,2n}\}$ 和 $\{d_l^{j,2n+1}\}$，求 $\{d_l^{j+1,n}\}$：

$$\{d_l^{j+1,n}\} = \sum_k \left[ h_{l-2k} d_k^{j,2n} + g_{l-2k} d_k^{j,2n+1} \right] \tag{12-67}$$

式中，$\{a_k\}$ 和 $\{b_k\}$ 为分解滤波器，$\{h_k\}$ 和 $\{g_k\}$ 为重构滤波器。

② 二维小波包的分解与重构。

定义两个 QRF 滤波器 $H$、$G$ 如下

$$H\{x_k\}(m) = \sum_{k \in Z} x_k h_{k-2m}$$

$$G\{x_k\}(m) = \sum_{k \in Z} x_k g_{k-2m}$$

从 $H$、$G$ 的张量积定义 4 个二维卷积算子

$$F_{h,g} = H \otimes G \qquad F_{h,g}\{x_{i,j}\}(n,m) = \sum_{i,j \in Z} x_{i,j} h_{i-2n} g_{j-2m}$$

$$F_{g,h} = G \otimes H \qquad F_{g,h}\{x_{i,j}\}(n,m) = \sum_{i,j \in Z} x_{i,j} g_{i-2n} h_{j-2m}$$

$$F_{h,h} = H \otimes H \qquad F_{h,h}\{x_{i,j}\}(n,m) = \sum_{i,j \in Z} x_{i,j} h_{i-2n} h_{j-2m}$$

$$F_{g,g} = G \otimes G \qquad F_{g,g}\{x_{i,j}\}(n,m) = \sum_{i,j \in Z} x_{i,j} g_{i-2n} g_{j-2m}$$

它们的共轭算子为

$$\overline{F}_{h,g}\{x_{n,m}\}(i,j) = \sum_{n,m \in Z} x_{n,m} h_{i-2n} g_{j-2m}$$

$$\overline{F}_{g,h}\{x_{n,m}\}(i,j) = \sum_{n,m \in Z} x_{n,m} g_{i-2n} h_{j-2m}$$

$$\overline{F}_{h,h}\{x_{n,m}\}(i,j) = \sum_{n,m \in Z} x_{n,m} h_{i-2n} h_{j-2m}$$

$$\overline{F}_{g,g}\{x_{n,m}\}(i,j) = \sum_{n,m \in Z} x_{n,m} g_{i-2n} g_{j-2m}$$

二维图像的小波包变换可以用图 12-11 表示，其中结点 $x_0^0$ 表示原始图像信号，第 $l$ 层信号 $x_l^j$ 由第 $l–1$ 层信号用 $F_{h,h}$、$F_{h,g}$、$F_{g,h}$、$F_{g,g}$ 作用而得。

相应得二维图像的小波包重构算法为

$$x_{l-1}^j = \overline{F}_{h,h} x_l^{4j} + \overline{F}_{h,g} x_l^{4j+1} + \overline{F}_{g,h} x_l^{4j+2} + \overline{F}_{g,g} x_l^{4j+3} \tag{12-68}$$

式中，$l$ 表示分解的层数；$j$ 表示第 $l$ 层的第 $j$ 个分量。

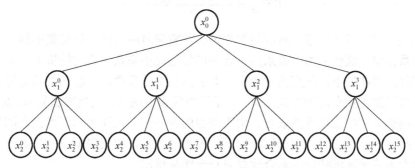

图 12-11　二维小波包分解示意图

（2）基于二维小波包变换的融合算法

对于经过配准的两幅红外中波细分图像，利用小波包变换的融合的基本过程如图 12-12 所示。分别对两幅中波细分图像进行小波包分解，得到各自的小波包分解系数矩阵，然后按照一定的融合规则对小波包系数进行处理，对融合后的小波包分解系数矩阵进行逆小波包变换，重构得到最后的融合图像。

图 12-12　中波细分图像小波包变换融合示意图

① 小波包分解。在对图像进行小波包分解时，可以采用多种小波包基，根据信号分析的要求，从中选择最佳的小波包基。这里采用 Shannon 熵 $El$ 作为标准，其公式如下

$$El(S) = -\sum_i s_i^2 \log s_i^2 \tag{12-69}$$

式中，$s_i$ 代表输入信号 $S$ 在一个正交小波包基上的投影系数，约定 $0\log 0 = 0$。分解时选用的小波为 bior4.2。

小波包分解的层数越多，融合时选择的频率范围就越多，细节也就越丰富多样；但分解层数越多，得到的局部空间就越小，系数数量按指数增加，处理的计算量就越大，且通过处理损失的信息就越大。因此分解层数不宜过多，一般取 2～5 层即可。当然，

如果利用先验知识确定所需要处理的信息不在某一个频域范围，相应的结点可以不进行分解。

② 融合。若小波包分解到第 $l$ 层，则该层的第一个结点 $(l, 0)$ 属于低频分量，记为 $WP_{l0}$，其包括了原图像的大部分信息，对融合的质量有很大的影响。这里采用如下方式进行低频分量图像的融合。

$$WP_{l0,F} = \frac{WP_{l0,A} + WP_{l0,B}}{2} \tag{12-70}$$

小波包变换的实际作用就是对信号解相关，并将信号的大部分信息集中到一部分具有大幅值的小波系数中。这些大的小波系数包含的能量远比小系数包含的能量大，从而在信号的重构中更重要。因此在小波包变换融合中，对于高频细节系数，一般选择其绝对值大的。

对于融合规则主要有两种方式：其一，基于单像素的融合，此类方法简单，融合效果差；其二，基于局部区域特征度量的融合。由于图像的许多细节表现为相邻像素之间具有较强的相关性，因此，融合时需要考虑相邻区域其他像素的取值，比仅根据单一像素的简单选择更合理。所以考虑基于区域特征的融合运算更符合实际情况。

局部区域的大小根据具体情况选择 3×3、5×5、7×7 等。特征量可以是方差、梯度、能量等，这里选用局部区域的能量，用式（12-71）来表示

$$E_{lk}(m,n) = \sum_{i=1}^{N} \sum_{j=1}^{N} w(i,j)[WP_{lk}(m-s+i,n-s+j)]^2 \tag{12-71}$$

式中，$s = \frac{N-1}{2}$；$E_{lk}(m,n)$ 表示第 $l$ 层第 $k$ 个结点系数图像中以点 $(m,n)$ 中心的局部区域能量；$WP_{lk}$ 表示小波包分解的第 $l$ 层第 $k$ 个结点系数图像；$w(i,j)$ 表示权系数矩阵，一般采用高斯权系数矩阵；$N$ 表示区域的大小。

设两幅图像 A 和 B 第 $l$ 层第 $k$ 个结点系数图像对应局部区域的能量相关度为

$$M_{lk,AB}(m,n) = \frac{2\sum_{i=1}^{N}\sum_{j=1}^{N} w(i,j)WP_{lk,A}(m-s+i,n-s+j)WP_{lk,B}(m-s+i,n-s+j)}{E_{lk,A}(m,n) + E_{lk,B}(m,n)} \tag{12-72}$$

如果存在一个阈值 $T$，若 $M_{lk,AB}(m,n) < T$，则

$$\begin{cases} WP_{lk,F}(m,n) = WP_{lk,A}(m,n) & (E_{lk,A}(m,n) \geqslant E_{lk,B}(m,n)) \\ WP_{lk,F}(m,n) = WP_{lk,B}(m,n) & (E_{lk,A}(m,n) < E_{lk,B}(m,n)) \end{cases} \tag{12-73}$$

若 $M_{lk,AB}(m,n) \geqslant T$ 则

$$\begin{cases} WP_{lk,F}(m,n) = (1-q_{lk})WP_{lk,A}(m,n) + q_{lk}WP_{lk,B}(m,n) & (E_{lk,A}(m,n) \geqslant E_{lk,B}(m,n)) \\ WP_{lk,F}(m,n) = q_{lk}WP_{lk,A}(m,n) + (1-q_{lk})WP_{lk,B}(m,n) & (E_{lk,A}(m,n) < E_{lk,B}(m,n)) \end{cases} \tag{12-74}$$

式中，$q_{lk} = \frac{1}{2} - \frac{1}{2}\left(\frac{1-M_{lk,AB}(m,n)}{1-T}\right)$。

可以看出，当两幅图像对应分解层结点图像的局部区域的相关度小于阈值时，说明在该

区域两图像的能量值相差很大，此时能量值大的区域的中心像素作为融合后图像在该区域的中心像素；反之，两幅图像在选定区域能量相差不大时，采用加权平均的办法。

为了保证融合后高频细节分量具有一致性，应采用多数原则对融合后的高频细节系数矩阵进行一致性检测与调整。调整的原则是：当某个像素的 8 邻域像素中至少有 6 个来自图像 A（或图像 B），则融合后的该像素应调整为来自 A（或 B）。

③ 融合结果。图 12-13 为中波细分红外图像融合实例，第一细分波段主要是含有太阳辐射的反射，因此驾驶室内的人的图像信息和汽车的一些边缘比较明显，且由于玻璃及车灯的自身辐射，在中波段很亮；而第二波段反映的主要是物体自身的辐射，所以卡车车头的细节、倒车镜、包括地面细节均比较清楚一些。因此融合时要把这些有效信息融合到一起。图 12-13(c) 为融合结果。利用观察法即可得出，融合图像中包含了原第一细分图像中由于太阳照射亮度高的部分和驾驶室中人的信息、车灯亮的信息，且其他细节如左面的倒车镜、轮胎、车头等均保留了第二细分图像的清楚的信息，说明了基于小波包变化融合方法的效果。

(a) 第一细分图像　　　　　　　(b) 第二细分图像　　　　　　　(c) 融合结果

图 12-13　中波细分红外图像融合结果

关于太阳辐射使图像饱和的影响可以用太阳照射影响参数 $H$ 来衡量，其计算如下

$$D(i,j) = \begin{cases} f(i,j) - (\mu + k\sigma) & f(i,j) > \mu + k\sigma \\ 0 & f(i,j) \leqslant \mu + k\sigma \end{cases} \qquad (12\text{-}75)$$

$$H = \frac{1}{MN} \sum_{i=1}^{M} \sum_{j=1}^{N} D(i,j) \qquad (12\text{-}76)$$

式中，$\mu$、$\sigma$ 分别为图像的均值和标准偏差，$k$ 为调整因子，取 1.5～2.5。太阳影响参数的值越大，说明图像中因太阳照射图像过亮的部分越多，越容易饱和。两幅图像的标准偏差、多向粗糙度、太阳影响参数的值如表 12-4 所示。

从表 12-4 中可以看出第一细分图像的标准偏差、多向粗糙度比第二细分图像的小，太阳影响参数远比第二细分图像的大，这与前面的定性分析是一致的。

表 12-4 也列出了图 12-13 两幅图像的有关参数。表中的参数变化率反映的是融合图像参数与两个细分图像参数的平均值相比较的结果，数据表明：同细分图像的参数均值相比，融合图像的标准偏差和多向粗糙度增加了 6.47% 和 4.82%，说明整体图像的细节信息增加了，太阳的影响参数下降了 4.96%，说明太阳照亮的一些区域的饱和程度在减少，实验数据说明了融合的效果。

表 12-4　基于二维小波包变换的融合数据分析

| | 标 准 偏 差 | 多向粗糙度 | 太阳影响参数 |
|---|---|---|---|
| 第一细分波段图像 | 21.2700 | 12.0482 | 0.9056 |
| 第二细分波段图像 | 23.5018 | 13.5879 | 0.1369 |
| 融合图像 | 23.8340 | 13.4354 | 0.4954 |
| 参数变化率 | 6.47% | 4.82% | -4.96% |

### 12.3.3　红外短、长波段图像的融合

根据前面的分析，由于短波红外图像类似于可见光图像，因此短波与长波图像的融合处理完全可以采用常用的可见光与红外图像融合的方法。这方面的融合方法比较多，其中拉普拉斯金字塔算法在融合不同源图像信息时比较稳定可靠，下面将其用于短波、长波红外图像的融合。

（1）拉普拉斯金字塔算法

拉普拉斯金字塔图像融合方法是一种多尺度、多分辨融合方法，它由以下 4 个步骤组成。

① 图像的高斯金字塔分解。记原始图像为 $P_{G0}$，它是高斯金字塔的第 0 层（底层），第 $l$ 层为 $P_{Gl}$，那么 $P_{Gl}$ 是对 $P_{Gl-1}$ 进行如下的缩减（R）操作得到

$$P_{Gl} = R(P_{Gl-1}) = \sum_{m=-2}^{2} \sum_{n=-2}^{2} w(m,n) P_{Gl-1}(2i+m, 2j+n) \qquad 0 < l \le N, 0 \le i < C_1, 0 \le j < R_1 \qquad (12\text{-}77)$$

式中，$N$ 为金字塔的总层数；$C_1$ 和 $R_1$ 分别为金字塔第 $l$ 层子图像的列数和行数；$w(m, n)$ 为生成核，其常用形式如下

$$w = r \otimes r^{\mathrm{T}} \qquad (12\text{-}78)$$

式中，$r$ 形如 $[(0.25-0.5a), 0.25, a, 0.25, (0.25-0.5a)]$；$a$ 为某个小于 1 的正数，比如取为 0.375；T 表示向量的转置；"$\otimes$" 表示卷积运算。

② 图像的拉普拉斯金字塔分解。设图像的拉普拉斯金字塔第 $l$ 层为 $P_{Ll}$，它由高斯金字塔的第 $l$ 层 $P_{Gl}$ 减去第 $l+1$ 层 $P_{Gl+1}$ 的扩展（E）而得到，即

$$P_{Ll} = P_{Gl} - E(P_{Gl+1}) \qquad 0 \le l < N \qquad (12\text{-}79)$$

式中，扩展运算的具体形式为

$$E(P_{Gl+1}) = 4 \sum_{m=-2}^{2} \sum_{n=-2}^{2} w(m,n) P'_{Gl+1}\left(\frac{i-m}{2}, \frac{j-n}{2}\right) \qquad 0 < l \le N, 0 \le i < C_1, 0 \le j < R_1 \qquad (12\text{-}80)$$

式中，

$$P'_{Gl+1}\left(\frac{i-m}{2}, \frac{j-n}{2}\right) = \begin{cases} P_{Gl+1}\left(\dfrac{i-m}{2}, \dfrac{j-n}{2}\right) & \text{当} \dfrac{i-m}{2}, \dfrac{j-n}{2} \text{为整数时} \\ 0 & \text{其他} \end{cases}$$

由式（12-80）可知，扩展运算等价于先对 $P_{Gl+1}$ 进行隔行、隔列补零操作，再与 $w$ 进行卷积运算。拉普拉斯金字塔的顶层子图像直接取为对应高斯金字塔的顶层子图像

$$P_{LN} = P_{GN} \qquad (12\text{-}81)$$

③ 融合图像的重构。

最终的融合结果如下

$$P_{Gl,F} = P_{Li,F} + E(P_{Gl+1,F}) \qquad 0 \leqslant l < N \qquad (12\text{-}82)$$

（2）融合规则的确定及融合结果分析

① 融合规则。在大多数文献中，金字塔顶层子图像（即低频系数）的融合往往采用对源图像低频系数进行直接平均，并与各层采用同样的融合策略的方法。但是对于大部分画面比较亮、而层次细节不清楚的长波红外图像，这样会使融合结果整体画面饱和失真，使短波段图像的细节信息丢失；另一方面，长波红外图像经过几层的分解，其温度高的目标的信息已经包含在高频系数的各层。为此，对金字塔顶层子图像采用替代法，用短波图像的拉普拉斯塔的顶层作为融合图像的拉普拉斯塔的顶层，其他各层采用局部区域方差、能量最大的方法进行选择或加权平均即可。

② 融合结果分析。图 12-14 为融合的结果，其中融合结果 1 的金字塔顶层子图像融合采用替代法；融合结果 2 的金字塔顶层子图像融合，与其他层一样，采用局部区域能量法。

从图 12-14 中可以看出融合结果中均在保留短波图像树林、地面清晰信息的基础上，汽车、车旁的人、树丛中的隐藏者都比较清楚了，达到了融合的目的。但是，融合结果 1 看上去更自然一些，天空、树丛、地面均接近短波红外图像；而融合结果 2 的树林的对比度有些失真，不自然，缺少了原短波图像中的层次感，且天空比较暗。

表 12-5 给出短波、长波图像及上述融合结果的均值、标准偏差、调和熵和粗糙度等评价指标的计算值。一般而言，均值越大，表明图像总体亮度越高；标准差越大，表明图像总体对比度越大；调和熵和粗糙度越大，表明图像包含的信息量越多。表中数据表明，2 个融合结果中，结果 1 的均值、标准偏差都最大，接近短波红外图像，说明图像的对比度较大，调和熵、粗糙度均接近于短波图像，说明了融合结果保留了短波图像的细节信息，而融合结果 2 相对差一些。综合观察和数据分析，融合结果 1 是比较好的。

(a) 短波红外图像

(b) 长波红外图像

(c) 融合结果 1

(d) 融合结果 2

图 12-14　短波、长波红外图像融合结果

表 12-5　短波、长波红外图像融合结果数据分析

|  | 均　　值 | 标准偏差 | 调和熵 | 粗糙度 |
|---|---|---|---|---|
| 短波图像 | 35.4762 | 14.8737 | 5.4212 | 8.7370 |
| 长波图像 | 36.2909 | 9.8665 | 4.9772 | 7.8274 |
| 融合图像 1 | 34.6492 | 14.7057 | 5.4259 | 8.6038 |
| 融合图像 2 | 27.4299 | 10.6111 | 4.8757 | 7.8566 |

### 12.3.4　红外多波段伪彩色融合

（1）融合结构

目前文献上研究的都是可见光和红外图像的融合，没有涉及红外短波、中波、长波等多波段的图像融合。由于可见光主要反映是景物表面的反射图像，且信息丰富，适合与人眼视觉特性，因此在融合中的作用非常重要。在没有可见光图像的情况下，由于短波红外图像与其接近，可以用短波红外图像来代替可见光图像。另外，原来的融合结构是双通道输入结构，这里需要 3 通道输入结构。

光的颜色表现随着空间构形（Spatial Pattern）的变化而变化。当刺激的空间频率增加时，构形的颜色表现会显著地降低。空间构形效应是由两个颜色对抗通道红-绿和黄-蓝通道，以及一个白-黑通道构成的。但是白-黑通道受频率的影响不是很明显，所以当频率增加时，两个颜色通道会严重丢失对比度信息。

在这种构形-颜色-亮度的关系上，对 LGN（Lateral Geniculate Nucleus）中的细胞进行功能分类，可以分为颜色倾向细胞、颜色-亮度倾向细胞和亮度倾向细胞 3 种。由于自然场景图像的低频信息量很大，因此颜色倾向细胞的活性占主要地位，但是颜色亮度细胞对边界响应强烈。颜色信息的表现和低频构形的增强主要依靠颜色倾向细胞，而边界构形的加强由颜色亮度细胞完成。但是图像可能没有高频部分的构形表现。中、高频构形的加强，一般是通过亮度来加强。但是由于自然场景的这部分信息量很少，所以亮度处理不占主导因素。根据对视觉系统的了解可知，视觉系统中的可见光的中、长波通道（绿和红色通道）在亮度占了主导地位，短波系统（蓝色通道）在颜色视觉占据了主导地位。所以可以考虑将图像进行低通、带通和高通滤波，依次馈入 G、R、B 通道。

Toet 对目前的图像彩色融合算法的颜色输出效果进行了评测，指出对于可见光、近红外和中红外三波段图像融合，将之分别依次馈入 R、G、B 通道，能够得到接近自然场景的融合图像，并且符合颜色视觉特性。近红外主要反映的是植物的反射特性，所以馈入 G 颜色通道。这利用的是植物的反射特性同自然或者人工场景中其他材质完全不一样的特点。当然如果场景中没有植物，可以将短波红外图像经过抑制再馈入 G 通道。

鉴于以上分析，这里的融合结构如图 12-15 所示。

融合过程主要分以下 3 个阶段。

在第一级增强阶段，ON 对抗神经网络分别得到红外短波图像的增强信号 ON_SW、红外中波图像的增强信号 ON_MW、红外长波图像的增强信号 ON_LW。

在第二阶段，ON_MW 和 ON_LW 分别馈入“与”神经元和“或”神经元，产生 AND_ML 和 OR_ML 信号。“与”神经元和“或”神经元分别模拟响尾蛇的双模式“与”细胞和“或”

细胞，其输入、输出关系分别见式（12-83）、式（12-84）。

$$\begin{cases} x(i,j) = A\ln(1 + HI(i,j)) \\ I(i,j) = \min\{I_1(i,j), I_2(i,j)\} \end{cases} \tag{12-83}$$

$$\begin{cases} x(i,j) = A\ln(1 + HI(i,j)) \\ I(i,j) = \max\{I_1(i,j), I_2(i,j)\} \end{cases} \tag{12-84}$$

式中，$I_1(i,j)$ 和 $I_2(i,j)$ 为两个输入的图像像素，$I(i,j)$ 为输出的图像的像素。

图 12-15　短波、中波、长波红外图像融合结构

　　然后，ON_SW 馈入对应的中心-环绕对抗神经元的激活中心细胞，AND_ML 馈入中心-环绕对抗神经元的抑制环绕细胞，产生 AND_ML 增强的短波信号 ML_SW；同时使用了 OFF 对抗神经网络得到 OR_ML 的 OFF 增强信号，标记为 OFF_ML，使用 ON 对抗神经网络得到 OR_ML 的 ON 增强信号，标记为 ON_ML。

　　在第三阶段融合，ML_SW 分别馈入对应的中心-环绕对抗神经元的激活中心和抑制环绕细胞，OFF_ML、ON_ML 分别馈入对应神经元的抑制环绕和激活中心细胞，产生 2 个融合信号+SW+ML 和+SW-ML。这 2 个信号不仅用来模拟视觉系统中的光谱对抗细胞，产生颜色对比度图像，而且，分别用以模拟响尾蛇的红外抑制可见细胞响应和红外增强可见细胞响应。最后，3 个信号+SW+ML、ML_SW、+SW-ML 分别映射到 R、G、B 三通道，生成伪彩色融合图像。

　　在这里，特别指出的是，对抗神经网络响应的输出，没有使用整流函数。

　　R 通道信号的产生是将反映红外辐射的中、长波的"或"信号 OR_ML 馈入神经网络中心，增强后的可见光信号馈入环绕区域，从而生成+SW+ML，是为了用红色反映红外辐射的信息。相应的 B 通道信号为+SW-ML，为了发挥人眼视觉细节侧重与 B 通道的特性。对于 G 通道，其信号来自于增强后的短波红外和 AND_ML 再次增强的 ML_SW，目的在于增强 3 个输入通道之间的公有信息，同时保持分辨力。对于 R、B 通道而言，融合图像也可以模拟视觉系统的受域光谱对抗响应，表示颜色对比度图像。

　　如果需要，可以把融合结果 RGB 图像映射到 HSV（色调、饱和度、强度）色空间，以便调整色调和饱和度，从而获得更加自然的融合图像。

概括融合阶段的表达式

$$\begin{pmatrix} R \\ G \\ B \end{pmatrix} = \begin{pmatrix} \dfrac{OFF\_ML(i,j) - ML\_SW(i,j)}{A + OFF\_ML(i,j) + ML\_SW(i,j)} \\ \dfrac{ON\_SW(i,j) - AND\_ML(i,j)}{A + ON\_SW(i,j) + AND\_ML(i,j)} \\ \dfrac{ML\_SW(i,j) - ON\_ML(i,j)}{A + ML\_SW(i,j) + ON\_ML(i,j)} \end{pmatrix}$$    （12-85）

（2）融合结果及分析

参与融合的红外短波、中波、长波源图像和融合结果如图 12-16 所示。

从融合图像上可以看出，具有较高表面辐射的目标或人员在红外中波、长波图像中由较高灰度级的像素表示，在相应的融合图像中这些目标用暖色调表示，这符合常规的色温表现：温-红、冷-蓝。可见，通过使用假彩色融合处理，3 个通道图像各自的细节差异通过颜色对比度进行表现，利用人眼的彩色视觉分辨力远远超过黑白视觉的属性；车辆、人员及隐藏者均清晰地表现出来；目标景物的彩色显像比较自然，使得观察者更加容易从背景中辨识目标。

(a) 短波图像

(b) 中波图像

(c) 长波图像

(d) 融合图像

图 12-16　多波段图像融合结果

# 12.4　红外偏振与红外光强图像的融合

## 1. 红外偏振与红外光强图像特征比较分析

红外波段由于其非接触、被动式、全天候等优点成为除可见光以外的主要成像波段之一。光的信息量非常丰富，既包括振幅（光强）、频率（波长）和相位，也包括偏振态。因此，红外成像既有红外光强成像（即一般情况下的红外成像），也有红外偏振成像。但二者相比，各有特点：

（1）成像对应的特征量不同：红外偏振成像主要是对景物多个不同方向的偏振量进行光

强成像，其主要与景物材料性质、表面粗糙度等有关；红外光强成像主要对景物的红外辐射强度成像，其主要与景物的温度、辐射率等有关。

（2）目标和背景的辐射特性不同：目标与背景的辐射在传输过程受大气衰减和复杂环境的影响到达探测器时其辐射强度已大大较低，成像效果很不理想。而偏振成像可以抑制的影响达到良好的成像效果。研究表明，在红外长波段，除水、海洋外，自然物的偏振度一般比较小，而人造物由于其材料及表面的光滑性偏振度较大。

（3）成像过程不同：偏振成像需要在不同的角度下进行多次光强成像通过计算才能得到一幅偏振图像，成像过程复杂，实时性较差，但偏振度是辐射值之比，偏振测量无须准确的辐射量校准就可以达到相当高的精度；光强成像过程简单，实时性较好，但需要对成像设备进行及时的定标校准，否则所测得的红外辐射亮度和温度不能反映被测物的真实辐射温度和亮度。

（4）图像特征不同：在红外光强图像中主要以亮度差异区分物体，当物体间辐射差异较小时，亮度识别比较困难，而物体间的偏振差异可能较大，便于二者区分；目标处于复杂场景时，目标与背景对比度较低，不利于目标识别，而红外偏振成像可以抑制复杂的背景提高目标的识别效果；同一目标在光强图像中温度高的部位亮，温度低的部位暗，物体轮廓比较模糊，而红外偏振成像可以获得目标的几何形状信息，其边缘和轮廓特征明显。

综上所述，同一场景的红外偏振图像和光强图像具有差异性与互补性，利用图像融合技术将红外偏振与光强图像融合起来，可以综合二者的优势。由于支持度变换（SVT）融合算法可以较好地表征图像的细节特征信息；经 SVT 变换处理重构后的图像的标准偏差，熵比较大，即所含信息量较多。其次，融合图像中融合规则直接决定着融合的效果，本文提出了局部能量的融合规则，使得融合图像的像素选择更具有针对性与择优性。因此，本文采用基于局部能量的 SVT 算法对红外偏振图像和红外光强图像进行了融合，提高了场景图像的清晰度和信息量。

### 2. 图像的支持度变换

支持度变换是一种非采样的二值冗余变换，是在最小二乘支持向量机（Least Squares Support Vector Machine，LS-SVM）基础上提出的一种新的图像多尺度变换方法。支持度变换后得到的图像的支持度矩阵是与图像显示相关的信息，可以很好地表征图像的细节特征信息，且同小波变换相比具有平移不变性、不会产生振铃效应、运算速度快的优点，因而成为一种很有前途的图像多尺度分析工具。

在 LS-SVM 中，其优化条件可以写成线性方程

$$\begin{bmatrix} 0 & \vec{1} \\ \vec{1} & \Omega \end{bmatrix} \begin{bmatrix} b \\ \alpha \end{bmatrix} = \begin{bmatrix} 0 \\ Y \end{bmatrix} \tag{12-86}$$

式中，$\Omega = K + I\gamma^{-1}$，$K$ 为核函数，$k_{ij} = K(x_i, x_j)$，$Y = [y_1, \cdots, y_N]^T$，$\vec{1} = [1, \cdots, 1]^T$，$\alpha = [\alpha_1, \cdots, \alpha_N]^T$。$\alpha_i$ 为支持向量 $x_i$ 的支持度。用映射最小二乘向量机求解式（12-86）的解为

$$b = \frac{\vec{1}^T \Omega^{-1} Y}{\vec{1}^T \Omega^{-1} \vec{1}}, \quad \alpha = \Omega^{-1}(Y - b\vec{1}) \tag{12-87}$$

如果设有两个矩阵

$$A = \Omega^{-1}, \quad B = \frac{\vec{1}^{\mathrm{T}} \Omega^{-1}}{\vec{1}^{\mathrm{T}} \Omega^{-1} \vec{1}} \tag{12-88}$$

则式（12-87）变为

$$b = B^{\mathrm{T}} Y, \quad \alpha = A(Y - b\vec{1}) \tag{12-89}$$

式中，矩阵 $A$、$B$ 只取决于输入向量 $\{x_i, i = 1, \cdots, N\}$，可以预先计算出，而与输出无关。设有一个 $N \times N$ 的矩阵 $Q = A(I - \vec{1}B)$，则式（12-89）可写成

$$\alpha = A(I - \vec{1}B)Y = QY \tag{12-90}$$

在映射邻域，图像像素的支持度可以由式（12-90）求得，通过改写矩阵 $Q$ 相应的行向量，相应加权系数核变成新的滤波器矩阵。$Q$ 取决于输入矢量、核函数 $K$ 和参数 $\gamma$。因此，在映射最小二乘向量机中，输入向量对特定大小的邻域而言是常数，支持度滤波器可由核函数 $K$ 和参数 $\gamma$ 确定，若核函数选择高斯径向基核函数

$$K(x_i, x_j) = \exp(-\|x_i - x_j\| / 2\sigma^2)$$

式中，$\sigma^2$ 扩展参数设为 0.3；$\gamma$ 为 1。对于 $5 \times 5$ 的映射向量空间，相应的支持度滤波器为

$$\begin{bmatrix} -0.0158 & -0.0136 & -0.0102 & -0.0136 & -0.0158 \\ -0.0136 & -0.0130 & -0.0602 & -0.0130 & -0.0136 \\ -0.0102 & -0.0602 & 0.5056 & -0.0602 & -0.0102 \\ -0.0136 & -0.0130 & -0.0602 & -0.0130 & -0.0136 \\ -0.0158 & -0.0136 & -0.0102 & -0.0136 & -0.0158 \end{bmatrix}$$

对上述滤波器采用隔行隔列填充 0 的方法可以构造出一系列的多尺度支持度滤波器。图像的支持度变换过程如下：

给定一幅图像 $P$，通过与系列支持度滤波器卷积得到系列支持度图像，参见式（12-91）

$$\begin{cases} S_l = SV_l * P_l \\ P_{l+1} == P_l - S_l \quad l = 1, 2, \cdots, r \\ P_1 = P \end{cases} \tag{12-91}$$

式中，$r$ 为分解层数，$E_{lk}^2$ 为系列支持度滤波器，$S_l$ 为系列支持度图像，其可反应图像的细节显著特征，$P_l$ 为原图像的系列近似图像，再进行逆变换，即可得到最后融合的图像。支持度逆变换公式为

$$P = P_{r+1} + \sum_{l=1}^{r} S_l \tag{12-92}$$

### 3. 融合过程

对于两幅要融合的图像，进行支持度变换分别得到各自的系列支持度图像和近似图像，设 $S_{1l}$、$S_{2l}$ 和 $P_{1l}$、$P_{2l}$ 分别表示第 $l$ 层的支持度图像和近似图像，则该层融合的支持度图像 $S_{Rl}$ 和近似图像 $P_{Rl}$ 为

$$\begin{cases} S_{Fl} = f_{\max}(S_{1l}, S_{2l}) \\ P_{Fl} = \dfrac{P_{1l} + P_{2l}}{2} \end{cases} \tag{12-93}$$

式中，函数 $f_{\max}$ 表示选择能量较大的区域的中心像素点的值。每层都进行类似的处理后，再进行逆变换，即可得到最后融合的图像。基本过程如图 12-17 所示。

图 12-17　红外偏振与光强图像融合过程示意图

### 4. 融合规则

像素选择时人们往往采用加权平均、选其绝对值的最大或最小，这些方法具有简单、速度快的优点，但是由于图像的许多细节表现与相邻像素之间具有较强的相关性，融合时需要考虑相邻区域其他像素的取值，以上方法难以取得满意的效果。因此提出了基于局部能量的融合规则。

局部区域的大小根据具体情况选择 3×3、5×5、7×7 等，本书所选的区域大小为 5×5。首先选取两幅图像中相对应区域，区域中心值为待选的像素值，然后计算区域内每个像素点的能量值，为了减少周围像素值对中心像素的影响对其进行加权处理，然后二者比较选择能量较大的区域的中心像素点。

在对像素值能量进行加权处理时采用了高斯滤波法，二维高斯函数具有旋转对称性，这意味着在后续的图像处理中不会偏向任何一方；高斯滤波器用像素点领域的加权均值代替该点的像素值，而每一个领域像素点的权值随着该点与中心点的距离单调递减，所以即使相邻像素值很大对中心像素点的影响却很小；高斯滤波后的像素值不会受噪声值污染，同时保留大部分有用信号。相应的高斯滤波矩阵为：

$$\frac{1}{256}\begin{bmatrix} 1 & 4 & 6 & 4 & 1 \\ 4 & 6 & 24 & 16 & 4 \\ 6 & 24 & 36 & 24 & 6 \\ 4 & 16 & 24 & 16 & 4 \\ 1 & 4 & 6 & 4 & 1 \end{bmatrix}$$

局部能量用式（12-94）表示：

$$E_{lk}(m,n) = \sum_{i=1}^{N}\sum_{j=1}^{N} w(i,j)[WS_{lk}(m-t+i,n-t+j)]^2 \qquad (12\text{-}94)$$

式中，$E_{lk}(m,n)$ 表示以第 $l$ 层第 $k$ 结点系数矩阵中以点 $(m,n)$ 为中心的局部区域能量；$WS_{lk}$ 表示分解的第 $l$ 层以第 $k$ 个结点系数矩阵像；$w(i,j)$ 表示高斯权系数矩阵；$N$ 表示区域的大小；$t=(N-1)/2$；设 $S_{1l}(m,n)$、$S_{2l}(m,n)$ 分别表示为两幅图像的第 $l$ 层支持度图像的相对应的两个像素值，$S_{Fl}(m,n)$ 表示融合后的支持度图像的像素值，$E_{lk}^1$ 表示以 $S_{1l}(m,n)$ 为中心的局部区域能量，$E_{lk}^2$ 表示以 $S_{2l}(m,n)$ 为中心的局部区域能量。则有：

$$S_{Fl}(m,n)=\begin{cases}S_{1l}(m,n), & E_{lk}^1 \geqslant E_{lk}^2 \\ S_{2l}(m,n), & E_{lk}^1 \leqslant E_{lk}^2\end{cases} \qquad (12\text{-}95)$$

对相对应的每组像素都进行类似的处理后，即可得到融合的支持度图像的像素。

### 5. 实验结果分析

（1）图像特征差异分析

由于经过配准的能用于融合的红外偏振图像与光强图像很少，如图 12-18 所示。

① 定性分析。红外偏振图像主要受物体偏振度的影响，与物体的辐射强度无关，当辐射强度弱不易成像时，偏振成像可予以补充，如车辆前方的金属板、车辆顶部；偏振成像可以获得目标的几何形状信息，目标轮廓清楚，边缘突出，如图中房子的边缘突出；一般自然物偏振度较小，偏振图像中自然背景比较模糊，有角质层的树叶偏振度较大，树叶的形状及排列的错综复杂感、立体感比较明显。

物体偏振度较大但是受探测器精度、探测距离、探测角度等因素的影响成像效果有时很不理想，相反其光强成像可能较好，如小树右边的井盖、车辆、房子。光强成像中主要依靠的是场景中物体自身的热辐射强度，温度高的部分其辐射强度度较高，温度低的部分辐射强度较低，图像的明暗差异较大，景物的细节比较清楚，如车辆的车头、车身、车胎等；光强图像中自然背景比较清晰，层次感较强。

(a) 红外偏振图像　　　　　　　　　(b) 红外光强图像

图 12-18　实验图像

综上所述，红外偏振图像整体的清晰度、视觉感较差，但景物的边缘、微小细节反差、纹理特征较明显，而红外光强图像的清晰度、视觉感较好，图像的细节比较丰富，但景物的边缘、纹理特征比较模糊，由此可见，红外偏振图像与红外光强图像在表现景物特征时各具优势。

② 定量分析。图像的熵与标准偏差可以反映图像细节的多少，二者的值越大，说明了图像中细节越多，则图像的清晰度越高。由于在观察分析图像时，人眼视觉往往采用局部对照的方法，因此这里采用图像的局部标准偏差、局部熵作为衡量图像细节的多少、反映图像清晰程度的指标。平均梯度可以表示图像中的微小细节反差和纹理变化特征。平均梯度越大，则图像的微小细节及纹理反映就越好。

上述两幅图像的局部标准偏差、局部熵和平均梯度的值如表 12-6 所示，局部计算的窗口为 5×5。从中可以看出：红外光强图像的局部标准偏差、局部熵较大，而红外偏振图像的平均梯度较大，说明了红外光强图像的清晰度较高、图像细节比较丰富，红外偏振图像边缘特征、微小细节及纹理反映比较好，二者在表现景物特征时各具优势，与前面定性分析相符合。

图 12-19　融合图像

（2）融合结果分析

图 12-19 与图 12-18 相比：① 融合图像不但包含了偏振图像中的金属板而且包含了光强图像中的井盖（只在一幅图像中出现的景物特征），使得场景描述更全面；② 融合图像中综合了两幅图像的细节信息，如车辆、房屋等细节信息丰富，整体视觉感更好；③ 融合图像中虽然没有将光强图像中层次感、真实感较好的背景保留下来，但并不影响对场景中主要目标的描述，反而使得目标对比度更强、更便于识别。

从表 12-6 可以看出融合图像的局部标准偏差、局部熵、平均梯度都有了明显的提高，其中局部标准偏差分别提高了 13.67% 和 11.51%；局部熵分别提高了 16.46% 和 1.95%；平均梯度分别提高了 15.41% 和 44.05%。这与前边的定性分析结果也相符合。说明了红外偏振与光强图像融合的优势，也证明了本文融合算法的有效性（实验的运行环境：计算机 CPU 奔腾 4、2.66GHz，内存 1GB，Windows XP Professional，编程语言为 Matlab 7.1）。

表 12-6　图 12-18 和图 12-19 的有关衡量参数比较

| | 局部标准偏差 | 局 部 熵 | 平 均 梯 度 |
|---|---|---|---|
| 红外偏振图像 | 9.8627 | 4.0766 | 0.0357 |
| 红外光强图像 | 10.0537 | 4.6569 | 0.0286 |
| SVT 融合图像 | 11.2111 | 4.7478 | 0.0412 |
| 参数变化率 1(%) | 13.67% | 16.46% | 15.41% |
| 参数变化率 2(%) | 11.51% | 1.95% | 44.05% |

# 小　结

图像融合可以提高图像信息的利用率、改善计算机解译精度和可靠性、提升原始图像的空间分辨率和光谱分辨率。通过本章内容的学习，我们应该已经理解了图像融合的基本思想和基本理论。其中，评价指标应列为重点，这是评价我们所做工作质量效果的标准。本章详细阐述了可见光与红外图像的融合，红外多波段图像的融合以及红外偏振与红外光强图像的融合。希望上述三类不同图像的融合方法以及融合结果分析可以起到抛砖引玉的效果，对我们以后的学习研究起到应有的作用。

# 习　题

12-1　填空题：

（1）信息融合分为三个层次，即＿＿＿＿、＿＿＿＿和＿＿＿＿。

（2）常用的图像融合方法包括＿＿＿＿、＿＿＿＿、＿＿＿＿、＿＿＿＿、＿＿＿＿、＿＿＿＿和＿＿＿＿等。

（3）图像融合的应用范围有_____、_____、_____和_____。

12-2　什么是图像融合？

12-3　常用的定量评价图像融合效果的方法有哪些？

12-4　可见光图像和红外图像融合的意义是什么？

12-5　说明地面场景的中波、长波红外图像的区别及基于粗糙集融合方法的基本思想。

12-6　两个中波细分成像比较而言各有哪些特点？

12-7　画出中波细分图像小波包变换融合的过程示意图。

12-8　短波、长波红外图像融合采用金字塔算法时，融合规则如何确定更好？

12-9　利用网络查询图像融合还可以应用在哪些领域。

# 参 考 文 献

[1] 李洪志. 信息融合技术[M]. 北京：国防工业出版社，1996.

[2] Yaakov Bar-Shalons. Multitarget-Multisensor Tracing: Applications and Advances Volume II[M]. Artech House Boston. London 1992.

[3] Klein L.A. Sensor and Data Fusion Concept and Applications[M]. SPIE，Optical Engineering Press，Tutorial Texts，1993，14.

[4] Li H，Magjunnath B.S，Mitra S.K. Multisensor Image Fusion Using Wavelet Transforms[J]. Graphics Model and Image Processing，1995，57(3).

[5] 沈世镒，陈鲁生. 信息论与编码理论[M]. 北京：科学出版社，2002.

[6] Sheng Zheng，Wen-zhong，Shi，Jian Liu，Jin-Wen Tian.Multisource Image Fusion Method Using Support Value transform[J]. IEEE Transactions On Image Processing，2007，16(7).

[7] 李树涛，王耀南. 多聚焦图像融合中最佳小波分解层数的选取[J]. 系统工程与电子技术. 2002，(6).

[8] 杨桓，裴继红，杨万海. 基于模糊积分的融合图像评价方法[J]. 计算机学报. 2001，24(8).

[9] Wald L，Ranchin T，Mangolini M. Fusion of Statellite Image of Different Spatial Resolution: Assessing the Quality of Resulting Images[J]. Photogrammetric Engineering and Remote Sensing. 1997，63(3).

[10] 管云天. 多传感器信息融合研究[D]. 博士学位论文. 杭州: 浙江大学. 1998.

[11] Hyunjo Jeong，Yong-Su Jang. Wavelet analysis of plate wave propagation in composite laminates[J]. Composite Structures，2000，(49).

[12] 李孝安. 神经网络与神经计算机导论[M]. 西安：西安工业大学出版社，1995.

[13] 李宏等. 基于人工神经网络与证据理论相结合的信息融合空间目标识别方法研究[J]. 信息与控制. 1997，26(2).

[14] Goran Forssell and Eva Hedborg –Karlsson. Measurements of polarization properties of camouflaged objects and of the denial of surfaces covered with cenospheres[C]//Proc. SPIE，2003，5075.

[15] 杨风暴.多波段红外图像目标特征分析与融合方法研究[D].博士后研究工作报告.北京:北京理工大学，2006.

[16] 昌达，姜小光，唐伶俐等. 遥感图像应用处理与分析[M]. 北京：清华大学出版社，2004.

[17] 徐参军，苏兰，杨根远. 中波红外偏振成像图像处理及评价[J]. 红外技术，2009，31(6).

[18] Pawlak Z. Rough Set Theory and its Application to Data Analysis[J]. Cybernetics and Systems，1998，29(9).

[19] 潘励等. 粗集理论在图像特征选择中的应用[J]. 数据采集与处理，2002，17(1).

[20] 李弼程，彭天强，彭波等. 智能图像处理技术[M]. 北京：电子工业出版社，2004.

[21] 徐参军，赵劲松，蔡毅. 红外偏振成像的几种方案[J]. 红外技术，2009，31(5).

[22] 杨风暴，倪国强，张雷. 红外中波细分波段图像的小波包变换融合研究[J]. 红外与毫米波学报，2008，27(4).

[23] 张建奇. 红外物理[M]. 西安：西安电子科技大学出版社，2004.

[24] Michelle Tomkinson，Brian Teaney，and Jeffrey Olson. Dual Band Sensor Fusion for Urban Target Acquisition[C]. Infrared Imaging systems：Design，Analysis，Modeling，and Testing XVI，Proceedings of SPIE，5784.

[25] 穆静，杜亚勤，王长元. 小波包变换的图像融合技术的研究[J]. 西安工业学院学报，2005，25(4).

[26] 董延华，王慕坤，张均萍. 超谱图像小波包变换融合方法研究[J]. 吉林大学学报，2006，24(4).

[27] A. Goldberg，T. Fischer，and S. Kennerly. Dual-band Imaging of Military Targets Using a QWIP Focal Plane Array[J]. Approved for public release，distribution unlimited，2001.

[28] 黄光华，倪国强，张彬等. 一种基于视觉阈值特性的图像融合方法[J]. 北京理工大学学报，2006，26(10).

[29] B. Ben- Dor. Polarization properties of targets and backgrounds in the infrared[C]. Proceedings of SPIE，8th Meeting on Optical Engineering in Israel Engineering and Remote Sensing，1992，1971.

[30] ARON Y，GRONAU Y. Polarization in the LWIR[C]//Proceedings of SPIE，Infrared Technology and Application XXXI. 2005，5783.

[31] 王新，王学勤，孙金祚. 基于偏振成像和图像融合的目标识别技术[J]. 激光与红外，2007，37(7).

[32] 杨风暴，蔺素珍，冷敏. 双色中波红外图像的分割支持度变换融合[J]. 红外毫米波学报，2010，29(5).

# 反侵权盗版声明

电子工业出版社依法对本作品享有专有出版权。任何未经权利人书面许可，复制、销售或通过信息网络传播本作品的行为；歪曲、篡改、剽窃本作品的行为，均违反《中华人民共和国著作权法》，其行为人应承担相应的民事责任和行政责任，构成犯罪的，将被依法追究刑事责任。

为了维护市场秩序，保护权利人的合法权益，我社将依法查处和打击侵权盗版的单位和个人。欢迎社会各界人士积极举报侵权盗版行为，本社将奖励举报有功人员，并保证举报人的信息不被泄露。

举报电话：（010）88254396；（010）88258888

传　　真：（010）88254397

E-mail：　dbqq@phei.com.cn

通信地址：北京市海淀区万寿路 173 信箱
　　　　　电子工业出版社总编办公室

邮　　编：100036